U0416149

HNC理论全书

第三卷 基本概念和逻辑概念——第六册

论图灵脑技术实现之路

图灵脑理论基础之六

黄曾阳／著

科学出版社
北京

内 容 简 介

本书是《HNC理论全书》第六册，直接关系到“理论→技术→产品→产业”接力的第一棒。人工智能理论探索的核心是大脑之谜，而语言脑是其关键。HNC试图开辟一条探索语言脑的新路，提出语言超人（简称语超）的设想。

本书分四编，主要采用对话体。第五编重点阐述基于语言理解的机器翻译，第六编和第七编则阐释语超如何实现，第八编基于对后工业时代曙光的响应进行了科技和文明展望。语超是语言脑的计算机模拟，也是图灵检验的终极目标，其技术基础是第五册阐释的句类分析、语境分析和记忆生成这三大环节。机器翻译的实现应基于句类分析与语境分析，而语超的实现还应加上记忆生成。语超是对语言信息的深层处理，对语言脑奥秘的揭示也具有重大科学价值。

本书适合对自然语言理解、人工智能、认知科学等感兴趣的所有读者，特别适合语言信息处理方面的研究者及学生参阅。

图书在版编目(CIP)数据

论图灵脑技术实现之路 / 黄曾阳著. —北京：科学出版社，2016.9
（HNC 理论全书）
ISBN 978-7-03-049659-1

I. ①论… II. ①黄… III. ①系统科学–研究 IV. ①N94

中国版本图书馆 CIP 数据核字（2016）第 200060 号

责任编辑：付　艳　高丽丽 / 责任校对：李　影
责任印制：肖　兴 / 封面设计：黄华斌

联系电话：010-6403 3934
电子邮箱：fuyan@mail.sciencep.com

科学出版社 出版
北京东黄城根北街 16 号
邮政编码：100717
http://www.sciencep.com

中国科学院印刷厂 印刷
科学出版社发行　各地新华书店经销
*
2016 年 8 月第　一　版　开本：787×1092　1/16
2016 年 8 月第一次印刷　印张：26 3/4
字数：631 000

定价：128.00 元

（如有印装质量问题，我社负责调换）

本书得到下述项目资助

中国科学院“八五”重点项目“汉语人机对话项目”

国家“九五”科技攻关计划项目“汉语理解系统的核心技术专题”（98-779-02-04）

国家 973 项目课题“基于概念层次网络（HNC）的自然语言理解与处理”（G1998030506）

国家 863“十二五”计划项目课题“基于云计算的海量文本语义计算框架与开放域自动问答验证系统”(2012AA011102)

中国科学院战略性先导科技专项“面向感知中国的新一代信息技术研究”（XDA06030100）

作 者 的 话

本书是《HNC 理论全书》的第六册。《全书》共三卷六册，第一卷三册，第二卷一册，第三卷二册。第六册也就是第三卷的第二册。

HNC 理论以自然语言理解为其核心探索目标，试图为语言理解的探索开启一条新的途径。HNC 认为：语言理解的奥秘，是大脑之谜的核心，也是意识之谜的核心。对这个谜团的探索不是当前的生命科学可以独立完成的，需要哲学和神学的参与。故《全书》之“全”是一个“三学（科学、哲学与神学）协力”的同义词，非 HNC 理论自身之“全”也。HNC 理论充其量是一名语言理解新探索的侦察兵，从这个意义上说，《全书》之“全”应看作是一种期待，一声呼唤。

《全书》的初稿是半成品，是 HNC 团队的内部读物。原定以十年（2006～2015 年）为期，完成初稿。不意十年未竟，推动者和出版者联袂而至。他们深谋远虑，要把一个半成品升级为成品，把一个内部读物正式出版，其间所展现出来的非凡胆识、灼见与谋划，居功至伟四字，不足以表达笔者心中感受之万一。

《全书》结构庞大，体例繁杂，带大量注释。结构方面，分上层与下层，上层分“卷、编、章”3 级，以汉字表示顺序，汉字“零”表示共相概念林或共相概念树。在某些编与章之间，还插入篇。下层分“节、小节、子节”3 级，子节之后，可延伸出次节，每级之内，可派生出分节。体例方面，主体文字之外，安置了大量预说和呼应。注释方面，分两类编号：数字与字母。前者是对正文本身的注释，后者是对正文背景的注释。数字和字母都放在方括号内，如[*01]和[*a]。其中的 “*”可以多个，如同宾馆等级的标记。两星[**]以上的注释比较重要，表示读者应即时阅读。

《全书》常相互引用，为标记之便，采取了[$k_1k_2k_3$-m|]简化表示，其中的“k_1”表示卷，“k_2”表示编，“k_3”表示篇，无篇取“0”。“m|”也是一个数字序列，依次表示章节序号。例如[210-0.2.1]和[210-1.2.1]分别表示第二卷第一编第零章和第一章的第 2 节第 1 小节。

《全书》使用了大量概念关联式。概念关联式是语言理解基因的重要组成部分，也是隐记忆的重要组成部分。每一个概念关联式总是联系于特定的概念基元、句类或语境单元。概念关联式分为无编号与有编号两类，无编号的表示尚待探索，《全书》只是给出了若干示范，为上下文引用方便给出的临时数字编号也属于这一类；有编号的统一使用

“——(编号)”或“——[编号]”，前者表示内使，后者表示外使。概念关联式编号区分普通与重要两级，后者加“-0”区别，若“-0”后缀于编号，表示不同文明对此有共识，而插入编号中间，则表示特定的文明视野。有编号的概念关联式都有牵头符号，代表着该概念关联式的重要性级别，目前主要用[HNC1]符号牵头。

在撰写初稿期间，池毓焕博士一直是我的学术助手。在本书出版期间，池博士一直是我个人的全权代表。科学出版社以付艳、王昌凤编辑为主的有关同志，为初稿的升级付出了巨大的辛勤与智慧，其审校之精细，无与伦比；池博士的配合，力求尽善。笔者的钦佩与感激之情，难以言表。

老子曰：“天地万物生于有，有生于无。”伟哉斯言。

黄曾阳

2015年9月22日于北京

引文出处缩略语对照表

《理论》	黄曾阳. HNC（概念层次网络）理论[M]. 北京：清华大学出版社, 1998
《定理》	黄曾阳. 语言概念空间的基本定理和数学物理表示式[M]. 北京：海洋出版社, 2004
《全书》	即本丛书——HNC 理论全书，共有三卷六册，各册书名如下： 第一卷　第一册　论语言概念空间的主体概念基元及其基本呈现 　　　　第二册　论语言概念空间的主体语境基元 　　　　第三册　论语言概念空间的基础语境基元 第二卷　第四册　论语言概念空间的基础概念基元 第三卷　第五册　论语言概念空间的总体结构 　　　　第六册　论图灵脑技术实现之路
《导论》/《苗著》/《HNC 理论导论》	苗传江. HNC（概念层次网络）理论导论[M]. 北京：清华大学出版社, 2005
《转换》	张克亮. 面向机器翻译的汉英句类及句式转换[M]. 郑州：河南大学出版社, 2007
《变换》	李颖,王侃,池毓焕. 面向汉英机器翻译的语义块构成变换[M]. 北京：科学出版社, 2009
《现汉》	中国社会科学院语言研究所词典编辑室. 现代汉语词典（第 3 版）[M]. 北京：商务印书馆, 1996
《现范》	李行健. 现代汉语规范词典[M]. 北京：外语教学与研究出版社/语文出版社, 2004

目 录 | contents

第五编

论机器翻译

编首语

从此编开始的相继 4 编（第五编到第八编）是否纳入《全书》，笔者一直在犹豫。到 2011 年，才最终决定献丑。这最后 4 编将构成《全书》的第六册，即最后一册。其汉语名称如下：

第五编　论机器翻译
第六编　微超论
第七编　语超论
第八编　展望未来

这 4 编的撰写方式需要有所改变，但如何改变，笔者曾茫然良久，最终的决定也不过是“摸着石头过河”吧。

语言翻译和机器翻译的专著和专文浩如烟海，方兴未艾的大数据思路在统治着信息处理领域的所有分支，本编面对的第一个问题似乎是：如何与文献历史和大数据技术现实接轨呢？这个问题一直困扰着笔者，到本编动笔的时候才明白过来。原来，东坡红烧肉的制作不必参考沙拉和麦当劳；本编所论，不过是一盘东坡肉而已，不必理会沙拉和炸鸡腿。这个比喻，是以烹调技艺为参照的，也就是说，仅涉及理论与技术的第一趟接力，不涉及产品与产业的后两趟接力。

HNC 认为，语言翻译过程必须包括下列 6 个环节：句类转换与句式转换、语块构成变换与主辅变换、块序调整和句序调整。可简称两转换、两变换和两调整，统称语言翻译的 6 项过渡处理。

这 6 个环节是语言翻译过程的共相，而针对词语或短语的翻译属于语言翻译的殊相。能不能说以往的机器翻译研究仅关注殊相问题，对共相问题还不曾进行过比较系统的思考呢？能不能说一流的翻译家也没有意识到上述共相问题的明确存在呢？进一步说，上述共相问题的重要性如何？机器翻译不可以回避这些问题吗？这些问题的呈现对不同语种的翻译是否存在巨大差异呢？

本编将回答上述问题，但不属于本编的主体。

上文说，“语言翻译过程必须包括下列 6 个环节”，但是，这 6 个环节并不是语言翻译的特殊需求或“专利”，而是语言生成的共相。语言生成的过程，可以说就是这 6 个环节不断运转的过程。因此，两转换、两变换和两调整不仅是语言翻译的 6 项过渡处理，也是语言生成的 6 项过渡处理。这就是说，语言生成过程实质上是一个语句的句类与句式如何选择的过程，是一个语块如何构成、辅块位置如何安顿、辅块与主块如何分工的过程，也是一个在大句里如何安排各小句之间的分工与顺序之过程。对于不同的语言，这些过程的差异性可能很小或比较小，也可能存在天壤之别，汉语与英语就属于后者。这里不能不说一声，传统语言学恰恰对这一过程的“天壤之别”缺乏必要的敏感，这种敏感是需要源泉的，该源泉就是指：语言生成与语言理解不可分割，生成是理解的结果，理解是生成的前提，翻译不过是一种特殊条件下的语言生成。所谓SVO语言和非SVO语言的说法，看似对上述“天壤之别”给出了一个简洁的描述，实际上起了一种堵塞上述敏感源泉的消极影响[*00]。

由于各种因缘的凑巧，上列6项过渡处理被误会成是机器翻译的一种特殊需求或“专利”，这是一个莫大的误解，笔者磨破了嘴皮似乎也不管用。所以，这里干脆来一次“矫枉过正”，把本编各章的名称约定如下：

第一章　句式转换
第二章　句类转换
第三章　语块构成变换
第四章　主辅变换与两调整
第五章　过渡处理的基本前提与机器翻译的自知之明

请注意，前四章的章名里没有翻译，第五章的章名里有翻译但没有机器。在随后各章的论述里，当然需要对这一“过正”举措给予适当弥补。上述莫大误解的缘由，下文也会有所呼应或交代。

第一章
句式转换

引 言

句式这个词语已被最新版本的《现汉》所收录[*01]，但《新时代汉英大词典》却没有。这似乎表明，西方语言学界还没有感受到引入这一概念或术语的必要性。那么，这是否意味着汉语学界在这方面的认识领先了一步？这个问题值得思考。

HNC 最初引入 6 项过渡处理的时候[*02]，并未使用“句式转换”，而是使用“格式转换”，排序在“句类转换”之后，位列第二。从“格式”到“句式”的演变过程很值得回味，下文会对此有所呼应。

本章分 3 节，相应的标题是：格式与样式、小句与大句、块扩与句蜕。这里的标题都略去“转换”，以呼应前述“矫枉过正”的举措。前两节的设置，实质上就是对上述演变过程的关键性呼应。

第 1 节
格式与样式

如果把句式分成基础结构和上层建筑两个梯级，那么就可以说，句式的基础结构或第一梯级是格式与样式，句式的上层建筑或第二梯级是小句与大句。格式与样式是 HNC 引入的术语，属于创新，前文已经系统讨论过，本节不过结合机器翻译的需求，来一次“回锅肉”处理。小句与大句是语言学的原有术语，HNC 也略有玩新，放在下节讨论。

格式是作用型语句的句式，样式是效应型语句的句式，这个论断概括了格式和样式的本质特征[*03]，下面，对这一“本质特征”进行具体说明。

用传统语言学的话语来说就是：当主语和宾语两者直接连接时，作用型语句**要求**在两者之间加上语言标记，否则就是**违例**；而效应型语句面对这种情况，**一定**不附加语言标记。

如果把主语和宾语换成广义对象语块 GBK，把语言标记换成语块标记，把作用型语句叫作广义作用句，把效应型语句叫作广义效应句，那就可以用 HNC 话语改写上面的描述。描述话语如下：格式与样式可名之第一梯级句式，是关于一个语句主块排列顺序的描述，如果是两主块句，其可能排列顺序为 2，如果是 3 主块句，其可能排列顺序为 6，即可呈现出 6 种句式形态；如果是 4 主块句，其可能排列顺序为 24，即可呈现出 24 种句式形态。这样的描述在现代语言学论述里也可以见到，当然描述者使用的是主语和宾语之类的传统语言学术语，而不会使用“主块”这个术语。但下面的描述在传统语言学描述里是见不到的，对于该描述将另起一段文字。

广义作用句的主块数量为 3 ~ 4，广义效应句的主块数量为 2 ~ 3。这就是说，广义作用句的主块数量最少 3 个，最多 4 个；广义效应句的主块数量最少 2 个，最多 3 个。这是任何自然语言的共相，是自然语言的第一铁律。但广义作用句与广义效应句的巨大差异，不仅表现在主块数量方面，更表现在对主块排序的处置方面。当两广义对象语块 GBK 在语句中相继出现时，广义作用句**一定**要求对 GBK 加上**必要**的语块标记；而广义效应句在面对同样情况时，却**一定**不附加任何语块标记。由此看来，对广义作用句和广义效应句的句式赋予不同命名，就显得非常有必要了，这就是格式与样式这两个术语的起源，格式专用于广义作用句，样式专用于广义效应句。不难想见，格式的形态变化一定远比样式复杂[***04]。

一言以蔽之，上面的文字描述了格式与样式的本质特征或两者的本质差异，也就是描述了广义作用句与广义效应句的本质差异。这些话语不过是对“论句类”（本卷第二编）的一个小小呼应，但依然是站在语句理解处理立场的话语，并不是本节的要点。

本节需要换一个立场说话，那就是语言生成的立场。这样的立场转换有悖于 HNC 探索的初衷[**05]，这里被逼无奈，只能献丑。

在 HNC 视野里，语言生成的核心课题不是别的，首先是句类的合适选择，这是语言生成的基本景象。如果不能把握住这一景象，就会“走火入魔”，说出“语言不是一个 well-defined 的东西”之类的糊涂话，也会对“咬死了猎人的狗”或“南京市长江大桥”的分词歧义弄出一些看似高深、实则徒增困扰的分析。反之，如果从上述景象的把握入手，那就会得出“语言是一个 well-defined 的东西”的正确认知，而对上述分词歧义现象的解决，不会老是停留在语法分析的洞穴里面打转。面对一个特定的语境对象和语境内容，说者或写者只要选择了合适的句类加以描述，那就一定“well-defined”。听者或读者只要对说者或写者所选用的句类作出了正确的判定，那双方就可以实现交流，从而做到“心有灵犀一点通”。

虽然可选的基本句类不过区区 68 种，但如果考虑混合句类的千计规模（但一定小于 68×67=4556 组），上述“句类的合适选择”并非易事。还需要特别指出的是，这里不存在唯一性问题，也不存在最佳问题，只存在合适性问题。合适性问题密切联系于语境，也密切联系于语言的面具性，即联系于说者或写者的立场、视野、动机与目的，非常复杂。前文不过涉及一点皮毛，这里也依然采取这一态度。这意味着，我们需要假定：说者或写者所选择的句类是合适的，并在此基础上进行语句的理解与翻译。

实际上，“区区 68 种”基本句类的把握也并不轻松，故前文曾反复强调“二生三四”哲理的重要指导意义。而把握与运用这一哲理的关键举措就在于从格式与样式的具体形态入手，也就是从广义作用句与广义效应句的区分入手，从而把“句类的合适选择”课题转化成格式与样式的形态辨识与转换课题。

以上，是本节的要点。

下面的论述都属于细节，分 5 个小节。第 3 小节将对上面描述里的黑体字，给出回应性说明。

1.1.1　格式的基本类型及符号表示

HNC 将格式划分成 3 种基本类型：基本、规范和违例，相应的牵头表示符号是!0、!1 和!2。下面先给出这 3 种格式的定义，随后给出相应的说明。

基本格式定义：特征块 EK 一定位于主块排序的第二号位置，广义对象语块 GBK 分置于特征块的两侧。对这两句话，需要进行下面的两项追问。

追问 01：第一号位置的 GBK 可以省略吗？回答应该是 Yes。这时，特征块 EK 就位于语句的最前面了，那么相应的符号表示如何处理？尚未统一。

追问 02：第一号位置上的 GBK 可以任选吗？回答也应该是 Yes。这样，基本格式就可能出现 3 种形态，对应的第一位置将分别由 GBK1、GBK2 或 GBK3 占据。对于这 3 种形态，HNC 建议采取两种表示方式，一种专用于 3 主块句，另一种专用于 4 主块句。

3 主块句的基本格式形态最为简明，第一位置由 GBK1 或 GBK2 占据，二者必居其一。故 HNC 建议以符号“!0”和“!01”分别表示。“!0”对应于传统语言学的主动式，“!01”对应于传统语言学的被动式。但此项建议不便于与 4 主块句的格式符号表示接轨，并未被普遍接受。

规范格式定义：特征块 EK 一定不位于主块排序的第二号位置，于是就必然出现两广义对象语块 GBK 相互连接的情况，规范格式的要求是：对 GBK 给出必要标记。

汉语的广义作用句，接近半数使用规范格式，最常见的情况是，特征块 EK 位于最后。这时，3 主块句有两个 GBK 居前，4 主块句有 3 个 GBK 居前。在这些 GBK 之间，如果不加上相应的语言标记，那是违背“天理”的，因此，汉语的“主块标记 10”概念林完备而丰富[**06]，就是一种顺应“天理”的语言景象。

英语的广义作用句只使用基本格式，不使用规范格式。因此，英语基本不存在与“主块标记 10”概念林的对应词语。这意味着汉语与英语的互译必然会出现基本格式与规范格式之间的相互转换。为了突出这一必然性，HNC 特意引入了格式自转换的术语。这里不妨说一声，HNC 机器翻译系统的自知之明，要从格式自转换做起，即从最基础的自知之明做起。

规范格式的符号表示，建议以“!1”牵头，以“!11”和“!12”为主。两者依次表示特征语块 EK 的位置向后推移 1 位或 2 位（以基本格式为参照），前者适合于 3 主块句的简明规范格式表达，后者适合于 4 主块句的简明规范格式表达。该建议的“为主”部分未被普遍接受。

违例格式定义：特征块 EK 位置与规范格式相同，但 GBK 的必要标记可部分或全部阙如。

违例格式的符号表示，建议以“!2”牵头，也建议以“!21”和“!22”为主。同样，该建议的“为主”部分也未被普遍接受。

汉语广义作用句违例格式的占有比例，属于现代汉语的基本数据。但大数据思路对这类基本数据没有兴趣，遗憾的是，HNC 也没有进行这项统计。

上文说，英语的广义作用句只使用基本格式，这意味着英语不仅不使用规范格式，也不使用违例格式。这里提出一个假设性论断：英语文本里出现的违例格式一定是要素句蜕。对此，特别想烦请张克亮教授研究一下，予以证实或证伪，张教授有此意乎？

在 HNC 的初期论述里，有 4 种格式的说法，第四种叫省略格式。这个说法具有不容忽视的误导性，这里正式宣告予以废除，而以省略句式替代之，因为省略是格式与样式的共相。

1.1.2　样式的基本类型及符号表示

HNC 将样式划分为两种基本类型：基本样式与变通样式，相应的符号表示是“!0”和“!1”。下面先给出这两种样式的定义，随后给出相应的说明。

广义效应句可以不存在特征块 EK，样式的定义必须考虑到这一特殊性。

基本样式定义：3 主块语句的特征块 EK 一定位于中间。考虑到两主块语句的普遍存在，以及两主块语句存在无 EK 语句的特殊情况，建议基本样式的符号表示方式沿袭基本格式的两种形态：“!0”和“!01”。

对于 3 主块句，“!0”表示以对象 B 为核心要素的 GBK 在前，以内容 C 为核心要素的 GBK 在后；“!01”表示两 GBK 位置互换。

对于 2 主块的两 GBK（无 EK）语句，“!0”和“!01”的意义同上。

对于 2 主块有 EK 语句，“!0”表示 GBK 在前，EK 在后；“!01”表示两者位置互换。

变通样式定义：不遵循基本样式定义的 3 主块句。这时，不必考虑两主块句，因为其变通情况已包含在基本样式之中了。故建议变通样式的符号表示也参照规范格式，以“!11”和“!12”为主。

本小节最后，应就两点“细节之细节”作出说明。

（1）“!0”与“!1”两类符号只约定了 4 种排列方式，还有两种如何安顿？那安排在“!1m”与“!01”组合[*07]里了。

（2）格式与样式采用同样的表示符号，不存在符号混淆问题吗？不存在，因为上列符号并不独立用于语句标记，它后面总要跟随相应的句类代码符号。

1.1.3 格式转换与样式转换

本小节才进入本章的主题——句式转换，包括格式转换和样式转换，即第一梯级的句式转换，且格式转换仅限于 3 主块广义作用句。

在编首语里，说到“语言生成的核心课题……，首先是句类的合适选择”的话语，这里要补充的是：其次是格式与样式的合适选择。所谓“格式与样式的合适选择”，也可以换一种表述方式，那就是本小节的标题：格式转换与样式转换。

这就是说，格式转换与样式转换是语言生成的固有核心课题，语言翻译的语言生成过程当然与该课题有关，但不能说该课题起源于语言翻译，更不能说起源于机器翻译。说与写，须臾也离不开格式与样式，在语法逻辑或语习逻辑的驱动下，不断进行着格式与样式转换，只不过说者或写者没有意识到罢了。

“没有意识到”的说法必然会引起异议，由于传统语言学就没有格式与样式的概念，没有异议才不可思议。但下面将撇开这个异议话题，从汉语偏好规范格式（“!1”格式）和英语偏好被动式（“!01”格式）的话题说起。

现代汉语的广义作用句，规范格式接近一半。考虑到读者对这个估计可能没有任何感性认识，这里就拿眼前的事实说话。上段的论述包含两个大句，每一大句都包含两小句。第一大句的两小句都是广义效应句，都采取“!0”样式，第二大句的两小句都是广义作用句，第一小句使用的是基本格式“!0”，而第二小句使用的就是规范格式“!11”。

当然，该小句也可以使用基本格式“!0”，那就要转换成下面的文字：而起谈于汉语对规范格式的偏好和英语对被动式的偏好。把这两种格式的对应语块比较一下是有趣的，我们看到：特征块 EK 从“说起”变成了“起谈于”，前面还加了一个“而”字；广义对象语块 GBK 从“汉语偏好规范格式（‘!1’格式）和英语偏好被动式（‘!01’格式）的话题”变成了“汉语对规范格式的偏好和英语对被动式的偏好”。这两“变”一“加”的内涵极度丰富。另外，“变”涉及从包装句蜕到 EK 要素句蜕的变换，这些语言景象能否看成是前面“描述”的印证呢？请思考。那描述是：说与写，须臾也离不开格式与样式，在语法逻辑或语习逻辑的驱动下，不断进行着格式与样式转换，只不过说者或写者没有意识到罢了。

以上，是本小节的要点。下文所论，反而属于细节了，先说 3 点。

细节 01：英语不存在规范格式，而汉语却大量出现。故汉英翻译时，格式自转换一定要变成一项硬性规定。英汉翻译则需要见机行事，采取灵活方式。

细节 02：英语不存在无 EK 语句，而汉语经常采用[*08]。故汉英翻译时，样式自转换[*09]一定要变成一项硬性规定。英汉翻译同样需要见机行事，采取灵活方式。

这就是说，句式自转换只是汉英翻译的铁律，对英汉翻译并不适用。

细节 03：当特征块采用带“EH”的复合构成时，汉语“一定”采取规范格式[*10]。

1.1.4　省略句式的符号表示

省略句式是指语块被整体省略的语句，上列 3 种格式的语句都可能出现省略情况。被省略的语块可以是特征块 EK 或广义对象块 GBKm（m=1-3）。HNC 约定：省略句式以符号“!3m”（m=0-3）牵头，“!30”对应于特征块 EK 省略，“!3m，m=1-3”的意义将分别采用两种叙述方式：传统语言学方式和 HNC 方式。前者是：“!31”对应于省略主语，“!32”对应于省略宾语，“!33”对应于省略间接宾语；后者比较简明，“!3m，m=1-3”分别对应于省略 GBKm。

就符号表示来说，省略句式符号不能单独使用，必须后接格式或样式符号。以前曾使用过“省略格式”的术语，应予废除，因为省略不区分格式与样式。

关于省略句式，有两个问题需要追问：①无 EK 句类为什么不纳入某种句类的“!30”句式呢？②汉语经常采用“!31”句式，而英语很少采用，对这一语言现象的诠释是否应该跨越到语言学之外？

对于这两项追问的探索，都留给后来者。

1.1.5　“4 主块句”的格式表示

在句类知识的视野里，“4 主块句”一定要突出以下 3 个问题的思考或探索：一是它与转移句的特殊联系；二是它与块扩句的特殊联系；三是它与判断句的特殊联系。

这 3 项特殊联系又各有自己的侧重点或特色。

上面的叙述，实质上是一份检讨。因为上述 3 项特殊联系及其侧重点，HNC 仅仅做了一点最基本的或 ABC 式探索，远没有进行深入系统的研究，本小节将进行一些弥补。

弥补就免不了要讲一些故事，读者可能会觉得这些故事索然无味。笔者对此无能为力，但故事本身的含义比较重要，将构成本节的重点。

1.1.5.1　关于“与转移句的特殊联系”之一

在广义作用句的早期叙述里，并没有“广义作用句的主块数量最少 3 个，**最多 4 个**”的明确说法，但当时又给出了“4 主块句”的全部格式表示，这实际上代表着主块数量最多 4 个的暗示。这一矛盾现象的背后，隐藏着一项纠结，关于转移对象 TBm（m=1-3）的纠结。就转移句的内容逻辑来说，重要的是终点 TB2，因此从一开始就把 TB2 简化为 TB。但是，起点 TB1 和途经点 TB3 也都可以成为转移句的主块，对此如何处置？当时没有想透，最后的解决方案是：把这类转移句排除在基本句类之外，安置在混合句类里。这样，基本句类里的 TB1 和 TB3 只允许以辅块的形态存在。

上述解决方案与原有的块扩概念相结合，“TBm 纠结”就不复存在，广义作用句“最多 4 主块”的语句景象就变成一片朗朗乾坤了。

以上，是本节的第一个故事。

这片朗朗乾坤里的重要看点之一，就是所谓的双宾语现象，这需要有所追问。

双宾语的传统语言学正式名称叫直接宾语和间接宾语，人们对这个说法习以为常，却没有追问一声[*11]，为什么只有宾语特殊，可以成双或“成婚”，而主语和谓语却命中注定，只能当“单身汉”呢?

句类空间的语句景象可不是这个情况。双宾语主要缘起于 4 主块转移句，双主语主要缘起于块扩单向关系句，而双谓语则可以说完全缘起于块扩，把“主要”的修饰语去掉。这个回答相当于描述了 3 种不同味道的“回锅肉”，本“关于”是对第一种“回锅肉”的品味。

传统语言学对双宾语的解释，实际上是联系于 4 主块转移句的，熟悉该解释的读者（不熟悉的可上网查询）不妨想一想，那解释是否说到了点子上呢?

HNC 对双宾语“回锅肉”的解释完全不同，其具体陈述如下：直接宾语一定对应于转移内容 TC，间接宾语一定对应于转移对象 TB。推而广之，在全部 4 主块句类中，前者一定对应于以内容 C 为核心要素的 GBK，后者一定对应于以 B 为核心要素的 GBK。上面的陈述可简化成下面的两个“贵宾”级概念关联式：

```
(间接宾语 =: C(SC),s32,[4]K+SCJ)——[宾语-01-0]
(直接宾语 =: B(SC),s32,[4]K+SCJ)——[宾语-02-0]
```

此时，笔者不禁又一次想起林杏光教授，可惜当年未能写出这样的概念关联式。奢望读者能对这两个概念关联式感兴趣，因为它们是图灵脑的关键性胜机之一。

以上，是本节的第二个故事。

1.1.5.2 关于“与转移句的特殊联系”之二

在基本句类里，4 主块句一共 11 个，现将它们列表如下（表 5-1）。

上面的“之一”仅涉及表 5-1 里的前 4 个句类，即编号以“1”牵头的句类，可名之“4 主块句-1”。这里的“之二”则涉及编号以“2”牵头的 3 个句类，可名之“4 主块句-2”。类此，编号以“3”牵头的 4 个句类，可名之“4 主块句-3”，随后讨论。

在这 11 个“4 主块句”中，8 个属于转移句，3 个不是。一个是编号为 2-3 的 4 主块判断句，另两个是编号为 3-1 的块扩作用句和编号为 3-2 的块扩单向关系句。

英语对表 5-1 所列举的“4 主块句-m,m=1-3”一视同仁，都以基本格式进行描述，就是把特征块 EK 安顿在第二号位置。汉语却不是这样，对不同类型的“4 主块句”，有不同的格式偏好。如果以基本格式的使用频度为参照，那么也许就可以说，“4 主块句-1”的使用频度略小于 0.5；“4 主块句-2”远小于 0.5；“4 主块句-3”则接近于 1.0。“表 5-1”的 3 类“4 主块句划分”就是以这个“也许可以说”为依据的。怎么可以把“也许可以说”作为依据呢?回答放在注释“[**12]”里。

表 5-1　4 主块句

编号	句类编号	句类表示式	汉语命名
1-1	X-09	T0J=TA+T0+TB+TC	转移句
1-2	X-11	T2J=TA+T2+TB+T2C	物转移句
1-3	X-12	T3J=TA+T3+TB+T3C	信息转移句
1-4	X-16b	T492J=T4A+T49+T4B2+T4C	换出句
2-1	X-13	T3*mJ=TBm+T3*m+TB（m）+T3C	教学句
2-2	X-17	T490oJ=T4B0+T49+T4Bo+T4C	中介交换句
2-3	X-20	D0J=DA+D+DB+DC	4 主块判断句
3-1	X-23	X03J=A+X+B+X03C	块扩作用句
3-2	X-25	Rkm0J=RBm+Rk+RB（m）+RC	块扩单向关系句
3-3	X-27	T39J=TA+T39+TB+T39C	定向信息转移句
3-4	X-28	T4a10J=T4B1+T4a+T4B2+T4C	块扩替代句

表 5-1 试图表明或建议：句类知识的深入研究，**一定**要从这类假设性论断入手。但这里要申明一句，HNC 的这一建议，丝毫不意味着支持胡适先生的著名主张：大胆假设，小心求证。因为假设与求证的关键不在于大胆或小心，而在于思考得是否透彻与齐备，后者才密切关联于最终描述的正确与否。

以上，是本节的第三个故事。

最后，要交代一下两个细节。

（1）黑体的“**一定**”何所据而来？来于前文曾反复强调的“一叶知秋”练习。这“一定”与“知秋”互为因果，没有这“一定”的愿望，就不会有“知秋”的感受；反过来说，没有“知秋”的愿望，也就不会有“一定”的勇气。

（2）表 5-1 暴露了一个明显的缺陷，那就是从“1-4”到“2-1”的句类编号跳变。但是，这果真是一个缺陷吗？这里不能不说一声，作为一个探索者，一定要进行这样的追问。

1.1.5.3　关于“与块扩句的特殊联系”

本段讨论块扩“4 主块句”，即上述“4 主块句-3”。上文说到，其“基本格式使用频度接近于 1.0”。这就是说，汉语、英语两代表性语言的格式倾向对于 4 主块之块扩句基本相同。这里要强调的是：此结论适用于全部块扩句类，包括块扩“3 主块句”[*13]。

这里将提出又一个假设性论断：汉语和英语的块扩句，都以基本格式为主。

以上，是本节的第四个故事。

1.1.5.4　关于“与判断句的特殊联系”

表 5-1 里的判断句只有一个，那就是 D0J = DA+D+DB+DC。这里要强调的是，在全部基本句类里，此句类汉语呈现的特殊性和单纯性独一无二。特殊性是指 D0J 的汉语格式，只采用“!11”形态；单纯性是指在现代汉语里，D0J 仅拥有两个不寻常的激活词语：“当作”和“看作”[*14]。这两条，可以看作是汉语 D0J 的两条基本法则。

前文曾多次指出过“语言规则必有例外”论断的误导性，多次强调过追求法则和原则的重要性，还说过“乔姆斯基成也 rule，败也 rule”的话语，但绝大多数情况的论述都过于形而上，这里总算是形而下了一把。

此番形而下仅面对一个基本句类 D0J 和两个常用词语：“当作”和“看作”，并打破了以往暗含的一项思考——极力避免把句类与动词直接联系起来[**15]。这里完全放开了，竟然把“当作”和“看作”作为 D0J 的直系捆绑词语来处理，这是《全书》的破天荒之举。在全部 68 组基本句类中，类似于这样的“破天荒”好事有多少？上述“独一无二”与此好事之关联性如何？这样的追问不可或缺，但这里是讲故事，卖关子是容许的。

判断的核心课题本来不应该是“当作”和“看作”，但在丛林法则的信奉者心中，两者却成了核心课题，进而演变成人际和国际关系中的核心课题，并形成关系基本构成的“我敌友 407e3n”概念。西方文明和伊斯兰文明都以此概念为其文明体系的基本出发点，用《老子》中的话语来说，这就是西方文明的“道”，也是伊斯兰文明的“道”。在整个农业时代，在所谓的轴心时代，唯有传统中华文明反其“道”而行之，以破除该概念为出发点。

前文说了“儒释道”三家的许多好话，即缘起于此。

在当下后工业时代的初级阶段，“我敌友 407e3n”概念依然是政治思考的核心课题。在以色列与巴勒斯坦之间，在俄罗斯与格鲁吉亚之间，在俄罗斯与乌克兰之间，在美国与俄罗斯之间，在第四世界的逊尼派与什叶派、世俗派与保守派之间，在印度与巴基斯坦之间，在第五世界的北片地区……“我敌友 407e3n”概念的纠结还非常严重。但是，我们也应该看到，在第一世界的所有千年夙敌之间，这一纠结已不复存在，这是后工业时代曙光里最灿烂的一朵，怎么可以视而不见[*16]？

自 1972 年的“第二次世纪握手”以来，即将[*17]成为 GDP 全球老大的中国，在摆脱“我敌友 407e3n”纠结方面作出过一系列富有远见的调整。近来似乎出现了某些反复，但同时也出现了一些儒家思考的征兆，应该对后者的发展持乐观态度。

以上，是本节的第五个故事。

前文曾以形而上方式论述过语言的进化过程，即从单块句到 4 块句的演变过程，这包括以下 4 个要点：

要点 01：内容块 CK 从对象 BK 中分离出来，特征块 EK 从内容 CK 中分离出来，作用块 AK 从对象 BK 中分离出来。

要点 02：对象块 BK、内容块 CK 和作用者块 AK 可具有句蜕特性。

要点 03：内容块 CK 可具有块扩特性。

要点 04：特征块 EK 可具有“动词+体词”的复合构成特性。语言进化过程的这 4 个要点，特别是其中的要点 04 是 HNC 理论不认同动词中心论的基本依据。

这里要补充的是，信息转移句的转移内容 T3C 和判断句的判断对象与内容 DBC 具有天然的块扩特性，但是，当两者转化成 4 主块句时，即表 5-1 里的 T3J 和 D0J 时，这一天然块扩性就不复存在。这是基本句类表中一项非常重要的句类知识，它直接关系到“T30J 与 T3J”、“DJ 与 D0J”之间的可相互转换性，是“3 主块句”与“4 主块句”之间最重要的一项转换特性。遗憾的是，在 HNC 探索初期的论述里，并没有把这一点交代清楚。

以上，是本节的第六个故事。

下面，回到本小节的主题——“4 主块句”的格式表示。此项论述将构成本节的第七个故事。然而，这个故事带有一定的悲情性。

在已经出版的不少 HNC 专著和以 HNC 理论为依托的众多博士论文里，都引用了“4 主块句”的格式代码表，然而，这里将建议把原来制定的代码表作废，改用下面的 4 主块格式代码：!（w1,w2,w3），“w1”登记第一个主块的类型，“w2”登记第二个主块的类型，“w3”登记第三个主块的类型，主块类型以“0，1，2，3”登记，依次表示 EK、GBK1、GBK2 和 GBK3。

如果 EK 处于第二位置，即 w2=0，那就定义为基本格式，否则就是非基本格式或名之一般格式。英语只使用基本格式，汉语则不是，也使用一般格式。

“4 主块句”基本格式的形态，不像“3 主块句”那样，只有“!0”和“!01”两种形态，而有 6 种形态，以符号“!（w1,0,w3）”表示，比较简明。

“!（w1,w2,w3）”是一般格式的符号，“!（w1,0,w3）”是基本格式的符号，两者看起来似乎万事大吉，其实不是。这里存在着 GBK 标记是否齐全的重大课题，但传统语言学把这个课题隐藏起来了，隐藏工具就是西语的“格”概念。

就基本格式“!（w1,0,w3）”来说，在“w3”之后的“w4”位置上还有一个 GBK，这两个 GBK 之间不需要主块标记吗？语言生成学应该进行这样的追问，该追问也适用于一般格式。HNC 无非就是干了一下这追问的事，结果是弄出了一张令人眼花缭乱的 4 主块格式代码表。

这里的“作废”建议多半也会落得个无疾而终的结局，这里只补充一句话，由 GBK 占据的“wm”可前后附加符号“*”，以表示主块标记的缺省或冗余。缺省与冗余的标记符号不需要区分吗？是的。

本节的第七个故事就写这些。以上的故事都只涉及格式，关于样式的故事，前文仅在“论句类”里略有涉及，本节在附注“[*07]”里讲了一个，在第六个故事里打了一个“擦边球”，但不打算补充了。语言生成传统说法的习惯力量过于强大，读者已习以为常，对格式或样式的故事，读者很难不感到厌烦，还是就此打住吧。

关于格式与样式的论述，本节摆出了一副面面俱到的架势，但实际上只是开了一个头。这个态势，与基本句类代码表完全一样。HNC 当年曾作出过将基本句类代码表暂时保密的奇特决定，“杞人忧天”，无过于此。无论是基本句类代码表，还是格式与样式代码表，都属于语言脑的世界知识，而任何世界知识必须先转化成专家知识，才有可能为未来的图灵脑研发作出决定性贡献。开头者，尚未变成专家知识也。这一转变，是语言信息处理产业 4 棒接力之第一棒的关键举措，但大数据思路根本不理睬这第一棒，保密之举，岂非天大笑话！

注释

[*00] 把汉语列为 SVO 语言是这一消极影响的典型案例之一。

[*01] 《现汉》对句式的解释是：句子的结构形式，《现范》同样。

[*02] 6 项过渡处理的概念是在“HNC 理论与自然语言语句的理解”一文中提出来的，该文发表在《中国基础科学》1999 年 2~4 期。后收录于《定理》(pp.65-76)。

[*03] 语句无限而句类有限是 HNC 理论的第二公理，也称 HNC 句类理论。该理论把自然语言的语句划分为 3 种基本类型：广义作用句（X-01～X-30）、广义效应句（Y-01～Y-20）和两可句（B-01～B-18），共计 68 组基本句类。作用型语句和效应型语句是 HNC 句类理论的一种简化描述。

[***04] 本段论述是所有自然语言的共相吗？笔者是这么假定的，也这样描述了。该描述是否正确，难以证实，但不难证伪，笔者欢迎并期待着各语种语言学专家的证伪或质疑。

[**05] 在 HNC 探索之初，曾多次申明，它主要关注语言理解，不碰语言生成，后者是语法学和传统语言学的事。但在考察语法逻辑和语习逻辑这两个概念基元之子范畴时，HNC 就已经深深陷入到语言生成之中了。不过，由于思维惯性的力量，HNC 不免始终处于一种“犹抱琵琶半遮面”的可笑状态。

[**06] 这里使用了“完备而丰富”的修饰语，但这个“丰富”并非好事。日语有“特征块 EK 位于最后”的语习，因此，关于“主块标记 10”的汉语与日语对比研究是一个很有意思的课题，如果张雪荣学弟能抽空写出一篇小文，加入本册的附录，将不胜荣幸。

[*07] 这里以著名的“主席团坐台上”为例来说明 3 主块广义效应句的 6 种排序。

!0	主席团坐台上
!01	台上坐主席团
!11	主席团台上坐
!12	坐主席团台上
!11!01	台上主席团坐
!12!01	坐台上主席团

[*08] 汉语的无 EK 广义效应句总计 4 组，其中最常用的被命名为简明状态句，句类代码为 S04J=SB+SC，编号为 Y-20，即基本句类代码的殿后位置，这一举措体现了 HNC 句类理论对该句类的特殊关注。汉英翻译时，必须对 S04J 进行句类转换，通常可转换成是否判断句 jDJ= DB+jD+DC，转换操作如下：

```
SB => DB;
SC => DC;
jD:= jlv111
```

HNC 在句类转换的诸多论述中曾写过下面的“武断”话语：汉语的任何句类都可以转换成 jDJ 和 S04J。曾以为这样的“武断”或许能引发读者的一些质疑或兴趣，结果呢？果然不出所料，还是未能逃出“人微言轻”的困境。

[*09] 样式自转换的说法可能是第一次使用，意思是，汉语的无 EK 语句一定要转换成英语的带 EK 语句。格式与样式自转换两者将合称句式自转换。

[*10] 这里对“一定”加了引号，意思是：采用规范格式一定不会犯语法错误，但不能限制作者的自由，人家也可以选择其他格式——违例格式甚至基本格式。

[*11] 这追问，前已有所论述，这里不过是炒“回锅肉”。

[**12] 这里的“也许可以说”又是一个假设性论断。这种做法当然不可以滥用，但也不可走向另一个极端——弃若敝屣，HNC 是比较珍视这一做法的。遗憾的是，笔者迄今为止还没有对这一假设性论断进行过具体研究。

[*13] 在基本句类的 8 个块扩句中，4 主块句和 3 主块句各占一半。

[*14] 这两个常用词分别是“当作”、“看作”。在约 20 年前的汉语文本里，使用更多的是后者。两者

属于难得的单义词，而多义词“作为”就没有资格充当激活词语了。

[**15] 这项“极力避免”的目的在于与“动词中心论”划清界限，但实际上毫无效果。

[*16] 2014 年是第一次世界大战爆发 100 周年，在已经看到的纪念文字里，竟然没有看到上述“曙光”的论述，故有此问。

[*17] 对这“即将”，已出现了众多预测，比较靠谱的是 10 年左右（现在是 2014 年）。这不包括关于“中国崩溃论”或“中国经济硬着陆”的种种预测。

第 2 节
小句与大句

如果说“格式与样式”讨论属于已是 20 年之久的老话重谈，那么，本节的“小句与大句”讨论也至少是 10 年之久的老话重谈了。

HNC 定义的小句是以逗号（“，”）标记的语句，大句是以句号（“。”）标记的语句。若干或一个小句构成一个大句，若干或一个大句构成一个句群。

HNC 建议，语句理解处理必须以大句为单位，绝不能以小句为单位；语境理解处理必须以句群为单位，而不能以大句为单位。这就是说，句类分析必须以大句为对象；语境分析必须以句群为对象。在一个小句里遇到的难点，放到大句里去考察，也许就会迎刃而解；同样，在一个大句里遇到的难点放到句群里去考察，也许就会迎刃而解。

上述建议概述了 HNC 关于语言理解处理的基本论断，但是，该论断乃是建立在小句、大句和句群的理想化描述基础上，而自然语言文本实际使用的逗号、分号、句号和段落等标记符号，只能作为小句、大句和句群的参考性标记。那么，该理想化描述与实际符号之间的接轨问题如何解决？这在“论句类”和“论语境单元”里已给出过充分论述。

本节所论，无关乎接轨，而以小句与大句的汉英形态差异为主题。关于这一差异，不能不提及下面的比喻：四合院与高楼大厦，两者分别对应于汉语和英语大句的形态特征[*01]。

这个比喻意味着，汉语与英语之间的翻译，必须进行上节所说的第二梯级句式转换，说得形象一点，就是四合院与高楼大厦之间的结构性转换。

为了凸显汉语和英语的这一大句形态特征，前文给出过不少示例，这里不炒“回锅肉”，再给一个示例[*02]，以便于读者获得一点新鲜的感性认识。

示例是一个句群，包含 5 个大句，命名：句群 001。该命名意味着，给出两代表语言的对应文字。为后文叙述之便，给大句加了编号。

句群[1]001

大句 01：我们必须克服困难，我们必须学会自己不懂的东西。

We must overcome difficulties, we must learn what we do not know.

大句 02：我们必须向一切内行的人们（不管什么人）学经济工作。

We must learn to do economic work from all who know how,no matter they are.

大句 03：拜他们做老师，恭恭敬敬地学，老老实实地学。

We must esteem them as teachers, learning from them respectfully and conscientiously.

大句 04：不懂就是不懂，不要装懂。

We must not pretend to know when we do not know.

大句 05：钻进去，几个月，一年两年，三年五年，总可以学会的。

If we dig into a subject for several months, for a year or two,for three or five years, we shall eventually master it.

大句 03 和大句 05 是比较典型的现代汉语四合院，带有鲜明的毛式语言风格，但充分展示了汉语的四合院之美。碰到这样的大句，汉英机器翻译的第一反应就应该是：要做第二梯级的句式转换，也就是从四合院向高楼大厦的转换。这里还应该追问一声，优秀的翻译家的第一反应也是如此吗？答案请读者自己选择。

下面，先以提问方式说 3 点表层性话语：①两大句都没有主语，被省略的主语是什么？②“恭恭敬敬地学，老老实实地学”是小句吗？③“几个月，一年两年，三年五年”是一般性时间状语吗？

接着，仍然以提问方式说 3 点深层性话语：①“拜他们做老师”是什么句类呢？②其后续的两“学”如果算小句，它们又是什么句类呢？③“钻进去”和“总可以学会的”是什么句类呢？

对上列表层和深层问题，下面放在一起来讨论，演化出下列 3 个小节。每一小节都重在提出问题，而不是解决问题。这必将引起失望，但失望可以成为希望的起点，且作如此期待。

1.2.1 关于主块省略的汉英差异

实际上将涉及两项课题：省略与补缺。

上面示例出现了大量主块省略，毛式语言风格实际上是对古汉语风格的弘扬。主块省略是汉语的古老语习，对于这一点，许多读者可能十分生疏，下面就“插讲”一段古汉语的“故事”。这里的“插讲”和“故事”都带了引号，因为“讲”的方式将以句类代码为依托，不同于通常的讲，而“故事”的内容不过是前面曾经引用过的下列名句：

---

① 汉英对照句群以“句群”开头，英汉对照句群以“句群（SG）”开头。编号顺序递增，两种交替出现。特此说明。

名句 01：将百万之军，战必胜，攻必克，吾不如韩信。
名句 02：运筹帷幄之中，决胜千里之外，吾不如张良。
名句 03：仁义不施，而攻守之势异也。

与 3 名句对应的句类代码是：

名句 01：!31R414J,jD2J,jD2J,jD0J.
名句 02：!31S0DJ,!31S0Y0J,jD0J.
名句 03：!31!32!（1,2,3）T0Y0J,lb2\3jD2J.

句类代码的概念多数读者应该已经比较熟悉，但该概念的运用就不能这么说了。可是，如果不熟悉句类代码的运用，下面的“故事”就没法“讲”。这是一个非常严重的障碍，不由得又一次引起了关于“HNC 黄埔”的回忆。该回忆涉及两项基本课题：一是词语与概念基元符号的相互挂接；二是语句与句类代码的相互挂接。

20 年来，HNC 团队对这两项课题都付出了巨大的精力，尤其是前者。但是，都出现了同样的严重失误，那就是把“与”改成了“向”，把双向相互挂接变成了自下（自然语言）而上（语言概念空间）的单向挂接。

关于第一项失误，前文已给出过不少论述，但对第二项，则一直采取回避态度。因为没有前者的更正，后者便无从谈起。上节里的那个卖关子，是第一次点了一下第二项课题。

这项课题不妨从句类代码的对号入座难度谈起，该难度可以粗分为轻、中、重 3 级。这 3 级难度的分布显然是句类研究的一项基本数据，但关于句类知识的基本数据都处于阙如状态，本数据自然也不例外。

这里，仅结合上列名句的 9 个小句，来管窥一下。结论如下：轻难 7，中难与重难各 1。中难是“**将百万之军,**”，重难是“**仁义不施,**”，其他都是轻难。

在这 7 个轻难里，两个属于相互比较判断句 jD0J，3 个属于势态判断句 jDJ=（DB, DC）[*03]，似乎都确实不难辨认[*04]，但“**运筹帷幄之中，决胜千里之外**”的对号入座，怎么能纳入轻难呢？下面，试着回答一下这个问题。

上节的注释“[*07]”里引用了一个著名例句：主席团坐台上，属于 3 主块状态句 SkJ，句类编号为 Y-03c。该例句的句类代码是：

```
S0J = SB+S0+SC
```

S0J 的基本句类知识包括下列两点：①SB 必须是具体概念；SC 必须是空间描述[***05]；S0 必须是概念树 50 里的 v 概念。由于这 3 个“必须”的约定，S0J 的句类检验比较容易施行。所以，它很早就被纳入贵宾级基本句类。②如果前两个“必须”被满足[**06]，而 S0 的“必须”不被满足，则该语句可一定是以“S0J”牵头的混合句类，被“牵”的句类由“S0”所对应的广义作用效应链位置所决定。

上述两点是关于 S0J 的句类法则，而不是规则。

由于“帷幄之中”和“千里之外”都符合 SC 之“必须”，“运筹”和“决胜”在广义作用效应链中的位置又相当明确，如果还要说“!31S0DJ”和“!31S0Y0J”的认定不属于轻难，那是否有点过于自卑了呢？

下面来说一下“将百万之军”的中难和“仁义不施”的重难。

“将百万之军”的中难来自“将”字的多音与多义，读者十分熟悉，正是由于该缘故，在语法逻辑编的“B 标记 102”节里都没有把它纳入“102”的直系捆绑词语[*07]。

“仁义不施”的重难则说来话长。双省略“!31!32!”是第一个因素，现代中国对“仁义”的概念十分生疏是第二个因素；“仁义”与“施”的古代绝配已为现代观念所不容，是第三个因素；“仁义”与“不施”之间的语法关系困惑[*08]是第四个因素。

这“插讲”的故事太长，有喧宾夺主之嫌。目的有两个，一是为“5 大句示例”的句类标注做准备，二是向读者传达如下的信息：语句与句类代码的“对号入座”没有那么可怕，而这项“对号入座”的功力非常重要，对于第一趟接力的递棒者和接棒者同样重要，这直接关系到 HNC 转轨努力的成败。在这一年多的努力中，HNC 是否在这个问题上出现了最大失误？笔者一直困惑于此，特意写下来以求教于高人。

下面回到“5 大句示例”，先给出汉语表述相应的句类代码。

大句 01：我们‖必须克服‖困难，我们‖必须学会‖<自己|不懂|的东西>。

XY0J,　　　　T19T3*2J

大句 02：我们‖ [-必须]向一切内行的人们（不管什么人）‖学‖经济工作。

!(1,2,0)T3*2J((fb2)!01S04J)

大句 03：拜‖他们‖做老师，恭恭敬敬地学，老老实实地学。

!31D0T3*2J,　　(l41c01)!31!32T19T3*2J

大句 04：不懂‖就是‖不懂，不要装懂。

D2jDJ,　　(f44)!31D1J

大句 05：钻进去，几个月，一年两年，三年五年，总可以学会的。

!31!32T19T3*2J,　　　　Cn-1!31!32YT3*2J

不计重复，这里一共 10 个小句，省略句式占了 6 个，占比竟然高达 60%。不仅如此，在省略句式里，双省略“!31!32”的占比又高达 50%。在这一令人瞠目结舌的数据面前，现代汉语语法学家的第一反应或许是，HNC 错误地把不是句子的东西当作句子来处理了。

语法学家会说：“恭恭敬敬地学，老老实实地学”是状语，怎么可以当作句子来处理呢？

这里不拟辩论，因为前文早已指出过，状语本来就是一个硕大无朋的“杂货”集装箱。但是，如果把大句 03 和大句 04 改成下面的形态[*09]，话语蕴涵依旧，而上面的句类标注方式是否展现出其一定的“先见之明”呢？

（大句 03）：拜他们做老师，恭恭敬敬、老老实实地**学习**‖**做经济工作**。

!31D0T3*2J,　　　　!31T19T3*2J

（大句 05）：钻进去，**有的**‖几个月，**有的**‖一年两年，**有的**‖三年五年，总可以学会的。

!31!32T19T3*2J,　(f81d01)S04J,　　!31!32Y3T19T3*2J

所谓的“先见之明”，具体表现为两点：大句 03 的（l41c01）!31!32T19T3*2J 在（大句 03）里变成了!31T19T3*2J；大句 05 的 Cn-1 在（大句 05）里变成了（f81d01）S04J。这表明：对大句 03 里的“恭恭敬敬地学，老老实实地学”不按状语处理是合适的；对大句 05 里

的“几个月，一年两年，三年五年”不当作前句，而当作后句的状语来处理也是合适的。

第一项合适性应该争议不大，第二项合适性则不然。这里不妨先回顾一下 HNC 以前常说的两个“陈旧”论点：①在汉语里，任何句类都可以转换成简明状态句 S04J。②当时间、空间和数量短语出现在特征块 EK 之后时，对基本句式按主块处理；对非基本句式按 HE 处理；当它们出现在特征块 EK 之前时，一律按辅块 fK 处理。这里要补充的是，如果时间、空间和数量短语出现在两特征块之间，且两侧都以逗号隔开时，那就一定把它们当作居后语句的 fK 来处理。这项补充属于后来的思考，这里干脆来一次“王婆卖瓜”，名之“灵巧”思考。上面对“5 大句示例”的句类标注，就是一个“陈旧”与“灵巧”相结合的“怪胎”。

对语句，要免除“定、状、补”的束缚[***10]；对句类，要免除“GBK+EK”的束缚。只有免除这些束缚，才可能达到“见怪不怪，其怪自败”的境界。这个境界，是语言理解过程最关键的一级台阶。跨上了这级台阶，才能领悟到“条条大路通罗马”的真谛，从而迈进理解和记忆的殿堂。

“条条大路通罗马”的真谛并不神秘，因为它可以体现在每句话甚至每个词语里，也可以体现在每个句类和每个语块里。为了展现这一点，下面把“5 大句示例”的英语形态再标注一遍，随后进行汉英两种代表语言的句类对比分析。

大句 01：We must overcome difficulties, we must learn what we do not know.
　　XY0J,　　　　T19T3*2J

大句 02：We must learn to do economic work from all who know how,
　　no matter they are.
　　T3*2J,(fb2)!32jDJ

大句 03：We must esteem them as teachers,
　　learning from them respectfully and conscientiously.
　　D0J,　{!31!33T3*2J}

大句 04：We must not pretend to know when we do not know.
　　(f44)!32D01Y3JCn-4,Cn-4 = {!32D01J}

大句 05：If we dig into a subject for several months,for a year or two,for three or five years,
　　we shall eventually master it.
　　T19T2*2JCn-1, XY0J

下面，给出一张汉英句类对照表，将简称句类对照表（表 5-2）。这也许是第一张这样的表，HNC 有志于此久矣，但一直没有顾得上。从这个意义上说，如果用“负债累累，深感愧疚”8 个字来描述笔者此刻的心情，那是最合适不过了。

先说几句闲话。此表被编号为“对照表 001”，它包含 3 层意思：①此表以句群、大句和小句为依托；②就汉英两代表语言的机器翻译研究来说，这样的对照表需要几百个，但不会超过 1000；③此表可双向使用，有几百张这样的表，就足以把汉英互译的全部课题暴露无遗[**11]。近年来，每当笔者念叨“一叶知秋”的时候，心里就牵挂着几百张这样的表，可惜这里才出现第一张。这“001”名副其实，因为虽然以往提供过不少，但那都是山寨版，论正版或真货，这是第一个。

表 5-2 “5 大句示例”汉英句类对照（对照表 001）

大句	句类对照
大句 01	XY0J,T19T3*2J
	XY0J,T19T3*2J
大句 02	!(1,2,0)T3*2J((fb2)!01S04J)
	T3*2J,(fb2)!32jDJ
大句 03	!31D0T3*2J,(l41c01)!31!32T19T3*2J
	D0J, !31!32T3*2J
大句 04	D2jDJ,(f44)!31D1J
	(f44)!32D01Y3JCn-4,Cn-4 = {!32D01J}
大句 05	!31!32T19T3*2J, Cn-1!31!32Y0T3*2J
	T19T3*2JCn-1, XY0J

下面来详说“001”。各大句将编号为“001-m”，大句里的小句将编号为“001-m-n”。这一编号方式可一般化为“[k]-[m]-[n]”。详说将采取“学长”与“知秋”（“一叶知秋”的简化）的对话形式，简记为：对话 001。对话按照大句的顺序依次进行。为便于阅读，在每场对话前，将该大句的文字和标注都拷贝一遍，还有一个基本情况简介。对话中会提到上面的论述，将简称背景文件。

对话 001

——关于“001-1”

我们‖必须克服‖困难，我们‖必须学会‖<自己|不懂|的东西>。

XY0J, T19T3*2J

We must overcome difficulties, we must learn what we do not know.

XY0J, T19T3*2J

基本情况：“001-1”两小句不仅句类代码相同，格式也相同。

学长：这种情况属于少数。

知秋：同意，甚至可以说属于罕见。

学长：[001-1-1]的互译可简化成词语翻译问题，[001-1-2]则出现了宾语从句的转换问题。

知秋：第一句话我同意，但第二句话我强烈质疑。为什么要把宾语从句的概念强加于汉语？使用要蜕的概念不是更方便吗？在我看来，“what we do not know”就是 D01J 的违例格式“!21”，而英语的“!21”就是要蜕。因此，[001-1-2]的互译是一个要蜕变换问题。这样的陈述方式更有利于走向法则而不是规则的高度，因为该变换的施行与句类无关。而且，具体的变换规则在汉语方面非常简明，不过就是一个“的”字的妙用而已，说“如探囊取物耳”都不过分。

001：这里的“what we do not know”是一个宾语从句，如果是主语、定语或状语从句，你所说的要蜕变换法则也成立吗？

知秋：对主语从句同样成立，不信，学长可以证伪。但定语和状语从句另当别论。

——关于“001-2”

我们‖[-必须]向一切内行的人们（不管什么人）‖学‖经济工作。

!(1,2,0)T3*2J((fb2)!01S04J)

We must learn to do economic work from all who know how,

no matter they are.

T3*2J,(fb2)!32jDJ

基本情况：主体语句的句类相同，出现了格式自转换。但“一切内行的人们（不管什么人）”的处理比较特别。

学长：这是一个典型的双宾语句，此类语句就必然要施行所谓的格式自转换吗？

知秋：不是双宾语句或 4 主块句都必然要施行格式自转换，但教学句 T3*mJ 是唯一的例外，它必须施行。在 HNC 的 57 组基本句类时期，该句类并不存在，是后来添加的。因此我猜测，上述“唯一的例外”是其被提拔上来的基本缘由。

学长：对学妹的猜测，我不感兴趣。我脑子里正在盘旋着汉语教学句的基本格式样板，……

知秋：学长，别白费力气了。你大概在想“周先生教过我们班的广义相对论”之类的语句吧，问题在于，那些语句都一定属于 3 主块混合句类。请记住，最常用的有下面两种：

X11T3*1J, T19T3*2J

学长脑子里盘旋的东西，逃不出 T3*mJ 在后的混合句类范畴。

学长：如此说来，你刚才说的“必须施行”论断可以等同于公理，不必证伪，是吗？

知秋：不要这么说，更不要去同公理拉关系，也不要拒绝证伪。在翻译过程中，一碰上汉语的“!（1,2,0）”之类，就来它一个格式自转换，不就万事大吉了！

学长：学妹的话太轻浮了，抓住了格式自转换绝不等于万事大吉。此句的翻译难点在于把“向一切内行的人们（不管什么人）”翻译成下面的英语：

...from all who know how,no matter they are.

这里面的学问大得很。

知秋：现在我们在讨论句式转换，“一切内行的人们”和“all who know how”属于本编的第三章的课题，下面再谈。“（不管什么人）”和“no matter they are”是本章的课题，译文的处理方式很合适，但相应的标注符号比较奇特，学长能接受吗？

学长：暂时别去管它吧。

——关于“001-3”

拜‖他们‖做老师，恭恭敬敬地学，老老实实地学。

!31D0T3*2J, (l41c01)!31!32T19T3*2J

We must esteem them as teachers,learning from them respectfully and conscientiously.

D0J, !31!33T3*2J

基本情况：本大句两小句。汉语省略了全部主语，重复式第二小句还省略了宾语。英语恢复了第一小句的主语，但也省略了第二小句的主语和直接宾语。

知秋：这个大句很有趣，汉语和英语都是两小句。

学长：两小句是学妹的说法，本人绝不认同，英语的所谓第二小句不过是一个状语，一个以现在分词形态构成的状语。

知秋：背景文件曾把汉语“大句 03”（现在的编号是“001-3”）变成“(大句 03)”，拷贝如下：

拜他们做老师，恭恭敬敬、老老实实地学习‖做经济工作。
　!31D0T3*2J,　　　　　　!31T19T3*2J

第二小句是一个无可置疑的“!31”形态 3 主块小句，其句类代码恰好就是刚才提到的混合句类 T19T3*2J。那么，把“大句 03”的状语从句看作是“(大句 03)”的“!32”形态小句，不是一件顺理成章的事吗？这项“顺理成章”，不是为语言理解提供了显而易见的便利条件吗？为什么非要把它硬塞进“状语集装箱”呢？这种思考方式就等于无视汉语的个性或殊相，无异于强迫汉语向英语看齐。

学长：“强迫”的用词太严重了，“主谓宾定状补”是对所有语言之语句共性的描述方式，也完全适用于汉语，为什么要另搞一套？

知秋：对“learning from them respectfully and conscientiously.”直接给出“!31!33T3*2J”的标注，去掉原蜕符号“{}”，后学当初也很难接受。但是，在三度琢磨以后，出现了从“很难”到“欣然”的煎熬。三度琢磨依次是：对 T3*2J 句类知识的琢磨；对 3 主块 GXT3*mJ 混合句类知识的琢磨；关于省略句式的琢磨。

下面以 T3*2J 为依托，作一点具体说明。该基本句类有 4 个主块，HNC 的主块符号依次是 TB2、T3*2、TB（1）和 T3C，相应的意义大体对应于下列汉语词语：学习者、学习、老师、学习内容。这组主块符号体系不过是 T3*mJ 的一项，而 T3*mJ 又不过是 68 组里的一项，更不过是最多 4556 组混合句类的一项。然而，重要的不是这些数字本身，而是站在它们身后的一个理论体系，一个名为广义作用效应链的理论体系。据说，该理论体系保证了 HNC 句类描述体系的透彻性和齐备性。在 HNC 句类描述体系面前，传统的“主谓宾”，曾盛极一时的各种“格”“位”“价”和“功能”语法体系，是否难以比肩，甚至难以望其项背？因为句类描述体系不过是 HNC 整体理论的一级台阶。

回到“大句 03”，参考“(大句 03)”。后学忍不住要说三声妙极了：

以“!31D0T3*2J”来描述“拜‖他们‖做老师”，妙极了；

以“(l41c01) !31!32T19T3*2J”来描述“恭恭敬敬地学，老老实实地学。”，妙极了；

去掉原蜕标注符号，以“!31!33T3*2J”来直接描述“learning from them respectfully and conscientiously.”，妙极了。

但是，以“D0J”来描述“We must esteem them as teachers”却另当别论，为什么不直接采用“D0T3*2J”来描述呢？

回到三琢磨。后学的体会是：主宾语及其相应从句，定状语及其相应从句，都存在着功能方面的本质区别。前者是小句内部的事，属于“内政”；后者则是小句之间的事，属于“外交”。英语的语习偏好大楼，让“内政部”和“外交部”在同一座大楼的不同楼层办公；汉语的语习偏好四合院，让“内政部”和“外交部”在不同的厢房办公，如此而已。不同楼层和不同厢房的配置各有所长，无所谓优劣之分，关键在于“内政”与“外交”的功能区分。要理解一个政府的本质，要分别考察它的内政与外交，同样，要理解一个大句的本质，也要分别考察它的“内政”与“外交”。那么，传统语言学所提供的概念或术语，即现有语言描述工具是否适合于这项考察呢？这需要反思。

传统语言学所提供的大句描述工具可概括为“三语三从”[*12]：“三语”是介词短语、名词或体词短语、动词短语；“三从”是名词性从句（主语、宾语、表语、同位语从句）、定语从句、状语从句。这“三语三从”既属于“内政”，也属于“外交”，如果你主张在一个大句里根本无所谓“内政”与“外交”的区分，那面对着“001-3”，你就会拒绝“001-3-1”和“001-3-2”的划分，把“001-3-1”当作“001-3”的主体，而“001-3-2”只是一个附属品，一个叫作分词短语（3 种动词短语之一）的东西。这里后学要说，学长的拒绝是需要反思的，因为这种主附关系的划分很“专制”，很不“平等”；既不“民主”，更不“科学”。你看，如果汉语原文调换一下次序，变成：**我们要恭恭敬敬地学，老老实实地学，拜他们做老师**，那译文的主附关系不就完全颠倒了过来，而显得十分尴尬吗？后学猜测，HNC 一定是注意到了这种尴尬局面，从而引入句蜕与小句的概念或术语，前者专用于描述“内政”，归“内政部”管理；后者专用于描述“外交”，归“外交部”管理。这样，“001-3”的“001-3-1”和“001-3-2”就处于平等地位，整个大句就可以形成如下汉语与英语描述[*13]：

```
!31D0T3*2J,!31T19T3*2J
D0T3*2J,!31!33T3*2J
```

在这一描述里，上述尴尬局面就不会出现。后学愿意说，这是“平等”与“科学”的胜利。这样的“另搞一套”应该得到鼓励，不是吗？

学长：看来，学妹真是花了一番工夫去学习 HNC，说起 68 和 4556 的数字来，如此顺畅，说起“内政”与“外交”的比喻，如此娴熟，显示出一种青出于蓝的气势。但是，学妹似乎不知道，语言学早就提出了小句的概念，早就在进行着“学习者、学习、老师、学习内容”之类的语义角色分析。学妹似乎也不知道，语料库语言学和统计语言学彻底改变了语言学原来难以避免的坐井观天状态，已成为语言信息处理技术的主流。HNC 居然对此视而不见，要明白，我们刚才的讨论仍然是在“坐井论道”，“内政”与“外交”的比喻，不过是“井底蛙声”而已。

知秋：学长的两个“似乎不知道”，后学可一笑置之。不过，对“井底蛙声”的警告，一定谨记于心。重要的是，现在已经有了一张全部语言“井”的清单，该清单层次分明，脉络清晰。相信不相信这个清单，是一回事，但不能“视而不见”。我们到下一口“井”去参观一下吧，再接着讨论，好吗？

——关于“001-4”

不懂‖就是‖不懂，不要装懂。

```
D2jDJ,      (f44)!31D1J
```

We must not pretend to know when we do not know.

```
(f44)!32D01Y3JCn-4, Cn-4 ={(f44)!32D01J}
```

基本情况：本大句汉语为两小句，采取了“小句，小句”的大句结构。英语不同，采取“小句，条件辅块”的大句结构，其大句只包含一个小句。HNC 把这种大句结构的转换叫作第二梯级的句式转换，也简称句式转换，因为小句的第一梯级句式转换，已分别命名为格式转换和样式转换了。

知秋：这个大句特别有趣，汉语是两个小句，而英语是一个小句，是研究句式转换的好材料。

“001-4”的汉语形态使我想起了《论语》里的名句：**知之为知之，不知为不知，是知也**。3 小句的句类代码依次为：D2jDJ,D2jDJ,!31jDJ。

与“001-4”的汉语大句结构何其相似乃尔！都以 D2jDJ 居前，以!31GYJ 殿后。其暗含的大句规则是：要么居前小句是对殿后小句的补缺[**14]，要么两者形成迭句关系。这是小句之间两种最简明的“外交”关系：补缺关系和迭句关系。汉语经常采用，而英语几乎不采用，这就是汉英互译需要进行句式转换的基本起因。这里引用的《论语》例句属于补缺关系，前面引用的“名句 01”和“名句 02”也是，这里的“001-4”则属于迭句关系。

学长：学妹似乎把简单问题复杂化了。本句的关键在于“不懂”和“装懂”这两个汉语动态词。汉语的动态词可以十分简约与灵活，“不懂”和“装懂”就是两个典型，形态简约，可名可动。英语没有这个便利，它必须把“不懂”变换成“do not know”，把“装懂”变换成“not pretend to know”。从这个“必须变换”出发，去寻求“001-4”的句式转换，是否更为简明，且更为高明呢？

学妹已经注意到，补缺关系和迭句关系仅适用于汉语，那么，到了英语那里，这两种关系转换成什么关系呢？从这个例句，你可以总结出什么法则来呢？

知秋：学兄一下子摆出了两把尖刀，两把剖析汉语与英语之间句式转换机理的尖刀。后学不才，只能先说一点粗浅看法，从刚才引用的《论语》例句说起，远谈不上法则。

辜鸿铭先生对该例句的英语译文是：

To know what it is that you know, to know what it is that you don't know—that is understanding.

显然，居前的两“to know what...”是对“—that”的诠释，因此，如果引入“诠代”这个词语，那么汉语的“补缺”关系就可以转换成英语的“诠代”关系。这里需要进一步追问的是：（01）“诠代”是唯一的解决方案么？（02）英语的“诠代”部分可前可后，居后为主，其前后位置如何确定？（03）补缺与迭句并非泾渭分明，如何处理两者的交织性呈现？这 3 项追问之初步答案的难度依次递减。

这里已经对追问（01）给出了两种答案：辜鸿铭先生的英语译文属于“诠代”，而“001-4”的英语译文则属于“转辅”，即将居前部分转换成辅块，将“不懂就是不懂”里的“不懂”转换成“when we do not know”。接下来的问题是：“诠代”与“转辅”能够充当包办者的角色吗？更准确的提法是：在何种语境条件下，两者可充当包办者角色呢？

愚意以为，关键性的语境条件就是汉语使用了英语罕用的句类代码，“001-4”的 D2jDJ 和!31D1J，《论语》例句的 D2jDJ 和!31jDJ，都属于英语的罕用。这里，后学也经历过一次从“很难”到“欣然”的煎熬过程。这一过程密切联系于下述语言事实：现代汉语很少使用

D1J 和 D2J，但在古汉语里却十分常见。这里要再一次感谢《老子》，请看下面的著名论断（见《老子》一章的前两段）及其句类标注吧。

道可道，非常道；　　　　名可名，非常名。
D1S3J,(f44)!31jDJ　　D1S3J,(f44)!31jDJ
无，名天地之始；有，名天地之母。
D2P11J,　　D2P11J

这里应特别说明，现代汉语依然同古汉语一样，极度偏爱!31jDJ 句式，而英语却似乎对它下了禁止令。汉语的这一语习偏爱同时导致对迭句的偏爱，“001-4”的前后两小句构成迭句关系。因此，对“001-4”的句式转换，从这里去追根索源，不能说是把简单问题复杂化吧。当然，“001-4”里出现的，不是!31jDJ，而是!31D1J，岂非“乱点鸳鸯谱”吗？对这个问题的回答，不妨说句笑话。现代汉语为什么罕用 D1J 和 D2J？因为英语罕用，于是，现代汉语就听从了向英语“看齐”的口令，但 D1J 和 D2J 的!31 形态，依然靠着!31 语习之惯性力量在流行。“001-4”里的怪物——（f44）!31D1J，就是这么出来的。要翻译成英语，对这个怪物，就必须施行句式转换。就这里的 D1J 而言，向着 D01Y3J 转换，乃是不二之选。说到这里，就与学长找到了交集，回到了“装”与“懂”的语义分析。虽然 HNC 不喜欢语义这个词，但后学照用不误。因为语义分析的意义可以发展，它同 HNC 所提倡的义境分析或语境分析可以并行不悖。

上面说到了交集，这是一个命根子话题，后学也不知道从哪里说起。学长刚才说，“不懂”和“装懂”这两个动态词，形态简约，可名可动。“不”与“懂”的组合好理解，但如何理解“装”与“懂”的组合？有趣的是，HNC 符号提供了一条如下的联想途径。

在概念树“33 显与隐”的世界知识说明中有这么一句话，33m9t=b 都需要作 33m9t\k 的延伸。在该话之前，实际上已经约定了 3329a\1 对应于掩饰弱点。如果在概念空间知识库中存在下列内容：

```
3329a\1=>(810,s10\2)
3329a:=pretend,|掩,装,
810:=study,know,understand|研,钻,究,懂,
```

那么，动态词“装懂”就属于 HNC 所说的“绝配”，pretend to know 也是如此。

21 世纪以来，HNC 就一直在呼吁语言概念空间知识库的建设，因为它是语言理解处理的命根子。后学原来也以为，这不过是一种乌托邦呼唤，但后来改变了。因为这项建设所需要的原材料和工具都已经十分齐备，设计与施工都不存在技术障碍，是“万事俱备，只欠东风”的时候了。这东风，就是一个决策。

学长：错！大错而特错，不是“一个决策”，是“决策+人才”，而决策与人才，是鸡与蛋的关系。

学妹刚才说到了两口汉语“古井”，它们的汉语名字是什么？我倒是对“古井”有点兴趣，还有别的吗？

知秋：学长高见。

D1J 和 D2J 都叫简明判断句，都带特征块 D，前者只有一个广义对象语块 DBC，后者有两个：DB 和 DC。汉语“古井”，一共只有 3 口，第三口“古井”叫简明比较判断句，句类代码：jD0*0J = (DB,jDC)。典型句式是“者”与“也”的搭配，《全书》经常采用。

——关于“001-5”

钻进去，几个月，一年两年，三年五年，总可以学会的。

!31!32T19T3*2J,　　Cn-1!31!32Y30T3*2J

If we dig into a subject for several months,for a year or two,for three or five years, we shall eventually master it.

T19T3*2JCn-1, XY0J

基本情况：汉语和英语都是两小句，英语的居后小句符合语法标准，没有出现“001-3”里的违例，但句类和句式都发生了重大变化。

HNC 一直在强调汉语与英语的一项重大语习差异，即汉语辅块居前，英语辅块居后，准确地说，汉语的辅块一定安顿在特征块主体之前，而英语的对应辅块一定安置在特征块之后。大句“001-5”的文本标注，印证了这一基本语言景象。关于汉英之间的这一语习差异，指出来就足够了。背景文件里的那些辩护，即围绕着“(001-5)”的那些论证，纯粹是一个多余的东西，学长以为然否？

学长：不要小看“(001-5)”，其中的“有的”大有名堂，它是“有的事”与“有的人”的综合。语言的面具性特征，在这里得到了充分展现。背景文件里不是大谈了一番“王婆卖瓜”吗？“(001-5)”是“卖瓜”的必要铺垫。通过这个“瓜”，卖者要宣扬他所谓的语句“两免除”特性，以及伴随着该特性的所谓“境界”和“台阶”。“001-5”是“两免除”的极致形态，而“(001-5)”则试图进一步表明：那个“几个月，一年两年，三年五年，”的短语，都可以看作是一组小句的省略。这才是卖瓜者的真实意图，尽情展示汉语的“四合院”结构特征。在“卖瓜”者眼里，“(大句 05)”的“钻进去”就是“四合院”的南房，“**有的**‖几个月，**有的**‖一年两年，**有的**‖三年五年”就是东西厢房，而“总可以学会的”就是北房。实际的大句——“大句 05”——只有南房和北房，英语的所谓“大厦”，自然就采取相应的“双子星座”结构，但汉语里所有省略的句子成分都必须补全。其次，本“双子星座”属于因果关系，故其居前小句可加“If”。

知秋：HNC 的文字风格，后学也是历来畏而远之，学长刚才的这番分析，大大减轻了后学的畏惧心理。

学长：文字和 HNC 符号是两件事，难道学妹就不畏惧后者么？在我看来，把“钻进去”映射成“!31!32T19T3*2J”，把“总可以学会的”映射成“!31!32Y30T3*2J”，也许用得上李白的“难于上青天”诗句吧。如果计算机能自动完成这项映射，我倒是看好 HNC 的发展前景。

知秋：后学的回答是“不能”，不要畏惧 HNC 符号。当然，映射不是一件轻松的事。不过，后学刚才不是斗胆了一下，对“001-3”里的一项背景文件标注进行过修改吗？以后学之愚鲁，尚能如此，学长就不要太悲观了。

“学长”（“001”）与“知秋”的对话，就记录到这里。这是第一场对话，今后可能出现多次。“学长”和“知秋”是《全书》特意邀请的两位嘉宾，这里要说明两个细节：①两位都可以在文本里单独出现，提出问题；②“001”的铭牌号可能变成“[k]”。

上文有话在先，这些对话重在提出问题，不刻意追求一致性结论。本场关于英语小句的讨论就是如此。

就本小节的主题来说，最后可以给出如下的描述：汉语经常“!31”，英语少见；汉语整个大句的全部小句都可以“!31”，英语绝不允许。但有趣的是，HNC 定义的英语小句也经常“!31”。

1.2.2　关于小句安顿的汉英差异

本小节说的“小句安顿”，是指小句的顺序安排，这里的小句当然是指 HNC 定义的小句。

小句顺序，总可以归结为两种基本类型，即并联与串联。就并联来说，事理比较简明，可以把语习差异抛在一边，采取彼此迁就或相互看齐的处理策略就是了。

知秋问：串联小句也可以这样处理吗？

回答：没有理由不可以这样处理。

知秋问：广义对象语块 GBK 的串联结构，汉语与英语不是存在“换头”的根本差异吗？词语串联或概念基元串联的基本结构 vo、ov、cp-|，两代表性语言不是也都存在重大差异吗？这些差异的共同特征是：汉语先次后主，而英语先主后次。难道到了小句层级，这一主次顺序特征就消失得无影无踪了吗？

回答：没有消失。就机器翻译而言，相互迁就的策略比较明智，如此而已。

1.2.3　关于状语安顿的汉英差异

HNC 把传统语言学的状语看作是一个杂货集装箱。当然，对这批杂货，语言学进行过比较系统的研究，其基本成果的描述是：8//9 类状语。但在 HNC 视野里，这样的描述离透齐性标准，还存在比较大的距离[***15]。

HNC 的做法是，从状语集装箱里取出 4 件东西给予特殊关注，这 4 件东西是时间短语、空间短语、数量短语和情态状语[*16]。这 4 件东西之所以值得特殊关注是由于：①3 类短语可充当 3 种角色：主块、辅块和 HE，汉语和英语对这 3 种角色的安顿方式存在巨大差异；②情态状语的位置安顿，汉语和英语也存在巨大差异。

前者汉英差异的研究，建议后来者作专题研究。

后者的汉英差异比较简明，概述如下：情态状语一定在谓语前方，这是汉英两代表语言的相同，也许是所有自然语言的相同，后者乃姑妄言之。汉英语言的差异在于：英语情态状语一定与谓语拥抱在一起，彼此不分离；汉语却不这样，两者经常分离，中间有“第三者”插足，那就是相关辅块。

情态所描述的对象不只是特征块，也包括有关的辅块。所以，汉语和英语的上述差异都符合语言的“道”。这个“道”，也就是 HNC 不断阐释的各种语言法则，是语言理解的基本功，也是汉英机器翻译的基本功，请谨记斯言。

1.2.4 关于重复表述的汉英差异

在“001-3”里，我们看到，汉语的两个重复式小句到英语中就变成了一个小句。某些汉语的重复小句，翻译成英语必须合并；相反的情况也会存在。这是一个非常有趣的句式转换课题，留给后来者。

本节的主要目标在于，为语言学不同流派之间的相互交流与碰撞开办一个小沙龙，机器翻译特别需要这样的小沙龙。“001”可以看作是第一次沙龙的编号，小句、大句、句群是这次沙龙的主题，重点仅仅是探讨了小句的汉英形态差异。当下流行着平台这个词语，这里刻意避开它。但实际上，这次小沙龙，就是理论第一棒的交流平台。不过在产业界的视野里，这种交流或碰撞，一文不值，所以本节也就不高攀了。

本节的4个小节，重点是前两个小节，而重中之重又在于消除一个可能的误解，那就是英语的非限定性动词短语属于原蜕，以往关于原蜕的大量论述可能造成这样的误解。这一点，下一节还会谈到。

注释

[*01] 这个比喻大约2004年开始使用，近年在北京师范大学中文信息研究所的系列博士论文里得到响应。笔者在欣喜之余，要向该研究所的创办者许嘉璐教授深致敬意和谢意。

[*02] 本示例取自《毛泽东选集》第四卷的《论人民民主专政》。

[*03] 在全部68组基本句类中，类似于“(DB,DC)”形态的句类表示式只有3个。该形态表示，两语块顺序不能交换。

[*04] 这里的两个相互比较判断句jDOJ都缺省了相互比较内容，由jDOJ的句类知识可轻易推知，它们前面的小句都不过是对相互比较内容的“四合院”式描述。这在《论句类》里有详尽讨论。

[***05] 在SOJ句类知识的3项“必须”里，对SB和SO使用了“概念”，但对SC却使用了描述。这个细节非常重要，“空间描述”的联想包容性远大于“空间概念”。例如，肝癌、肺结核、脑溢血；地震、海啸、决口、蝗灾；狂风、台风、龙卷风、暴雨、闪电、冰雹、泥石流；断垣残壁、尸横遍野、满目疮痍……都属于空间描述，它们都可以纳入SC（SOJ）的直系捆绑词语。为了这一句类知识描述的便利，这里的SC（SOJ）曾试用过以SOC替代，后来放弃了，也就是接受了规则让位于法则的思考。就基本句类SOJ来说，最重要的句类知识是，SB与SC之间往往存在绝配，该绝配一旦出现，那个SO反而不那么重要，可转入灵活状态，即3“必须”可让位于2“必须”。看下面的3个例句：他不幸得了肝癌；当今的加沙到处是断垣残壁；台风又一次席卷了菲律宾。这些例句里的“得了”、“到处是”和“席卷了”已经不是SOJ辨认的主角，而是配角。所以，HNC历来不认同动词中心论，这次是最后一说，从此再不端出这碗“回锅肉”了。不过，这里应该强调一声，“席卷了”大不同于它前面的两个动词，它不仅有资格加入SOJ的词语的绝配队伍，而且会形成XSOJ混合句类。“台风又一次席卷了菲律宾”实际上是“作用句的效应表达”，是SOJ的“!01”样式。这是汉语的一个重大“专利”性课题，下一章会略有讨论。

[**06] 在汉语常见的“!31”情况，对SOJ进行句类检验的关键是检验SC的“必须”，这个细节极为重要。

[*07] 这实际上是一项失误，“将”字应该纳入“102”的捆绑词语。

[*08] 这里的语法关系困惑来于“仁义不施”并非传统语法学所说的主谓结构，而是反向的动宾结构。

就汉语来说，这是一个特别严重的所谓“主谓与动宾”困惑。对这项困惑，曾在语法逻辑编的“串联 l42”节里进行过比较详尽的讨论。

[*09] 在下面的改动里，新添的文字以**仿宋**体书写，相应新增语句的句类代码也如此。

[***10] 这里只提了“定状补”，未提“主谓宾”，因为 HNC 语句观与传统语法的根本差异，主要在于对定语从句和状语从句的不同认识，而不在于主语从句和宾语从句。HNC 认为，定语从句和状语从句在四合院大句结构里就是小句，在高楼大厦大句结构里才变成附属性小句。这种对主从关系的强调只是英语的语习，为凸显其主从关系而派生出来的一整套非限定 EK 规则，不过是为主从而主从，不仅无助于大句的理解，甚至有害。这关系到本节的核心课题，下文细论。

[**11] 闲话第一点乃基于句类和语境单元理论，后两点则属于经验之谈，当然需要检验，本编不拟承担，也承担不起这项任务，但将竭尽所能，做些铺垫工作。

[*12] 这一概括方式来于笔者与池毓焕博士的一次二人小沙龙。

[*13] 下面，“知秋”修改了“We must esteem them as teachers”的原句类标注，笔者完全支持。

[**14] 补缺有整补（整个语块 GBK）与局补（GBK 的一部分——对象或内容要素）的区分。这里的《论语》例句属于整补，而前面引用的“名言 01”和“名言 02”则属于局补。

[***15] 语言学的 8 类状语是：“时间、地点、原因、条件、目的、让步、比较、方式”，加“结果”为 9 类，状语大体对应于 HNC 语法逻辑概念林“语段标记 l1”所对应的语段。该概念林辖属 10 株概念树。状语的“时间、地点、条件”包含在 HNC 的概念树“l15 条件 Cn”里；“原因”与“目的”大体对应于概念树“l16 因 Pr”和“l17 果 Rt”；“让步”与“比较”包含在概念树“l14 参照 Re”里；方式对应于概念树“l11 方式 Ms”。这就是说，概念林“l1”里还有另外的一半概念树（5 株）是所谓 8 类状语没有概括进去的。仅坐在状语这口语言“井”里，看不清许多语言现象是正常的。例如，“歌声把王老师带入深沉的回忆”里的“王老师”，应该属于传统语言学的间接宾语，可有人竟然把它纳入目的状语。汉语不是有“羿射九日”的神话么！“王老师”状语说就是一个语言神话，一个由于工具过于落后而衍生出来的神话，并不奇怪。在句类空间里，“王老师”显而易见是 TOSOJ 的 TB，该例句取格式！(1,2,0)。顺便说一声，概念林“l1”的概念树设计乃是基于“基元、基本、逻辑”3 大概念范畴的综合，它与状语的对比研究是一项很有趣的课题，后来者应乐而为之，此盼。

[*16] 这里把“情态”加了引号，因为它是西方文明意义下的情态，包括 HNC 意义下的势态与情态，两者分别属于不同的语法逻辑概念树“jl12”和“jl13”。

第 3 节 块扩与句蜕

块扩与句蜕都是 HNC 理论体系从一开始就引入的新概念或术语，但 HNC 团队对这两个术语的理解与运用可谓千差万别，笔者曾深感苦恼。造成这一现象的总根源，当然是《理论》的论述过于形而上。后来在“论句类”里有所补救，但未必彻底。这里从机器翻译的视角，对两术语再进行一次清理。

下文分两小节，论述中有大量回顾，那是为了与期待相呼应，希望不致引起读者的厌烦。

1.3.1 关于块扩的汉英差异

在 68 组基本句类中，块扩句类 8 组，它们当然都属于广义作用句，广义效应句是没有块扩景象的。

从机器翻译的视角考察块扩语句，HNC 进行过下列 5 项思考[*01]。下面逐一加以说明，重点是说明思考 05，故思考 05 又有思考 05-m 之分。

思考 01：汉英两种代表性语言的块扩语句应该同步，或者说，在翻译过程中使之保持同步，肯定不会犯大错。

思考 02：块扩语句的形态都比较复杂，用传统语言学的术语来说，就是其“主谓宾”在多数情况下成双出现，句法分析难以适应这种复杂情况。从句类分析来看，块扩语句比较容易辨认，翻译难点也比较容易各个击破（这一点，下文会作详细说明），因而块扩语句是 HNC 机器翻译系统最容易露脸的场所。虽然块扩语句的占比仅在 5%左右，但在传统翻译模式里，如果说硬骨头占比为 20%～30%，那么，拿下块扩，就可能等于扫荡掉了硬骨头的 1/4～1/6，如果在展示度方面搞点“创新”，岂不妙哉！

思考 03：块扩语句都容纳（EpJ,ErJ）[*02]的顺序结构，而且，汉英两代表性语言都容纳 EpJ 的“!0”格式。这属于块扩语句机器翻译的先天性便利，如果不利用这一点，那就未免老实过头了。

思考 04：在 8 组块扩语句里，块扩信息转移句 T30J 最容易辨认。一个有趣的细节是，古汉语对 T30J 只使用基本格式“!0”，现代汉语也学着英语的样板，搞起了违例格式和“!31!30”句式。此项细节不难把握。

思考 05：英语 ErJ 和 ErK 的形态变化。汉语由于词语（包括动词）本身无形态变化，不存在 ErJ 和 ErK 的形态变化问题，英语不同，其 ErJ 或 ErK 可能要出现相应的形态变化。思考 02 里所说的翻译难点就是指这一点，将简称“Er 难点”。该难点对于英译汉并不存在，就这一点来说，汉译英要难于英译汉。

思考 05-1：英语块扩信息转移句 T30J 的 ErK 不需要作形态变化，这是关于块扩句的一项非常特殊的句类知识。那么，在 8 组块扩语句里，它是唯一的特殊情况，还是另有伙伴，也不需要作 ErK 形态变换？

回答：还另有一位伙伴，也只有一位。它叫块扩判断句

DJ = DA+D+DBC, DBC ≡ ErJ。

英语在 D 与 DBC 之间一定要加入“that”，但英语在 T3 与 T30C 之间的插入花样比较多，读者自行考察。

思考 05-2：“思考 05-1”是否意味着，在 8 组块扩句类中的 6 组都需要进行 ErK 形态变换？

回答：大体如此。

思考 05-3：所谓的 ErK 形态变换，无非是“to”“-ing”和“-ed”3 种[*03]，那么，三者是否都可以选用？

回答：No，只能选用“to”。

思考 05-4：如果 ErJ 是一个无 EK 语句，那还存在 ErK 形态变换问题吗？

回答：这种情况只发生在不需要作 ErK 形态变换的两组块扩句类：T30J 和 DJ，这巧合，实在太有趣了。当然，这里的“只发生在”，前面的“也只有一位”、“大体如此”和“只能选用”都存在疑问，请带着这类疑问去开展以“001”为样板的 HNC 基本语料库建设吧。

1.3.2　关于句蜕的汉英差异

HNC 团队对句蜕概念的误解是与块扩纠结在一起的，笔者曾以为，在明确了 8 组块扩句类之后，原有的误解就应该自然趋于消失，但实际情况远非如此。归根结底，这主要是由于 HNC 基本语料库的建设，至今还只有一个孤零零的“001”。

要不要把关于句蜕与块扩的误解系统回顾一番呢？没有这个必要。这里只讲两项误解，因为两者与机器翻译的关系比较密切。

第一项误解是，仅仅把英语的非限定性动词短语看作是一个句蜕，而不知道该句蜕本身就有可能承担起一个小句的职责，从而可以提升为一个小句。在语言理解的视野里，这“可以提升”实质上就是“应该提升”。第二项误解是，块扩可以当作原蜕来处理。本小节将针对第一项误解作重点说明。

上一节实际上已经论述过，英语的非限定性动词短语固然经常充当原蜕，但也可以充当小句。为此，“学长”与“知秋”之间展开了一场别开生面的激烈讨论，旗鼓相当，没有达成共识。读者一定以为，HNC 必然无条件地支持“知秋”，其实并不完全是这个情况。HNC 宁愿说，能否达成共识并不重要，关键在于对“两免除”的感受与领悟。原始形态的双语语料库是“两免除”感受的源泉，句类标注之后的双语语料库是“两免除”领悟的源泉。对精英来说，没有高层次的感受，就不可能有高层次的领悟。这么一条简单不过的道理，笔者在近年才略有醒悟。何以愚昧至此？深受“不愤不启，不悱不发”之束缚故也。亡羊补牢，是笔者暮年的强烈心愿，所以，下面给出“沧海第二粟”——句群（SG）002。

句群（SG）002

LJ01：I'm afraid, Theodore, you have mistaken the object of traveling.

　　DX20J↓(f32)[DBC=DY0J]

　　西奥多,恐怕你弄错了旅行的意义。

　　(f32)!31DX20J[DBC=DY0J]

LJ02：It is not {to see scenery}, you can see finer at home.

　　(f44)jDJ(DC={!31T19X10J}),T19X10JCn-2

不是去看风景，你能在国内看到更好的风景。

```
(f44)!31jDJ(DC={!31T19X10J}),T19X10J↓Cn-2
```

LJ03：It is not <to see places where great people lived and died>, that is a stupidity.

```
(f44)jDJ(DC={!31T19X10J(TBC=<01S0P4J>)}),jDJ
```

也不是{参观<伟人生活和死去的地方>}，那是愚蠢行为。

```
(f44)!31jDJ(DC={!31T19X10J(TBC=<S0P4J>)}),jDJ
```

LJ04：But it is to see men.

```
(lb2\3)jDJ(DC={!31T19X10J})
```

其实是去看人。

```
(lb2\3)!31 jDJ(DC={!31T19X10J})
```

LJ05：To enlarge your mind,
which will never be enlarged by looking at a large hill,
but by conversing with, and seeing the bent of the mind of other people.

```
Ma({!31XY4J}),(f44)!01XY4J(A={!31T19X10J}),
(lb2\3)!01!30!32XY4J(A={!31!32T49T3J}),
(lb1\2)!01!30!32XY4J(A={!31T19D1J})
```

是去拓展头脑，
那是绝对不能靠观赏大山来实现的，
而是通过与人交流，看到他们头脑中的天赋。

```
!31jDJ(DC={!31XY4J}),
jDJ(DC=(f44)Wy({!31T19X10J})!31Y01J)
(lb2\3)jDJ↓Wy({!31!11T49T3J})(DC={!31T19D1J})
```

看到句群（SG）002 的 LJ05，上述第一项误解应该可以消除了。从语句的实质内容来看，某些英语非限定性动词短语确实在充当着句子的角色。

但问题在于，消除以后怎么办？消除了一项误解，却招来了一堆困惑，换汤不换药啊！

回答是：有药可换，那就是小句，与大句相对应的小句，分别以符号 LJ 和 SJ 表示。

英语 LJ05 是由 3 个 SJ 构成的。仿照上节对汉语大句 03 和大句 05 的处理方式，对 LJ05 做一个小手术，情况就非常明朗。手术结果如下，手术部分以括号标记。

```
,but(will be enlarged)by conversing with(other people)
,and seeing the bent of the(their)mind.
```

这样手术以后，所谓的“一堆困惑”是否可以略有减少甚至减少一小半？

当然，“略有”或“一小半”可以说都是废话，关键在于下一步怎么走。

诀窍仅仅在于：一切以逗号隔开的语段（不是词语）都先当作小句来处理，并对汉语和英语一视同仁。对上节的汉语名句，就是这么办理的；对这里的英语 LJ05，也可以如法炮制。理解处理的关键步骤，是对各小句或 SJ 依次进行句类检验，其最终结果是：有些“小句 SJ”将丧失这一资格，有的降格为“句蜕 JK”或其他，有的升格为句子 J。这一资格处理过程，汉语和英语之间存在巨大差异。对汉语，降格远多于升格，对英语，升格远多于降格，这是汉英句式的根本差异。所谓翻译水平，首先就是指如何处理这一根本差异的水平。翻译的本质亦在于此，无论机译还是人译。

英语的升格处理与 HNC 常说的劲敌 05（深层省略与指代）密切关联，语言理解处理的 5 大劲敌前文已作了不少预说，LJ05 给出了劲敌 05 的生动写照，把深层省略发挥到了一种极致形态，是今后系统讨论（在《微超论》里）的生动素材。但从句群（SG）002 的 HNC 标注已可窥见，没有句类检验，所谓的语段资格处理就是一句废话。所以，HNC 从一开始，就把句类检验作为语言理解处理的前提，要点就在于此。

写到这里，可以插入“002”与“知秋”的第二次小沙龙[***04]。

下面可以回到本小节的主题了。

句蜕的汉英差异首先要区分原蜕和非原蜕，后者包括要蜕和包蜕。

汉语的要蜕和包蜕都比较容易识别，因为两者的构成可以说被归一化或标准化了。现代汉语的归一化工具就是那个奇妙无比、使用频度最高的“的”字，这是现代汉语的一项重大创新。但“的”有 5 个义项，“的”之战曾被列为汉语理解处理的天字第一号“之战”[*05]。为了减轻“的”之战的负担，现代汉语不妨考虑对古汉语的“之”字善加利用，以凸显“的”作为要蜕与包蜕标记之语法功能。

英语的要蜕尽管花样繁多，但不难穷尽与辨认。汉英互译的前三号考验应该依次是：块扩、要蜕和包蜕。

要对机器翻译动真格的，那就必须从机器翻译之理论与技术的第一趟接力做起，而这第一趟的练兵，没有比块扩、要蜕和包蜕更合适的项目了。原蜕的情况非常复杂，应作为第一趟接力的第二阶段攻关项目。

对话 002

学长：传来的句群（SG）002，我看过了。你怎么把 HNC 标注符号拿掉了呢？补上吧。

知秋：担心耗费学长的精力，我就盼着这个话，马上办。好了。这次，我想集中讨论 LJ05 里的 SJ 现象。这里，我将采用背景文件里的改动形式，拷贝如下：

002-5-1：To enlarge your mind,
002-5-2：which will never be enlarged by looking at a large hill,
002-5-3：but by conversing with（other people）,
002-5-4：and seeing the bent of [their] mind.

这里，我对原文作了一点调整。大句最后的 other people 被搬家了，加了圆括号，mind 前面的 the 被 their 替换了，加了方括号。

汉语把 4 小句变成 3 小句，把英语第三小句“but by conversing with,”翻译成辅块 Wy 是不妥当的。LJ005 的合适译文应该是：

而是去拓展头脑，
而拓展头脑是绝对不能靠观赏大山来实现的，

那要与人交流，

并看到他们头脑中的天赋。

从整个句群来看，大句 04 和 05 应该合二为一，去掉两者之间的句号，把“To enlarge your mind”改成“to enlarge your mind”，构成 HNC 所说的迭句形态。这样，更符合写者的语境描述目标。不过，原文是 100 多年前的东西，到底是原件如此，还是引用者的粗心，这就不必去考证了。

上次与学长就 HNC 小句定义问题争论了一番，没有取得共识。不过，通过大句 05，我是更加服膺于 HNC 关于小句管“外交”、句蜕管“内政”的倡议了，所以再次来向学长讨教。

学长：你关于 LJ05 和 LJ04 应该合并的想法，我有同感。你使用了迭句这个术语，我大体也能接受。不过，我对 LJ05 的第一反应是联想起“补缺”与“诠代”，上次你大讲了一番大句或 LJ 的汉英差异，我觉得有点意思。这次一看到“To enlarge your mind,which”，我就想起了“诠代”，前者——一个不定式短语，是对后者——代词 which——的诠释。这个“which”当然是 LJ05 的 subject，而“looking at a large hill”就是 LJ05 的“object”。在“but”之后的“conversing with,”和“seeing the bent of the mind of other people.”也应该这么看。这样，该 LJ 的句法结构就十分清晰，主体是一个由“主语，谓语，3 并列宾语”构成的句子，前面有一个不定式短语用于对主语 which 的“诠代”。这就是 LJ05 的真实面目，没有必要让英语向汉语看齐，硬弄出一个“4 小句构成”的说法。我还是上次说过的那句话，学妹是把简单问题复杂化了。

知秋：看来，学长对 LJ05 的 HNC 标注方式是采取了全盘否定的态度。学妹的感受不同，它使我想起了维特根斯坦先生在其名著《哲学研究》里讲过的瓦匠师徒故事，那里，维特根斯坦先生向读者展现了一个宾语就是一个句子的生动范例。这是一个非常具有启示意义的语言故事，HNC 似乎不止一次提到过这个故事。我觉得，HNC 的小句思考即来自于这个故事。句子既然可以是一个单独的宾语，为什么就不能是一个单独的主语或谓语？这就是瓦匠师徒故事的启示性意义。这次我看了 LJ05 的 HNC 句类标注，很受启发，而且对 SG002 的全部标注没有任何疑问。

所以，我的想法与学长恰恰相反，HNC 不是把简单问题复杂化，而是把复杂问题简明化；不是让英语向汉语看齐，而是让汉语和英语都向语言概念空间挂接。就语句来说，就是大家都向句类空间看齐。

SG002 看齐以后的景象，特别是 LJ05 的看齐景象，给了我非常深刻的印象。但是，这个印象我很难向学长表述清楚，因为这必须熟悉 HNC 句类代码。

学长：在你心里，我拒绝新事物吗？你刚才使用了一个不寻常的短语——看齐景象，我可是一下子就适应了，具体说说你的印象吧。

知秋：恭敬不如从命，先给出下面的“002-5”英汉句类代码（英上汉下）对照表（表 5-3）。

表 5-3　“002-5”英汉句类代码

编号	句类代码
002-5-1	Ma({!31XY4J}),(f44)!01XY4J(A={!31T19X10J}), !31jDJ(DC={!31XY4J}),
002-5-2	(lb2\3)!01!30!32XY4J(A={!31!32T49T3J}), jDJ(DC=(f44)Wy({!31T19X10J})!31Y01J)
002-5-3	(lb1\2)!01!30!32XY4J(A={!31T19D1J}) (lb2\3)jDJ↓Wy({!31!11T49T3J})(DC={!31T19D1J})

此表清晰地展示了“LJ002-5”在句类空间的景象。英语以混合句类 XY4J 来描述，该句类的表示式很简明：XY4J=A+XY4+B。该大句描述了一种特定的 B，同时描述了 3 种 A，记为 A1、A2 和 A3。写者坚决否定 A1 具有形成该特定 B 的作用，但承认 A2 和 A3 可以。写者以“{!31T19X10J}”描述 A1；以“{!31!32T49T3J}”描述 A2；以“{!31T19D1J}”描述 A3。特定 B 和 3 项特定 Am 的安顿方式是写者的自由，也是译者的自由，但特定 B 和 3 项 Am 本身的内容描述一经给定，那是不能改动的。安顿方式是自由的，但对象与内容描述是受约束的，自由与约束并举，这才是翻译的真谛，也是机器翻译的真谛。HNC 提出的 6 项过渡处理，特别是其中的句式转换和句类转换是以这一真谛思考为依托的。

传统的句法描述方式很难适应这一“自由与约束并举”的翻译谋略，但句类描述方式却可以轻松适应。后学这话，听起来很玄，那是因为我没有表达好。百闻不如一见，让我们来见一见“表 5-3‘002-5’英汉句类代码”吧。

英语 3 小句以统一的“XY4J”进行描述，特定 B 以 Ma 描述。汉语对 3 个小句以统一的“jDJ”描述。这是翻译的自由，HNC 把这里具体呈现的自由叫句式-句类转换。但是，这项特定的句式-句类转换属于万能性转换，其具体呈现是：汉语译文把英语 LJ 的统一“XY4J”描述、特定 B 描述和 3 项特定 Am 描述都放进了句类 jDJ 的 DC 里，这是一个大手笔，具有指导性和原则性价值。你看，这一特定句式-句类转换的要点不过是把系列“XY4J”转换成系列“jDJ”，在 DC 里实现 XY4J 的拷贝、T19X10J 的拷贝、T49T3J 的拷贝和 T19D1J 的拷贝，这是多么令人惊叹的景象……

学长：且慢！你怎能保证这些拷贝不是相互抄袭的结果呢？

知秋：我完全理解学长的怀疑。但我自己分别对英语和汉语干了几遍，最终结果与背景文件完全一致。上一次，我还挑出了 HNC 标注的一个毛病，这一次，实在挑不出来了。

学长：我来挑你两个毛病：①“句式-句类转换”这个短语似乎不是 HNC 的东西，是你的冒用吧；②T49T3J 并没有拷贝在 DC 里，是你的疏忽吧。开个玩笑，回到我最关心的问题。

你刚才说，HNC 不是把简单问题复杂化，而是把复杂问题简明化；不是让英语向汉语看齐，而是让汉语和英语都向语言概念空间挂接。第二句话我大体能够接受，但第一句话我实在不敢苟同。混合句类数量有 4556 组之巨，简明何在？！

知秋：学长的疑惑也正是两三年前后学的疑惑，现在也不能说完全解除了。问题在于对语言现象如何提纲挈领，传统语言学是靠着八大词类和主、谓、宾、定、状、补来提挈的，这个纲领已成为语言学界的共识，进入了义务教育的基础教材。语义学不过是该纲领的附属品，语用学现在也基本上是这个状态。

但是，了解 HNC 以后，我觉得传统的纲领应该有所改变，真正与语言脑对应的语言学纲领应该是：有限的概念基元、有限的句类、有限的语境单元和有限的隐记忆。我揣摩，学长的意思是，HNC 的 4 个有限过于庞大，动辄就是几千几万，怎么提挈？不如传统的纲领简明扼要。

然而，几千几万本身并不是纲领，HNC 纲领是广义作用效应链的 8 个环节，是语境描述的 9 个领域。HNC 的“9”，我们还没有涉及。但 HNC 的“8”，我们已经全部涉及了，此“8”的句类符号就是“X,T,R,D”和“P,Y,S,jD”，我觉得够简明的了，与传统语言学的“8”和“6”可以比美。

68 组基本句类和最多 4556 组混合句类是目，不是纲，纲是 HNC 的“8”。纲举目张，用“8”一举，那“68”和“4556”就张开了。当然，HNC 的纲举目张，不是一个层级的事，而是四个层级的事。后学只在第二层级下了点工夫，上面为“简明何在？！”的辩护，不过是斗胆一把而已。

学长：学妹刚才的一番斗胆之言，给了我什么印象？我现在还说不准。不过，斗胆就难免失误，上面，比美话题里的“8”就是乱点鸳鸯谱。HNC 的“8”只能与语言学的“6”比美，与语言学的“8”可扯不上任何关系。

知秋：学长所言极是。不过，严格的陈述应该是：HNC 的“8”与“10”可以与语言学的“6”比美。HNC 的“10”就是语法逻辑概念林“l4 语段标记”所概括的 10 株概念树。在句群（SG）002 里，使用了其中的两株：Ma 和 Wy。这两者恰好是状语传统分类里所没有的，只好分别放进动词短语和介词短语这两个硕大无朋的集装箱里去了。

用 HNC 句类符号体系来标注语句，人家就是武库齐备，得心应手。传统语言学的武库确实显得寒酸，经常无所适从，不得要领。这个感受，两年多来与日俱增。老实说，在内心里，我是觉得这场“比美”是不宜举办的。

学长：“比美”，戏言耳。你刚才说到传统语言学纲领的教学垄断地位，看似呆话，但现代汉语的许多先驱都有过类似反思。通过这两次讨论，我对 HNC 有了一个极其初步的了解，隐约感到，HNC 不仅大大不同于西方的经典语言学，也大大不同于西方的现代语言学，这既包括从语法学派生出来的配价语法、格语法和论旨理论，也包括从语言哲学派生出来各种认知语言学理论。至于 HNC 与中国传统语言学的渊源，我并不认同创立者本人的说法。所以，我刚才使用了“还说不准”的短语。总之，HNC 还处于探索阶段，探索需要呆劲儿，精明反而往往无益于探索，甚至有害。HNC 需要你这样的人才，而我也需要你这样的谈友。下次的资料，不要再拿掉句类代码，我对这个东西颇有兴趣。

知秋：一定照办。谢谢学长的鼓励，我期待着下一次的二人小沙龙。

注释

[*01] 这 5 项思考都曾在大正公司举办的沙龙中讲述过，但从未形成文字。本编的论述主要属于这个情况，但不再一一注明。

[*02]（EpJ,ErJ）的块扩句类的描述符号，ErJ 是块扩语句的一个特殊主块，它必须扩展为另一个语句。你可以把它看作是 HNC 的处心积虑的约定，靠着这项约定，就可以形成广义作用句最多 4 主块的论断。或者说，该论断靠着此约定而赢得了可靠保障。

[*03] 这一关于英语非限定性动词短语的概括方式在“论句类”已有详细说明。

[***04] “学长”与“知秋”的第二场辩论：对话 002。记录方式大有简化，称呼也有所变化。

[*05] 语言理解处理的 20 项难点将在“微超论”里介绍，系列战役的介绍见后文。

第二章 句类转换

引言

在HNC最初提出机器翻译6项过渡处理的时候，句类转换位列第一，排在格式转换之前，这在上一章的引言里已经讲过了。这里要补说的是，这一位序的调整也非常值得回味。一言以蔽之，句式转换远比句类转换重要，而当年的认识恰恰相反。

如果问，在语言脑进行语言生成的时候，句式选择和句类选择，谁花费的力气更多一些？答案应该是前者。

如果问，在语言脑进行翻译的时候，句式转换与句类转换，谁花费的力气更多一些？答案也应该是前者。

在同一语系内部进行翻译（如英语与德语的互译）的时候，需要进行句式转换的情况应该比较少见，而需要进行句类转换的情况，恐怕是罕见了。

但是，对于汉语和英语的互译，情况则完全不同。句式转换和句类转换都应该属于常见，后者的常见度或许稍小一些。另外，句式转换拥有更大的自由度，而句类转换的自由度要小得多。大自由度意味着大难度，小自由度意味着小难度。

这就是句类转换被降格为“论机器翻译”第二章的基本依据。

上面以“如果问”为名的述说，皆属于猜想。通常，猜想是没有资格作为依据的，但这里例外。请注意，本引言也是从“值得回味”谈起的。而这里的“回味”，其实主要就是指所谓的HNC基本语料库，现在，这个正式的东西才刚刚有“沧海两粟”——“001”和“002”，实在是无地自容。

尽管如此，笔者还是深信，上述猜想将来会得到验证。

本章不探讨语言生成的句类转换课题，也不探讨语言翻译的一般性句类转换，仅定位于汉语与英语这两种代表性语言。故本章仅分两节，相应的标题是：①关于汉语“专利”句类；②关于汉语对广义效应的多种表达方式。

两节标题前面都加了“关于”，它包含两层含义：①表示一种限定性，仅将汉语与英语进行相互比较；②标题的陈述内容不是命题，而只是一个应该受到重视的课题。

第1节
关于汉语“专利”句类

本节的标题意味着，汉语的某些句类为英语所不具有。这当然是一个非常值得注意的语言现象，因为一旦出现这样的汉语句子，怎么翻译成英语呢？这就提出了句类转换的问题。

但是，早在句类和句类转换的概念提出之前，无数的翻译专家就已完成了无数的优秀翻译。他们根本就不知道什么句类，更不知道什么句类转换。这是否充分表明，HNC其实是在干着一些庸人自扰的事呢？

这是一个有趣的问题，但留给读者去回答。这里要追问的是下列两个相互关联的问题：

（1）是否存在英语所特有而汉语不存在的句类？

（2）句类转换是一个汉英翻译的单向课题，与英汉翻译无关，是吗？

对第一个问题的回答是：No；对第二个问题的回答是：“Yes”。

这里，“No”的回答是坚定和干脆的，但“Yes”的回答却不那么坚定和干脆，所以加了引号。

未来的HNC基本语料库一定会支持这里的表述。

本编一再宣扬的HNC基本语料库，尽管目前还处于可怜巴巴的“沧海两粟”状态，但其山寨形态并不可怜巴巴，不过充满着“悲情”[**01]。

下文划分为两个小节，小节的标题都比较怪异，把它们看作是对“关于”诠释的呼应吧。

2.1.1　关于句类的汉语4项“专利”

最著名的汉语“专利”句类叫简明状态句，位置显赫，充当68组基本句类的殿后者，其句类代码及句类表示式如下：

```
S04J = SB+SC
```

古往今来的汉语S04J，其内容无比丰富。有感于此，HNC曾放言：汉语的任何句类都可以转换成简明状态句，把它抬高到与另一句类齐名，那就是：

```
jDJ = DB+jD+DC
```

其汉语名称为：是否判断句。“任何句类都可以转换成jDJ”是其基本句类特性。

S04J和jDJ的上述句类转换特性，应该受到特殊关注。HNC更应该把它们当作贵宾级句类来看待。但实际情况并非如此，两者仍然不过是 1/68 的普通成员而已。这就是说，上面的放言实际上只是一句空话。这里略加弥补，顺便捎上 jDJ。但弥补的方式比较特别，采取“知秋”与 HNC（简记为 NC）直接对话的方式。这次对话的记录，将以你我互称和自称。这里不存在对话 001 和对话 002 里所说的“背景文件”，对应的东西将以“刚才说”之类的短语替代。为了将来的引用之便，给出对话的两位数编号，以区别于“学长”与“知秋”之间的对话，那些对话以 3 位数编号。

对话 001

知秋：我注意到，近年你特别强调格式自转换的概念，但是，你并没有同时提出句类自转换的说法，这是否意味着，你并不认同张克亮教授提出的强制性转换概念？

NC：恰恰相反，强制性转换的概念很准确，再提什么“句类自转换”，那反而是典型的瞎折腾了。张教授在论述强制性转换时，使用了 3 个例句，前两个恰好就是 S04J 和 jDJ，这是一个很有趣的巧合。

知秋：此巧合表明，你刚才说的“两者仍然不过是 1/68 的普通成员而已”，是否有失公允？至少张教授是把 S04J 和 jDJ 当作贵宾级句类看待的。

NC：张教授也好，我也好，都是局部，不能代表 HNC 的整体态势，不是吗？重要的是，作为贵宾句类，S04J 至少有两个相互关联的基本课题尚未进行足够深入的研究：一是 S04J 的混合句类特征；二是 S04J 两主块 SB 与 SC 之间的交织性困扰。另外，我心中还一直有个疑惑，那就是英语一定不存在 S04J 句类吗？比方说，如果第一号块扩句类 X03J 的 ErJ 恰好是一个 S04J，英语也必须施行句类转换吗？

知秋：让我想一想。

第一项课题，其基本结论应该是：S04J 的混合句类一定是 S04J 居前，而不可能居后，对吗？第二项课题，我觉得纯粹的 S04J 不应该存在两 GBK 之间的交织性困扰，引发困扰的只可能存在于 S04J 的混合句类，例如，“一斤白菜 3 元，白菜 3 元一斤，白菜一斤 3 元”之类的语句。

我听说过 S04J 交织性困扰的著名例句——她脸色红润，出现了两种语块标记方式：

（1）她‖脸色红润，

（2）她脸色‖红润，

据说，你对两种标记方式都表示认同，我百思不得其解，明摆着应该选择后者，抛弃前者。因为辨认 S04J 的法宝就是句尾词语具有 u 属性，让 SC（S04J）独享这一法宝，不掺杂任何其他东西，所谓的困扰不就结了么。

NC：我不能说你的“应该”“觉得”和“明摆着”不对，但我也不能无条件地投赞同票。从理论技术接力的交棒角度来说，投赞同票是明智的和必需的。但从理论思考来说，还是采取留有余地的态度更为合适。不过，这里不是探讨理论课题的场所，请你接着说一说“白菜”语句的句类代码，好吗？

知秋：恕我直言，基本句类代码从 57 到 68 的巨变，混合句类组合方式的巨变，你都没有把要点交代明白。没有这两大巨变，HNC 的句类描述就存在巨大的漏洞。现代社会无比丰富的各类“指数”描述，巨变前的句类符号系统是难以胜任的，“白菜”语句不过是其中的一个小“景点”而已。

特别遗憾的是，你没有指出下列两个要点：第一，众多的现代社会“指数”都可以纳入下列 3 组混合句类代码：

S04S0J;S04jD0*2J;S04T490J

第二，你特别指出的“广义效应句的 3 种样式不可交换句类”，在 S04J 与它们进行混合之后，都可以变成可交换形态，这是 S04J 的妙用之一。

小“景点”的“白菜”语句是 S04T490J 的好示例，也是普及句类知识和语境知识的好示例，你同意吗?

NC：这次，我要说完全同意。你刚才的这番话，拥有变成一篇出色论文的巨大潜力。

看来，你具有理论技术接力的良好素质。建议你来一个华丽转身，投身于语言信息处理领域的研发工作。语言理解处理必将成为一个产业，其前景不可限量，虽然当前处于“混沌”状态。这是一个千载难逢的机遇，岂可错过!

知秋：谢谢，我会考虑你的建议。

“对话 01”表明，S04J 确实有资格充当“汉语‘专利’句类”的贵宾，但对这位贵宾的第一趟接力（理论与技术的接力）的研究还远远不够。

读者或许在期待一张“汉语‘专利’句类”表（表 5-4），如果存在这种期待，那是绝对的利好消息，本节不能令期待者失望。

表 5-4　汉语“专利”句类

代码	表示式	汉语命名	例句[*02]
S04J	SB+SC	简明状态句	
jD0*J	(DB,jDC)	简明相互比较判断句	武汉的房价比北京‖低得多,
jD0*2J	(DB0,jDC)	简明集内比较判断句	这个班，她‖最聪明,
jD2J	(DB,DC)	简明势态判断句	情况‖危急；病人‖奄奄一息。
jD2Y0J	(DB,DC)		我军‖屡败屡战, 我军‖屡战屡败,

这 4 项“专利”的共同特点是：无特征块 EK。这“无”，不是某对应句类的“!30”句式。表 5-4 的最后，特意安排了一项混合句类 jD2Y0J 的示例。该示例不过是混合句类空间的 1/4556，也可以说是“沧海一粟”。但这“一粟”很不寻常，具有“一通百通”之功效。

最后说一下“汉语‘专利’句类”这个短语，这里是《全书》第一次出现。将“专利”用于句类的修饰词语，是不久前想起来的。以前很可能使用过“特有”之类的词语，口头上肯定经常使用过，这会造成严重误导，其后果可能比语义块更为严重。所以，下面借机写一段形而上的话语。

在句类空间的视野里，基本句类的划分仅联系于广义作用效应链。换言之，是语言概念空间的广义作用效应链的呈现，造就了句类空间的有限句类景象。同理，是语言概念空间的语境范畴呈现，造就了语境空间的有限语境单元景象，并进而造就了隐记忆的有限性景象。在上述景象的视野里，特有句类、特有语境单元、特有隐记忆的说法一定要慎之又慎，无论是针对语言脑的人种特征还是个人特征，都应该采取这一态度。对某种自然语言轻谈特有，就是一个把差异混同于特有的基本逻辑错误。

那么，“专利”为什么就可以避免误导？因为申请“专利”是每一种自然语言的天赋“言权”，“专利”不侵犯他人权利，而“特有”就不同了。

2.1.2 关于两可句类的汉语“专利”

两可句类的编号标记是“B-[k],k=01-18”，共 18 组，可作“一生二，二生四，遂生十八”的描述。下面要说的话，请读者对照着“基本句类新表”阅读。这里的“一生二”是指广义作用与广义效应的二分，“二生四”是指广义作用和广义效应的各自再度“一生二”二分。前者二分为“X”和“T”；后者二分为“Y”和“jD”。四者（X、T、Y 和 jD）的占比差别很大，后两者仅各占 1 组，“X”则占了 11 组，“T”占了 5 组。在两可句类里，广义作用的“R”和“D”未出现，广义效应的“P”和“S”未出现。在理论探索的视野里，这些“未出现”都需要追问缘由。但 HNC 只能说，抱歉，无能为力。

下面先讲两个故事。

——故事 01

两可句类里属于概念树“04 约束”的两组句类表示式如下：

```
X401J = X401+X4BC;   X402J = X4B+X402
```

如果让汉语来申请“专利”，那么其句类表示式可改成下面的形式：

```
X401J = （X401,X4BC）; X402J = （X4B,X402)
```

但 HNC 没有这样做。这个故事表明，HNC 对语言“专利”的申请，也采取了慎之又慎的态度。顺便说一声，这里吸收了西方语法学的教训——霸气太重。而现代汉语语法学在其创立过程中，曾长期忽视了这一点。本小节标题里的“关于”是有隐情的，这个故事应该把这个隐情讲清楚了。

——故事 02

两可句类里没有 4 主块句，其 GBK1 一定不含主块要素 A，但其 GBK2 却在 4 组句类里含有复合要素 AC。在句类表示式里，GBK 的复合形态 BC 属于常见，而 AC 则属于罕见。共出现 6 次，“X-”系列 2，“B-”系列 4，“Y-”系列无；另加 1 个“X-”系列的 ABC[*03]。这个“2,4;1”承载着句类知识的精华，需要多篇专文进行论述，但迄今仍是阙如。

通过这两个故事，本小节试图强烈表明：在 HNC 理论领域，还有许多“处女地”有待开垦。两可句类的每一个都处于待开垦状态。但是，《全书》以往的论述方式可能造成一个十分严重的错误印象，即以为图灵脑第一趟接力的主要障碍在接棒者，而不在递棒者。如果这个印象确实存在，那将是《全书》的重大失败，也是一个莫大的悲剧。

注释

[**01] 这里特意使用了带引号的“悲情”，它起源于笔者的一个梦想，那就是把汉英机器翻译作为HNC事业的“赤壁”之战。为此，笔者曾在21世纪初大肆宣扬过机器翻译遭遇的“雪线”现象，并反复宣称，没有他方神圣可以攀登到“雪线”之上的巅峰，HNC绝不应放弃“舍我其谁”的担当。可惜，这些呼唤没有得到相关将帅的回应，只有一批勇士作出过一些关键性努力。但处于山寨语境之中，悲情难以幸免。其集中呈现就是本章讲述的“沧海两粟”故事，笔者本人也曾为HNC基本语料库做过不少山寨版工作。不过，他方神圣迄今尚未出现，“赤壁”之战的机会依然存在。

[*02] 汉语4组“专利”语句在“论句类”里都有例句，为便于阅读，这里随意补充了几个。

[*03] 苗传江博士曾建议取消这唯一的XABC，但笔者还是觉得保留为宜。

第2节 关于汉语对广义效应的多模式表达

本节实质上是两可句类话题的继续，也就是2.1.2小节话题的继续。因此，下面以讲故事的方式开始，讲两个故事。

第一个是关于两特定句类之不同安顿的故事。两特定句类的情况如下：

句类代码和表示式	汉语命名	编号
T2bJ = TAC+T2b+TB2	自身转移句	X-14
T1J = TB+T1+T1C	接收句	B-12

这两个特定句类都属于转移句，句类代码的大写字母“T”表明了这一点。转移句通常是4主块句，但T2bJ和T1J都是3主块，可以说是转移句里的两个“异类”。两“异类”的汉英句式存在如下的显著差异：①汉语经常使用违例句式，英语不允许；②英语的T1J经常使用“!01”格式，但汉语不允许，也不允许使用规范格式[***01]。基于以上两点，HNC最终决定把T2bJ安顿在“X-”序列，而将T1J安顿在“B-”序列。

第二个是关于汉语“把”字句的故事。笔者曾就“把”字句说过甚至写过下面的论断：**“把”字句一定对应于汉语的广义作用句，“把”字是汉语转移句的内容标记（l03）和其他广义作用句的对象标记（l02），这就是汉语“把”字句的全部语言（句类）知识。**在上述论断里，很可能没在转移句前面加“4主块”的修饰语，而这个修饰语是必不可少的。但是，这并不是该论断的根本缺陷，那么，根本缺陷是什么呢？那就是应该用GBK2替代对象，用GBK3替代内容，以下面的方式进行论述：**“把”字句一定对应于汉语的广义作用句，“把”要么指向4主块句的GBK3，要么指向3主块句的GBK2，从而把广义作用句变成规范格式。**这样的表述才算到位，语言学确实缺乏这样的表述，HNC 也不例外。

本小节涉及的问题，也就是两可句类或“B-”序列句类的相关问题，应该承认，HNC 还没有对“B-”序列句类找到比较到位的表述，所以先写了上面的两个故事。

本节的标题应该解释一下。标题里的“广义效应”是指除了概念树“00 基本作用”之外的全部主体基元概念树，其中的“多模式”就是指句类代码的选择自由，即句类转换。当然，这种自由或转换是有条件的，这一转换条件的探索或研究还是一项空白，HNC 也不过是呼唤一下而已，并没有正式起步。HNC 关于“任何句类都可以转换成 jDJ”的论断，关于“汉语的任何句类都可以转换成 S04J”的论断，都属于预备动作，算不上真正的起步。

本节，也许可以名之起跑的第一步吧。

这第一步，与“B-”序列句类的关系比较密切，汉语和英语对该系列的表述方式存在比较大的差异，在句式和句类两方面都有突出表现。下文将通过两个句群——句群 003 和句群（SG）004——对这一差异给出具体描述。

围绕着这两个句群，有两场对话：对话 003 和对话 004。下面是两句群和两对话的记录。

句群 003

大句 01：[八十年]前‖\{中国共产党|诞生}之时/‖，
党员‖只有‖五十几人，
<面对|的>‖是‖一个[灾难深重的旧中国]。
(Cn-1,jD1J,jDJ(DB=<GBK2!31!32S0S3J>))
The Communist Party of China had only some 50 members
at its birth 80 years ago,and <what it faced> was a calamity—ridden old China.
(jD1JCn-1,jDJ(DB=<GBK2(!32S0S3J)>))

大句 02：八十年后的今天‖，
我们党已成为<{在全国执政|五十多年}、{拥有|六千四百多万党员}的大党>，
中国人民‖已拥有‖一个欣欣向荣的社会主义祖国。
(Cn-1,Y02J,R61J), YB2=<GBK1{(X0+R61)P11J}>
But today, 80 years later,our Party has become <a big party {that has been in power for more than 50 years}
and {has more than 64 million members}>
,and <what the Chinese people see>is a prosperous socialist motherland.
(Cn-1,Y02J,jDJ),YB2=<GBK1{(X0+R61)P11J}>,DB=<GBK2(!22T1J)>

大句 03：这个巨大变化，是中华民族发展的一个历史奇迹。
jDJ
This tremendous change is a historic miracle in the development of the Chinese nation.
jDJ

大句 04：回顾‖党和人民在上个世纪的奋斗历程，
　　我们‖感到无比骄傲和自豪。

(!31X20Y3J↓Cn-1,!32X10X20J) := !21X10X20J

Reviewing the course of struggle of the Party and the people in the last century,we feel exultant and infinitely proud.

(!31X20Y3JCn,!32X10X20J) := !21X10X20J

大句 05：展望‖党和人民在新世纪的伟大征程，
　　我们‖充满必胜的信心和力量。

(!31D01X20J↓Cn-1,!32X20S0J) := !21X20S0J

Looking into the great journey of the Party and the people ahead in the new century, we are filled with strength and confidence that we are bound to win.

(!31D01X20JCn-1,32X20S0J) =:!21X20S0J

句群 003 的标注方式采用了 HNC 标注的最新方式，后文仿此。其详细说明放在注释里[**02]。下面是“对话 003”和“对话 004”的记录。

对话 003

知秋：遵照学长的吩咐，这次我是全盘拷贝。学长对 HNC 标注符号还习惯吗?

学长：对符号形态的把握不存在问题，问题在于对其意义的把握。意义有浅层与深层之别，今天我们只谈论浅层的东西。我整理了一个小对照表（表 5-5），两项内容，一是关于要蜕的，二是关于小句升格的，现在就传给你。

表 5-5　句群 003 的汉英句类对比

编号	汉语	英语
大句 01	(DB=<GBK2(!31!32S0S3J)>)	(DB=<GBK2(!32S0S3J)>)
		YB2=<GBK1{(X0+R61)P11J}>
		DB=<GBK2(!22T1J)>
大句 04	:= !21X10X20J	:= !21X10X20J
大句 05	:= !21X20S0J	:= !21X20S0J

这张表格充分展现了汉语和英语的 HNC 大句结构相似度，给了我非常深刻的印象。如此惊人的相似，不能不引起我的一个遐想，莫非这就是乔姆斯基先生所追求的语句深层结构?

两者的唯一差异只是，英语多了一个要蜕<GBK2（!22T1J）>。这显然与句类转换有关，因为汉语和英语对小句“003-2-2”采用了不同的句类表示。

知秋：学长如此速悟，后学自愧不如。这次，我建议讨论两个话题，一个是 GBK 要蜕的不变性，另一个是降格的同步性。

GBK 要蜕不变性的简明陈述是：如果在一种自然语言出现了一个要蜕<GBKm>，那么在翻译成另一种语言时，<GBKm>应保持不变，即“m”不变。在大句“003-1”和“003-2”里，我们清晰地看到了这种不变性。

学长：要蜕<GBKm>保持不变，给人的第一印象是一句废话，因为<GBK1>不可能变成<GBK2>，反之亦然，这是天经地义的事。但琢磨一下，又觉得它不是废话，似乎表达了翻译过程的两个要点：一是句子成分里的要蜕形态要保持不变，即要蜕不变；二是要蜕类型不变，即 GBKm 的“m”不变。然而，再一琢磨，又觉得事情不可能这么简单，GBK 要蜕的不变性一定是有条件的，而不是无条件的。我们不能仅仅凭着两个例句就作出如此宽泛的结论。

知秋：学长所言极是。不变性命题永远存在陷阱，虽然刚才所说的不变性仅限于汉语和英语的要蜕，也必须万分小心。要蜕及其翻译的复杂性主要表现为以下 3 点：①英语的常规要蜕形态不像汉语那么单一，存在多种形式；②要蜕本身存在各种变异形态；③要蜕实质上也是一种多元逻辑组合 RB01。

学长：且慢！怎么冒出一个 RB01 呢？

知秋：RB01 是 HNC 定义的第一号流寇，RB 是英语 roving bandits 的缩写。HNC 把语言理解处理难点区分为两大类：劲敌 SE（strong enemy）与流寇 RB。HNC 多次说过，在语法逻辑概念的全部 55 株概念树中，多元逻辑组合 l45 是其中最重要的一株。语言基本事实之一是，一元或二元语块在语块结构中只占少数。实际上，绝大多数的语句、句蜕、从句、语块和短语都属于多元逻辑组合，HNC 把其中的“语块和短语”部分抽取出来，记为 RB01，以区别于一般的多元逻辑组合，如此而已。

学长：用你喜爱的词语——透齐性——来说，你刚才说到的 3 点可能接近于一种透齐性描述，一种关于 GBK 要蜕探索的透齐性描述。在这 3 点里面，第一点应该不太棘手，对你刚才说的“不变论”，可能不会遭成直接冲击。但后面的两点不同，可能非常棘手，而且会造成颠覆性冲击。

我猜测，你所说的 GBK 要蜕变异形态，无非是以下两种情况：一是该要蜕的核心成分只是该 GBK 的一部分；二是其核心成分还包括其他语块的部分甚至全部内容。前者可名之“小于”变异，对应于 HNC 所说的语块分离；后者可名之“大于”变异，对应于 HNC 所说的语块融合。我们刚才碰到的 GBK 要蜕都比较老实，不小于，也不大于，而是等于，也就是说无变异。你不能因此就飘飘然起来，以为进入一叶知秋的境界了。

知秋：听到学长刚才的这番话，“士别三日”的联想，不禁油然而生。不过，大句 02 的要蜕，那个<GBK1{（X0+R61）P11J}>不能算比较老实吧，它可是在要蜕里嵌套了原蜕，而且是一个复合型原蜕{（X0+R61）P11J}。大句 01 的要蜕，也不能说比较老实，汉语与英语存在比较大的差异，下面把它们排成两行，把原文及其语块边界标注符号都带上，以便于比较观察。

```
jDJ(DB=<GBK2(!31!32S0S3J)>), <面对|的>‖是‖一个……
jDJ(DB=<GBK2(!32S0S3J)>), and <what|it| faced> was a…
```

应该说明的是，语言脑并不是仅仅依据“面对的”或“what it faced”而作出 GBK2 要蜕判断的，而是依据上面给出的全部符号，包括最前面的那个逗号。那么，该 GBK2 所隶属的句类 S0S3J，是依据什么来判定的呢？这里面有点文章。原来，其依据不是别的，正是“面对的”和“what it faced”。“面对”在《现汉》里有两个义项，但在句类空间，它可以分别充当 S0S3J、S0S2J 和 S0R04J 的直系捆绑词语。在大句 02 的整体结构里，“面对”一定是上述汉语 HNC 符号序列的激活者，这里应取 S0S3J，其符号序列的核心表示是（!31!32S0S3J），而对应的英语核心表示一定是（!32S0S3J）。该核心里由“!32”指示的缺省必将安置在“jDJ”的 DC 里加以描述，这是大句 01 的要点，汉语和英语完全一致。大句 01 实质上是 S0S3J 向 jDJ 的句类转换，但指出这一实质，只是深入思考的第一步。最关键的一步是：它是否代表着 jDJ 句类转换的典型呈现？也就是说，这一典型呈现能否推广于任一句类？我倾向于 Yes 答案，这需要向学长请教。

至于该核心表示里的“!31”，存在着汉语“必有”和英语“必无”的语言现象或景象，那属于语习逻辑的课题，虽然非常有趣，但后学认为，那只是第二位的。

学长：你刚才说起句类的直系捆绑词语，又说起一项 Yes 答案，我对这两者还比较生疏，只能先说一些感觉。我觉得你是围绕着“要蜕不变性”这个命题来展开思考的，该命题的前提是要蜕必须易于辨认，没有这个前提，“要蜕不变性”的存在价值就要大打折扣。“直系捆绑词语”的提法显然是服务于句类辨认的目的，但句类辨认与要蜕辨认是两件事，你刚才的论述把两者混为一谈了。你还打了一个马虎眼，词语“面对”不是有 3 项激活吗！你陡然选择了其中的一项，把另外两项都抹去了，又没有任何交代。

以上，都是不好的感觉。

另一方面，对于你的 Yes 答案，我的直觉是应该支持。而且我觉得，该答案只是一个高层答案的下属。该高层答案是：基本句类 jDJ 的 DB 与 DC 总可以合成为一个特定句类，其 DB 或 DC 可以是任一“!3m”形态的句蜕，GBK 要蜕不是唯一的选择。不过，这一高层答案似乎只适用于汉语，未必适用于英语，而你的 Yes 答案不存在这个问题。

知秋：学长可是把后学下面想说的话都提前说出来了。

刚才由于 RB01 的干扰，有点跑题。现在让我们回到要蜕课题的第一点，也就是“英语的常规要蜕形态不像汉语那么单一，存在多种形式”的问题。学长刚才说，**第一点应该不太棘手**，后学备受鼓舞，请继续指点。

学长：RB01 的讨论不仅没有跑题，而且关系到“要蜕不变性”这个话题的要害。

我先说一下我对常规要蜕的思考，你刚才使用了这个短语。对这里的常规，我觉得 HNC 有条件给出一个易于把握的明确定义，其要点是，只管 3 主块句的 GBK 要蜕，不管 2 主块和 4 主块句，2 主块句的要蜕可纳入 RB01，其他的所有要蜕，包括 EK 要蜕和 4 主块句的 GBK 要蜕都推出常规要蜕之外。

这样定义的 GBK 要蜕比较单纯，英语的多样化形态就不难把握。这里的多样化，无非是：①<GBK1>与<GBK2>的形态差异；②广义作用句与广义效应句的形态差异。这两项差异的把握，在句类、格式与样式这 3 个概念的指引下，能否出现“如探囊取物”的神奇效果？我还是存有怀疑，它集中广义效应句方面，而不是广义作用句。上面我使用了“HNC 有条件给出一个易于把握的明确定义”的话语，但这个条件还需要深入思考。

知秋：学长的建议又一次高度概括了我心里想说的话，一定照办，并力争把第一只“囊”编织得更实用一些，以便于“囊”中物的取出。不过，后学对“如探囊取物”的比喻十分好奇，学长怎么突然对 HNC 如此信任？

学长：此信任来于学妹，而不是 HNC。刚才我说你打马虎眼，字面上是批评，实际上是赞赏。我心里明白，你在那里使用的“应取”二字有深厚的背景，那就是 HNC 所说的有限语境单元。我这么说吧，S0S3J 的激活一定联系于事；S0S2J 的激活一定联系于人；S0R04J 的激活一定联系于基本物。我知道，HNC 关于事、人、基本物的描述达到了一个前所未有的高度，并已在你的语言脑里形成一整套清晰的世界知识。这是我近来的强烈感受，它产生于我们之间的近日交流。

当然，这感受里依然充满着疑惑，拿 S0S3J、S0S2J 和 S0R04J 来说，我查了你传给我的基本句类表，前两者可不属于你上次说到的“4556”啊。

知秋：学长的眼力太厉害了。

混合句类有内外之分，4556 属于外混合，S0S3J 和 S0S2J 属于内混合。据我所知，HNC 迄今都没有把这一点交代清楚，此类疏忽甚多，以后再说。

今天我收获丰厚，还需要下去充分消化。下面转入第二个话题吧。

学长：后来我仔细看了一下背景文件里关于小句降格与升格的论述，也回味了一番学妹的那一大段关于大句“内政”与“外交”的高论。我的理解是，HNC 之所以提出小句、大句概念，是为了在语句空间，也就是 HNC 的句类空间，给出一个统一的大句描述模式，以利于大句的翻译。这个描述模式，不仅目标明确，路线似乎也十分清晰。

所谓“路线十分清晰”，说白了，就是把英语里所有带逗号标记的动词短语，先一律按小句处理。对本句群的大句 04 和 05，就是这么做的。结果似乎相当美满，在你的“小对照表”里，竟然在汉英这两种存在巨大差异的语言之间，闹出了两对完全一模一样的东西：!21X10X20J 和!21X20S0J，这一景象值得关注，不妨戏呼之“同一性景象”。

但是，仅仅依托两个例句，就可以概括出所谓“同步降格”这样的重大结论吗？刚才，我可是“似乎”了两次。

知秋：学长的两“似乎”，性质不同。第一个“似乎”关乎 HNC 小句约定的可操作性，第二个“似乎”关乎该约定的合理性。

HNC 的小句约定，对汉语与英语一视同仁，学长刚才对 HNC 的英语小句约定，给出了清晰说明，其可操作性毋庸置疑。略有遗憾的是，句群 003 里的“动词短语”小句，只是 3 种形态之一，HNC 名之“-ing”形态，还有“to,v”形态和“-ed”形态。三者可分别名之进行式形态、不定式形态和完成式形态，HNC 总喜欢另搞一套，有时就像一个麻烦制造者。

但 HNC 提出的降格与升格处理不属于这个情况，它来于基本句类知识的运用。拿背景文件提到的汉语名句 01 和名句 02 来说，其最后小句 jD0J 的 GBKm，明摆着缺失相互比较的内容 C，而这是句类 jD0J 所不能容许的，这就是 jD0J 的基本句类知识。两大句的总体结构表明，缺失的比较内容 DBC（jD0J）必须呈现在前面的小句里。这就是说，居前系列小句，都不过是殿后小句 jD0J 的 GBK 内容之补充说明，降格处理即缘起于此。在降格处理的同时，必然伴随着整个大句的规范化处理，以符号“:=”表示，这就是句类知识的基本运用。其结果是出现了学长所命名的“同一性景象”，这不正是一件令人惊喜的事么！

所谓“人同此心，心同此理”，语言也是如此。看到本句群的大句 04 和 05，不禁联想起刘禹锡《陋室铭》的前两句，大句 04 和 05 里就存在“仙”和“龙”啊！那个“32X20S0J”所缺失的 XBC，必然就是居前的小句。汉语和英语都这么处理，绝非巧合。

学长：这里看到的毕竟只是“!32”同步降格处理的示例，“!31”和“!33”的补缺景象又如何呢？还需要继续观察。

知秋：同意。期盼着下一次的对话。

句群（SG）004

LJ01：For the leaders of the BRICS countries（Brazil，Russia，India，China，and South Africa），the announcement in July of their agreement to establish a"New Development Bank"（NDB）and a"Contingent Reserve Arrangement"（CRA）was a public-relations coup.

(Re,jDJ(DB=<!31!11D01R0J↓Cn-1>(DBC={!31XY5J}))

对金砖国家（巴西、俄罗斯、印度、中国和南非）领导人而言，

<7 月份创立“全新开发银行”（NDB）和“应急储备安排”（CRA）的公告>不啻于一场公关政变。

(ReC,Cn-1jDjD0J(DB=<EK(Cn-1!31D01Y3J)>(DBC={!31XY5J}))

LJ02：The opportunity for a triumphal group photo was especially welcome for Brazilian President Dilma Rousseff，in light of her country's ignominious World Cup defeat and slack economy，and for Russia's President Vladimir Putin，given the international reaction against his government's support of the rebels in Ukraine.

!01X20R44JPr(RB01),

!30!32X20R44JPr(RB01)

巴西总统迪尔玛•罗塞夫因巴西足球队在世界杯上不光彩的失败和国内经济低迷而特别欢迎\这样<有凯旋意味的合影>机会/，

鉴于<俄政府支持乌克兰叛军所引发的国际反应>，

俄罗斯总统普京也特别需要这样的事件。

X20R44J↓Pr(RB01),

Pr(<GBK2P21J>(PBC1={R314J}))S3J

对话 004

知秋：本句群仅两个大句，但 LJ02 足以展示升格处理的基本景象。其英语第二小句竟然以“!30!32X20JPr（RB01）”表示，给人一种耳目一新的感受。这是典型的升格处理，是语言脑实际处理过程的合适描述。

学长：你刚才第一句话里的“足以”和最后一句话里的“合适描述”，似乎带有一种不祥的中邪征兆。语言的多变，远远超过孙悟空，绝不能把他当猪八戒看待。不过，我并不否定你的耳目一新感受，“对话 002”背景文件里简略介绍过所谓的劲敌 05，那里说英语大句有时“把深层省略发挥到了一种极致形态”，我接受这个说法。这里的“极致”就是“!30!32”句式形态的呈现，那里的也是。略有不同的是，那里的前面还加了“!01”。现在，把它们并

列在一起观察一下吧：

```
Ma({!31XY4J}),(f44)!01XY4J(A={!31T19X10J}),
(lb2\3)!01!30!32XY4J(A={!31!32T49T3J}),
(lb1\2)!01!30!32XY4J(A={!31T19D1J}.
                (SG002)
```

```
!01X20R44JPr(RB01),
!30!32X20R44JPrRB01).
                (SG004)
```

对其中 3 次出现的“XY4J”和两次出现的“X20R44JPr（RB01）”，我多少有一点“似曾相识燕归来”的感受。应该高度关注主体句类代码重复出现的语言现象，如“XY4J”和“X20R44J”。我将把这种重复现象叫作**主体**句类代码的重复，这里的主体就是全局性的意思。这一重复现象是产生“!30!32”之类双省略小句句式的根源。我认为，这是考察复杂句式的重要视角之一，这一视角之所以重要，不仅是由于它反映了大句一种复杂构成，还由于它关系到不同语言大句结构的比较研究，进而关系到大句的翻译。传统语言学当然也觉察到了这一语言现象，但似乎缺乏相应的描述工具，而“!30!32”之类的表示符号多么简明。

知秋：学长刚才使用了“主体句类代码”这个短语，我非常欣赏。我们进行第一次沙龙时，后学曾说过传统语言学“三语三从”描述的局限性，这里可以补充这么一句话，在某种意义上，它是一片障眼布，掩饰了主体句类代码重复出现的语言本质。这一掩饰作用，在句群 002 和句群（SG）004 里，可以说表现得淋漓尽致。

后学非常高兴，在大句结构的描述方面，与学长的共识越来越多。本句群虽然只有两个大句，但其汉英差异非同寻常，富有启示意义，但有些问题不属于本章的范畴，例如，ReC 的位置不变性问题，以后再说。

下面要向学长请教两个问题：一是关于 EK 要蜕的；二是关于“B-”类语句汉英表达之异同，先说前者。

在“对话 003”中，学长提出了一项建议和一项怀疑。建议是，常规要蜕应该只管 3 主块句的 GBK 要蜕，不管其他。怀疑是关于常规要蜕不变性能否出现“如探囊取物”的神奇效果。原话是这么说的，我还是存有怀疑，它集中广义效应句方面，而不是广义作用句。当时，我对建议的明智性可以说深信不疑，但对怀疑，就不能这么说了。有趣的是，本句群可以说彻底打消了后学对学长怀疑的怀疑。本句群的汉语文本出现了两个要蜕，但英语文本却没有。下面把这两个汉语要蜕拷贝出来，并附上对应的英语符号和相应的汉语文字。

<EK(Cn-1!31D01Y3J)>
RB01
<7 月份创立“全新开发银行”（NDB）和“应急储备安排”（CRA）的公告>

<GBK2P21J>
RB01
<俄罗斯政府支持乌克兰叛军所引发的国际反应>

我的第一个问题是，可否约定，将汉语的 EK 要蜕一律变换成英语的 RB01？

学长：不妨回顾一下我们的第一场对话，蛮有意思。那次，你神采飞扬地描述了一通汉语“的”字的妙用。此“妙用”中的大妙，就是现代汉语要蜕和包蜕的规范化，这一点，应该说是 HNC 的一项重要发现。但应该明确，此项发现不属于句法范畴，而属于句类范畴。例如，上面的 EK 要蜕必须依托于句类“!31D01Y3J”，GBK2 要蜕必须依托于句类“P21J”。

因此，如果基于这一发现去评判语法学家关于“的”字的研究，那一定有失公允。

为什么要说上面的话呢？因为关于语言法则的描述必须联系于特定的视角。你刚才提出的问题，站在句法的视角看，就显得非常可笑，它好比问：“规定男人不得穿裙子”是否适当？你懂我的意思吗？

我们看到，在 LJ“004-1”里，英语与汉语核心的东西都是“{!31XY5J}”，不过，这项核心的东西并不以主体句类代码的形态出现。在英语里，该核心依附于 RB01，在汉语里，该核心依附于<EK（Cn-1!31D01Y3J）>。与此类似，在 LJ“004-2”里，英语与汉语核心的东西都是“X20R44J”，但英语的第二小句却以“!30!32”的形态把它隐藏起来了，汉语的第二小句更神，竟将它隐藏于句类代码“S3J”之中。

知秋：学长关注重点的建议，如醍醐灌顶，关于“有失公允”的论断，我也完全同意。不过，“穿裙子”的比喻是否也有点“失允”？这里似乎存在某种误会，而误会的源头也许就是把 RB01 与多元逻辑组合等同起来了。我曾经说明过，前者的体量远小于后者。英语的多元逻辑组合确实多彩多姿，工具齐全，显得无所不能，但有时未免过度烦琐，简化的趋向已见端倪。近年，在汉语圈子里出现过“英语正在向汉语看齐”的说法，其实就是指这一简化趋向。我觉得在 LJ004-1 和 LJ004-2 的 RB01 里，这种趋向是存在的。

当然，对这两个 RB01 作进一步的具体分析，不是当前的事。下面转向第二个问题，从“B-”里的两位重要代表 X10J 和 X20J 谈起，它们在“004-2”、“003-4”和“003-5”里，都以不同的形态出现了。

用句类空间的描述语言来说，这两位代表的 GBK2 都是 XBC，其 GBK1 分别是 X1B 和 X2B。转换到句法空间的描述语言来说，可以作如下的陈述。与 XBC 对应的宾语是一种特殊宾语，不妨简称“X12 特宾”；与 X1B 和 X2B 对应的主语是一种特殊主语，不妨简称“X12 特主”。对这两位“特宾”和“特主”，将简称两位代表，我们可以作出下述 4 项推断：①“X12 特宾”的完整描述需要一个甚至多个小句，该小句的降格呈现就是句蜕；②两位代表经常使用违例句式“!21”，英语和汉语都一样；③英语经常使用“!01”句式，即“特主”与“特宾”交换位置，但这时不能用“by”对“X12 特主”进行标示，需要改用另外的介词；④汉语在使用“!21”违例句式时，对居前的“X12 特宾”往往给予“l02”语块标记。

大句“003-4”和“003-5”是推断 1 与推断 2 的印证，大句“004-2”是推断 3 的印证，推断 4 的印证例句暂缺，这无所谓，因为在现代汉语里，其使用频度最高，在现代汉语文本里俯拾即是。

我关心的是，学长对这 4 项推断的印象如何？它们具有第一趟接力的应用价值吗？

学长：虽然你只讨论了“B-”句类里的两位代表，但我觉得具有不寻常的示范意义，我想说，你是 X10J 和 X20J 两代表的知音。基本句类空间总共不就是 68 位代表吗？但愿每一位代表都能遇到像你这样的知音。以一位知音者的身份起步进行探索，对其最终成果可寄予厚望，我甚至愿意说，那将是一项非同寻常的利好预期。但是，对这一路探索的艰辛，我连知其然都谈不上，更遑论知其所以然了。

总之，上述 4 项推断代表了一种新的研究思路，是一种与传统词汇语义学有本质区别的研究思路或途径，也完全不同于我略有接触的句子语义学[*03]。但是，推断的第一项，为什么只提小句和句蜕，而不提 RB01 呢？是有意为之，还是疏忽？

知秋：是疏忽，谢谢学长的鼓励。

学长：不要这么客气。我也在学习当中，许多话底气不足，甚至是“打肿脸充胖子”。例如，前面我说了“似曾相识燕归来”的话，但那个“X20R44J”，哪里谈得上“似曾相识”！“欢迎”这个词语与“X20J”挂接，我能理解，但怎么就与“X20R44J”挂上了呢？

知秋：后学在背景文件里第一眼看到这个句类代码时，瞬间也有一种被“电击”的感觉，后来经历过一长串“悟”与“惑”的反复过程。“悟”联系于两把钥匙，“惑”联系于“鸡与蛋”的故事。

两把钥匙之一是，句类 SC 由 EK 与 GBK 共同确定，不是由 EK 单一确定。

两把钥匙之二是，句类 SC 最终要提升为领域句类 SCD。

但是，第一把钥匙本身就隐含着“鸡与蛋”的无解关系，因为句类理论的正式核心陈述是，主块是句类的函数。而第一把钥匙也可以表述为：句类是主块的函数，这样，句类与主块的相互关系，形式上就变成“鸡与蛋”的关系了。

不过，说“句类直接起源于广义作用效应链”比较顺当，而说“主块直接起源于广义作用效应链”就不那么顺当了。这类似于说“鸡生蛋”比较顺当，而说“蛋生鸡”就不那么顺当，换一个字，说“蛋孵鸡”才顺当。所以“鸡与蛋”的关系在世界知识的意义上并非无解，鸡对蛋是“生”（14eb1）的关系，而蛋对鸡是“孵”（5314eb1）的关系。这就是说，句类理论的正式核心陈述对应于“鸡生蛋”，而第一把钥匙的陈述则对应于“蛋孵鸡”。因此应该说，所谓“鸡与蛋”的二律背反，只是专家知识范畴的悖论，不是世界知识范畴的悖论。

SG004 里的两个 LJ 非同寻常，还留下了系列问题有待讨论。当然，学长提出的“X20R44J”问题是其中最关键的一个。HNC 历来对中心动词驱动论持强烈否定态度，其最早的批判论述就是以“X20J”为依托的。我最初的印象是“过分”，接下来的印象是“矫枉必须过正”谋略的运用而已。最后我才认识到，西方语法学所推崇的中心动词，确实经常起着“障眼法”的消极作用，这个问题以后再谈。现在，说一项关于“X20R44J”的有趣细节。

该细节的要点是：在一定语境条件下，X20R44J 的 X2B（GBK1）必须是人，而且是一些从事主从活动的人，后者来自于 R44[*04]。这正是混合句类 X20R44J 所提供的世界知识，HNC 喜欢把它叫作先验句类知识。前面，我们曾经把它比作一口“井”，这里应该再次强调的是，这些“井”都非常神奇，你看，区区两个字母和 4 个数字，就把那么重要的世界知识表达得那么清晰，此大可惊叹者一也：这些“井”不仅是有限的，而且“井群”的门类与脉络都十分简明，此大可惊叹者二也。

学长：后生可畏，信然。这次让我来说吧，期盼着下一次的对话。

两场对话形式上似乎没有紧扣本节的主题——广义效应的多模式表达，但实际上，它为该主题的探索，开创了一个具有示范意义的先例。当然，示范本身就意味着只是一项长征——语言理解处理——的第一步，但对话的最后，说到有限的“井”和“井群”，表明对话者对长征的下一步已有一个比较清醒的认识。

“井群”这个词语很有点意思，它具有串与并两大类。

就 X20J 来说，任何以 X20 为首的混合句类都是它的“井群”串，任何以 X2o 为首的混合句类都是它的“井群”并，串与并的有限数量都具有先验性。此论断适用于任一基本句类，上面，我们见到了对话者关于 X20R44J 的精彩分析，也见到了关于 X20S0J 和 X10X20J 的分析，三者将临时简称为分析 01、分析 02 和分析 03。

分析 01 联系于词语“欢迎”，分析 02 联系于短语“充满必胜的信心和力量”与词语“展望”，分析 03 联系于短语“感到无比骄傲和自豪”与词语“回顾”，三者分别代表了句类与词语之间的 3 种激活模式。

HNC 将把这 3 种激活模式分别命名为简明 EK 模式、复合 EK 模式和混合模式，后者通常表现为“简明 EK+复合 EK”的模式。用传统语言学的术语来说，前两者可分别简称动词模式和动词短语模式。分析 01 属于动词模式，分析 02 和分析 03 则都属于混合模式。

从激活的可靠度来说，3 种激活模式依次递减，原则上，我们对三者的信任度应该依次递增，不可以一视同仁。但语言的习惯力量却造成了一种相反的倾向，特别钟情于动词模式。这种模式最直观，最易于理解，因此，下文将第一次对此钟情语习给予鼓励，但鼓励方式不过是一张明快的动词模式表（表 5-6）。

表 5-6　动词模式表

词语	句类代码
梦想	X20Y5J
喜、哀、乐	X20S0J
怒	X29S2J
爱、恨	X200R21J
慈善公益、报仇雪恨	X200Y2J
反击、起义	X200XJ
匈奴未灭，何以家为!	P21X401J
……	……
法办、镇压	XX200J
想象	D01X21J
认为	DX21J
谈判	X21T490J
协商	X21R2J

这张“明快表”，分上下两大块，以“……”为界。上面的是所谓“广义效应多模式表达”的主体样板，主体者，“B-”句类或由它牵头之混合句类也。下面的就是广义作用表达了。这些提法仅具理论意义，无非是想把广义作用与广义效应之间的交织性描述得更简明一些，如此而已。但是，本“明快表”另有企图：为两种语句描述模式提供一个比较明朗的景象。两种语句描述模式是：语义学模式和句类模式，前者以词语为依托；后者以基本句类代码为依托[*05]。实际上，还有更重要的第三种描述模式，但不属于语句，而属于句群，叫语境单元描述模式。形式上，如果将“明快表”加上第三列，名之领域句类代码，那就是所谓的第三种描述了。

语义学模式的全称应该是句法语义学模式，它存在一项基本困惑，那就是：词语是否存在有限的语义基元？词语的语义基元又如何转化为语句深层结构的描述？无数杰出的中外学者为此进行了坚韧不拔的努力，收效如何？仁者见仁，智者见智。这里要说的只是，上述困惑，对句类模式已不复存在，而且是彻底的不复存在[*06]。

这两种语句描述模式可类比于商业的传统和现代模式——店铺与超市。店铺模式有一个名句——酒香不怕巷子深，该名句诱发了一种“酒香”情结，在语言学里可名之“同近嗜好”。“同近”者，大体相当于同义词与近义词也，语义学深受这种情结的影响。他们嗜好把“喜怒哀乐”和“爱恨”等词语放在一家店铺里经营，把“想象”和“认为”等词语放在另一家店铺里经营，至于“谈判”与“协商”，这两家店铺都不管，于是又另开一家店铺，这就是传统语义学的经营方式。

但上面的“明快表”为句类模式的现代经营方式提供了不少灵感。你看：“怒”从“喜怒哀乐”独立出来了，“喜哀乐”共享着“X20”与“S0”，但在“怒”里，两者被“X29”和“S2”替换了，从而充分展现出“怒”与“喜哀乐”的本质区别；“爱”与“恨”被紧紧地绑在一起，两者共享着“X200”与“R21”，从而充分展示出两者的共性或共相；霍去病的名句，在句类空间里竟然只是混合句类“P21X401J”，名句也，传神；“P21X401J”也，同样传神。以上是广义效应多模式表达的生动写照，当然全属于所谓的主体部分。

在广义作用表达方面，也不乏生动的写照。你看：“想象”“认为”“谈判”与“协商”共享着“X21”，四者各自的独特意义，通过不同的搭配即“D01”“D”“T490”和“R2”，获得了充分展示；“法办、镇压”与“反抗、起义”竟然共享着“X”和“X200”，两者的差异不过是将“X”与“X200”交换一下位置而已。

以上所述，只要对有关的句类基元略有了解，就不会茫然，而只有新奇与惊喜。这就是两位对话者的基本感受了。

“明快表”里出现的句类基元，有些我们已经比较或十分熟悉了，例如，“X10”与“X20”，“D01”与“D”等 4 位。陌生的面孔并不多，“X29”“X200”“T490”和“X401”大约是其中最突出的 4 位了。这 4 位不是什么古怪的东西，如果能熟悉前 4 位，那后 4 位就没有任何障碍。说这番话是什么意思？是为了下面的一句惊人话语作铺垫。那句话本身很平淡，一个最平常不过的简明状态句：**句类基元总共 68**。这个“68”，纯属巧合。这是多余的话，但绝不是“此地无银三百两”。

最后，要对两位对话者说几句话，代替本节的结束语和本章的小结。

传统的语义学模式依然具有强大的生命力，过时的、陈旧的东西不意味着就一定丧失生命力，“推陈出新”的“推”不是推倒，而是推动。对此，应有一个清醒的认识，HNC 模式不过是把语义学模式“推”了一把而已，语义学模式可以照旧生存。探索者就是推动者，传统的句法语义学虽然不适合于探索者，但完全适合于耕耘者。而耕耘者永远是专业活动的主力，当下的诸多创新实质上只是略有新意的耕耘而已。语言理解处理的探索尤为艰辛，要把句类模式转化成现代化的“超市”或“网超”经营方式，绝非一日之功，甚至非一个世纪之功。但探索者永远不要气馁，仅以赠勉。

注释

[***01] 刚才，就此论断同池毓焕博士小沙龙了一次。池博士说了两个例句：我把这份礼物收下了；

这份礼物被我收下了。一下子就把该论断否定了，但笔者认为，两例句不属于基本句类 T1J，而属于混合句类 T19T1J。T1J 与 T19T1J 的这个区别在词语层面是通过“收到”与“收下”来呈现的，两词语的妙用不过是混合句类魅力之一景而已。这个话题太大，也很有意义，这次小沙龙也不过是沧海一粟。希望这样的“一粟”能继续下去，池博士有此意乎？更希望池博士能形成文字，将来集合起来，成为“特宾”，形成本书的一份特录。

[**02] HNC 最新标注方式不直接针对文字文本，而仅给出每一“小句”（引号不言自明）或语段（主要是辅块）的 HNC 符号。每个大句对应一组符号，当“小句”在大句里的地位发生变化时，给出最终的 HNC 大句符号。“小句”之间的语言逻辑或语习逻辑符号概不省略。与原来的 HNC 标注方式相比，这三点是新东西。另外，要蜕标注方式也作了重大调整，其结构形态以 GBKm 和 EK-m（表示 EK 的不同构成）为基本依托。句蜕标注通常都放在句类代码的括号内，括号可以多重，以适应句蜕的嵌套情况。调整后的标注方式便于汉语和英语句蜕标注的统一，也便于句类分析系统的基本测试。HNC 技术需要一整套崭新的测试标准，我们还处于摸索阶段。

[*03] 句子语义学是司联合先生提出来的，已出版了同名专著（东南大学出版社，2010）。该专著的附录 1 和附录 2 分别是 HNC 概念节点表和句类代码表的拷贝。不过两表早已过时，作者未能跟上 HNC 后来的发展。

[*04] 基本句类代码 R44 里的“R”对应于概念林“4 关系”，第一位数字“4”对应于概念树“44 主与从”，第二位数字“4”的约定意义是，主块 RB 的核心要素只含对象，不含内容。这项约定非常实用，是苗传江博士的贡献。

[*05] 这里没有把句法模式包括进来，理由心照不宣可也。

[*06] 这是“论句类”的核心内容，也是 HNC 第二公理的另一种表述方式。

第三章
语块构成变换

引 言

在笔者每次试图启动机器翻译项目的时候，总要到场说上这么两句话。句式与句类转换是机器翻译的大场，语块构成变换是机器翻译的急所。大场和急所是两个大名鼎鼎的围棋术语，这里就不来解释了。但应该再次申明，上面的话其实具有很大的误导性，把“机器翻译”换成“语言生成”，并以“选择”替代“转换”与“变换”，才是“正道”。当然，在“正道”之后一定要加上这么一句话，就汉英互译而言，该大场与急所是攸关成败的命根子，两“选择”应依次以“转换”与“变换”替代。

应该说，HNC 团队在该大场与急所的探索方面，已经取得了不俗的成绩。各自出版了一本专著，分别是《面向机器翻译的汉英句类及句式转换》[*a]和《面向汉英机器翻译的语义块构成变换》[*b]。下文将对前者简称《转换》，对后者简称《变换》。

本章所论，只是《变换》的第二部分，而且仅重点关注上文提到的第一号流寇 RB01。在字面上，本章标题与《变换》书名里的“语义块构成变换”相比少了一个“义”字，这放在注释[*01]说明。

这里，笔者要表达一个殷切的期望，两专著都值得重写再版，以融通 HNC 理论的最新发展成果。另外，应该郑重思考一下，书名里的“面向机器翻译”短语，是保留还是去掉？这不是一个简单的问题，因为它既关系到学术，又关系到市场。

HNC 曾对“多元逻辑组合”给出过多次阐释，但始终没有到位，或者说透齐性不够，这里再作一次努力。

《现汉》对逻辑给出 3 个词条：逻辑、逻辑思维和逻辑学，《现范》也是 3 条，但将逻辑学并入逻辑，加了一个逻辑性。在逻辑学界，有形式逻辑与辩证逻辑的基本划分，还有过数理逻辑的异军突起。HNC 在探索初期，给出过形式逻辑与内容逻辑的基本划分，并申明自己仅致力于内容逻辑的探索。该探索的最终成果是：广义作用效用链、语法逻辑、语习逻辑和综合逻辑，四者构成了内容逻辑的 4 大范畴[**02]，贯穿于“词语、短语、句子”如何组合的全过程，用 HNC 语言来说，就是贯穿于“概念基元、语块和句类”如何组合的全过程。这里“如何组合”包括内外两方面，其特定含义将在下文说明。

本章将由 4 节构成，其名称依次是：关于多元逻辑组合的对话、关于逻辑组合的内外之别、关于 RB01 宏观结构的汉英根本差异、关于 RB01 局部结构的对话。

注释

[*a] 该专著作者是张克亮教授（河南大学出版社，2007）。

[*b] 该专著作者是李颖、王侃、池毓焕（科学出版社，2009）。

[*01] 为了这个“义”字，笔者已作了多次检讨，但一些读者未必认同。上一章有关于语义学的简易评述，期盼着在这之后认同度能有所提高。

[**02] 对于 HNC 来说，“内容逻辑 4 大范畴”这个短语早就应该出现了，为什么到这里才写出来？这有多方面的原因。首先，是因为在笔者看来，逻辑这个词语的 HNC 符号就是抽象概念五元组自身的一个特殊组合——“ru”，而五元组的本来面目（语言理解基因的第三类氨基酸）一直被“动名形副”掩盖了，“ru”遭受到殃及池鱼之灾，因此深藏于语言现象的背后。其次，是因为在笔者看来，两类劳动和三类精神生活就是内容逻辑的基本载体。再次，是因为在笔者看来，基本概念和基本物都有其自身的特殊内容逻辑。最后，是因为在笔者心里，逻辑就是概念延伸结构表示式和多种层面的概念关联式。当然，这最后的第四点是最重要的。基于上述可知，“内容逻辑 4 大范畴”的短语实质上属于一种权宜之计的术语，仅用于本章，但会带来若干方便。

第 1 节
关于多元逻辑组合的对话

本节先给出“对话 005”，随后略评。这个对话本来可以自由自在，不必在前面放一个句群，但惯性力造成了这样的安排，读者就迁就一下吧。另外，两位对话者此后就充当相应称谓的正式代表了，原来使用的引号一概取消。

句群 005[*a]

大句 01：由于对西方的失望，
志士仁人开始重新思考，寻找新的救国道路。

```
(Pr(<EK!31X20Y1J>),!32D01J,!31D01T19J) := PrD01T19J
```

Disillusioned with the west,
intellectuals looked for other options.

```
(!31X20Y1J,D01T19J) =: PrD01T19J
```

大句 02：他们认识到，革命要取得成功就必须植根于中国、植根于人民。

```
DX20J(DBC= S3Y1J(SB={Y001S3J},(f81d019)(S3Y1+SC)))
```

They knew prosperity in China had to be rooted in the country and in the people.

```
DX20J(DBC = P22(S3Y1)J)
```

大句 03：1915 年 9 月，《新青年》杂志在上海出版发行，
<它最初关注的>是西方自由主义、个人主义和实用主义等思想。

```
(Cn-1,Y1T3J,jDJ(DB=<GBK2!32X21D01J>),
    Cn-4!31XT3a2*211J)
```

A magazine called *New Youth*, first published in 1915,
at first focused on western values of freedom, individualism and practical thinking.

```
(Y1T3JCn-1,!31X21D01J)
```

大句 04：1917 年俄国“十月革命”以后开始广泛传播马克思主义。
But after the October 1917 revolution in Russia,
it spread Marxism and became very popular.

```
(Cn-4,XT3a2*211J,(lb1\12)!31Y0J)
```

大句 05：毛泽东和许多中国优秀青年一样，
成为信仰马克思主义——以帮助被压迫者为主旨的理论——的先行者。

(jD0*0J,!31Y021J(YB2=<GBK1D01X10J>↓f13=<GBK1D2J>)

Mao Zedong was among those attracted to Marxism,
which was regarded as a theory for helping the suppressed.

(jDJ(DC=<GBK1D01X10J>),(lb1\12)D2J)

大句 06：他们代表着已经成长起来的工人阶级和人口众多的农民阶级的诉求，
作为新兴革命力量登上中国的政治舞台。

(XT4a1J,T2bS3J(TAC={!31D2J}))

Such people soon stepped on China′s political stage
as a new revolutionary force representing the interest of the growing working class,
as well as the farmers,who were a majority of the people.

(T2bS3JReC(XT4a1J(jDJ))

对话 005

学长：这次的背景文件提出了一系列很不寻常的问题，然而却让我们俩来打头阵，你不觉得奇怪吗？

知秋：我们已被抬上探索者的行列，那就勉为其难吧。你看本章 4 节的安排，头尾都是对话，我俩不但要打头阵，还要殿后。这个头尾，是典型的“虎头蛇尾”，因此，我有一种让我们来收拾烂摊子的感觉。

学长：HNC 不是经常说语言面具么！背景文件里的那句“‘推’了一把”的话，是真话还是面具呢？

知秋：真话，因为说到底，HNC 的根就是“学问文章皆宜以章句为始基”那句话。

学长：如果是真话，那你的收拾烂摊子感觉就不准确了，本对话将是推动工作的重要组成部分，我们责无旁贷。

本节引言里，HNC 明确暗示了它也有把逻辑学“推”一把的意愿，不过，这一“推”的方式很特殊，不是从思维或大脑的整体描述入手，而是从语言或语言脑的特定视角或描述入手。此特定视角里的逻辑就是一个“如何组合”的问题，其原话是：内容逻辑就是指，**“概念基元、语块和句类”**如何组合的全过程。在注释里又进一步强调：**逻辑就是概念延伸结构表示式和多种层面的概念关联式**。这句话应该理解为 HNC 对“如何组合”的具体阐释。这些拐弯抹角的学术话语可以转换成如下的简明话语：**逻辑就是概念单元之间的组合**。这里的概念单元包括 HNC 的概念基元、句类、语境单元和隐记忆，本次对话首先应该阐明的是：“多元逻辑组合”里的“元”是什么“元”？回答是：此“元”乃概念单元之“元”，而非概念基元之“元”也。

知秋：学长刚才的简明概括，应该加一个引导语——在语言逻辑里。否则，就有违背 HNC 原意之嫌。

学长：字面上肯定有违，但实际上未必。此话题不宜展开，我们还是赶紧离开，回到句群 005 吧。首先我想问，此句群的标注方式是否大大有别于先前的山寨版？

知秋：学长何以有此一问？我也并不十分了解所谓山寨版的具体形态，说不好。

学长：那么，在本句群的标注里，你有没有看到一些意外的东西呢？

知秋：如果学长指的是"GBK 要蜕不变性"命题，我承认，原来过于乐观了一些，但经过上次学长的指点，我已经改变一根筋的态度了。如果学长指的是语句或语块的串接标注方式，那我丝毫没有意外的感觉。

学长：不只是你说的两点，让我们来逐句梳理一下吧。

我们在大句 01 的汉英句类表示里，看到了"PrD01T19J"的同一性景象。但是，同一性景象的出现需要归一化逻辑法则的支持，你在"对话 003"里大谈了一通归一化逻辑法则，它们适用于这里的情况吗？

知秋：那次我只是说了一些关于"降格处理"的粗浅思考，学长现在把它们提升到归一化逻辑法则的高度，实在是太过抬举，使后学不胜惶恐。我之粗浅思考的基本依据是，一个大句里的一些甚至全部小句，出现丢三落四现象是语言的常态，也是语言的魅力所在。但各小句的丢落不是彼此孤立的，一定会形成一种相互补充的关系，从而使整个大句的描述符合句类知识的基本要求。如果要对大句归一化处理谈逻辑法则，那后学认为，这就是最基本的法则。此法则也可名之句类知识及其运用，句类知识是先验的，其运用就是所谓的句类检验。丢落现象的发现要靠句类检验，整个大句的互补重组处理也要靠句类检验。

学长：够了，回到逐句梳理吧。

知秋：好。基于标点信息，大句 01 有汉语 3 小句，英语 2 小句。

先说汉语。

"由于对西方的失望，"里的"由于"可激活 Pr，"对""的"和"失望"相继出现，一定激活<EK!31X20Y1J>，于是，"005-1-1" = Pr(<EK!31X20Y1J>)；

"志士仁人开始重新思考，"一定激活!32D01PJ，"005-1-2" := !32D01PJ；

"寻找新的救国道路。"一定激活!31D01T19J，"005-1-3" := !31D01T19J；

"'005-1-2'与'005-1-3'"互补 => D01(PT19)J =: D01T19J

于是，汉语"005-1" => Pr(<EK!31X20Y1J>)D01T19J

再说英语。

"Disillusioned with the west," 一定激活!31X20Y1J；

"intellectuals looked for other options."一定激活 D01T19J；

于是，英语"005-1" => Pr{!31X20Y1J}D01T19J。

汉语和英语都对"005-1-1"进行了小句降格处理，汉语还对"005-1-2"和"005-1-3"进行了并合处理。

如果将大句 001 整体结构简写成 PrD01T19J，则汉语与英语的句类空间形态完全一致，差异仅在于 Pr 的表示方式，汉语是 EK 要蜕，英语是原蜕。

学长：Stop!你刚才的长篇大论，我觉得存在两大疑团：一是 5 个"一定激活"，凭什么"一定"？既然都"一定"了，还用得着句类检验吗？二是那个"=:"和它前面的"=>"，"互补"怎么就冒出来一个"=>"？一个好端端的"P"怎么一下子就被拿掉了呢？疑团不除，就是忽悠，知否？

知秋：这可是一针见血的追问。

我刚才话里的“一定激活”就是指通过了句类检验的句类代码。拿“!32D01PJ”来说，所谓句类检验就是把“志士仁人”与“思考”联合起来，形成 D01J 的激活。前者一定与“pa”挂接，后者一定与“803”挂接。在句类空间里，也就是在隐记忆里，存在着

```
(pa,803) => D01J = DA+D01+DBC
```

的概念关联式。这样不就拿住了 D01J 吗？但小句“005-1-2”在 D01J 之后，跟了一个逗号，那就依据小句约定，把它记为“!32D01J”。而那个逗号则暗示着，此小句暂缺 DBC，但它一定会出现在随后的小句里，而且可以预期，那个小句一定采取“!31”形态。有趣的是，随后的小句竟然是“!31D01T19J”，它带着句号，于是就出现了合并处理的需求。现在可以说，随后小句的“!31”完全属于预期，但“D01T19J”就纯属巧合吗？未必！这个问题需要向学长请教。

学长：我说的两大疑团不是孤立的两件事，两疑团起源于同一个东西——“志士仁人开始重新思考”。你刚才关于“拿住 D01J”的论证，看似十分严谨，其实不然。为什么不能选取句类代码 P1J？为什么对“开始”置若罔闻？如果那样做，巧合问题就根本不存在了。

知秋：学长有所不知：①P1J 的 PB 必须是抽象概念，而“志士仁人”是具体概念；②“开始”优先于充当 EQ，而 EQ 一定不是句类代码的决定性因素，只是辅助因素。所以，P1J 绝不能考虑，而!32D01PJ 乃势之必然，其中的“P”就表示并没有对“开始”置若罔闻，不是吗？

学长：非有所不知也，戏问耳！双簧之演耳！根本问题在于，“(pa,803)=> D01J”之类的概念关联式样需要人工输入，这个工作量太庞大了，更严重的问题在于，这样的工作方式有悖于现代信息产业的时尚，这无异于走进了死胡同。当然，这不属于我们对话的范畴。我的感觉是，HNC 要想完成其第一趟接力，首先需要能静下心来的人，需要佩雷尔曼和张益唐那样的顶级人才[**b]。

知秋：工作量似乎不是学长想象的那么巨大……

学长：此话题暂时放下。本大句的 Pr 存在明显的汉英差异，说说你的看法吧。

知秋：在 HNC 视野里，这里的汉英差异涉及两个基本问题：一是关于“任何句类都可以转换成因果句”的命题；二是关于“‘!31’载体居前”的命题。这两个命题，HNC 都没有正式宣告，我是从 HNC 内部资料里看来的。但我觉得，这两个命题对于第一趟接力具有重要的指导意义，不可小觑。

就本大句来说，其整体结构可以转换成一个 P21J，该句类具有天然的“!30”特性[*01]。如果这么办，那“志士仁人”的位置就一定要提前，大句“005-1”就会变成下面的形态，由于志士仁人对西方极度失望，他们开始重新思考，寻找新的救国道路。那么相应的英语译文应该是：The intellectuals were disillusioned with the West,so they begun to reflect, and looked for other options.这样，大句“005-1”所呈现的 Pr 汉英差异就不复存在。

“‘!31’载体居前”命题，是 HNC 之迭句说的另一种表述方式，是我的玩新。迭句是现

代汉语常见的句群形态，HNC 曾有过迭句乃汉语专利的迷思，后来改正了。“005-1-1”的英语表示是对“‘!31’载体居前”命题的违背，这种违背现象的出现，是一种可资利用的信息，违背者，辅块也，主辅变换也，优先于 Pr 者也，这是我的又一玩新。

学长：我对你的回答不能说完全满意，但基本满意，两大疑团基本消失。不过，还是以“想法”替代“玩新”吧，创新需要严肃认真的科学态度，不要跟“玩”搅在一起，什么“玩新”，我不喜欢。

下面转向“005-2”。该大句第一次展现了块扩句类，关于块扩句之“主谓”成双特性，在背景文件里有比较明确的论述，对此，我多少有一点亲切之感了。该大句里的“认识到”和“植根于”就是双谓语，对应的英语是“knew”和“had to be rooted”；“他们”和“革命要取得成功”就是双主语，对应的英语是“They”和“prosperity in China”。看到如此清晰的语言景象以后，我们应该承认，“块扩句之主谓成双”论断是对“双宾语”说的一项重要补充，也是对语言认识论的一项重大推进。

下面转向“005-3”，这里出现了违背“常规要蜕不变性”的案例，你没有意外之感吗？

知秋：如果没有“常规要蜕不变性”的前次讨论，此案例或许会引起些微意外。现在，它完全处于掌控之中，两选一而已。展现的译文是一种选择，以“and what it paid close attention at first were...”开头，也是一种选择，不是吗？

学长：我喜欢“掌控之中”的表态，但还需要走着瞧。下面，让我们跳过“005-4”[*c]，转向“005-5”和“005-6”。这两个大句就一起讨论了，其中出现了多位重要的新客户，此后，老客户就不带双引号了。下面，让我以表格的形式（表 5-7），把两大句里的新老客户一起展示一下，新客户带双引号，以区别于老客户。

这 5 位新客户，我都有亲切之感，特别是其中的 jD0*0J 和 Y021J。不过，老客户只有一位孤零零的 D2J，又不免有“路漫漫其修远兮”的感慨。

表 5-7 大句 005-5 和 005-6 的句类代码或分析难点及语句示例

句类代码或分析难点	语句示例
“jD0*0J”	一样
“!31Y021J”	成为
<GBK1“D01X10J”>	信仰马克思主义的先行者
<GBK1D2J>	以帮助被压迫者为主旨的理论
“XT4a1J”	他们代表着……
“T2bS3J”	登上中国的政治舞台
{!31D2J}	作为新兴革命力量

知秋：后学的感受有所不同，如果注意到新客户主要是混合句类，那就应该说，新客户里有熟人的情况居多，让我们把“句群 005”前 4 个大句的客户都请出来一起考察一下吧（表 5-8）。

表 5-8　大句 005-1～005-4 的句类代码或分析难点及语句示例

句类代码或分析难点	语句示例
"!31X20Y1J"	对西方的失望（Disillusioned with the West,）
"D01PJ"	志士仁人开始重新思考
"D01T19J"	寻找新的救国道路（looked for other options.）
DX20J	他们认识到（They knew） 西奥多,恐怕（I'm afraid,Theodore,）
"S3Y1J"	就必须植根于（had to be rooted in）
"{Y001S3J}"	革命要取得成功
RB01	prosperity in China
"Y1T3J"	《新青年》杂志出版发行
"<GBK1SP11J>"	A magazine called *New Youth*,first published
jDJ	是
"<GBK2!32X21D01J>"	<它最初关注的>
RB06	at first focused on
"XT3a2*211J"	传播马克思主义（spread Marxism）
"!31Y0J"(RB06)	and became very popular

在全部 12 个句类代码中，新客户 10 位，老客户仅 2 位；混合句类 10 个，基本句类仅 2 个。这些数据只是表象，重要的是下述两种景象，将名之"新中老"景象和"老中新"景象。"新中老"指的是新客户里的老代码；"老中新"指的是老客户所对应的新词语。

先来考察"新中老"景象，10 位新客户的基本代码如下：

X20J,"Y1J"; D01J,"PJ"; D01J,T19J; S3J,"Y1J"; "Y001J",S3J;
"Y1J",T3J; "SJ","P11J"; X21J,D01J; XJ,"T3a2J"; Y0J

我们看到，在 10 位新客户的 19 个基本代码中，熟悉的面孔已达到 11 个，未曾谋面的只有 8 个。这就是说，我们才仅仅考察了 5 个句群，但新客户中熟悉的面孔已经多于未曾谋面的。这意味着"新中老"景象的考察结果，令人惊喜。看来，熟悉全部基本句类并非难事，也许几十个句群就能做到"窥其全貌"，毕竟它只有区区 68 组嘛。

"老中新"景象则迥然不同，我们先拿 DX20J 来说事吧。上面展示了其两次汉英呈现，汉语是"认识到"和"恐怕"，英语是"knew"和"am afraid"，那差异之大，可谓惊人。下面再来看另一位老客户 D2J，也把其汉语和英语呈现集中展现在下面（表 5-9）。

表 5-9　D2J 句类代码或分析难点及语句示例

句类代码或分析难点	语句示例
D2P11J	无，名天地之始；有，名天地之母。
{!31D2J}	作为新兴革命力量
RB01	as a new revolutionary force
<GBK1D2J>	以帮助被压迫者为主旨的理论
(lb1\12)D2J	which was regarded as a theory for helping the suppressed.

如果说 DX20J 的自然语言呈现已属惊人，那 D2J 的自然语言呈现更是骇人听闻了。汉语的“名”“作为”和“主旨”竟然都与 D2J 捆绑在一起，这是否意味着“老中新”景象的考察结果，令人无比沮丧呢？后学已陷于无奈，愿闻高见。

学长：我们的对话需要轻松活泼的氛围，但我并不喜欢什么“新中老”和“老中新”的说法，也不喜欢你的“泥鳅”游戏。“新中老”和“老中新”是两类具有本质差异的课题，我们一个一个来，一步一步走，别跳。我先说一下对前者的感受。

我还是从第一位新“客户”说起，她是大名鼎鼎的汉语第二号“专利”句类——jD0*0J，第一次见到，自然会出现新鲜与满足的双重感受，从 jD0*0J 到 jDJ 的转换属于意料之中。但是，该大句的句类转换可非同寻常，下面展示其汉英的不同面貌：

```
(jD0*0J,!31Y021J(YB2=<GBK1D01X10J>↓f13=<GBK1D2J>)
(jDJ(DC=<GBK1D01X10J>),(lb1\12)D2J)
```

瞧！汉语的“jD0*0J”和“!31Y021J”都消失了，英语把它们并合成“jDJ”，汉语要蜕形态的同位语变换成英语的小句“(lb1\12)D2J”。这就产生了两个形态相同的问题：①这“消失”与“并合”是必然的吗？可形成一条没有例外的句类转换吗？②该变换是必然的吗？可形成一条没有例外的变换规则吗？现在，知秋老弟，该我来一次愿闻高见了。

知秋：那我就不揣冒昧，充当一次学长的“烤羊肉串”吧。

学长的两个问题虽然形态相同，但内容不同，我也一个一个来。

问题 1 的 HNC 描述是：下面的概念关联式

```
(jD0*0J,!31SCJ) => jDJ(DB=DB(jD0*0J),DC=GBK2(SCJ))
```

是否成立？我的回答是：Yes。当然，这里还有一个细节需要灵活一下，那就是式中的“SCJ”将暂时约定为 3 主块句。

问题 2 的 HNC 描述是下面的概念关联式

```
↓f13=<GBK1SCJ> => (lb1\12)SCJ
```

是否成立？我的回答依然是：Yes。当然，这里同样需要上述灵活约定。

这两根“烤羊肉串”是否烤焦了呢？

学长：我很欣赏你写出的两个概念关联式，这两根“烤羊肉串”可以说味道鲜美。那一条灵活约定似乎可以保证其“没有例外”，但是，约定外的情况必然存在，我们还是抱着继续探索的态度吧。

问题 2 缘起于老客户 D2J，按你的说法，它引发了“骇人听闻”的自然语言呈现，但我的感受截然不同，不仅无沮丧之感，甚至依稀看到一丝曙光——关于词语联想的曙光。

老客户 D2J 从一开始就引起了我的兴趣，我从考察它的汉语直系捆绑词语入手。最先想到的是：“旨在、叫作、意味着、含义是”和“当作、看成”两大类，而且后者的混合性应远大于前者，其主要混合对象应该是 X2oJ 和 X1oJ，这就是我的预期。背景文件可以说是对该预期的良好回报，其中包括一些重大意外。

良好回报的主要内容是：

{!31D2J}　　　作为新兴革命力量
<GBK1D2J>　　以帮助被压迫者为主旨的理论

后者让我感慨良多，因为我查阅了《全书》网络版的[240-22]节，其中竟然有如下文字：“这里必须说明的是，（以……为^{2}……）里的‘为^{2}’本身也充当动词，其对应的映射符号应写成 lq22*lv00，以与其他的跟随搭配标记相区别。”说句题外话吧，对于动词中心论，HNC 持强烈批判态度，我是一直不认同的。但上面的文字对我触动不小，因为该 D2J 里的“主旨”是一个典型的名词，却担当着特征块 D2 的主体构成。

重大意外的主要内容是：

D2P11J　　　无，名天地之始；有，名天地之母。
<GBK1SP11J>　A magazine called *New Youth*,

用我的话语来说，老子关于无、有之著名论断里的“名”是简明判断的素描，而通常的名称是初始状态的素描。所以，这里的“重大意外”，实质上是一种意外的喜悦，一种关于混合句类魅力的感受。多一点这种感受，你的无奈就会消退。不过，我很怀疑，你刚才说的无奈，带有表演性。

知秋：学长刚才的一番话语已经是典型的 HNC 表述了，听了这番话，后学不禁有一种“轻舟已过万重山”的快感。

学长：刚进瞿塘峡，几重山而已。困惑犹多，无奈犹存。今后，我将直接下载背景文件，期待着下一次对话。

知秋：后学随叫随到。

这场对话比较精彩。多少有点遗憾的是，两位对话者一次都没有提到“多元逻辑组合”这个短语。笔者本来期望知秋女士能借机说出如下的话：全部流寇就是多元逻辑组合的不同形态，RB01 是其基本形态。这样的机会在对话过程中出现过[*02]，但知秋女士没有抓住。因此，笔者本来打算把句群 005 的句类、句蜕和流寇的分布情况综合成一张表，预说一下 RB[k]，但突然冒出了画蛇添足的顾虑，决定作罢。

本节最后，给出一个大句的英汉示例。将用于替代缺省的句群（SG）006（对话 006 也随之缺省）：

Today is a new day,

a milestone for Turkey,
the birthday of Turkey,
of its rebirth from the ashes.

今天是新的一天，
是土耳其的里程碑，
是土耳其的生日，
是它浴火重生的日子。

对此，笔者只说4个字：非常有趣。

不同语言的多元逻辑组合各有特色，就以这句话作为本节的小结吧。

注释

[*a] 此句群摘自傅莹女士的专文："中国与1914"，中文见《参考消息》2014年8月27日，英文"The past of a foreign country is an unfamiliar world"见ft.com，2014-08-25。

[**b] 佩雷尔曼是俄罗斯数学家，张益唐是华裔数学家。佩雷尔曼对庞加莱猜想的证明给出了一个明确的路线图，随即得到多位顶尖数学家辛勤付出的证实，从而荣获"数学诺奖"（费尔兹奖），还有另外一项与诺贝尔奖齐名的国际大奖，但佩雷尔曼却隐居起来，皆不予理睬。张益唐先生把哥德巴赫猜想的探索又向前推进一大步，近年名噪一时，但此前曾为此穷困了20多年。张益唐先生1981年毕业于北京大学数学系，随后在美国留学和居留。

[*c] 这里，出现了汉英大句未对齐的情况，表述内容也略有不同，故跳过。

[*01] 因果句P21J=PBC1+{P21}+PBC2，在全部基本句类中，它是唯一拥有{EK}项的句类，所谓"天然的'!30'特性"，即指此。

[*02] 对话文件中，不仅多次出现过RB01，还出现过RB06，那都是机会。

第2节
关于逻辑组合的内外之别

本节标题并不是新话题，概念关联式有内外之别，大家已经熟悉了。那个内外之别，应该说就是本节标题的老祖宗。

本节所指的内外，乃以语块为参照。语块内部的事名之流寇RB，语块之间的事名之劲敌SE。上节最后，提到对知秋女士一个期望，其实那句话是有语病的，要不加上劲敌，不区分逻辑组合之内外；要不加一个"内"字，不管语块之间的事。

但应该强调指出，任何事物的内外两侧面都具有很强的交织性，这就是说，劲敌 SE 与流寇 RB 不可能截然分开。这里应该告诉读者的是，RB[k]的排序未曾仔细考虑 RB[k]的交织性强度，这应该看作是 HNC 探索历程中的一项失误，但并不重大。因为 RB[k]排序的指导原则确实比较复杂，它不仅需要考虑语言概念空间的特性，还需要考虑语言空间的特性，而此前的概念树排序或特定层级之延伸概念排序只需要考虑前者。

这里，应该向读者宣告 3 点：①RB01 是最纯净的逻辑组合，专司内部；②RB02 是最交织的逻辑组合，内外兼管；③最后 3 支流寇 RB13-RB15 在汉语里特别猖狂。其中的 RB15 可视为汉语的“专利”。

第 3 节
关于 RB01 宏观结构的汉英根本差异

本章的后两节，专用于讨论 RB01，这充分表明了它在语块构成中的特殊地位。

从语句的整体结构来说，汉英两代表语言具有根本差异，其基本呈现是：英语广义作用句仅采用基本格式，一定不采用规范格式，汉语则两者兼用。这个论断，前文已述说多次，这里要补充的是两个细节：①动词的及物或不及物性丝毫不影响英语“一定不采用规范格式”的死板规定；②用西方文明最喜爱的词语——自由——来说，英语是自由受到严重限制的语言，而汉语是高度自由的语言。

从语块的整体结构来说，汉英两代表语言也具有根本差异，其基本呈现是：英语总是把语块的核心要素摆在最前面，汉语总是把语块的核心要素摆在最后面。“总是”者，无例外也。上述论断也可以另一种方式进行表述，英语陈述方式的基本法则是先主后次，汉语陈述方式的基本法则是先次后主。HNC 将把这一法则简称主次法则，在两代表语言的翻译方面，也可以说它是两变换与两调整的基本指导原则。

主次法则不仅表现在 RB01 的整体结构方面，也表现在要蜕和包蜕的整体结构方面，表现在辅块的位置安顿方面，还表现在句群里的小句顺序安顿方面。当然，后两方面的表现，不像前两者的整体结构方面那样严格，可形成没有例外的规则。对 RB01 来说，规则的形式描述，最好由接棒者来直接完成。汉英两代表语言之间，竟然存在着一个描述要蜕、包蜕和 RB01 整体结构基本差异的法则，这当然不是一件小事。这项法则的发现来之不易，其理论基础是语块、句蜕及要蜕和包蜕等概念的提出，是多元逻辑组合及其核心要素概念的明确。这一发现很重要，也很有趣，故曾被戏称为“换头术”，当时的目的仅在于引起听者的注意和重视，这里则正式以主次法则之名向广大读者推荐。

第 4 节
关于 RB01 局部结构的对话

如果说语言概念空间景象整体结构的探索可以主要依靠形而上思维，语言概念空间景象局部结构的探索则必须主要依靠形而卡思维，而且应以 HNC 基本语料库为依托。前面我们已经供应了“沧海六粟”，本节将有针对性地继续提供两“粟”，编号为“句群 007”和“句群（SG）008”。

本节标题已经表明，RB01 局部结构的探索将如同多元逻辑组合一样，主要依靠 HNC 的两位贵宾——学长先生和知秋女士。因此，本节的主要内容就是“对话 007”和“对话 008”。“对话 007”之前安置句群 007，“对话 008”之前安置句群（SG）008。

句群 007

大句 01：<孙中山先生|领导|的辛亥革命>，
推翻了‖<统治中国几千年的君主专制制度>，
对中国社会进步‖具有重大意义。

```
(XY1J(A=<GBK2R41J>,B=<GBK1XR41J>),
 !31!11R61jD1J(RB(2)=RB01)) => !11R61jD1J
```

<<The 1911 Revolution| led|by Dr. Sun Yat-sen>,
{which |overthrew| <the autocratic monarchy that had ruled China
[for several thousand years|]>}>,
was of great significance ‖ in promoting China’s social progress.

```
R61jD1J(RB1=<GBK2R41J>({XY1J}(<GBK1XR41J>)),RB(2)={!31XY6J})
```

大句 02：但也未能改变‖中国半殖民地半封建的社会性质和人民的悲惨命运。

```
(lb2\3)(f44)!31XY0J(YC=RB01)
```

Yet, it did not succeed
{in altering|[the [semi-colonial and semi-feudal] nature of the Chinese society]
and [the miserable fate of the Chinese people]}.

```
(lb2\3)(f44)Y001JReC({!31XY0J(YC=RB01)})
```

大句 03：事实‖表明‖[*01]，
[#<不触动|封建根基|的自强运动和改良主义>，

旧式的农民战争，

<资产阶级革命派|领导|的民主革命>，

以及<照搬|西方资本主义|的其他种种方案>，‖

[都]不能完成‖救亡图存的民族使命和反帝反封建的历史任务#]。

```
D2DJ(DBC=(f44)Y0J
(YB=(<GBK1(f44)XY5J>,RB01,<GBK2R41J>,<GBK1D01T0a1J>),
YC=(RB01,RB01))
```

Facts ‖ show ‖

[#that<the[self-improvement movements and reformism],

the old peasant wars

and <the democratic revolution |led| by the revolutionaries of the bourgeoisie>{that did not touch the foundation of feudalism}>

or<other solutions that|copied|Western capitalism>

‖ could not accomplish ‖ \the mission of{saving|the nation from subjugation} and{ensuring|its survival}/

and[the historical tasks against imperialism and feudalism]#].

```
D2DJ(DBC=(f44)Y0J
(YB=((RB01,RB01,<GBK2R41J>)<(f44)!31XY5J>,<GBK1D01T0a1J>),
YC=(\({!31XY2J},!31XY5J)/,RB01))
```

对话 007

学长：与以前我们看到的 HNC 语料相比，“句群 007”和“句群（SG）008”也许称得上是两位“大巫”了。你的感受呢？

知秋：上次我说到“语句或语块的串接标注方式”时，学长说“不只是你说的两点”。现在我才明白，学长指的是汉英大句不对应的情况，“句群 007”里又一次出现了，其大句“007-2”只有英语。

学长：这只是“大巫”的表现之一，我主要指的是，句蜕多重嵌套乃是英语的常规句法手段，而汉语罕用。HNC 关于“英语高楼大厦”和“汉语四合院”的形象说法即缘起于此；大句的不对应现象也缘起于此。

知秋：学长的上述概括极为精当。看来，我们的殿后任务并不难完成。

学长：大句“007-1”充分展现了汉语的四合院特征，它包含 3 个小句，结构都非常简明，只有两个并列要蜕。英语进行了句式转换，把居前的两小句变成一个大句，把第三小句变成另一个大句。这个“两变一”转换，就必须借助英语句蜕嵌套的句法手段。虽然属于常规，但原来的那一整套描述方式确实需要反思。

原来描述方式的要点是，仅以“领导”、“推翻”、“统治”、“具有”和“改变”这 5 个关键词为基本依托，但对这五者之间的相互依存性缺乏描述工具，甚至可以说是“一穷二白”。那么，HNC 采用了什么样的新式描述工具？其实也不过就是句类与句蜕而已。

对大句“007-1”的汉语居前两小句来说，HNC 使用了两件句类工具：XY1J 和 R61jD1J，在第一小句里，使用了两件要蜕工具：<GBK2R41J>和<GBK1XR41J>。第一小句主块齐全，第二小句缺了 GBK1。英语把两者合并成一个大句，并以 R61jD1J 作为该大句的主体表达，我认为，英语的表达方式可谓深得 HNC 之精髓。

让我来班门弄斧一下吧，前者讲了作用——XY1J，后者讲了关系——R61jD1J，依据作用效应链的基本观点，这不就完成一个大句的基本任务了么！“深得 HNC 精髓”之说，即来于此。但是，所谓的 HNC 精髓就能反映或折射出语言的深层意义或奥秘吗？我觉得还差得远。下面，我先说一下关于“精髓”的感受，接着说一下关于“差得远”的疑惑。

“精髓”感受的起点是：HNC 是依靠“对”与“具有重大意义”的搭配激活代码 R61jD1J，而不是仅仅依靠“具有重大意义”，更不是仅仅依靠“具有”。

接下来的思考是：“具有”与“重大意义”一定与所谓的 EK 复合构成——（E,EH）——相对应吗？我的答案是：否！因为它们也可以分别充当 jD1J 的“jD1”与“DC”，例句“1789 年的法国大革命具有伟大的历史意义”就是明证。我的体会是，HNC 确实为一个句子的全局与局部考察，提供了一整套全新的武器。在大句“007-1”的汉语形态里，我们看到了下面的清单。

```
<GBK2R41J>,XY1J,<GBK1XR41J>,!31!11R61jD1J;(lb2\3)(f44)!31XY0J
```

在我们对话开始的时候，我对这个清单当然没有什么感觉，现在完全不同了。刚才我随意写下了一个关于法国大革命的 jD1J 语句，如果把那个语句改成“1789 年的法国大革命对于人类社会从农业时代向工业时代的过渡具有伟大的历史意义”，那就又变回 R61jD1J 了。

但是，如果把该语句再改成“1789 年的法国大革命极大地推动了人类社会从农业时代向工业时代的伟大过渡”，那相应的代码就是 XY6J。如果说 R61jD1J 与 jD1J 之间还出现了一个共同的基本代码 jD1J，那 XY6J 就跟前两者没有任何共同的东西了。可是，上面关于法国大革命的 3 个例句，语言的深层意义是一样的，HNC 的句类代码表示并没有把这个要害揭示出来，不是吗？我的疑惑即缘起于此。

知秋：对不起，学长，这次该后学来喊一声“且慢”了。你刚才谈的内容不仅远离了本节的主题，甚至都跑出了本编的主题，那是“微超论”的事。

学长刚才写出的清单，我觉得漏掉了一项非常重要的东西——RB01，它才是本节的主题。下面我把“大句 007-1”里的两个 RB01 依次陈列出来，加了一个临时编号[**02]。附上它们的汉语文字，也给出英语的翻译文字。

RB(2)=RB01[1]　　中国社会进步
　　in promoting China's social progress
YC=RB01[2]　　国半殖民地半封建的社会性质和人民的悲惨命运
　　[the[semi-colonial and semi-feudal]nature of the Chinese society]and [the miserable fate of the Chinese people].

我先说一点对 RB01[1]的看法。背景文件里的“中国社会进步”紧跟着“具有”，这里就出现了汉语常见的动词连见现象。据我所知，HNC 最初是把这一现象列为流寇之一，后

来才把它提升为劲敌 B。劲敌 B 包含劲敌 02 和 03，劲敌 02 面对 EgJ 与 ElJ 的辨认，劲敌 03 面对动词异化 va[*03]的辨认。汉语没有动词异化的描述手段，正常动词和异化动词采取同一形态，于是就形成了汉语信息处理的劲敌 03，它包括所谓的动词连见困扰“v|”。大句“007-1”里的“对中国社会进步具有重大意义”就遇到了劲敌 03 里的“v|”困扰——“进步具有”。

那么，如何降伏包括劲敌 03 在内的全部劲敌？这是《微超论》的中心课题之一。但是，劲敌降伏之战不可能毕其功于一役，而要分“扫荡外围、突破要塞、占领中枢”三步走。我的理解是，包括 RB01 在内的全部流寇扫荡，属于第一步；包括劲敌 03 在内的全部劲敌降伏，属于第二步；句群语境单元的认定，属于第三步。但是，这三步完全不同于通常的走路，不是简单的一步接一步，而是相互照应的。对不起，我也把话题扯远了，目的是为了说明，第一步尤其需要第二步的照应，这里的“进步具有”就是一个典型的示例。

现在，我心里非常忐忑，不知道能不能把我的“为了说明”说清楚。一旦走火入魔，请学长随时指正。

面对着大句“007-1”的汉语文本，HNC 利用第一个“，”标记，搞定它所对应的第一语段，拿下第一战果<GBK2R41J>，也就是轻而易举地降伏了本大句遇到的第一劲敌“领导”，第一语段还通过了 R41J 的句类检验，也就是降伏了第一劲敌 SE02[1]。这里我想多啰唆几句。

凡是像“领导”这样的词语，都会以三重身份出现：SE01、SE02 和 SE03。如果第一语段里的“的”换成“了”，那就先判定为 SE01；如果“辛亥革命”换成“风格”，那就判定为 SE03。其实，凡动词都有上列三重身份，而其身份认定则是汉语的特有现象或巨大难题，英语基本不存在这一难题。还应该指出的是，SE01 和 SE02 的认定都是句类 SC 的认定，都需要进行句类检验。从这个意义上说，两者可以说是“一而二，二而一”的关系。

学长：你刚才话语里的“先判定”、“基本不存在”和“都需要”，都是很有分量的东西，我指的是，那“先”、那“基本”和那“都”都有待深入探讨，但不是现在。现在要围绕着 RB01，你可是也跑题了。第一语段里的“孙中山先生”和“辛亥革命”都属于 RB01 里的大课题，你说说 HNC 的妙策吧。

知秋：两者是 RB01 的专题，但不是大课题。前者的 HNC 描述属于概念树“f32 称呼”，后者的 HNC 描述则涉及两株概念树：“j00 序”和“j10 时间基本内涵”。应该指出的是，如果这两株概念树之一级延伸概念“j00\k=2”和“j10-0|”所描述的世界知识，能够转化为第一趟接力的技术成果，那第一语段里的两个 RB01 就只是一个简单的记忆处理。所以，两者都没有进入背景文件的记录。

学长：怎么又突然冒出一个“简单的记忆处理”，这是你的杜撰吧。

知秋：不是杜撰，也许叫特定记忆之简单运作更合适一些吧。这里说的特定记忆是指“孙中山”和“辛亥”。下面依次说明。

“孙中山”与“先生”搭配的顺序关乎语习逻辑，但这一搭配的深层意义是：“孙中山”是一位男士，这与语习无关。更重要的是，它一旦与“领导”和“革命”搭配，就指明了“孙中山”是一位革命家。假定某一特定语言脑里原来并没有“孙中山”的显记忆，这段文字也足以激活上述联想。要说什么 HNC 妙策，这就是最简单的示例，其“妙”全在于 HNC 符号系统。还需要把相关的 HNC 符号写出来吗？没有必要吧。我觉得，语言脑也是如此。

至于“辛亥”，事情要稍微复杂一点，这需要一张下面的表（表 5-10）。

表 5-10 甲子与公元纪年对应表（部分）

六十甲子	公元纪年	六十甲子	公元纪年
甲子	1924	庚午	1930
乙丑	1925	辛未	1931
丙寅	1926	壬申	1932
丁卯	1927	癸酉	1933
戊辰	1928	甲戌	1934
己巳	1929	乙亥	1935

表里并没有“辛亥”，但该表提供了 1911 年和 1971 年与“辛亥”对应的推理机制。在延伸概念“j00\k=2”里，把这一机制交代得非常清楚，就说这些吧。但应补充一下，上面是把“孙中山”和“辛亥”都当作 RB13（动态词）来处理的，所说只就事论事，至于与 RB13 处理原则有关的话，一概避而未谈。

学长：不能说“没有必要吧”，只是不属于“对话 007”的范畴而已，“避而未谈”也是如此。不过，我对你的说明相当满意。

下面让我们进入背景文件里正式标明的 RB01 吧，从 RB01[1]（中国社会进步）开始。其对应的英语文字是“in promoting China’s social progress”，大大有别于汉语，HNC 符号体系在此如何发挥其“妙用”呢？

知秋：学长提出的“妙用”问题，在我看来，需要多本专著来论述，我们今天的讨论，如果能起一点带头作用，那就荣幸之至了。

“妙用”的基础是 HNC 符号体系自身，在《全书》里为应对 RB01 安排了一章的篇幅，对应于语法逻辑的一片概念林“l4”，汉语名称叫“块内组合逻辑”。后学对该章的主体内容基本认同[*04]，但对其文风则基本否定。该章的字里行间流露着一种踌躇满志的情态，那都是败笔，甚至是大败笔。

用 HNC 语言来说，RB01 也应该具有自己的基元，我将把 RB01 基元先区分为低阶与高阶两大类，低阶 RB01 基元对应于词语之间的基础性串联或并联，高阶 RB01 基元对应于 HNC 命名的内容逻辑基元。HNC 把高阶 RB01 基元概括为 3 大类：vo、ov、ou，那实质上就是对现代汉语“双”字词的整体性或全貌性描述，试图取代传统语言学 5 类型描述。但这个“双”是广义的，可以包括“除草剂、企业家、维生素”之类的三字词。3 大类高阶 RB01 基元都具有正反之别，形态上就会出现“vo”与“ov”的交织。3 大类里的“o”又有“B”与“C”之别，这样 3 大类细分，就有 12 个子类了。HNC 就喜欢玩这类游戏，将名之 HNC 词语游戏。

我觉得，HNC 词语游戏的理论意义平平，但对汉语信息处理有一定的实用价值。我知道，HNC 最不愿意听到把 HNC 理论仅仅同汉语联系在一起的话，但我不说不快。高阶 RB01 基元 3 大类的形式划分，完全抛弃了 HNC 前期的内容逻辑描述，我认为是一个重大倒退，《全书》对此没有任何交代。毙命、倒毙、击毙、枪毙这 4 个内容逻辑完全不同的词语，在 HNC 词语游戏里不过依次属于 vC、vC、vC 和 Bv 而已，除草剂、企业家、维生素不过都属于^Bu 而已。其理论意义之平平，实为显而易见。

学长：且慢！你的评说似乎走上了“文不对题”的迷路。我的直觉是，HNC 词语游戏的根本目的在于应对汉语的动词满天飞现象，在于应对劲敌 B。该游戏的主要对象不是你刚才举例的双字词，而是两词语的组合方式及其语法功能。至于“抛弃”和“重大倒退”之说，恐怕是一种误解吧。

知秋：谢谢学长的提醒，我刚才的双字词举例确实不合适。

学长提到 HNC 词语游戏的根本目的，后学以为，那是切中要害。但是，劲敌 B 很难对付，学长能否估计一下其实际效果？

学长：这是你在强求我行越俎代庖之事，不过，我倒是有兴趣尝试一下。

这个话题应该以背景文件里刚刚重点交代过的换头术和前文交代过的句类和句式知识为立足点，同时，要对 RB01 与 RB02 作通盘考虑。

汉语大句“007-1”含 3 个小句，三者都是广义作用句，后两者都采取“!31”句式，而“007-1-2”还采取了“!11”格式。按照 HNC 的说法，“!31”句式是汉语迭句偏好的体现，而“!11”格式更是汉语特色的表现。对大句“007-1”的上述描述，当然是句类分析的结果，但是，这个结果与上述汉语偏好和汉语特色是密切相关的。而该偏好与该特色属于句类知识的预期知识或先验知识，那么，能否说这一预期知识对于句类分析具有决定性指导意义呢？我的倾向回答是：Yes！

英语译文对大句“007-1”做了大手术，把它拆成两个大句，把汉语的迭句形态彻底取消，把汉语“007-1-1”与“007-1-2”合并成一个大句。这一做法似乎非常高明，因为它同时消除了迭句的固有模糊性[*05]。

这就提出了一个问题，英语译文的大手术是正确举措，还是多此一举呢？但我的看法，这一问是多余的，完全可以不置可否。汉语运用了上述预期知识没有错，英语置上述预期知识于不顾，另起炉灶也没有错。这就是说，汉语理解处理把“推翻了”当作 Eg 来处理没有错，英语译文把它当作 El 来处理也没有错。重要的是，汉语和英语都把“具有重大意义”当作 EgK 来处理。这样一来，那个“中国社会进步”就自然变成了宾语，用 HNC 话语来说，就是变成了 R61jD1J 的 RB(2)。这个 RB(2)必含内容 C，也就是必将出现第一号流寇 RB01，这似乎又是相应句类知识的预期。从这个意义上说，HNC 的语句描述方式确实高明，我已经为之神往。至于“中国社会进步”的译文，应该听从“给尔自由”的呼唤，使用“for the progress of Chinese society”亦无不可。

总之，HNC 提出的 5 大项语言知识给了我深刻印象。5 大项者，大句与小句、广义作用句与广义效应句、格式与样式、句蜕与块扩、基本句类与混合句类也，深刻者，这些语言知识乃 HNC 之首创，其预期能力不可低估也。我估计，在这一预期能力的管控下，除 SE01 之外，另外 4 项劲敌的降伏，也许皆不在话下。

知秋：可惜我没有资格，否则真想推荐学长担任 HNC 黄埔的首任校长。

学长：推荐为下，自荐为上，什么资格和校长，你也可以毛遂自荐，这才是探索者的本色嘛。在某种意义上可以说，HNC 黄埔已经存在，我们的对话不就是该校的必修课程吗！

上面我们讨论了 RB01 的认定前提，这个前提当然重要。但本节的重点是 RB01 本身的结构问题，用你的话说，就是 RB01 基元组合形态的汉英差异问题，我们才刚刚开始。这一差异在“007-3”里表现得更为典型和突出，向前走吧。

知秋：学长的跑步速度后学有点跟不上，还是“一步一步走”吧。“007-2”的 RB01[2]也有突出表现，不宜跳过去。

我先说这么一句话吧，RB01[2]可充当低阶 RB01 基元的代表，其中有串联，有并联，还有两者的组合，全是体词。

学长：干脆把“低阶 RB01 基元”简化成“低阶 RB01”得了，高阶的也照办。反正这是你的专利，HNC 无权干涉。

知秋：同意。首先我表个态，把“中国半殖民地半封建的社会性质和人民的悲惨命运”翻译成“[the [semi-colonial and semi-feudal]nature of the Chinese society] and [the miserable fate of the Chinese people]”是最佳选择。译文出现了“社会”的位序调整，非常有趣，下面有呼应性说明。

英语 RB01[2]的结构非常清晰，由 RB01[2-1]和 RB01[2-2]并联而成。RB01[2-1]的构成是：((e1+e2) e3,e4e5)，RB02[2-2]的构成是：(e6e7,e8e9)。其中的“e[k]”表示元素序号，“+”表示并联，“e[k]e[k+1]”表示正串[*06]，“,”表示反串。英语 RB01[2]各元素的对应词语如下：

```
(e1+e2)     the [semi-colonial and semi-feudal]
e3          nature
e4e5        the Chinese society
e6e7        the miserable fate
e8e9        the Chinese people
```

可以清晰地看到，英语词语的形态变化确实为低阶 RB01 的辨认提供了充分的便利，如 e1 与 e2 为可交换并联，(e1+e2) 与 e3 为正串，e4 与 e5 为正串；e6e7 与 e8e9 为反串，两者自身为正串；RB01[2-1]与 RB01[2-2]为并联。

汉语 RB01[2]的结构当然也应该是由 RB01[2-1]和 RB01[2-2]并联而成，两者的微结构[*07]如下：

```
RB01[2-1] =: ec1((ec2+ec3)(ec4ec5))[*08]
RB01[2-2] =: ec6(ec7ec8)
```

汉语 RB01[2]各元素的对应词语如下：

```
ec1           中国
(ec2+ec3)     半殖民地半封建
ec4ec5        社会性质
ec6           人民
ec7ec8        悲惨命运
```

英语用了 9 个元素，其中的“e4”与“e8”重复。汉语把这个重复的东西变成 ec1，供 RB01[2-1]和 RB01[2-2]共享，于是只用了 8 个元素。

下面，以英语的词语序号为参照，将对应要素的位序比照如下：

```
(e1+e2)e3=:(ec2+ec3)ec5
e4e5=:ec1ec4
e6e7=:ec7ec8
```

```
e8e9=:ec6
```

这里必不可少的位序变换是：

```
ec5 => e3
ec8 => e7
```

它们就是 HNC 所说的“换头术”。

还有一项关键性的位序变换是：把汉语“ec1((ec2+ec3)(ec4ec5))”里的“ec4”换到英语“((e1+e2)e3,e4e5)”里的“e5”，这一变换也是必不可少。就形式结构来说，我觉得英语的表达方式更符合 HNC“三二一”原则里的对称性原则，汉语的共享“ec1”表达方式虽然并没有破坏这一基本原则，但毕竟不妥。

学长：讲得不错，为下面的讨论做了很好的铺垫。那个突然冒出来的“三二一”原则属于小疵，就不去说它了，往下走吧。

知秋：好。不过我首先要说的是，我并不认同背景文件对“007-3”的 EgJ 句类标注，我认为还是取 DD2J 为妥。

学长：这不是一个纯粹的理论课题，交给第一趟接力者去解决为妥。这里只讨论“007-3”里的 RB01，有 3 个，先编号吧。RB01[1]比较简单，重点讨论 RB01[2]和 RB01[3]吧。

知秋：汉语和英语的 RB01 虽然都是 3 个，但内容差异很大。学长刚才的话是随意一说，这里的根本问题是各 RB01[m]的两位直属上司：YB 和 YC，其汉英形态差异很大。我们的讨论重点应该放在这里。

学长：同意。

知秋：为讨论便利，今后对 GBK、SE 和 RB 的汉语表示都加标示“c”，这里将会出现 YBc、YCc 和 RB[m]c。现在把我们的新标注陈示如下：

```
YBc=(<GBKc1(f44)XY5J>,RB01c[1],<GBKc2R41J>,<GBKc1D01T0a1J>),
YB=((RB01[1],RB01[2],<GBK2R41J>)(<(f44)!31XY5J>),<GBK1D01T0a1J>),
YCc=(RB01c[2],RB01c[3])
YC=(\({!31XY2J},!31XY5J)/,RB01[3])
```

各 RB01[m]的微结构及对应词语如表 5-11 所示。

表 5-11　各 RB01[m]的微结构及对应词语

编号	微结构	词语
RB01c[1]	ec1（ec2ec3）	旧式的农民战争
RB01[1]	（e1e2+e3）	the[self-improvement movements and reformism]
RB01c[2]	（ec4,ec5）,ec6ec7）	\{救|亡}{图|存}的民族使命/
RB01[2]	e4（e5e6）	the old peasant wars
RB01c[3]	（（ec8+ec9）,ec10ec11）	[[反帝][反封建]的历史任务]
RB01[3]	（e7e8,（e9+e10））	[the historical tasks against imperialism and feudalism]

```
RB01c[1] := RB01[2]——(RB-007-01)
```

```
RB01[1] <= Pk<GBK1c(f44)XY5J> ——(EC-01)[**09]
RB02c[2] => \{ }|/——(CE-007-02)
RB01c[3] := RB01[3]——(RB01-01-0)
ec1(ec2ec3) := e4(e5e6)——(E-01-0)
ec10ec11 := e7e8——(E-02-0)
```

作为第一趟接力的递棒者，我觉得我已经尽力了。上列 6 个表示式概括了 RB01 构成变换的各种形态，我比较满意。其中的（RB01-01-0）和（E-0m-0）尤其值得注意，两者分别示范了 RB01 构成变换的两种基本形态：拷贝形态和换头形态。学长以为何如？

学长：什么换头形态，为什么放弃现成的描述——核心换位——不用呢？我看你似乎患有 HNC 模仿症，要引起警惕。但别误会，我并不完全拒绝 HNC 模仿，上面的 5 个表示式就值得表扬。

后续探索应跟踪追击下列两方面：一是 RB01 基本变换的适用条件问题，这里的基本变换就是你刚才说的“RB01 构成变换的两种基本形态”；二是 RB01、RB02 以及 SE02 联合呈现的辨认问题。说说你在这两方面的思考吧。

知秋：我对这两个问题的思考，都有点“离经叛道”，先说第二个问题吧。

我认为，背景文件给出的“007-3”汉语标注是错误的。现在，把原标注和我的标注并列在下面，请学长评判。

```
YB=(<GBK1(f44)XY5J>,RB01,<GBK2R41J>,<GBK1D01T0a1J>)
                                                  ——(YB-007-01)
YB=(<GBK1(f44)XY5J>(GBK1=(RB01[1],RB01[2],<GBK2R41J>)),<GBK1D01T0a1J>)
                                                  ——(YB-007-02)
```

原标注的失误就在于没有注意到学长刚才提出的“RB01、RB02 以及 SE02 联合呈现的辨认问题”。

学长：把“007-3”的英语标注也加进来吧，

```
YB=((RB01,RB01,<GBK2R41J>)<(f44)!31XY5J>,<GBK1D01T0a1J>)
                                                  ——(YB-007-03)
```

将（YB-02）与（YB-03）两相比较，可以清晰地看到汉英两代表语言之深层结构的同一性与差异性，这里的同一性是指相应的句类代码完全一致，差异性是指核心换位。据我所知，所谓的语言深层结构几乎一直是一个可望而不可即的东西，这里，我们总算看到了一幅生动的画面。你的“离叛”，功劳不小。不过，“智者千虑，必有一失，愚者千虑，必有一得”的古训，还是谨记在心为上。我还要说句扫兴的话，你刚才写的（EC-01）表示式似乎要沦为废品了。

下面，让我们暂时抛开第一个问题，考察一下“007-3”的 YC 表示式吧。

知秋：先将有关内容拷贝如下：

```
YCc=(RB01c[2],RB01c[3])
YC=(\({!31XY2J},!31XY5J)/,RB01[3]))
RB01c[2]:= 救亡图存的民族使命
```

```
RB01c[3]:= 反帝反封建的历史任务
{!31XY2J}:= {saving|the nation from subjugation}
{!31XY5J}:= {ensuring|its survival}
RB01[3]:= the historical tasks against imperialism and feudalism
RB01c[2] => \({!31XY2J},!31XY5J)/——(CE-007-02)
RB01c[3]:= RB01[3]——(RB-01-0)
民族使命:= the mission——(RB01-01-007)
历史任务:= the historical tasks——(RB01-01-0)
反帝反封建:= against imperialism and feudalism——(RB01-11-0)
```

最后 3 个以“RB01”牵头的表示式是我加进去的，是对微结构的另一种表示方式，区别于前面以“E”牵头的表示式。将分别简称 RB01 表示和 E 表示。约定：带“-0”的 RB01 表示具有普适性，否则（例如，示例里的“-007”）不具有。

这里，应该交代一下关于 RB01 表示的编号，示例里采取了两种编号：“01”和“11”，两者分别对应于两种类型的微结构变换。机器翻译学界为微结构变换埋头苦干，付出过巨大的辛劳。在机器翻译这个棋局里，微结构变换在总体上属于收官，而不属于大场和急所。但收官本身又有“大”与“急”之别，如果光盯着收官，而且不理睬收官自身的“大急”，那准确率与召回率此消彼长的困扰就永远也消除不了。这里的牵头编号“RB01”就意味着收官的“大急”，后续的编号“-01”和“-11”更暗含着一个异想天开的想法：该“大急”微结构的大类很有限，每一大类所包含的小类也很有限。这意味着，“RB01-01-0”和“RB01-11-0”属于前两大类的第一号代表。学长对于这两个“很有限”以为然否？

学长：你的 HNC 模仿症可不轻啊，什么大场、急所、收官、大急，还是少用这些词语吧。不过，我支持你的异想天开，在句类知识的总控下，其丰硕成果可以预期。

我们落下了不少问题没有讨论，例如，(RB01-01-007) 的英语表示里为什么没有与“民族”对应的词语？但本场对话的基本目标已经达到了，我们可以转向下一场对话。

句群（SG）008

LJ01：　London must achieve the same outcome.

　　YaS3J

　　伦敦必须取得同样成功的结果。

　　YaS3J

LJ02-1：It can and must be done,

　　|-but only with [a feat of collective exertion and enthusiasm]

　　D1S3J(la2/3)Cn-5

　　这个任务可以完成，

　　而且必须完成，

　　但唯一的办法是依靠集体的努力和热情。

　　(D1S3J,!31D1S3J,jDJ)

LJ02-2：that will strike many as unfashionable and down-right un-British.

(l74e21)(2,0,1)D0X20J

许多人会认为这落伍了，

而且完全“不合英国传统”。

(D01J,(fb1)!30!31D01J)

LJ03： The countdown to 2012 has already been going for three years.

P11J

奥运会的倒计时已经持续 3 年了。

P11J

LJ04： There is no time lose.

jD1*J

时不我待。

!11!01S0J

对话 008

学长：对于 LJ008 的标注，你有异议吗？

知秋：有那么一点，但不是在句类代码方面，而是在 LJ 或大句方面。在 007 里，我们看到了汉语的一个大句转换成英语的两个 LJ，这里我们看到了英语的 1 个 LJ 转换成汉语的两个大句。我们可以把上述现象看作是句式转换的大句拆分转换，反过来说，也可以叫作大句并合转换。但是，我们似乎还没有看到大句并合转换的直接示例，HNC 标注体系也还没有为这一类型的句式转换提供统一的标注符号，也没有给这一语言现象给出一个正式的描述，我们就来代劳一下吧，名之大句不对应，如何？

学长：这属于技术性课题吧，我们不要去管它。

我感兴趣的是，你对（l74e21）（2,0,1）D0X20J 及其向（D01J,（fb1）!30!31D01J）的转换没有任何疑惑吗？

知秋：我觉得，应该说是感触，而不是疑惑。

“that will strike many as unfashionable and down-right un-British.”应是一个 4 主块广义作用句，这毫无疑义。接下来的问题是：句类代码和格式如何判定？代码是取 D0J 还是 D0GXJ//D0GYJ？格式是取（1,0,2）还是（2,0,1）？

背景文件将句类代码选作 D0X20J，将格式选作（2,0,1），我简直佩服得五体投地。这种佩服来自于 3 项简明的联想，一是“that”与“事”的联想，二是“many”与“人”的联想，三是这里的判断者乃是反应者的联想。在这些 3 项简明联想的基础上，我甚至还设想过下面的概念关联式：

```
D0X20J ≡ (2,0,1)
D0X20J => (D01J)c
```

所谓的混合句类知识，就应该包括这一类的概念关联式。这方面的 HNC 基础研究，可以说还处于空白状态。

学长：你刚才的发言，我多少有点意外。顺便问一声，你在阅读句群 008 背景文件的时候，查过英汉词典里的 strike 吗？

知秋：没有。

学长：我查过。查过以后，我才领悟到（2,0,1）D0X20J 的传神。我们的思考路径不同，但毕竟是相向而行，最终会合在一起了。

我要告诉你一项喜悦，就是在 SG008 里竟然没有遇到新客户，但遇到了不少新朋友。新朋友分两类：一是“(la2/3) Cn-5”、“(l74e21)”和“(fb1) !30!31”；二是下面的句式转换：

```
jD1*J => (!11!01S0J)c
```

让我引用《论语》的第一句话，结束本场对话吧。**有朋自远方来，不亦乐乎。**

知秋：把后续的一句也加上吧。**人不知，而不愠，不亦君子乎。**

学长先生和知秋女士在 RB01 微结构方面都有深厚的语言学功底，笔者本来期盼着两位贵宾在这方面多发表高见，没有想到，两位的共同兴趣却集中在其他方面。对于微结构，只是由知秋女士打了两次擦边球。这两次擦边球对于 RB01 微结构的变换处理，是否具有一定的启示甚至指导意义呢？请相关专著的未来作者郑重考虑。

注释

[*01] 依据混合句类的基本约定，本大句属于广义效应句，但这是一个具有块扩特性的效应句，违反了 HNC 关于句式的基本约定。为了应对这个特殊情况，HNC 特意设置一项流寇 RB07,命名为特殊块扩。本大句和随后的大句都是 RB07 的典型呈现。

[**02] 这是一个迟到的注释，为什么所有注释的编号都带“*”号？就是为了给这里的编号[m]让路，该编号形式通用于劲敌与流寇。

[*03] 动词异化或异化动词的符号表示为 va，其中的下标“a”取自英语 alienate。

[*04] 该片概念林主要是为流寇的扫荡而设置的，这一要点没有强调，各株概念树与流寇 RB[k]的特定联系都隐而未说，这就是“基本认同”里“基本”二字的缘起。

[*05] 迭句固有模糊性是指约定自身的不确定性，按照约定，迭句仅共享居前小句的 GBK1。但实际上，居前小句也可整体充当居后小句的 GBK1，这就是所谓的约定自身不确定性或迭句固有模糊性。

[*06] 正串与反串都属于 HNC 术语，感谢知秋女士的使用。

[*07] 微结构是知秋女士的发明，表示方式吸收了 HNC 局部结构的组合约定，但符号“,”的表示意义有所不同，未加区分，请读者注意。

[*08] 汉语元素以“ec”表示。

[**09] 此表示式里的 Pk 表示核心部分，类似情况的修饰部分将以 Pd 表示。

第四章

主辅变换与两调整

引　言

本章和下一章，主要是阐释一些概念或术语，都不安排示例句群和对话。主辅变换与两调整本来是语言生成的两件分内之事，但语言翻译或机器翻译把这两件事凸显出来了，尤其是汉英两代表语言的翻译。

本章分两节，两节的内容或名称不言而喻，下面就直接进入。

第 1 节
关于主辅变换

本节分两小节，其内容与名称见两小节的标题。

4.1.1　关于主辅变换的一些基本约定

主辅变换与语块构成变换这两个术语是同时提出来的，也叫作机器翻译 6 项过渡处理的所谓两变换。但两变换的价值或地位不同，语块构成变换属于机器翻译棋局的急所，主辅变换则属于该棋局的大官子。

主辅变换的全称是“主块与辅块之间的相互变换”，其基本内涵在语法逻辑编第七章第 2 节（[240-72]）里给出过所谓的预说。这里要借机为预说写两大段话。

第一段话：预说名为预话，实为正说。

《全书》的撰写过程是一位理论探索者历时 10 年的摸索过程，在语言脑理论探索的总体意义上说，《全书》可视为全是预说。但 HNC 理论探索过程出现过一些意外收获，笔者把这些收获划分为两大类：一类名之公理性收获或“蓦然”型收获，这在前文已经叙说过多次，这里就不重复了；另一类未曾正式命名，实际上使用过两个名称，低于公理的叫预说，低于“蓦然”的叫“憔悴”。最著名的预说或“憔悴”是什么？一是语言理解基因，二是文明基因。由此可知，HNC 的预说不过是一个噱头或一件伪装而已，名为预说，实为正说，包括定义。HNC 出此下策，乃是无能和无奈的表现，但并未隐瞒，都曾老实交代过，不过文字都比较隐晦，这是需要向读者致歉的。

第二段话：[240-72]节是本节预说的典范文本。

[240-72]节对应于概念树“l72 语块变换”，本节的全部内容对应于“l72”的概念延伸结构表示式，本节的主体内容则对应于“l72”的二级延伸概念 l729e2m。上面的所谓全称不过就是该延伸概念的汉语诠释，符号 l729e2m 里的“9”对应于主辅变换，“e2m”则对应于主辅变换的相互性或双向性。

二级延伸概念 l729e2m 只是本节标题的部分内容，除了 l729e2m 之外，还有 l72a\k=3 和 l72b\k=5。在[240-72]结束语里曾写下如下话语：**这是一片有待继续开垦的“处女地”，而且幅员广袤。**这里要补充的只是两句话：①该“处女地”依然存在；②HNC 基本语料库上列“沧海 8 粟”的每一处，该“处女地”的迷人景色都有所展现。所以，学长先生和知秋女士，欢迎你们再来“沧海 8 粟”一游。

4.1.2 关于主辅变换的3位代表

寻找代表是HNC探索的重要手段之一，贯穿于概念延伸结构表示式和概念关联式设计的始终，前文曾有多处示例说明。代表区分3大类：第一类是广义作用链的8个侧面；第二类是概念基元空间的3大范畴；第三类是语境空间的2类劳动和3类精神生活。主辅变换的3位代表属于第一类，从广义作用效应8个侧面里的广义作用、广义效应和广义判断里各选取1位，它们依次是转移T、效应Y和高阶判断D。

这3位代表的入选都基于同一个原因，一个关于句类主块数量的基本论断，那就是广义作用句最少3主块，最多4主块；广义效应句最少2主块，最多3主块。混合句类表示式最终约定的基本意图，就是让这一论断统一适用于基本句类和混合句类。

转移T之入选，是基于以下两方面的考虑：一是“X-”转移句之TB1和TB3一律不得进入主块；二是“B-”转移句之TB1或TB3也可能不得进入主块。这是转移句句类知识的一项基本约定，据此，本来有资格充当主块的TB1或TB3有时只得退居辅块角色。在“X-”里，两者必然不能充当主块，但在“B-”里，两者之一也可以充当，这就是“B-1m,m=2-5”的基本句类知识，可名之TB1//TB3升级呈现。

效应Y之入选，主要是基于YkJ与Yk01J之间的相互转换特性，即3主块的YkJ原则上都可以转换成2主块的Yk01J，反之亦然。这一特性存在于“Y-02”与“Y-03”辖属的3个句类——P、Y、S，但以Y类最为突出。上述句类转换特性，在基本句类的视野里，与主辅变换无关，但在混合句类的视野里就可能不是这个情况了，可能出现一般辅块的升级，可名之fK升级。

高阶判断D之入选，主要是基于下述考虑：判断者DA不进入主块乃是判断句的常态，为此，HNC在基本句类里设置了诸多不含DA的判断句。但在混合句类里，DA//DB都可能在Re或Cn里出现，造成主块降级现象，可名之K降级。

本小节只作了一些原则性说明，且该原则不具有普遍性，本小节也未联系HNC基本语料库。这些都留给后来者吧。

第2节 关于两调整

两调整是指小句的位序和辅块的序次调整，仿照上节，本节也划分为两小节。

如同两转换和两变换一样，两调整也有“内政”与“外交”之别，本节只涉及“外交”，而“外交”又密切联系于主次法则。这些话，前面已经说过了，这里需要重复一下以备忘。

两小节的标题将分别使用 “位序” 和 “序次”，其差异不言自明。

4.2.1 小句的位序调整

位序调整包括位调整和序调整，位调整是指小句的升格与降级，序调整是指小句顺序的调整。位调整可能涉及知秋女士提出的“大句不对应”现象，学长先生把它归结为技术性课题，非常明智。实际上，HNC 早已把它纳入翻译雪线之“巅峰”部分，“巅峰”者，翻译机自知无力翻译而以某种方式加以标记者也。

序调整的基本内涵可简化为作用效应链的正序描述和反序描述。

如果立足于作用效应链之 6 个环节，大句序描述可能存在 6×6!种形态，这是典型的数字游戏，毫无意义。但正序描述和反序描述这两个术语是物理描述而不是数学描述，不与相应的数字游戏打交道，而只与 4 项约定打交道，其具体内容如下：

约定 01：一个大句的描述不会涉及作用效应链的 6 个侧面，也不会超越一个语境单元。

约定 02：一个大句的描述步调只有“1、2、3”步之分。1 步描述只涉及作用效应链的一个侧面；2 步描述分别涉及广义作用与广义效应两个侧面；3 步描述分别涉及作用效应、过程转移、关系状态 3 个侧面。

约定 03：2 步正序描述，即先广义作用，后广义效应；反序描述反之。

约定 04：3 步正序描述，即先作用效应或过程转移，后关系状态，反序描述反之。

就汉英两代表语言来说，“1、2、3”步描述的各自占比如何？正序描述与反序描述的各自占比又如何？汉语和英语的占比分布存在显著差异吗？这 3 个问题似乎是一个纯粹的理论课题，其实不是。

一个小节的论述可以只提出问题吗？可以，这属于本《全书》的“专利”之一。不过，这里是第一次使用罢了。

4.2.2 辅块的序次调整

如果说“小句位序调整”课题还是一张白纸，“辅块序次调整”课题则完全不同，已有诸多收获[*01]，前文也有过多次零碎的预说。本小节只是一个补充说明，概括成下列 4 个要点。

要点 01：辅块序次调整强交式关联于主次法则[*02]。因此，辅块序次调整是两代表语言相互翻译中一个必不可少的环节。

要点 02：按序次命名，辅块可区分居前、居后、居中 3 种，这里的前、后、中皆以小句为参照。居前辅块写在小句代码之前，后两者都写在该代码之后，居中者加标记“↓”。

要点 03：英语居后辅块常见，但条件辅块 Cn 可以居前，甚至居于大句之前。

要点 04：汉语无居后辅块，居中辅块[*03]一定在特征块之主体 EK 之前，又一定在特征块之前伴随体 QE 之后。

要点 04 也是降伏汉语劲敌 02 的利器，务请第一接棒者善用之。

注释

[*01] 多篇基于HNC理论的硕士和博士论文，对此有所讨论，恕不一一列举。

[*02] 请注意，这里说的是强交式关联，而不是强关联。因此，在进行汉英翻译时，不能把汉语的辅块都搬到英语句子的后方；也不能在进行英汉翻译时，把英语的辅块都搬到汉语句子的前方。

[*03] 汉语的居中辅块同居前辅块一样，可能不止一个。

第五章

过渡处理的基本前提与机器翻译的自知之明

引　言

在 HNC 探索历程中，曾在 2003 年、2006 年和 2008 年三次启动过机器翻译项目，每次启动的务虚会上，笔者都说过关于自知之明的大话。大话通常就是废话，甚至贻害无穷。但笔者心里明白，关于自知之明的大话，虽必然遭遇废话之沦落，但不至于造成贻害。因为笔者的基本思考只是，通过自知之明的要求，或许能够对过渡处理之基本前提条件的形成产生一定的推动作用，用当前的流行话语来说，就是以自知之明倒逼基本前提条件的形成。

这里应该强调指出的是，本章标题的两部分可能形成一个悖论，一个悖度小于“鸡与蛋”的悖论。但本章将不理会这个差异，强行把两者拆分为二，构成本章两节的标题。

第 1 节
关于过渡处理的基本前提条件

本节和下节都将以漫谈的形式撰写，但仍将划分小节，各小节标题如下：关于过渡处理的闲话；基本前提的战役清单；基本前提与句类分析的关系；基本前提与语境分析的关系。

5.1.1　关于过渡处理的闲话

本小节标题使用了“闲话”这个词语，这合适吗？笔者不知。

在 20 世纪 80 年代末期，出现过日本 GDP 将超越美国的数据迹象，该迹象曾受到许多专家的关注甚至吹捧。日本当时还提出过第五代计算机计划，该计划雄心勃勃，扬言要在自然语言理解和机器翻译这方面取得重大突破。在笔者的记忆里，当年的美国人对那个数据迹象还比较冷静，但对喧嚣一时的两项重大突破却似乎比较紧张，因为在当时的美国权威杂志里，关于日语具有该重大突破潜在优势的论文曾屡见不鲜。

日本当年的第五代计算机计划当然取得了重大成果，但预期的两大突破却折戟沉沙。不过，在机器翻译方面留下了一笔遗产，叫中间语言。其实，那不过是世界语思路的低级模仿，无任何新意。对 HNC 提出的过渡处理，有人却说，那就是中间语言的翻版。在对 HNC 的众多误解中，大约没有比这更不值得回答的了。

过渡处理的基本前提，实质上就是指对源语的适度理解处理。这里的适度，理论上是指“比较成熟的句类分析+初级水平的语境分析”，技术上是指一系列理解处理的战役。下面就要给出该战役系列的清单。在 HNC 讲座上，“战役”这个词语已经成为笔者多年的语言习惯，放在闲话里也过得去，请读者就宽容一下吧。

5.1.2　基本前提的战役清单

基本前提的战役清单，也另称初战清单（表 5-12），皆以“之战”命名，其编号及名称如下。

此初战清单显然是立足于汉译英，英译汉需要进行相应的改动。但基本架构大同小异，则毫无疑义。

表 5-12　初战清单

编号	名称	编号	名称
00	代词运用之战	14	简易状态句之战
01	“的”之战	15	ErJ 之战
02	“和”之战	16	样板句类知识运用之战
03	“一”之战	17	双对象效应句的连断之战
04	格式自转换之战	18	双对象效应句的分合之战
05	基本格式转换之战	19	双对象效应句的选弃之战
06	GBK 要蜕之战	20	套蜕之战
07	包蜕之战	21	超并之战
08	EK 要蜕之战	22	特串之战
09	复合 EK 之战	23	l33 之战
10	动词异化之战	24	重复结构的合分之战
11	vv 之战	25	换头术之战
12	vo 之战	26	孤魂之战
13	ov 之战		

初战清单是笔者同晋耀红教授、池毓焕博士一起在 2012 年制定的，属于此类清单的 2.0 版[*01]。此前的 3 次启动，都给出过相应版本，但回顾与比较，已完全没有必要。这个 2.0 版，就是初战清单的唯一代表。

与语言理解处理的敌寇清单不同，初战清单是第一次出现，需要稍作说明。“稍作”的意思是：只讲为何，不讲如何。为何之讲，主要围绕着各项“之战”之间的关系来进行，并以下列 6 项命题的形式展开。

命题 01：初战的三个基本侧面。

命题 02：句式转换的基本功。

命题 03：语块构成处理的基本功。

命题 04：句类分析的基本功。

命题 05：两可句类处理的基本功。

命题 06：复杂语块处理。

关于命题 01：初战三基本侧面

本命题对应的“之战”编号是 01-03，以“的”、“和”、“一”命名。取三，形式上是对各项赛事之冠、亚、季军或金、银、铜牌的模仿，实质上，是对汉语理解处理难点的提纲挈领式表述，具有汉语“专利”特征。三者也可另称串联之战、并联之战和所指之战，从词语到句群 6 层级组合（词语、短语、语块、小句、大句、句群）的每一级，归根结底，无非是把一些概念串起来、并起来，并有所指。但初战战役清单不以“串、并、指”命名，而以“的、和、一”命名，乃基于两方面的考虑：一是由于前者可管辖 6 级，而后者只管辖前 4 级，这正好与机器翻译的基本需求接轨；二是由于“的、和、一”这 3 个汉字在现代汉语里都变成了“老孙”（孙悟空），而英语的对应符号都不过是“老猪”（猪八戒）而已。

这里有 3 个重要细节必须交代：①“的”仅有一个小伙伴——之[*02]。②“和”是一群伙伴的代表，包括与、及、以及、“、”和“，”等，其中的“和、与”的“老孙”本事最强，以并联为本职，又兼职串联，很难对付。“，”在汉语里是一位独特的兼职，仅用于超并之战，这一独特性可能造成严重的误导。③“一”也是一群伙伴的代表，包括这、那、某、其……，汉语的这批“特指191”以“一”最为“老孙”，具有多种兼职身份，难以对付。

初战三侧面属于汉语语言理解处理的大急（大场与急所的合称），在HNC讲座中，笔者曾将三者比喻为现代战争的空战、陆战和海战，同时，对汉语理解处理中3大劲敌的降伏搞了一个戏说，比喻成中国第三次国内革命战争时期的三大战役——淮海战役、辽沈战役和平津战役。在第三次启动机器翻译时，曾强调指出，英语的大急在淮海战役，汉语的大急在辽沈战役，所以，汉译英必须先决胜于辽沈战役[*03]。这都是多年前的事，但笔者觉得，这戏说和比喻不仅没有过时，其贴切性甚至日趋明显，这里特意推荐于读者，以备后用。

关于命题02：句式转换的基本功

本命题对应的“之战”编号是04-05。两“之战”的命名非常贴切，基本功的提法亦然。这两句话，是对前文已有论述的呼应，无需申说。这里需要提醒读者的只是，勿以无需而忽视之。

关于命题03：语块构成处理的基本功

本命题对应的“之战”编号是06-13，共8场“之战”。可以这么说，它就是汉语劲敌B降伏之战的全部内容，也就是前面戏说里的辽沈战役。

此“8”可一分为二，分别名之“前3”和“后5”。“前3”乃语言共相，英语和汉语都要面对这3场“之战”。“后5”不同，以战役难度论，英语相当轻松，汉语则相当艰苦。不过，就“前3”来说，汉语则远比英语轻松，因为汉语拥有一把“倚天”宝剑，那就是“的”字。所以，“的”之战的桂冠荣誉可谓当之无愧。

关于命题04：句类分析的基本功

本命题对应的“之战”编号是14-16，共3场“之战”。

本命题的景象比较复杂，在第一趟接力之递棒者和接棒者的不同视野里，上列6个命题所呈现的景象必然存在差异。但本命题之差异可能最大，递棒者视为珍贵的东西，接棒者可能视若敝屣。

这3场“之战”中，第三场（样板句类知识运用之战）实质上就是句类分析基本功的另一种陈述方式，是总纲，前两场不过是它的两个特例。笔者曾期待过两特例的异彩展现，惜未能如望。

关于样板句类知识及其运用，前文有过多次分散的预说，其系统论述需要多部专著，这只能寄希望于来者。

关于命题05：两可句类处理的基本功

本命题对应的“之战”编号是17-19，共3场。

如果说英汉互译都需要小心对待两可句类的语句，那么可以进一步说，双对象效应句更需要小心对待。

命题05之被列入初战清单有其特定语境[*04]，这一点，与命题06类似。

在基本句类编号中，双对象效应句只占用一个编号“Y-17”，因为其世界知识并不复杂。但是，双对象效应句的“祖籍”是第三个效应三角，与专家知识的交织区最为丰富多彩。这就是说，命题05实质上是世界知识与专家知识接轨的最佳训练场地。

关于命题06：复杂语块处理

本命题对应的“之战”编号是20-22。这里似乎应该先对此三“之战”的命名进行解释，但忽然觉得，这样做反而是对读者的不尊重，决定以 3 个示例替代，皆取自“沧海 8 粟”。

套蜕示例：<the[self-improvement movements and reformism], the old peasant wars and <the democratic revolution |led| by the revolutionaries of the bourgeoisie>
{that did not touch the foundation of feudalism}>

超并示例：<不触动|封建根基|的自强运动和改良主义>，旧式的农民战争，<资产阶级革命派|领导|的民主革命>,以及<照搬|西方资本主义|的其他种种方案>,

特串示例：It can and must be done,|-but only with [a feat of collective exertion and enthusiasm] that will strike many as unfashionable and down-right un-British.

套蜕与特串的示例取自英语，超并的示例取自汉语，这意味着一种暗示：英语的套蜕与特串比较发达，因为两者就是高楼大厦语句的形态描述；汉语的超并比较发达，因为它就是四合院语句的形态描述。但是，所谓的高楼大厦和四合院不过是比喻，而套蜕、特串和超并则是真实的语言现象，把比喻与现象联系起来需要特别谨慎，故以暗示名之。

至于初战清单里其他未说明的“之战”，这里就一概从略了。

本小节最后，应该特别提一下朱筠和张冬梅两位博士的毕业论文[*05]，在复杂语块的描述和处理方面，两论文的建树，是笔者见过的最佳范例，特此推荐。

5.1.3 基本前提与句类分析的关系

这个关系，前面已经概述过了，叫作“比较成熟的句类分析”，而“比较成熟”的标志就是初战清单里各项“之战”的决胜。然而，各项决胜又如何衡量？这是一个全新的课题，又是一个必然遭到冷遇的课题。因为其深入研究十分费事，吃力不讨好。没有任何实用色彩浓重的具体机器翻译项目容得下这种吃力不讨好的研究。

前文提到机器翻译的雪线，这条雪线的标志就是译准率在 70%左右徘徊了 20 多年之久。但是，译准率是一个比较模糊的概念或术语，例如，一个多元逻辑组合，一个汉语要蜕或包蜕，其汉英译文没有换头，但各局部的词语都翻译正确，怎么处理？一个违例格式的英语语段以同样格式翻译成汉语，一个规范格式的汉语语句也以同样格式翻译成英语，但对应的词语都翻译正确，该如何处理？译准率并没有管这些事。

机器翻译为提高译准率作出过许多重大努力，这些努力的共同特征是：在雪线之上，此处进一步，彼处退一步，这已成为机器翻译的宿命。

初战清单的制定只是为了这一宿命的改变走出决定性的一步，即试探着突破“此消彼长”的恶性循环。这一试探的核心措施就是上面列举的 6 大命题，这一试探需要 HNC 新思路。对此，前文作了大量论述，可惜始终未见于行动。

5.1.4 基本前提与语境分析的关系

初战清单主要服务于劲敌 B 的降伏，其中的编号 00“之战”，即代词运用之战，乃直接服务于劲敌 C 的降伏，而劲敌 A 的降伏则似乎避而未谈。这里，包含着以第一趟接力为立足点的下列思考，列举如下：

思考01：全局性（EgJ）和局部性（ElJ）句类检验孰易孰难？

思考02：EgJ与ElJ的认定应该孰先孰后？

思考03：在句类假设与句类检验之间，是否存在着“鸡”与“蛋”之间的经典故事呢？

思考04：句类检验的类型与数量是否存在一定之规？

下面，先以不加说明的方式，给出前3项思考的答案，随后对思考04作比较系统的说明。思考01的答案是：ElJ句类检验通常更容易一些；思考02的答案是：ElJ认定在先的情况居多；思考03的答案是：句类假设和句类检验之间是典型的“鸡”与“蛋”关系。初战清单是依据上述答案而制定的。下面来说明思考04。

句类检验分块内检验和块间检验两大类。从理论或原则上说，每一个主块都需要进行块内检验，每一个句类都需要进行主块之间的概念关联性检验。块内检验的最大数量可以说一清二楚，但块间检验的最大数量就不能这么说。更重要的是，无论是块内检验还是块间检验，其必需数量不是一个算术问题，而是一个物理问题。不是每一项检验都需要进行，哪些检验最关键，完全取决于具体的句类和语境。在第一趟接力的视野里，这就是最基本、最重要的原则。但是，在语言信息处理领域，存在着一个完全可以理解的奇特现象，那就是接棒者不喜欢原则，只喜欢规则。十多年来，HNC力图改变这个“规则车水马龙，原则门可罗雀”的状态[**06]（将简称马雀现象），但迄今毫无效果。这个现象当然不限于语言信息处理领域，在各个学术领域都会存在，因为这是一个形而上思维衰落和世界知识匮乏的时代（即马雀时代[**06]），而马雀时代必然孕育马雀现象。笔者只熟悉语言理解处理（语言信息处理的一部分）领域，所以对该领域的马雀现象，感受得更深一些。

关于原则、法则和规则之间的关系，理论上已经讲得太多了，这里仅作一点形而卡的补充。

前文曾运用过相互比较判断句jD0J的句类知识，详细分析过名句01和02的小句降格现象，但那里并未涉及jD0J的主辅变换。名句01和02的现代汉语表达是：

在军事指挥方面，我不如韩信（名句01）
在战略谋划方面，我不如张良（名句02）

这样，就出现了下面的主辅变换：

```
DO(jD0J)C => Re
```

对于jD0J句类，必须写出这样的概念关联式吗？

这里不回答这个问题，非不知也，乃不愿也。故本补充属于形而卡。

本小节最后，回到标题的说明。语境分析是机器翻译决战的事，不是初战的事。

在HNCMT的谋划里，机器翻译可区分初战、决战和终战3阶段。初战属于练兵，其核心内容是句类代码的认定，决战的核心内容是从初战成果中确定相应的主体句类，并把它转换成领域句类代码；终战的核心内容是把原文与译文综合成记忆。

注释

[*01] 基本战役清单共计27项，这是第一次正式公布。内容未作任何改动，但编号作了重大调整。

[*02] “的”的众多语法功能，令人叹为观止，先贤所论，未及要害。如果对“的”与“之”两汉字规范出某种语法分工，纳入语文教材，将对汉语信息处理功德无量。这些，前文皆有所论述。

[*03] 为策应机器翻译辽沈战役的发动，笔者写过“HNCMT快讯”第一号和第二号，曾打算把“快讯”纳入《全书》附录，现决定作罢。

[*04] 该特定语境是指北京师范大学中文信息处理研究所和国家专利局合作的一个专利翻译项目。但专利翻译并不适合HNCMT的启动，笔者的这一看法当然不可能得到项目主持人的认同，只能伺机提一些有益于启动HNCMT的建议。

[*05] 朱筠的博士论文题目是“基本句群处理及其在汉英机器翻译中的应用”，张冬梅的博士论文题目是“面向汉英机器翻译的句蜕识别和转换研究”。

[**06] 此状态将简称马雀状态，与之对应的时代（马上会谈到）将简称马雀时代。

第2节 关于机器翻译的自知之明

没有自知之明的机器翻译不属于HNCMT。如果仿效古汉语的高效描述方式，本节的阐释，这么一句话就足够了。

词语意义的认定，语块的主辅认定，语块边界的认定，句类代码的认定，归根结底，都需要通过句类知识的运用或句类检验。否则，你的认定就是不可靠的，不是真认定，而是假认定或虚认定。

句类知识及其运用必须有一个积累经验的过程，句类检验就是该积累过程的练兵“之战”。这也是初战及其“之战”清单的宗旨，句类检验的基本原则是“合则留，不合则去”，HNC初战可以说就是“留去”的训练，也就是自知之明的成长过程。

HNC最希望引进的测试不是那个无所不包的准确率和回收率，而是自明度，是关于上列4认定的自明度。这是一个非常重大的课题，但笔者深觉汗颜，竟然对该课题的进展情况了解甚少，甚至可以说毫无了解。所以，不仅本节将到此草草结束，而且，本章将因此而无小结，本编也将因此而无跋。

附：GBK1和GBK2要蜕的集中示例

<统治|中国[几千年|]|的君主专制制度> GBK1

<the autocratic monarchy that| had ruled| China[for several thousand years|]>

<不触动|封建根基|的自强运动和改良主义> GBK1

<the self-improvement movements and reformism that|did not touch| the foundation of feudalism>

<照搬|西方资本主义|的其他种种方案> GBK1

<other solutions that|copied|Western capitalism>

<建立在|这种经济基础之上|的腐朽的政治上层建筑> GBK1

<the rotten political superstructure| built on| such an economic base>

<人民民主专政|为核心|的新的政治上层建筑> GBK1

<a new political superstructure|based on| the people's democratic dictatorship>

<中国人民|~从长期奋斗历程中|得到|的最基本最重要的结论> GBK2

< the fundamental and most important conclusion| drawn |by the Chinese people|~from their long years of struggle>

<孙中山先生|领导|的辛亥革命>| GBK2

<The 1911 Revolution| led|by Dr. Sun Yat-sen>

<资产阶级革命派|领导|的民主革命> GBK2

<the democratic revolution |led| by the revolutionaries of the bourgeoisie>

<我们党|肩负|的重大历史任务> GBK2

the great historical tasks for our Party

第六编

微超论

编首语

微超是微型语言超人的简称，这在第一卷里已经交代过了。

本编名称不是论微超，而是微超论。下编类此。

“论”字在前表示正式论述，“论”字在后则表示不是正式论述，而是杂谈。这当然是笔者个人的标准。那么，为什么不定名微超杂谈和语超杂谈？那是为了表示对两位 HNC 贵宾——学长先生和知秋女士——的尊重，因为“两后论”和《全书》最后一编的“展望未来”，都将采取两位贵宾对话为主的形式。

本编将划分为下列 3 章，其标题如下：

第一章　微超就是微超
第二章　微超的科学价值
第三章　微超的技术价值

第一章

微超就是微超

引　言

微超和语超这两个术语是HNC引入的，前文已有多次提及。那些文字很容易给读者一个误会，以为微超不过是语超的初战，而语超乃是微超的决战或终战。这一误会是首先需要澄清的，这就是本章标题的缘起。这并不是说，微超与语超的关系是一种鸡与蛋的关系，从技术实现来说，先微超，后语超，乃是最自然不过的步调。这就是说，上述初战、决战或终战的比喻，也并非全错。

本章将划分下列3节，各节标题如下：

第 1 节
微超的前世今生

微超和语超的术语虽然是 HNC 提出来的，但两超（即微超和语超的简称）的思路却不是 HNC 的发明。

不言而喻，人工智能和机器人都是两超思路的先驱，但笔者宁愿把这顶先驱的桂冠奉献给图灵先生一人。其伟大的科技贡献用不着笔者来饶舌，但需要交代一个细节，因为该细节似乎被忽视了。在图灵先生提出著名的图灵检验的时候，电子计算机即将诞生但尚未正式诞生，在这种情况下，图灵先生如同一位伟大的先知，竟然提出了一个以计算机模拟语言脑的伟大构思，那就是著名的图灵检验。这就是说，图灵检验的实质是：提出了一个关于“语言脑之计算机模拟”的伟大构想，也就是本编要讨论的微超。

在 20 世纪 80 年代，图灵检验能否实现，曾在语言哲学界引发过一场热烈讨论，但并未达成共识。这是哲学讨论的常态，前文曾略有介绍，本节不拟重复。

由于语言脑这个词语还不是一个正式的学界术语，上面关于图灵检验的说法必有异议。本节不直接回答这个问题，请读者自己在下面的众多专题讨论中寻找答案。

依据《全书》惯例，本节也将划分小节，共 3 小节。但各小节的标题并不能作为一类专题的代表，这里也不先予列举。

1.1.1　微超就是语言意识之计算机模拟

这里需要首先回顾一下 HNC 的脑认识或意识观。

（1）HNC 把脑（大脑是脑的主体）区分为 6 大功能模块：生理脑、图像脑、情感脑、艺术脑、语言脑和科技脑。脑功能模块的 6 分意味着意识的 6 分：生理意识、图像意识、情感意识、艺术意识、语言意识和科技意识。这 6 分也是对生命进化过程的描述，语言脑的诞生标志着人类的出现，语言脑又促进了科技脑的诞生和艺术脑的高度发达。艺术意识、语言意识和科技意识是人类的专利，动物行为或动物语言的研究不应该忽视或无视这一专利性。

（2）HNC 认为，语言脑密切联系于世界知识，艺术脑和科技脑密切联系于专业知识。这意味着语言意识强交式关联于世界知识；艺术意识强交式关联于艺术知识；科技意识强交式关联于科技知识。3 类意识与 3 类知识的关联属于强交式关联，而不是强关联。这意味着，我们可以说，知识是世界知识、艺术知识和科技知识的总和；但不能说意识是语言意识、艺术意识和科技意识的总和，也不能说意识是生理、图像、情感、艺术、语言和科技意识的总和。因为3类知识之间的交织性可以清理，而6种意识之间的交织性难以清理。

（3）文明是人类活动的历史性产物，是意识活动的历史性结晶。从历史长河的视野去考察文明，显然存在着3种文明基因：神学基因、哲学基因和科学基因，这3种文明基因在古希腊文明里，呈现得非常清晰，康德先生是洞察这一清晰景象的第一人[*01]。文明基因乃是意识基因的主体，神学基因孕育出神学，哲学基因孕育出哲学，科学基因孕育出科学和技术。神学联系于精神世界的探索，即心灵的探索；科学联系于物质世界的探索，即万物（宇宙）构成与规律的形式探索；哲学联系于物质与精神世界的综合探索，即存在的探索。神学、哲学和科学是一切文明的3要素。

（4）在文明基因的视野里，神学、哲学与科学应该协同发展。但人类社会历史发展的轨迹却非常诡异，神学独尊时代出现于前，科学独尊时代紧随其后，三学协同发展的时代似乎还遥遥无期。HNC 把神学独尊的时代叫作农业时代，把科学独尊的时代叫作工业时代，把三学协同发展的时代叫作后工业时代。

（5）在农业时代几千年的漫漫长夜里，在东半球西北端一个狭长的走廊地带，工业时代的曙光猛然降临，其缘由究竟是什么？几百年来，人文社会学对此进行过系统深入的探索和研究，但似乎并没有把这个问题讲透。与此相关的还有另外两个大问题，工业时代能永恒存在吗？后工业时代的曙光是否已经出现？对这两个问题应该追问，因为它们关系到人类家园未来的整体格局。这个格局问题应该是当下人文社会学的第一号课题。但是，全球化和普世价值之类的概念把这个格局问题过于简单化了，以至于人文社会学对上述追问并不感兴趣。

（6）神学独尊与科学独尊之间必然出现尖锐的对立。伟大的社会进化论（马克思）和生物进化论（达尔文）没有也不可能消解这一对立势态。科学可以消解对某些事物的迷信，但不能也不应该消解神学和宗教信仰，更不应该重蹈神学独尊时代的覆辙，把哲学当作奴婢来使唤。在当下的全球范围内，社会精英关注的仅仅是这一对立势态的一种极端形态和一种变异形态[**02]，而忽视了这一势态的深层次内容，那就是文明标杆——文明基因与文明主体之综合体——之不可统一性。

上列6点，应该成为语言意识的主体，也就是世界知识的要点，但现实的语言意识远非如此。诚然，随着社会的变迁，语言意识必然呈现出进化的正面，但似乎也呈现出退化的反面，使得上列世界知识要点变得模糊不清。

本小节的标题是对微超的定义，按照这个定义，微超就是世界知识要点的载体。如果这样来理解微超，那就可以说，微超的前世并不完美，命运十分坎坷，遭遇过神学独尊和科学独尊的严重干扰，未能承担起正确传递世界知识要点的使命。但是，在公元前的文明轴心时代，微超曾有过自己的辉煌时期，留下了众多无与伦比的智慧型探索成果[*03]，许多近代的先知型学者指出过这一点，并据此提出过关于社会发展误区的一系列警告。但现代社会的各界主流精英，要么对此充耳不闻，要么嗤之以鼻。

1.1.2 微超的今生不应该只是对语言脑或语言意识的简单计算机模拟

本小节的标题可以看作是对微超的进一步定义。鉴于前世微超的历史遭遇，HNC 希望或期待，未来的微超，即标题里的“微超的今生”，首先要承担起传递世界知识要点的使命。

但是，HNC 的上述希望或期待，其乌托邦特性可谓一目了然，故笔者不得不求教于 HNC 的两位贵宾，请两位就这一乌托邦课题发表高见。这场对话标记为“对话 MLB01”[*04]。

对话 MLB01

知秋：看到这次的背景文件，感到非常突然，不知所措，非常忐忑和郁闷。

学长：意料之内的事，不必忐忑。我们是第二批客人，老者和智者才是第一批贵宾，那位后来出现的立者看来是为对话续 2 预备的，该场对话或许将在老者墓前进行，因为那时老者应该已经过世了。

俑者先生[*05]住在 HNC 围城里，我们在城外，视野可以更开阔一些，那就当仁不让吧。

最近，我又看了一遍《全书》第一、第二、第四、第五册在网上的内容，读第一遍时，曾有过许多相互冲突的强烈感受，现在已有所缓和或大有缓和。那些感受包括废话连篇与惜字如金、横冲直撞与故弄玄虚、放肆妄言与谨小慎微等。后来的缓和可一言以蔽之，那就是其“废”、其“横”、其“肆”皆事出有因，而其“惜”、其“玄”、其“慎”皆无奈之举。可以说，那“因”皆起源于微超乌托邦的梦想，那无奈则体现了一位探索者的期盼情怀。这个表面上极度冲突的双方，实质上是互补的，是可以相互沟通的。我们的这次对话，就围绕着为互补和沟通这个目标吧。

所有的乌托邦设想都一定有一个基本依托，该依托一定强关联于一种社会病症。微超乌托邦的基本寄托指向什么社会病症？HNC 把它叫作世界知识匮乏症和形而上思维衰落症。HNC 的这项诊断是否正确另说，但我们首先要抓住这个要点。科技迷信、经济公理、需求外经、工业时代的柏拉图洞穴等 HNC 术语，皆起源于此项诊断。

从“微超论”三章标题的设置可以推知，俑者先生的第一项意图是希望我们谈一下微超的人文社会学价值。你先就这个问题谈谈你的看法吧。

知秋：学长刚才列举了 4 项 HNC 术语，说它们皆起源于 HNC 诊断。我不同意这个说法，不是诸多 HNC 术语起源于 HNC 诊断，而是诸多 HNC 术语汇聚成 HNC 诊断。

学长：HNC 诊断当然属于“源汇流奇”的“奇”，这不在话下，不必纠缠，你直接切入正题吧。

知秋：同意学长的“奇”说。不过，进入正题离不开对 HNC 诊断的评估，所以，我得先“另说”几句。最近，《参考消息》（2014 年 10 月 13 日）上有一篇关于福山新作[*06]的报道，说：“福山这部巨著所传达出的失败感，恰如《历史的终结及最后之人》一书所传达出的那种振奋感。”这不仅使我联想起俑者对福山先生的评价，也使我联想起俑者先生对 21 世纪的诸多预测。我觉得福山的失败感和 2010 年以来发生的一系列重大国际事态都是对俑者预测的印证，迄今尚未出现例外。据此，我认为，不妨先给出 HNC 诊断基本正确的假设。

学长：我同意。

知秋：但是，除了学长和我之外，在你的学术圈子里，还能找到同意者吗？

学长：很难。因为谁都不会有这种兴趣和时间，像你我那样去阅读《全书》。

知秋：偏者肯定也想到了这一点，所以，才有意把微超变成了现在的这个样子。

学长：此话怎讲？

知秋：偏者对语言理解处理的探索，或者用他后来的正式说法，对语言脑奥秘的探索，经历了一个十分曲折的过程。在技术层面来说，大体上可以分为 3 个阶段：第一阶段可名之句类分析阶段；第二阶段可名之语境分析阶段；第三阶段可名之文本记忆转换阶段，或另名语超阶段。3 阶段是 HNC 理论探索历程的完整描述。现在的这个微超，是后来冒出来的。

第一阶段探索的旗帜上写着句类检验；第二阶段探索的旗帜上写着语境单元认定；第三阶段探索的旗帜上写着记忆转换，这些都有真凭实据，我都完全赞同。但这个迟到的微超是一个异类，它把旗帜变成了战旗，上面写着：让 HNC 世界知识进入互联网世界。

偏者先生以一位纯粹的探索者自命，以三不争[*07]自诩，这有“此身唯我有，无意问营营”的诗句为证。但事实并非如此，因为果然如此，他就应该止步于第三阶段。什么微超，什么“赤壁之战”，都是 HNC 急病乱投医的荒唐表现。

“赤壁之战”就是 HNCMT，同时提出的比喻还有“垓下之战”和“图灵之战”[*08]，前者就是现在的语超，但后者并不是现在的微超。这三“之战”的命名本来就不协调，“赤壁”和“垓下”不仅问了“营营”，而且是天大的“营营”。只有“图灵”总算保留了一点“无意问营营”的本色。现在倒好，连“图灵”也问起“营营”了。所以，学长，我心里很不爽，我们退出这次邀请吧。

学长：原来你是忐忑于此，是真的吗？我们前面的系列对话不都是为“赤壁之战”服务吗？你是知道这个背景的，不是吗？当你第一次讲“之战”这个词语的时候，我觉得很别扭，可你接二连三都讲得很顺溜，我也就习惯了。刚才，你冒出一句“把旗帜变成了战旗”，我又觉得别扭了，旗帜与战旗可以是同义词，不是吗？

不过，你刚才的另一句话，说偏者先生“有意把微超变成了现在的这个样子”，我觉得挺有意思。不过，我的体会是，这“有意”里，有“加”无“减”，而你的体会似乎完全不同，是一“加”一“减”，“加”了新的，“减”了老的。因此，你认为这“有意”意味着对探索情怀的“背叛”，所以你不爽，因为你对第二趟接力没有丝毫兴趣，更不用说第三趟了。在你的心目中，跑第一棒的探索者应该只管第一趟接力，不要去参与第二和第三趟的事，因为那两趟是企业家的事，是俗人的事，是铜臭爱好者的事。像偏者这样“无意问营营”的人，就更不应该去参与了，因为那一定不利于第一棒的潜心探索和第一趟接力的科技创新。你是这样想的吗？果如此，那你可真是一位奇女子了，那可不是万里挑一，恐怕还得再加上 5 个 0 才行。

知秋：学长后面的那些话，我就当作是一份幽默吧。前面和中间的一些话，有误会，可暂时搁置，不能回避的是关于“体会”的话。在我看来，学长的体会，是对一个乌托邦的典型乌托邦式诠释。有“加”无“减”，不就是语超吗？所以，“一加一减”乃是微超的一种必然特性，是对微超真实面目的生动写照。图灵之战是科学探索之战，微超之战乃是商业之战。难道学长看不出这两种“之战”的本质区别吗？没有感受到商业之战已经对探索之战造成了巨大伤害吗？

学长：学妹，我们不玩形式逻辑，还是回到 HNC 提倡的内容逻辑吧，具体考察一下“加”

和“减”的内容。偭者原来设想的是，微超只是语超的实验室样机，语超是微超的市场产品。现在，设想变了，微超和语超都是市场产品，微超面向的是文化产业市场或文明市场，语超面向的是信息产业市场。这两个市场的客户主体不同，市场需求不同，因而微超和语超的总体技术架构有很大差异，微超的技术架构规模可以远小于语超，这是现在微超的缘起。但是，两者的核心技术是一样的。就是你刚才描述的三面旗帜，也就是智力培育战役（即图灵之战）所描述的技术目标。这就是说，原来的微超只是一位探索者的设想，好比是一个单亲家庭的孩子；现在的微超则是一个更高层次的设想，接近于科学家与企业家共同谋划的设想，好比是一个双亲家庭的孩子。所以我说的“加”，就是指企业家的市场思考。科学家的创新思考原样保留着，所以无“减”。说句大白话，现在微超和语超，就是原来语超的两种市场品牌，微超者，HNC 世界知识之“硅谷”与“好莱坞”也；语超者，网络超级帝国之“华尔街”也。如此而已，岂有他哉。

偭者先生设想的“硅谷”、“好莱坞”和“华尔街”，当然都是乌托邦，他本人坦然承认这一点。老者作为偭者的长辈，对其乌托邦情结，虽有批评，但十分中庸，我们应该向老者学习。中庸是一种有利于探索的智慧，一种可以保证沟通顺畅的处事方式，对乌托邦的乌托邦式诠释就是对这种智慧与方式的遵循，我们只能这么做，难道还有更好的选择吗？

知秋：学长这么一说，我的郁闷稍有缓解。学长刚才谈到两大产品系列的不同客户群，请问，微超的主体客户群是谁，语超的主体客户群又是谁？

学长：微超的主体客户可以分为两期，第一期是那些著名的网络作家，第二期是那些著名的智库。语超的主体客户或许也可以分为两期，第一期是网络世界的那些信息产业大国，甚至小国，第二期是那些信息产业帝国。当然，微超的第一期客户不是通常意义下的客户，因为他们根本不需要微超。对他们来说，微超非友非敌，但是，微超可以通过自身的超强舆情分析能力和“点石成金”魔力，显示出其无与伦比的独特利用价值。这种价值一旦凸显出来，各种神奇的效应就会涌现，第一期客户会“把微超视为知己和亲密战友”，第二期客户会“不请自来”。老者不是十分珍惜期盼的乐趣么，偭者或许是受到老者的启发，也抱有这种乐趣。

知秋：学长的这番话，让我的郁闷又回来了。商业之战的崇拜浪潮真厉害，连学长似乎也被潜移默化了。对不起，今天的对话就到这里，再见。

笔者按：对话 MLB01 如此戏剧性地结束，出乎意外，但蕴含着一种老者期盼的乐趣。学长先生和知秋女士都讲了许多精辟的见解，对笔者很有启发。

1.1.3 微超是对语言信息处理技术认识误区的反思

考虑到对话 MLB01 最后出现的意外情况，本小节就不麻烦两位 HNC 贵宾了。

任何技术都可以区分为“基础设施”和“上层建筑”两大部分，前者可另名核心技术，弱关联于具体应用对象，强关联于基础研究；后者可另名成套技术，强关联于具体应用对象，弱关联于基础研究。核心技术与成套技术的区别特征是领域的函数，不过，多数领域的区别特征很容易辨认，核心技术与配套技术的磨合比较容易处理。这些领域的科学第一棒往往拥有深厚的数学物理功底，对技术第二棒的指导性具有很高的权威性，第一趟接力的成果往往是琳琅满目，美不胜收。对于这样的领域，笔者曾经经历过的各种提法[*09]都没有大错，除了其中的两项[*10]，都不会形成指导思想的认识误区。这些提法可以概括为“带、化、养”三字，严格说来，应区分为“带养”与“化”两个侧面。如果发生认识误区，“带养”与“化”之间，会存在很大差异。就其危害的性质而言，“带养”是战略性的，而“化”是战术性的。

但是，也有少数领域并不是这个情况，其科学（理论）第一棒还很不成熟，不能形成对技术第二棒的强有力指导。这时，上述系列提法里的“带养”与“化”就不是没有大错，而可能是大错而特错。因为它们可能形成指导思想的巨大认识误区，因而特别需要反思和远见。语言信息处理就属于这样的领域，当然不是全部，但其中语言理解处理乃是需要反思和远见的典型代表。

语言理解处理还不存在成熟的科学第一棒，图灵先生的那个年代不存在，语言哲学关于意识本质大讨论的年代不存在，在网络世界如此辉煌的当下，依然不存在。信息产业横行天下的巨头们，都曾为机器翻译技术投下过巨大的赌注，有真正的成功者吗？为什么这些似乎无所不能的产业巨头们实际上都无一例外地败下阵来呢？

答案其实很简单，机器翻译没有成熟的科学第一棒，巨头们不是没有想过这个问题，不是没有想过要去带养基础研究，也不是没有想过通过“化”去倒逼理论创新和技术成果，但他们既没有带养出来像样的理论创新，也没有倒逼出来像样的技术成果。时至今日，我们确实应该追问一声，为什么没有带养出来和倒逼出来？

这一追问的伴随之问是：20世纪的“爱因斯坦-普朗克-图灵”科学辉煌是带养出来的吗？从伽利略、牛顿到麦克斯威尔、达尔文的科学辉煌是带养出来的吗？最近发生的佩雷尔曼和张益唐数学佳话是带养出来吗？当然，我们不能依据这些无带养的例据来否定带养与倒逼的伟大历史功绩，但同时必须承认，基础研究或重大创新不能光依靠带养与倒逼，甚至不能以带养和倒逼为基本依托。

对上文的最后一句话，这里不打算多写一个字，因为先哲们已经说过无数的精彩论断。但这里要补充一个情况，那就是，金帅和官帅都特别“迷信”带养与倒逼的威力，而笔者也曾多次受到倒逼“迷信”的迷惑，实际上，HNCMT和微超都是倒逼“迷信”的产物。但这个“迷信”毕竟是带引号的，去两帅之短而取先哲之长，不亦可乎。

注释

[*01] 前文曾对此有所论述，见“理想行为73219世界知识”（[123-2.1-1]分节）。

[**02] 极端形态是众所周知的，不必说明。变异形态是指普世价值观和多元价值观的对立，对于这一对立，前文曾戏称为两种恐惧症的对立，即专制恐惧症和民主恐惧症的对立。

[*03] 这里特意对探索成果使用了智慧型的修饰语，以区别于智能型探索成果。

[*04] 这里的LB取自英语Language Brain的两个首写字母。

[*05] 俑者是老者对HNC理论创立者的戏称，学长先生借用而已。

[*06] 新作名称是《政治秩序的起源》和《政治秩序与政治衰败：从法国大革命到现在》。

[*07] 三不争来于三争：争权、争利、争名。这是 HNC 的常用术语，也是专业活动共相概念树 a0 的一项重要延伸概念。

[*08] 这 3 个比喻提法见倘者向第四届 HNC 与语言学研究学术研讨会提交的论文，题目是“把文字数据变成文字记忆”。

[*09] 在笔者的语言脑里，下列提法都记忆犹新。改革开放前有“任务带学科”、“破除迷信，解放思想，人定胜天”、“让学生担任教改主力”等；改革开放后有“面向市场”、“科技成果转化”、“孵化器”、“以项目养基础研究”等。

[*10] 这两项指“人定胜天”和“让学生担任教改主力”。前者有诸多回忆文字，后者则鲜为人知。北京大学物理系（现在是学院）的一位老教授写过一篇关于后者的回忆文字，内有史笔式内容，登在一本纪念文集里，但该文集的第二版已经见不到那段“史笔”了。

第 2 节 微超的知识与技术依托

本节不仅是本章的重点，也是本编的重点。

首先应该向读者交代的是，笔者并没有信心把本节写好，因为光借助学长和知秋两位贵宾之力是不够的。两位只适合充当第一趟接力递棒者的代表，还缺少接棒者的代表。但最终决定告缺，因为本编是“微超论”，而不是“论微超”，后者留给后来者为宜。

本节的标题似乎在暗示本节将划分两小节，其实不是。本节将划分为 5 个小节，各小节标题如下：

1.2.1　语言理解处理的劲敌与流寇划分是不是一个噱头？

1.2.2　为什么后期 HNC 理论非要把语义块的“义”字去掉？

1.2.3　句类检验如何落实？

1.2.4　领域认定如何落实？

1.2.5　微超智力如何测定？

各小节将完全借助两位贵宾的对话，沿用前面的编号，笔者可能在最后写几句感想。

1999 年，笔者曾撰写过《语言理解处理的 20 个难点》一文，在《定理》和《全书》之“残缺抛砖版”付印时，张全研究员都曾建议将该文附于其后，但笔者觉得时机不合适，没有接受他的好意。现在时机到了，该文将充当本编的附录，其原件已传送给两位贵宾。

1.2.1 语言理解处理的劲敌与流寇划分是不是一个噱头？

对话 MLB02

知秋：我本来不想继续参加对话了，探索归探索，研发归研发。意识与脑的奥秘，语言意识与语言脑的奥秘，首先需要探索，不是研发。把研发提前，无益于探索，甚至有害。这不是什么主张或理念，而是我的亲身感受，HNC 的坎坷经历不过是印证之一而已。但俑者的坦诚让我改变了主意，当然，学长的饶有兴趣也感染了我。

学长：那你就先发言吧。

知秋：本场对话标题给我的第一感觉是言不及义，但后来改变了。这改变，主要是基于我做了两件事：一是难点清单、敌寇清单和"之战"清单的对比；二是对三份清单多次说明的综合思考。

三份清单初次出现时，俑者都没有把要点交代清楚，必要的说明过于分散。但劲敌与流寇的划分，确实体现了 HNC 理解处理技术的一条的中轴线，其规模之宏大，堪比古老北京城的现代构思。

学长：不要跳跃，什么中轴线和规模宏大，还来了一个什么堪比，你的 HNC 模仿症[*01]似乎又出现了。

知秋：我从"过于分散"一下子说到"规模宏大的中轴线"，也许有那么一点对不起读者，但丝毫没有对不起我们的对话。请问学长，本场对话的中心议题到底是什么，是三份清单的评估吗？是微超历史演变的诠释吗？是噱头之问的答案吗？

学长：背景文件为本节安排了 5 场对话，我觉得，本场对话是唯一的主角，随后的 4 场都是配角。而本场对话一定要立足于附录的精耕细作，不能一笔带过。我们的讨论要考虑到读者的情况和感受，你和我都刚刚读过那冗长的附录，有一些亲身体验，但不能假定读者也有。

知秋：对不起，学长，申请中断。我同意"立足于附录"，但不同意其后的"精耕细作"。我同意"要考虑到读者的情况和感受"，但这不能成为"精耕细作"的依据，因为 "精细"的效果可能恰恰相反。

学长：那你说说"精细"的具体内容吧。

知秋：探索者之间不应该设置埋伏或陷阱。我很愿意猜测一下学长的"精细"，那是指以下两方面：一是术语的重大变动；二是谋略论述的重大转向。

术语的重大变动包括：全局性难点、局部性难点、语义块、概念节点、三（五）重模糊、解模糊、多义选一、图灵先生的计算机智能标准，这些术语后来都弃而不用，为什么？

附录的谋略论述，是围绕着"软件脆弱性的根源"和"脆弱性的根治"两大课题展开的，但《全书》的论述却完全另起炉灶，为什么？

其次是若干细节性疑惑，例如，在论述特征块复合结构时，怎么缺了 EK=（EQ,EH,E）这一项之类？

在学长看来，把上列两个"为什么"交代清楚非常必要，这样才能适应读者的情况和感受，而我并不这样想。

学长：你刚才的猜测，符合佣者先生常说的透齐性标准之“齐”，但仅此而已。当然，这已经很了不起了。

8 项术语里变动最大的当然是“语义块”，但它属于“对话 MLB03”的内容。所以，这里首先应该“精细”的是“概念节点”，偁者先生后来不但自己不再使用该术语，而且建议大家也照此办理，难道这不应该“精细”一下吗？

知秋：应该。这是由于从概念范畴到概念树的概念与依附于概念树之上的延伸概念，存在着概念特性的本质区别。前者的符号自身意义只体现层次性，不体现网络性，而后者则兼而有之。当然，两者的全局性网络特征都需要通过概念关联式来表达，但后者的局域网络性特征则蕴含在延伸概念的符号表示里。将两者统一名之概念节点，未尝不可，但偁者宁愿使用高层概念和延伸概念这两个术语加以区别，我猜测，这里暗含着一项不便明言的思考：微超或语超之大急，脑之奥秘，大脑之奥秘，语言脑之奥秘，HNC 技术之核心，不是别的，正是高层概念和延伸概念各自符号特征的区别处理。

学长：你的猜测不无道理，但我觉得，偁者先生的“不步尘”情结也起了一定作用，这种情结会导致一种求变性偏激。通常，求变性偏激的“对人不对己”特性尤为强烈，但偁者是一位突出的例外，其对人一如对己。这例外，是所有探索者必须具有的品质。附录提供了许多生动的例证，其中，杂记里的“说明 4”尤其值得一读。

知秋：完全同意学长的直觉和随后的论断，但探索者前面的修饰词——所有——改成“一位纯净的”比较合适。

学长：同意。下面我们来“精细”一下全局性难点和局部性难点，或名之“难点清单”。还是女士优先吧。

知秋：附录把两类难点的交织区间都划到全局性里去了，这显然不妥。所以，偁者后来作了重大调整，并巧妙地回避了全局性难点与局部性难点的交织性困扰，代之以劲敌与流寇的命名。对“难点清单”的内容和顺序都重新安顿了一番，劲敌既有英语字母之 3 分（A、B、C），又有数字编号之 5 分（01 ~ 05），流寇则仅有数字编号的 15 分，形成了一个新的“难点清单”，可名之“敌寇清单”。学长如何看待这一重大调整呢？

学长：你提出的问题，实质上就是指难点清单与敌寇清单的差异，一言以蔽之，难点清单是 HNC 探索中途的产物，敌寇清单是 HNC 探索终点的产物。

HNC 的整个探索历程，有 4 个标志：第一个标志是广义作用效应链的发现；第二个标志是句类的发现；第三个标志是语言理解基因表示式的发现；第四个标志是语言记忆模式的发现。我说的中途是指第二个标志，我说的终点是指第四个标志。偁者本人喜欢把这 4 个标志或 4 项发现描述成 4 个公理：关于语言概念空间的 4 个公理，或关于自然语言之形而下现象与语言概念之形而上景象之间的 4 个公理。

偁者曾多次说过，4 个公理的前身是 4 项假设。这 4 项假设是什么时候提出来的？偁者并未明言，但多次暗示，它们产生于 HNC 探索起步的时候，而且，该探索本来可以一气呵成，由于自己的胆怯，却在中途停顿了 9 年之久。对这个暗示，我一直持怀疑态度。这次读了附录之后，我对暗示的怀疑基本消除了，依据主要是下面的 3 段话。

段 1：20 项难点当然不能概括自然语言理解的全部问题，但它概括了按句类分析标准规定的理解标准所面临的全部重大问题，解决了这些难点，就表明计算机基本具备读懂一般叙述文和论述文（两者将合称广义应用文）的能力，基本具备我们所追求的“自知之明”能力。因此，我认为直接面对这些难点是当务之急。这 20 项难点的突破就意味着机器翻译和自动文摘的实质性突破。

段 2：按 Paper 6 的思路，深层隐知识大体可区分 3 个范畴：一是基本语境知识；二是由基本概念、综合概念与 l1 类概念共同构成的综合知识，将简称背景知识；三是由基元概念 53、基本概念的属性子类 j7 与 j8 及 la、lb、jl1 类概念共同构成的综合知识，将简称情态（势态）知识。从揭示的难度来说，三者依次递增，但从解模糊的效果来说，则是依次递减。因此，按照抓两头的策略，深层隐知识揭示处理应以前两个范畴，特别是第一范畴为突破口。

段 3：基本语境知识，也称句群概念联想脉络，当然是一个非常复杂的问题，什么是基本语境？这需要定义。考虑到自然语言主要是对人类活动的表述，HNC 把基本语境定义为 8 种类型的人类活动，它们相应于扩展基元概念的不同一级概念节点，分别命名为 1 号到 8 号语境，详细说明见 Paper6(《理论》p87-94)，每号基本语境可以按照相应一级概念节点的子节点继续划分二级和三级子语境。

在偭者写出这 3 段话的时候，其探索历程只走了两段路，或者说只到达我说的第二个标志。但那时他对后面两段路的思考已经相当成熟，最明显不过的证据就是：

“这 20 项难点的突破就意味着机器翻译和自动文摘的实质性突破”，“深层隐知识揭示处理应以前两个范畴、特别是第一范畴为突破口”和“考虑到自然语言主要是对人类活动的表述，HNC 把基本语境定义为 8 种类型的人类活动”。

这些论述都可以在《理论》里找到对应的源头。所以，在两年之后，即 2001 年，他就到达了我说的第四个标志。不过，用偭者自己的话来说，那到达，还远不是“蓦然”水平的到达，而只是“憔悴”水平的到达。

不过，更让我印象深刻的是附录里放在括号里的一段话，这里，把其中的最后 3 个大句拷贝在下面。

一年又过去了，而“出关”4 年来，在创新方面几乎无所作为。在酝酿本节文字的腹稿时，我非常痛苦地感受到，建立句间知识表示体系的呼唤，已经是这样急切和响亮，但老弱之躯，不能不遵守一天仅工作 6 小时的规定，而今天已用去预定时间的一半以上。年轻的探索者与开拓者们，是你们接过接力棒的时候了。

偭者开始写这段文字的时间是 1999 年春节的 5 点 23 分（原文是“千禧兔年初一清晨”），这就是说，15 年前，一个 64 岁的“老弱之躯”，竟然在春节清晨的 5 点开始撰写。感谢互联网，让我们在 15 年之后，听到了这一呼唤。

我们今天的对话，是对该呼唤的继续回应，因为上次对话时，你已经回应过了。你使用的是“3 个阶段”或“3 面旗帜”的说法。我在你的“3”前面加了个“1”，于是就变成了“4 个标志”的说法。这个“4”，可以说是典型的“二生四”，因为前两个标志是一对双胞胎，后两个标志也是一对双胞胎。这两对双胞胎的诞生是偶然事件吗？我觉得不是，而是内容逻辑的必然呈现，也可以看作是偭者关于老子哲理名言之修正建议[*02]的又一有力证据。可是俑者在论证其建议时，并没有使用这一证据。我觉得，我们立了一功，你的“3”和我的“4”，不正好是“二生三四”吗？

知秋：学长老是嫌我走得太快，可是，学长的步伐有时是否太慢？“二生三四”同本次对话有直接关系吗？

学长：俑者先生在其探索生涯中特别重视哲学思考，而其哲学思考的要点可以概括成4个字，那就是“二生三四”。在整个HNC理论体系里，“二生三四”法则的运用可以说无所不在。对这4个字，我最近想到了以下的3句话，第一句是：HNC最重要的“三”是概念基元的3大范畴；第二句是：HNC最重要的“四”是语言概念空间的4大公理；第三句是：HNC最重要的“三四”是广义作用效应链。前两句是关于“二生三四”的分别说，第三句是关于“二生三四”的非分别说。我的感受是，心中有这3句话，与HNC就不难沟通；心中没有这3句话，那HNC确实就如同天书。

基于上述感受，我心里特别支持俑者先生的修正建议，但这个话不宜宣扬。

知秋：学长的感受也是我的感受，同时，我也感受到了学长的深意。本来，这次对话的主题就是围绕着一个变化，那就是从“难点清单”到“敌寇清单”的变化，而这一变化的实质就在于“二生三四”法则的运用水平。

学长：你的“愤悱”素质又一次冒火花了，继续说下去。

知秋：不敢当。本次对话的使命就是对该变化进行诠释，该变化是一次提升，因此，该诠释也就是对该提升的诠释。我从提升的形式与内容说起，形式上，全局性难点转换为劲敌，局部性难点变换为流寇；内容上，转换属于定位性提升；变换属于安顿性提升。这里，我借用了HNC关于“转换”和“变换”的定义，转换属于大场，变换属于急所。

其次，我要说一下难点和敌寇这两种提法的背景差异。难点基本立足于汉语，敌寇则立足于英汉两代表语言，这就是我说的背景差异。其实在俑者心里，试图将敌寇立足于所有自然语言，“敌”与“寇”的分别编号，就明示了这一点。

第三，我想说一下“二生三四”法则运用的5个例证。

例证1：两“非也”里的“二生三四”

在难点时期，全局性难点13分的前4，都纳入了劲敌，巧合吗？非也；在敌寇时期，特别强调劲敌的A、B、C三分，偶然吗？非也。这两“非也”，是一个特别耐人寻味的例证，下面有补充说明。

例证2：难点处理谋略里的“二生三四”

难点处理谋略是附录的第二部分，该部分分3节。其标题很不寻常，依次是：关于浅显中的深奥、关于自然语言理解处理谋略的方法论、关于自然语言理解处理的本体论，这可是一个不寻常的“三”。

在方法论里，系统论述了语言理解处理的要点，归纳为4项，俑者名之谋略四点。如何评估这个“四”，是另外一个问题，但俑者在思考难点处理谋略时，其对“二生三四”法则的灵巧运用，不是昭然若揭吗？

例证3：敌寇处理谋略里的“二生三四”

HNC探索历程在到达学长所说的第三个标志之后，俑者把敌寇处理谋略概括成“三二一”原则。形式上，它似乎与“二生三四”原则无关，但这只是表象。“三二一”里的“三”当然是“二生三四”里的“三”，这不言自明。但“三二一”里的“二一”却隐藏着“二生三四”里的“四”。为什么？因为“三二一”的“一”是证实与证伪的非分别说，实质上是“二”。

“三二一”里的“一”是20世纪确定下来的重大哲学命题之一，不是HNC的发明。但其中的“三二”则另当别论，它是谋略四点的提升。这一步提升的推动力就是领域句类代码，这是一项重大发现。在该发现的助推下，出现了“三二一”原则的提升。于是，原来的“多义选一”论断就被彻底作废了，原来的“解模糊”说法就显得苍白无力了。从此，俑者就再也不使用《理论》里的有关术语了，句类分析就不再处于语言理解处理中的核心地位了，由语境分析取而代之。但句类分析依然充当着语言理解处理打头阵的先锋角色。有志于系统学习HNC理论的读者，一定要把握住HNC探索历程的这一关键性转折态势。

例证4：语境单元表示式里的“二生三四”

语境单元直接由3//4要素构成，如果表述成“领域、情景和背景”，那就是“三”；如果表述成“（DOM,SCD,BACN,BACD）”，那就是“四”。因此可以说，语境单元SGU之表示式是最生动的“二生三四”呈现。

例证5：记忆表示式里的“二生三四”

如果说例证4里的“二生三四”乃暴露于外，那么，例证5则隐藏于内。记忆模式的核心内容具有下列两种形态：

```
(XY,PT,RS); (XYN,XYD,PT,RS)
```

两者乃是作用效应链之“二生三四”的又一生动写照，不是吗！

最后，作一点补充，对例证1里所说的“耐人寻味”略予回应。

附录在论述全局性难点时，开宗明义第一句是：**“全局性难点又分两大子类。”后文说：“第一类全局性难点可分为两个基本侧面……两者的编号分别是1号和2号难点。”往后又说：“第二类全局性难点也有两个基本侧面……分别编号为3号和4号。”**这里的**“1号和2号难点”**就是后来的劲敌01和02，“3号和4号”就是后来的劲敌04和05。劲敌03则取自全局性难点的不管部——13号难点（难点的综合表现），取了一个新名字，叫动词异化。

上面引用的原文清楚地表明，俑者在撰写附录时，心中存在着一个明确的“四”，但由于胆怯而没有说出来。到达学长所说的标志3和4之后，他感到不再胆怯了，劲敌和流寇的术语应运而生，原来关于全局性难点的“四”演化为“三五”，这是“二生三四”的一种特殊形态，特殊形态者，灵巧也。于是，从那以后，灵巧这个词语成了俑者的口头禅。我觉得，这一提升过程很耐人寻味，学长以为然否？

学长：“愤悱”之鸣，果然不同凡响。你第一点里的两联结[*03]，第二点里的两立足，第三点里的两“非也”和关于“二生三四”的四项诠释，可以说都接近透齐性标准。但关于“耐人寻味”的说明，就不能这么说了。劲敌01和02对应于难点01和02，可是，难点01的定义存在着一个明显的疑问，转换成劲敌01以后，并没有给出相应的交代，你怎么看待这个问题？

知秋：这里实际上是两个疑问：一是难点01里的“明显性”疑问；二是难点01与劲敌01之间的“对应性”疑问。

“明显性”疑问指的是：1号难点标题“全局特征语义块EgK的多句类代码难点”里的两个字和一个符号，那两个字是“全局”，那符号是“EgK”。难道句蜕或“ElK”就没有多句类代码难点吗？我猜测，偭者心中一直存在一个基本问题，那就是全局语句（EgJ）和句蜕（ElJ）的句类检验应该存在一定差异，但如何抓住并利用这一差异，并没有吃透。我琢磨，该差异的集中呈现应该是：EgJ所面对的多句类代码难点必须解决，必须进行“多选一”的操作；但对ElJ可以不那么绝对，可以灵活一些。显然，这样的思考属于技术层面的灵巧性技艺，不便明说，于是，偭者就玩起带有自身特色的语言游戏了。

学者：你的猜测我同意，你的琢磨我不否定。但我觉得，还有另外一个重要因素，那就是偭者自称的“不拘小节”，实质上是一种自我辩护。不能只谈“猜测”和“琢磨”，那不是纯净探索者的应有态度。

知秋：我接着说“对应性”疑问。劲敌和流寇这两个普通词语的HNC专用，缘起于偭者的一首五律——《洛阳感奋吟》，该诗在[123-22]节的一个注释里，学长可能没有注意到。每个人都有自己的心理晴天和心理阴天，偭者也不例外。对探索者的撰写，我们应该特别重视晴天之作与阴天之作的区分，学长的两疑问应该与这一区分联系起来。我认为，附录乃阴天之作，而[123-22]则是晴天之作，因为后者的撰写时间应该在“感奋吟”之后不久。

晴天之作与阴天之作的关系比较复杂，不能相互否定，而是应该相互补充。我们既要警惕晴天里的疏忽面，也要重视阴天里的深沉面。至于难点01到难点05的正式定义，我们还是以[123-22]的描述为准比较合适。如果这么处理，那两疑问就会迎刃而解。为方便读者，我把那里的一段有关文字拷贝在下面。

《定理》中给出了20项难点的清单。如果现在来考察那份清单，那就应该把它调整为“5+15”的结构，其中的前5项对应于[*b]中所说的劲敌，其具体内容如下：

难点01　小句多句类代码的认定（原编号01）；

难点02　全局小句与局部小句的认定（原编号02）；

难点03　动词体词化（异化）的认定（原编号17）；

难点04　以指代、省略和句间接应词为代表的浅层隐知识揭示（原编号06）；

难点05　以复杂省略和想象描述为代表的深层隐知识揭示（原编号15）。

学长，这可是阅读疏忽啊！不过应该说明，拷贝文字里的“原编号”，并不是附录里的难点编号，大约是偭者为机器翻译之第三次启动而采取的一项临时措施吧，这就不必去管它了。

学长：我老眼昏花了吗？是“引蛇出洞”啊！没有这一“引”，哪来你的猜测和琢磨呢！那可是本场对话的基本成果。

现在，我宣布，对话MLB02到此结束。休息15分钟，开始下一场对话。

1.2.2　为什么后期HNC理论非要把语义块的“义”字去掉？

对话 MLB03

知秋：在上一场对话里，学长发布了唯一主角和4个配角的通告，我并不同意。MLB02

的突然结束，我更是很不以为然。

学长：那本场对话就分两段，第一段讨论你的不同意，第二段讨论你的不以为然。

知秋：站在第一趟接力的递棒者立场，我当然认为本小节才是本节的主题。我还认为，语义块这个术语便于 HNC 与传统语言学的接轨，废弃这个术语，非常地不明智，可是，俑者先生却把它当作 HNC 的“大急”来处理。前面，我们不是谈过俑者的“不步尘”情结吗？我认为，这里有该情结作祟的消极效应。

学长：本话题首先需要考虑 3 方面的基本态势，HNC 为一方，传统语言学为另一方，语言信息处理为第三方。这三方的基本态势差异太大，接轨问题也存在形而上与形而下的不同层级，你心目中的接轨属于哪个层级？

知秋：“愤悱”神功这顶桂冠，看来非学长莫属了。不过，这里我应该先放下一句话，接轨与“大急”是两个问题，下面的对话可别出现混为一谈的误会。

三方面的态势问题，俑者的论述虽然同样具有过于分散的弊病，但毕竟不像难点清单那么混乱，属于大体清晰吧，我们不必代行清理。这里，只想向学长请教一个问题，在特定语境单元下，词语的意义就一定唯一吗？多义选一的操作就一定可以免除吗？

学长：我也先放下一句话，你提出的这两个问题很容易混为一谈，但分别说和非分别说都需要。下面，我只作分别说。

词语意义取决于具体语境，这不是 HNC 的发明，而是语言学界早已形成的共识。HNC 的贡献在于将语境描述范畴化、层次化、基因化、网络化（可简称语言四化），并将四化统一于数字化，与此同时，给出了语境单元表示式。语境单元有限性只是或仅仅是语境描述范畴化的必然结果或推论，这个推论就是俑者所说的第三公理，也就是我说的第三标志。

从词语意义的演变来说，归根结底，都是为了适应不同语境单元的特定描述需求，再来一次归根结底，基本描述或主体描述的需求无非是围绕着一个中心来展开。那中心必然拥有若干要素，所谓围绕着中心，就是围绕着那些要素。传统语言学与 HNC 的第一位本质差异就在于：前者确定的要素是“主谓宾”3 项；后者确定的要素是“(B,C,E,A)”4 项。这里又出现了我们前面讨论过的哲学景象——“二生三四”。

在传统语言学的描述架构下，我对“在一定语境条件下，词语的意义一定唯一”的论断存有一定程度的怀疑。在 HNC 的描述架构下，“一定语境条件”换成了“特定语境单元”，“三要素”换成了“四要素”，我的怀疑不能说已经完全消失，但怀疑度毕竟大大降低了。

在 HNC 探索初期，“多义选一”是解模糊的核心课题，也可以说是“解模糊”的同义词。但实际上，“多义选一”不过是早期人工智能所谓路径课题的另一种表述方式，是计算语言学里的诸多概率课题之一，该课题热衷于与并行计算挂接。所以，“多义选一”的呼声在当时遭到冷遇是完全可以理解的。但 HNC 在到达第三标志之后，“解模糊”的概念已经被替换了，替换者的名字叫“领域认定”，领域认定就是语境认定。但俑者似乎并未正式宣告这一巨变。你刚才提出的“多义选一操作可以免除”说法，是在代人宣告。

知秋：HNC 特别需要一位公关总管，我绝对不是这块料。我看，学长倒是一位非常合适的人选。不过，我们的对话是否过于偏离了本小节的主题？让我们把距离拉近一点吧。

学长刚才在“遭到冷遇”前面加了“在当时”的修饰词语，大约是由于学长心中想起了随后的两波语义热[*04]。但我认为，这个修饰词语是多余的，即使语义块时期的 HNC 碰上了这两波语义热，也借不上那两股东风。因为HNC的语义与两波语义热里的语义存在着本质区别。HNC的语义可以与传统语义学的语义接轨，两波里的语义则是另外一套语义。

我不能说那另一套语义没有价值，它确实取得了巨大的项目效应，从而也必然产生巨大的技术效应。但我们不应该无视一个基本事实，第一波语义热的结局如何？是众所周知的四字成语——无疾而终。那么第二波呢？我想其结局将是另一个四字成语——铩羽而归，因为它已经淹没在大数据的技术浪潮里了。对谷歌的机器翻译系统[*05]，我也愿意作同样的预期。

我们不妨把那另一套语义叫技术语义，技术语义联系于整个的脑，不仅是大脑，属于思维语义或脑语义。HNC语义则仅联系于语言脑，属于语言脑语义。符号学“三语”说[*06]的语义也属于技术语义，技术语义显然更为雄才大略，更容易为广大读者所接受。但俑者恰恰认定，此雄才大略不可实现，HNC一定要跟它划清界限。语义块这个术语本来已经流行起来了，而俑者却忍痛把其中的“义”字去掉，我依然认为这不是明智之举，而是失策。

学长：我支持你的技术语义说法。不过，你刚才话语里的“忍痛”同我前面的“在当时”是否同病相怜？我认为谈不上什么“忍痛”，而是一种“蓦然”境界的愉悦。

你的失策之说，我也基本同意。俑者的失策之举多矣，老者指出过的，我都支持。这里我想指出最核心的一点，那就是我们前面讨论过的两病症。HNC理论体系哲学思考的涉及面很宽，但其基本定向就是所谓的两病症，但俑者对两病症所使用的描述词语并不明智。最近我一直在想，能否把“世界知识匮乏”改成“世界知识变异”？能否把“形而上思维衰落”改成“理性思维失衡”？

我对这两场对话相当满意，我们能否打破网友不见面的约定？

知秋：人无信不立。这场对话可以结束了，我建议，我们休息一些日子吧。随后的3场对话需要另请高明，我们自己也需要更多的准备时间。

1.2.3 句类检验如何落实？

对话MLB04

知秋：我的另请高明计划完全落空，几位学妹的婉拒理由都一个样：实在腾不出时间，学长那边的情况呢？

学长：同样。我们就滥竽充数，勉为其难吧。

句类检验如何落实的问题，首先是一个起步问题，或者准确地说，首先是一个步调问题。俑者毕竟是一位纯净的探索者，在句类检验问题上，我觉得他犯了两次致命的失误：第一次是对“合则留，不合则去”原则的迷信；第二次是对“三二一”原则的迷信。前一条原则诚然是句类检验起步阶段的强大武器，后一条原则诚然是句类检验高级阶段的强大武器。但任何强大武器都需要一个配套系统的支撑，俑者显然低估了配套系统的复杂性，在配套系统的建设上犯下了一系列重大失误。于是，两“诚然”就变成了两响“空炮”，句类检验的落实问题就始终悬在半空里。

知秋：按照学长的说法，句类检验如何落实，主要不是技术问题，而是指导思想的明确和HNC第一趟接力的组织实施问题，是这样吗？

学长：大体上是。

知秋：这些天，我是后来才想到这一点的，于是就把前面的准备工作叫停了。

学长：你叫停了什么呢？

知秋：我们的第一次对话（即“对话001”）时，我们不是热烈讨论过“井”和“井群”的话题吗？最初引起学长强烈兴趣的，是汉语的3口“古井”，还记得吗？当时我说过，与句类检验有关的“井”有上千口，然而，这是一句误导性巨大的话语。

最近，我突然醒悟到，若以“井群”为参照，全部句类的“井”依然是68组，而不是以千计，这是由混合句类的新定义所决定的。因此，我准备考察一下“沧海8粟”里的“井群”分布情况，但考察未竟就起了叫停的念头。

学长：每一个基本句类，对应于一个句类群，“井群”这个词语以后就不用了吧。如果正式宣告：自然语言的全部语句都可以纳入64个句类群，那是多么具有震撼力的旗号。但遗憾的是，HNC不知出此上策，却在什么“6×5+6”和“57×56”方面大动脑筋，大做文章，实在是太书生气了。这里，我擅自改动，用了“64个句类群”这个短语，原来的“57”和现在的“68”都是书生数字，为什么不换成“64”？这不难办到嘛！“64”既是中华文明的一个专利数字，又是信息数字化的标志性数字之一，岂非妙不可言？

毫无疑义，句类群分布情况的考察结果将成为HNC基本语料库的重要成果之一。但该成果不具有决定性意义，你的叫停是明智的，现在做这件事为时尚早。

那么，HNC基本语料库最有意义的成果是什么呢，是句类群之激活词语、概念与语境的充分收集，也就是激活要素的充分收集。这里说的激活词语就是俑者所说的直系捆绑词语，激活要素则是激活词语、激活概念与激活语境的统称。在这个问题上，俑者先生的表现实在不敢恭维。拿语法逻辑的第一号概念林“l0主块标记”来说，该章的论述就缺了一句最关键的话：本片概念林是汉语广义作用句最可信赖的激活要素。

知秋：“自然语言的全部语句都可以纳入64个句类群”，多么有气魄。三激活：激活词语、激活概念和激活语境，多么有新意。激活概念有新意，激活语境更有新意。这三激活不仅适用于句类认定或句类检验，也适用于领域认定或语境单元检验。刚才学长的最后一个大句是对激活概念的生动诠释，学长能否补充一个激活语境的类似示例？

学长：不必吧，我们前8次对话所使用的句群不都是示例么！三激活并无新意，都是俑者先生原有的思考，我不过是变换了一下表述方式而已。

知秋：学长太谦虚了。“激活要素的充分收集”这个短语，就价值连城。不过我建议，把其中的“充分”改成“灵巧”。激活要素的收集是语言理解处理第一趟接力的第一号大急课题，俑者先生喜爱谈论大急，可他本人，恰恰在这个第一号大急课题上，出现过轻举妄动的低级失误。第一趟接力的递棒者不了解接棒者的需求，接棒者也不主动向递棒者提出要求。递棒者与接棒者之间缺乏最基本的沟通，何来磨合？在这种情况下，所谓的句类检验，只能沦落为“免费午餐”的虚幻下场了。话语上，可以用屡败屡战来掩饰，但实际上，HNC迄今不仅没有攻下“天京”，甚至连包围之势都没有形成。当然，这里的问题很复杂，但归根结底，就是学长所说的“指导思想”和“组织实施”问题，我们不应该苛求于俑者先生。他不是在上一编的最后，写下过一些“深觉汗颜”的懊丧话语么！前次我提出“退出邀请”，学长以为我是闹情绪，现在你明白了吧。

学长：实质性问题在于，那“天京”是否出现了“攻而占之”的理论体系与知识基础。俑者先生反复申述了这个问题。我们应该响应，此类响应是探索者的天职，继续我们的对话就是一种响应，当然是低级形态的响应。“指导思想”和“组织实施”是项目领导者的事，而领导者需要智囊或智库。这种低级形态的响应，现代智囊或智库根本看不上，所以，我们一定要把这种低级形态的响应提升到高级形态，争取先得到智囊们的认同。我打算与你联手，进行三激活方面的专家式探索，也就是进行句类知识的专家式探索。但是，这还不够，我们还要从第一趟接力接棒者的角度，作一些探索。下面，我将从这个角度提出一些问题，一个这方面的绝对外行，闹笑话在所难免。望及时提醒，不要照顾什么面子。

知秋：我也是外行，学长太客气了。

学长：我们从“初战三基本侧面”谈起，这比较实际。三基本侧面各有一位代表：“的”、“和”、“一”，现在，我们可以把它们叫作关键激活词语的 3 位代表。我主张，要紧紧抓住这 3 位代表不放，从这里打开句类分析或句类检验堡垒的缺口。希望你静下心来，跟着走这一趟长路，先说“的”，次说“和”，最后说“一”。

知秋：不妨这么走一趟。

学长：现代汉语的“的”，有一段不寻常的近代史，俑者给出过一次回顾和一个倡议[*07]，这些都撇下不谈。我现在只问，如果你作为 HNC 第一趟接力的接棒者，将如何处理文本里的“的”？会首先考虑“多义选一”吗？

知秋：我根本没有充当接棒者的资格，既然学长这么看得起我，我就冒充一下吧。

先介绍一下我设想的句类分析器的基本结构，该结构的基本构思密切联系于句类分析器的分析步调。

句类分析器的基本结构就是一系列的符号变换器，简称变符器吧。

变符器应区分大、小、微 3 种规格，大变符器对应于句号，小变符器对应于语段逗号，微变符器分明暗两类，下文说明。一个大变符器里可能包含多个小微变符器。下面，大变符器将简称变符器，小变符器将简称小变器，微变符器将简称微变器。

原则上，句类分析器需要使用两套变符器，第一套变符器叫接口处理器，第二套变符器叫理解处理器。接口处理器完成任务以后，停止阅读，转变成大句理解处理状态。理解处理完成以后，再继续下一个大句的阅读。句类分析器或变符器就是如此循环工作。但这里存在两个问题：一个是第二套变符器的处理结果要不要保留一段时间，以备候用？另一个是，阅读与理解处理，或两套变符器要不要同时工作，以提高翻译速度或理解处理速度？第二个问题看似是一个纯粹的技术性问题，其实并非如此。我的想法是，两套变符器一定要并行工作，在现代技术条件下，采取两套变符器交替值班的工作方式是不可接受的。

下面说一下小变器，一句话，它是句类分析的核心部件，初战清单的各项“之战”，主要在这里展开，“的”之战也不例外。那么，能不能说句类分析的水平或变符器的水平主要取决于小变器的水平？回答是：不能。如果拿战役来比喻的话，小变器仅相当于各前线指挥部，而变符器则相当于总司令部。

微变器只是句类分析的辅助工具，区分明暗两种。明者，前后都接逗号也，暗者，后不接逗号也。汉语的明微变器十分简明，仅涉及两类概念：一是语习逻辑的概念树 f1y 与 f2y；二是语法逻辑的概念树 lb1 与 lb2，后者不像英语那样，还承担简单并联的功能。暗微变器仅涉及语法逻辑的概念树 la1、la2 与 lb1、lb2。在“沧海 8 粟”里，两类微变器都出现过多次，我们已经见过世面了。绝大多数情况不难处理，但也有极少数难缠的例子。

学长：你刚才推出了一堆新术语，自娱自乐，不顾读者的感受，我看是 HNC 模仿症又发作了。什么变符器，变换器 transformer 不是现成的术语么！第一类变换实质上就是从词语到概念基元的变换，取符号 WCT 不好么！第二类变换实质上就是从语句到句类代码及其语块代码的变换，取符号 SCT 不好么！随后还有两大变换，那就是从句群到语境单元的变换和从语境分析结果到记忆的变换，分别取符号 SGT 和 MET 不好么！这样，HNC 理论的 4 公理就转换成 HNC 技术的 4 变换：WCT、SCT、SGT 和 MET。四者的汉语命名，我建议使用映射一词，4 类映射可分别命名为概念映射、句类映射、语境映射和记忆映射，其技术成果加“器”字或“模块”二字。语言脑的理解处理奥秘就是 4 映射的奥秘。至于什么小变器和微变器，不如分别名之灵巧句类映射和常规词语映射，符号分别取 SCTS 和 WCTC。最后的什么明暗微变器，以 WCTC1 和 WCTC2 表示就是了。

加快步伐吧，“的”之战如何打响？我急着听这个呢。

知秋：学长的建议，我乐于接受。学长的急迫心情我能理解，但这事急不得。首先需要明白，任何“之战”都不是孤立的，需要多项“之战”的相互配合，需要一个便于实施各种配合的指挥平台，我设想的 WCT 和 SCT 就是该平台的基本架构。偱者先生曾将“的”之战比喻为现代战争里的空战，我觉得非常神似，因为空战最需要指挥平台的支撑。

学长：不要节外生枝，回到正题吧。

知秋：对不起。不过，我还得说几句，如果把 HNC 语言理解处理比作 HNC 宾馆，那么，WCT 就相当于 HNC 宾馆的前台服务。拥有完善“WCT、SCT”服务的属于五星级 HNC 宾馆，拥有完善“WCT、SCT、SGT”服务的属于六星级 HNC 宾馆，拥有完善“WCT、SCT、SGT、MET”服务的属于七星级 HNC 宾馆。HNC 宾馆是一种非常特殊的宾馆，形式上表现为客人的特异性，实质上表现为服务的特异性，不过 WCT 服务却与通常的宾馆非常类似。

先说一下 HNC 宾馆的客人，3 大类：文字、符号、图像。主要客人是文字，主要符号是配合文字说明的标点符号，图像也限于图像的文字说明。作为 HNC 宾馆，其 WCT 对 3 类客人都需要具备一定的接待能力。如果未来要接待第四类客人——语音，那只需要在本平台的基础上，再加一个 PWT（音词转换）模块于前端就是了。

HNC 宾馆的 WCT 服务很有特色，这与其客人的特点密切相关，共 3 点。

第一点，把入住 HNC 宾馆的客人当作一支纪律严明的部队，以大队为单位入住。一个大队通常辖属若干个小队，小队通常还配置不定数量的分队，小队和分队可能配置各自的领队。大队、小队和分队的队员数量都不定，领队通常是一位队员，但也有多队员情况。队员的定义是：一个词语、一个符号或一幅图像。小队、分队、领队的入住顺序都要严格保持原状，队员的位序也是。

学长：这次不说你的 HNC 模仿症了，我来一段旁白吧。大队就是大句，小队和分队是

HNC定义的小句和辅块，领队是知秋女士的发明，下面看她如何交代吧。

知秋：谢谢学长，我接着说第二点。一个大队在HNC宾馆入住以后，他们占用的客房要划分出3类：WCTm、WCTmn和WCTm-kn，三者分别与小队、分队和贵宾占用的客房标号对应，下标“-kn”里的“k”表示贵宾类型。

第三点，一个小队一定拥有领队占用的一套客房，但分队不一定，因为它可能没有领队。各WCTm和WCTmn占用的客房套数不定，每套客房入住的客人数也不定，HNC宾馆经营的奥秘，要从这里说起。

拿汉语来说，汉语的词语有单字词、双字词和多字词之分，汉语文本入住HNC宾馆时，并不是每个词语占用一间套房。比方说，学长所命名的“关键激活要素3代表”，按照HNC宾馆的规定，就不能单独占用一套客房，只能与后面或前面的客人一起合用。

有条不紊地把每位客人安顿到预定的客房里，这是WCT的第一号服务。

这项服务的水平对后续的SCT服务将产生了重大影响。我认为，在这个问题上，HNC需要深刻反思，中文信息学界也需要有所反思。

学长：真是出乎意外，我本来以为，“3位代表”必然享受独住贵宾间的待遇呢！

知秋：学长误会了。HNC宾馆的客房采取统一规格，不设固定的贵宾间，但每一套客房都可以随时升级为贵宾间，住在贵宾间的客人就享受贵宾级服务。“3位代表”就是贵宾，他们所住的客房一定是贵宾室。所有贵宾室的相关信息都要传送到WCT的总调度室里。

学长：除了“3位代表”之外，还有哪些贵宾呢？

知秋：原则上，语法逻辑的前4片概念林（l0-l3）和基本逻辑的两株概念树（jl12,jl13）都有充当贵宾的资格，我是指它们所对应的词语。但这批词语鱼龙混杂，有的“老孙”特性太强，需要灵活处理，这是WCT的第二号服务。

学长：灵活处理言易行难，WCT的前两项服务，实际上是“一而二，二而一”的事，不必区分什么两类，可统一叫作贵宾遴选。我看，在HNC宾馆经营的初期，贵宾遴选的事，采取宁缺毋滥的做法比较合适。

知秋：这不好说，纳入微超的正式训练项目吧。

现在假定，WCT已经办完了全部客人的入住手续，意味着所有的贵宾都已登录在案。下面，WCT就要转入服务阶段，可归纳成下列3条：排序先行，右盼左顾，灵巧办事。

这3条，是原则，还是规则？要我说，它们与“三二一”有所不同，既是原则，也是规则。它们是WCT服务的两个3项基本描述，不是为汉语专门定制的，也适用于英语。

学长：“WCT服务3项”的表述方式，是典型的HNC风格，虽然我还是不喜欢，但不那么别扭了。不过，具体的补充说明仍然不可或缺。

知秋：那当然，下面我试着作补充说明，请学长随时把关。

面对WCT里的多位贵宾，句类分析不是硬性规定按入住顺序依次服务，而是对全部贵宾先搞一次侦察行动，找出突破口，这就是“排序先行”的含义。如果突破口没有找到，那就依次处理各位贵宾。

学长：可能出现没有贵宾或只有一位贵宾的情况，那就不存在“排序先行”服务，接着说一下你那个古怪的“右盼左顾”吧。

知秋：古怪吗？学长，你可不应该有这种感觉，刚才不是介绍过每间客房的入住顺序吗？每间客房好比是一个班，第一位住客好比是班长，站在最左边。所谓WCT服务，首先是对每个班摸底，也就是辨认出每个班的性质。一个班的性质由谁决定呢？首先是由班长的身份及其部下所决定，这是天经地义的事。对班长及其部下的考察不就是右盼吗？右盼是客房内部的事，左顾是客房之间的事，先内后外，这岂非顺理成章么！“右盼左顾”就是这么来的。

学长：看似讲得不错，不过在细节和表述方面都有漏洞，说两点。第一点，班长的比喻虽然比较生动，但班长的位置则各种语言差异很大，例如，日语的班长就站在最右边，汉语的“的”作为班长，也有这个情况。所以，何必把左顾右盼颠倒过来呢？第二点，左顾与右盼都可能需要跨客房进行，不能局限于一间客房之内。但这是后话，因为跨客房服务不是WCT的事，而是SCT的事。总之，统一客房规格，确定班长，区分贵宾室和普通客房、客房服务先内后外，这都是好想法，好主意，我全力支持。

我觉得，“的”之战正式开讲，现在可以开始了。

知秋：谢谢学长的鼓励。不过，正式开讲还不到时候，还得补充说明一下“3位代表”之外的贵宾室和普通客房。先说WCTm-kn，这里大有讲究，HNC在这一点上似乎犯下了“战略重视、战术轻视”的严重失误。“k”的分类对汉语句类分析具有大急意义，《理论》里对此有不少论述，但远远不够明朗和系统，我的感觉是，句类分析技术并没有采取相应的行动。下面，我想讲一下我的思考，请学长随时指正。

初战清单并不能表明，“3位代表”一定占用“k”的前3号，另外，“k”的取值不能大于9吗？这不是两个一般性问题，而是根本性问题，“k”的排序对后续处理，对句类分析的调度都至关紧要，可俑者先生从来都避而不谈。

学长：你说的两点，并不能概括WCT和SCT两处理模块之间如何相互衔接问题的全部。两模块的明确划分是你的贡献，俑者先生不是避而不谈，而是没有走进这个视角，不过他后期特别强调的动态记忆DM，在思考的意义上，与你的WCT可谓不谋而合。

不过，我们讨论这个问题，似乎陷入了在沼泽地上兴建高楼大厦的困境，因为在前面我们并没有把贵宾遴选问题谈透。

知秋：尖刀之见！谈透虽难，必须起步。从哪里起步？我觉得，这还得依靠初战清单及其说明。26项初战清单，皆以“之战”命名，其重要性、复杂性和交织性差异很大，贵宾的遴选标准首先要考虑到这一差异。另外，要考虑到贵宾的身份差异，即激活要素的类型差异。WCT的贵宾不仅是面向激活词语，还要面向激活概念，将来还要面向激活语境。基于上述思考，我草拟了一张贵宾速判表（表6-1），现在拿出来献丑。此表尚未走出“望尽”阶段，离“憔悴”都还有一段距离。

对不起，学长，你所钟爱的“3位代表”虽然进入了贵宾前列，但不是名列前茅，而是屈居末位。

表 6-1　贵宾速判表

条例编号	激活词语	激活概念	初战编号	初战命名
1	把,对,就，……	!11GXJ	04+09	格式自转换
2	是	jDJ	16	样板句类知识
3-1		BC//oo		
3-2	u 殿后	S04J		（简明状态句）
40-1	说,……	T30J	16+15	
40-2	认为,……	DJ		
40-3	迫使,……	X03J		
40-4	命令,……	T39J		
5-1	（在……）	fK	23	133
5-2	（待定）			
6	我,你,他……	o407	00	指代
7	的	SE02+RB01	01+06+07+…	
8	“和”	RB01+!11GXJ	02+04+…	
9	“—”	SE03+SE04	03+00+…	

学长：你关于贵宾分级标准的思考，我完全支持。这张“贵宾速判表”来之不易，离“憔悴”阶段应该不远了。那个以“激活概念”命名的“列”，非常关键。立足于这么一张表，“排序先行”的措施就可以开始落实了。总之，你的务实态度和灵巧创意，让我倍感鼓舞。速判表很好，贵宾冠军的选择尤其好。应该说，我似乎看到了句类检验落实的曙光，“3 位代表”的屈居末位，不正好是该曙光里的一丝亮线么！

知秋：我在等待着考问呢，学长！没想到，惶恐不安却一下子变成了欣喜若惊。

学长：当然有许多细节需要考问，但主要是“MLB04”之外的事。

知秋：不过，我想先介绍一下关于“情况 0m,m=1-5”的思考。这项情况对于汉语理解处理的重要性，有点类似于英语的“动词短语”和从句，我也许将把后者叫作英语情况，而把前者叫作汉语情况。要讲汉语和英语的区别，离不开对这两种情况的深入考察。俑者先生正是这么做的，不过他使用了另外的术语。我说的汉语情况就是“情况 0m”，其定义如下：

情况 01：关于“的”的处理；
情况 02：关于“vo、ov”的处理；
情况 03：关于“ou”的处理；
情况 04：关于“oo”的处理；
情况 05：关于“v”连见的处理。

在 HNC 技术探索的整个过程中，一直在强调所谓的“(l,v)”准则，把它说成是打开汉语句类分析之门的一把神秘钥匙。但多年来，基本上是老调重弹，新意不多。显然，“(l,v)”准则需要一个实用化的描述，该描述的突破口选在什么地方才能够击中要害？最近我琢磨了一番，结论如下：对“l”，就选择现代汉语里妙不可言的“的”；对“v”，就选择汉语“vo”、 “ov”和“vv”组合的独特呈现；同时，要兼顾到汉语“ou”和“oo”组合的独特呈现。

这样，就形成了所谓的“情况 0m,m=1-5”，试图用以概括“(l,v)”准则里最为纠结的处理难点。

情况 01 关系到“的”之战的大急，我打算细说。

学长：我赞赏你的思考。不过，所谓汉语的“vo”和“ov”独特呈现，不就是俑者先生曾辛辣讽刺过的“诺奖”笑话吗？我就“听其言而观其行”吧。

知秋：我不是有一个 12 个字的作战方针么，……

学长：这就免了吧！

知秋：好吧。我认为，最好打的“的”之战是贵宾“的”与“是”的搭配。

此搭配有两种基本形态：一是“的”与“是”连见；二是“的”在一个语段的最后，前面有“是”策应。

在 WCT 平台上，这两种搭配都一目了然，抓住它易如反掌。

但是，如果只满足于抓住这两个词语层级的搭配，将会造成“一叶蔽目，不识泰山”的悲剧。“的”的语言本质表现是什么？有 5 项：①基本串联短语标记；②要蜕标记；③包蜕标记；④块尾标记；⑤句尾标记。“是”的语言本质表现是什么？是基本逻辑概念树“jl11”的嫡系成员之一。上述“的”与“是”的语言本质表现，才分别是“的”与“是”的泰山真面目。现代汉语语法学基本上围绕着“的”之 5 项表现的第一项——短语标记——做文章，显然非常不够。而上述搭配的两种形态，仅联系于“的”之 5 项表现的 4、5 两项，当然还是远远不够。

学长：你刚才的话语，有点改进型 HNC 语言表述的味道，是一段不错的开场白。不过，我还是要送你 4 个字：干净利落。

知秋：好。那我先试着把情况 01 干净利落一下，那就是把贵宾“的”划分为两个等级：特级贵宾和一般贵宾。短语标记属于一般贵宾，后 4 种标记都纳入特级贵宾。

学长：为什么这么做呢？

知秋：第一，特级贵宾比一般贵宾更容易辨认，从而可以为 WCT 服务提供最好的便利条件。第二，特级贵宾就是汉语语句分析的牛鼻子，SCT 的基本职责就是要紧紧抓住这个牛鼻子，否则，汉语里顽强呈现出来的劲敌 02 就很难被降服。

学长：我欣赏你的牛鼻子比喻，但这个牛鼻子真的更容易辨认吗？

知秋：当然，仅凭着“的”与“是”的搭配，确实不足以说明问题。为此，我们不妨设想一下如下的 3 项变动：①把那个与“的”搭配的“是”转换成一般动词“v”；②把搭配的位置从“的”的后面搬到前面；③把那个搬到前面的“v”变换成“ov”或“vo”。如果我说，加上这 3 项变动，汉语语句牛鼻子的全貌就大体被描述出来了，学长是否同意？

学长：别绕圈子，所谓 3 项变动实质上就是两项：EK 要蜕和 GBK 要蜕。你刚才说的那一堆话其实就是一句话，汉语要蜕的形态辨认比原蜕容易。

知秋：学长善于画龙点睛，可惜少了一笔，还有包蜕。

学长：我知道了，你心目中的汉语语句牛鼻子就是要蜕和包蜕，是吗？

知秋：是。用 HNC 语言来说就是，要蜕或包蜕与“的”强交式关联，抓住这项关联性就等于紧紧抓住了汉语语句分析的牛鼻子。

学长：你在“对话 007”里，讲过“‘扫荡外围、突破要塞、占领中枢’三步走”的想法，给我留下了深刻印象，后来我知道，整个句类分析仅属于“扫荡外围、突破要塞”的范畴，“占领中枢”的任务主要由 SGT 负责。现在，我已经对 WCT 与 SCT 两模块的分工，有了一个比较明确的认识，前者主要负责扫荡外围，后者主要负责突破要塞。

知秋：学长这一次的点睛，特别传神。

现在，我们需要回到速判表，“的”之战在该表里位居条例 7。这里要特别强调的一点是，条例 7 并非与“的”之战单一对应，它必须兼顾到初战表里的其他多项“之战”。刚才我们不是提到了“ov”和“vo”么，这两位可不是寻常人物，在初战清单的序号是 12 和 11。实际上，在我刚才陈述的 3 项变动里，涵盖了初战清单里“06-13”的全部 7 项内容。

学长：且慢，序号 09 的复合 EK 之战也包括在内吗?

知秋：这个问题比较特殊，牵涉到主块分离课题，初战清单里是不包含的。这需要与俑者先生商讨，我们就把它当作一个插曲暂时放下吧。

现在我们要集中关注的是，如何在处理情况 01 时，把其兄弟情况“0m,m=2-4”也考虑进来，把初战清单各“军兵种”的战力综合进来，为 WCT 制定一整套符合实战要求的战术条例，以达成战无不胜的战术目标。

学长：老毛病又发作了。

知秋：谢谢提醒。下面，我将具体说明指导“的”之战的全部战术条例，先给出一个辨认“的”特级贵宾的速判表（表 6-2）。

表 6-2　“的”特级贵宾速判表（“的”速判）

条例序号	内容	速判	级别
70	“的”与“是”搭配	jDJ	特级
71	“ov”与“的”邻接	<GBK2>	特级
	“vo”与“的”邻接	<GBK1>	特级
72	“的”、“v”邻接	“v”异化	特级
73	此外	l42e21	一般

学长：你使用了“此外”二字，是否以为这样就足以保证“的”特级贵宾与一般贵宾的无缝连接呢?

知秋：该表仅供程序设计者使用，要把这张表转换成规则表，才能提供 WCT 使用。对于每一个“7m,m=0-3”，都要制定相应的“的”贵宾规则表。可是，这项转换工作，是否超出了“对话 MLB04”的约定范围呢?

学长：探索无边界约束，也不必担心贻笑大方。我就很有兴趣，就算是满足一下我的好奇心吧。

知秋：还是不要直接进行转换为妥，我打算只做两件事：一是把每项规则所对应的条件交代清楚，这类规则将名之识别规则；二是关于贵宾室入住客人身份的规定，这类规定将名之傻瓜规则。

条例 7 所对应的规则如表 6-3 所示，这套规则实质上就是特殊贵宾的认定规则。

表 6-3　条例 7 之有关规则（“的”规则）

规则类型	条件描述	速判
识别规则	（“的”之前后，前“v”后“是”）	jDJ+
	（“的”、“是”之间，（{ju60},jl11~1)）	DB=(<!31SCJ>;<!31!32SCJ>)
	（“的”在语段最后，“是”在前方）	jDJ
傻瓜规则	（“的”之前后,前“ov”后“o”）	<GBK2>
	（“的”之前后,前“vo”后“o”）	<GBK1>
	（“的”之前后,前“o”后“v”）	<EK>//"~v"
	（“的”之前后,前“v”后“o”）	"~v"
	（特殊 vo,可能出现在“的”的前后）	"~v"

显然，“的”规则只是“的”速判的程序化或具体化，条例 70 对应于识别规则，条例 71 对应于傻瓜规则<GBK2>和<GBK1>，条例 72 对应于为傻瓜规则<EK>或“v”异化。条例 70 和条例 71 都一分为二，将记为规则“7m-0n,m=0-1,n=1-2”，但条例 73 将一分为三“73-0n,n=1-3”。识别规则 70 给出的 jDJ 判断不需要检验，傻瓜规则给出的全部判断，除“73-03”之外，都需要检验。俑者先生不是多次批判过“语言规则必有例外”的论断吗？但是，我觉得，关键在于拿出一个可操作的解决方案，识别规则与傻瓜规则的划分正是基于这一思考而提出来的。我希望，它不仅适用于“的”之战，也适用于初战清单的其他之战。

“的”规则还体现了一项基本思考，那就是把“的”之战划分为主战场和次战场。主战场联系于“的”特级贵宾或特级“的”，次战场联系于“的”一般贵宾或一般“的”。特级贵宾身上所携带的信息至关紧要，不容有误。如果这些信息都能抽取出来，那“的”之战就足以赢得决定性胜利。至于次战场的疑惑或不解，可以暂时放置，因为它们无关大局。

刚才讲到了识别规则和傻瓜规则的本质差异，即前者无须作句类检验，而后者必须进行，这项信息当然是无比宝贵。然而，更为宝贵的是，傻瓜规则对句类检验的具体内容给出了一个明确的范定，把句类检验从泛指变成了特指。

上列规则概括了“的”之战主战场的全部内容，也就是概括了“的”特级贵宾所携带的关键信息。

学长：概括了主战场的全部内容？请问，“的”之后紧接“sr”或“jr”的情况，也属于次战场吗？

知秋：我原来把包蜕放在主次之间，学长的高明概括基本消除了我的困扰。“sr”和“jr”虽然不能包揽包蜕的全部，但毕竟属于击中要害之举。“的”速判和“的”规则都应该加上这一条，标记成为规则 73，把现在“的”速判表里的“73”改成“74”吧。

学长：你刚才说识别规则的速判结果无须检验，请问，“jDJ+”的内容明摆着出现了二选一的要求，这如何解释？

知秋：这里的二选一对应于 2//3 主块句的认定问题，那属于句类检验的先行性处理。

学长：我对此持保留态度。还有，入住“的”特级贵宾室的客人是否需要一个更细致的资格规定？“v”、“ov”和“ov”只是主客，其仆从总不能分开住宿吧。

知秋：学长所说的仆从大约就是 HNC 定义的“u”和“x”吧，两者不属于“o”，只能从属于“o”和“v”，这不过是词法基本规则的 HNC 表述而已。我在制定上列规则时，就是把仆从当仆从来处理，也就是让“u”和“x”跟随着它们的主人。对于汉语，我们可以来一条死规矩，那就是约定“u”或“x”一定走在其主人的前面，这样，前后边界的认定就不存在任何模糊了。

学长：你这个办法相当野蛮，也就是无视“ou”的存在。“ou”可是你之“5 个情况”里的情况 03 呀!

知秋：对情况 02、情况 03 和情况 04，我将分别制定一套供 WCT 使用的傻瓜规则，你刚才说的“无视”，不仅针对情况 03，还包括情况 04。这就是情况 03 和情况 04 在条例 7 里的傻瓜规则。

对于情况 05，我将约定：WCT 仅向 SCT 发出警告信号，自身并不作任何处理。

情况 05 属于罕见，这是由于 HNC 引入了“vo”和“ov”的概念，同时对 EQ 概念已经实施了一定数量的词语捆绑。这两项举措，大体上就把所谓的汉语动词满天飞现象（包括“v”连见）给“转换”掉了，此特殊“转换”不是消除，但具有消除功效，很有趣。

学长：本轮对话从开始到现在，我和你的想法和感受，都处于巨大的跌宕起伏之中。就说此刻，我的心情已经不那么关注“3 位代表”的 SCT 处理方案，而是特别关注 WCT 与 SCT 分工问题。“傻瓜”规则也好，警告信号也罢，都超出了我们的职责范围。对我们来说，明智的态度是“画地为牢”，这个“牢”就是原则和法则，规则在“牢”之外。HNC 技术第一趟接力者的真正需求，并不是规则本身，而是指导或管辖规则的东西。

不过，我应该强调一声 WCT 与 SCT 的分工，识别规则与傻瓜规则的划分，确实显示出一种灵巧性，也便于实施沙盘演习。

知秋：学长的“尖刀”功力和明智胸怀，又一次使我震撼。但是我要说，明智也可能出现过度问题，谨小慎微就往往缘起于这种过度的明智。HNC 技术递棒者与接棒者之间必然存在广阔的交织区，交接棒的界限不能也不应该给予严格的限制，要鼓励递棒者和接棒者相互“入侵”，而不是“各人自扫门前雪，休管他人瓦上霜”。

我还要说，所谓的“外围、要塞和中枢”，都不是固定的，如同战争的制高点。战争艺术的最高境界不在于控制或攻占制高点，而在于因势制宜，创造制高点。句类分析和语境分析都需要创造自己的制高点，贵宾速判表不过是创造 SCT 制高点的一次尝试而已。

此刻，看不到学长的表情，未免有点遗憾。下面我要说的是，学长的沙盘演习，真是一个绝妙的主意，我们来演练一次，如何?

学长：不必遗憾，我知道，你在微笑，我也是。但一定要警惕，离最后微笑的目标还远着呢！下面，就来对你的“情况 0m”来一次沙盘演习吧，把“沧海 8 粟”都放上去。不过，你得把你的“傻瓜”传过来，丑媳妇总得见公婆嘛。

知秋：传一部分吧[*08]。依据“的”规则，“的”之战的主战场，可区分为“情况 01-m,m=1-4”，“情况 01-1”对应于识别规则；“情况 01-2”对应于 GBK 要蜕；“情况 01-3”对应于 EK 要蜕；“情况 01-4”对应于“v”异化。沙盘演习的结果是，“情况 01-1”出现了两次，都顺利过关。下面来看看“情况 01-2”吧，……

学长：Stop!不要像俑者那样，动不动就抬出一尊“丈二金刚”来，还是把“情况 01-1”的具体内容展示一下吧，随后给出必要的说明。

知秋：遵命。内容拷贝如下：

，**<面对|的>**‖**是**‖一个[灾难深重的旧中国]。
jDJ(DB=<GBK2!31!32S0S3J>)——“例 71-01”
，<它**最初关注的**>**是**西方自由主义、个人主义和实用主义等思想，
jDJ(DB=<GBK2!32X21D01J>)——“例 71-02”

其中的黑体字“面对的”和“最初关注的”同住一间贵宾室，“面对”和“关注”属于“v”，下一间贵宾室的住户是“jl111”。依据条例 7 的识别规则，凭着这两条简明的信息，WCT 就有权作出 jDJ 的句类判断和<!31!32SCJ>的要蜕判断，而可以**不理会句类检验**。就句类分析而言，这是一项重大的先期决策，完全由 WCT 来独力承担，不必麻烦 SCT。前面我不是说过 WCT 服务的 3 个要点么，第三点叫“灵巧办事”，此项重大决策就是其生动示例之一。但这项决策是经过“WCT+SCT”司令部授权的，未授权的事，WCT 一概不能擅自行动。这个授权或有权问题，事关重大，这包括黑体字的“**不理会句类检验**”，下文会给出相应的说明。

学长：你说过，每套客房入住的客人数也不定，HNC 宾馆经营的奥秘，要从这里说起。但在执行中，必将出现“不定之定”的具体问题，其实就是边界认定问题，在前面，你已经在原则上把这个问题讲得清楚了，这里是否可以进一步给出一些具体说明呢？

知秋：边界问题是短语、句蜕、主块、辅块和小句面临的共同课题。应该说，每一种自然语言都为缓解这一课题带来的困扰，付出过巨大心血。但我特别想说，HNC 符号体系为此付出的心血肯定大于任何自然语言，我把它概括成“界标 0m,m=1-3”，界标是边界标记的简称。界标 01：基本逻辑、语法逻辑和语习逻辑，三者的整体设计，都是围绕着该课题而展开的；界标 02：综合逻辑，其重要使命之一是为包蜕的包装品提供标记，也就是为包蜕的后边界提供标记，其中的 sr 尤为可靠；界标 03：特定代词 o407，这些代词具有天然边界特性，特别是其中的 p407，HNC 特意把它们从“指代逻辑 l9”中分离出来，以突出其边界标记效应。不过，心血归心血，效果如何则有待句类分析技术实践的检验。这次沙盘演习，可以把这项检验也包含进来。

学长：对你这一番高谈阔论，我暂时不正面回应，仅说两点。

第一点是鼓励。你的贵宾速判表用心良苦，应予鼓励。该表在“例 71-01”和“例 71-02”里都有不俗表现，“例 71-01”中的“的”特殊贵宾室入住了两位客人，WCT 作出简化要蜕服务，符合实际情况。“例 71-02”中的“的”特殊贵宾室虽然入住了 3 位客人，但 WCT 仍然给出简化要蜕服务。最后，由于“它”的介入，SCT 把该简化要蜕提升为<!32SCJ>要蜕。WCT 为这一正确决策提供了保障，那就是让“它”独占了一间贵宾室。而这项保障的建立，要归功于你的那张贵宾速判表，特别是其中的条例 6。该条例的立项意图本来并不清晰，现在我终于明白了。

第二点是询问。“沧海 8 粟”所反映的“情况 01-1”毕竟有限。你有没有意识到，在你刚才的论述里存在着明显的漏洞呢！“例 71-01”与实际情况的符合，显然存在巧合成分，随便说个例句吧，“微笑的是她”，你总不能把“微笑的”与“面对的”等量齐观吧。

这里的要害在于，“情况 01-1”的描述里缺了一样重要的东西，那就是 SCJ 的主块数量。

<!32SCJ>和<!31!32SCJ>适用于 3 主块句，甚至 4 主块句，但不适用于两主块句，而<!31SCJ>则适用于 2//3 主块句。这一约束条件不描述清楚，是要出问题的。你大约也考虑过这个问题，但缺乏现成的描述工具，于是，你就来了一次“极左”——极度简化。

知秋：学长的“微笑的是她”诘难属于 WCT 与 SCT 的分工问题，也就是我前面说到的授权问题，授权就意味着允许 WCT 犯错误，随后由 SCT 通过句类检验加以纠正。

学长：慢！识别规则的判断结果是不需要句类检验的，这岂非出现了出尔反尔的低级错误？

知秋：不需要检验的是“jDJ”，并不包括“jDJ^{+}”里的内容，学长刚才不是抓了一次我的“极左”辫子吗？这根辫子现在解开了吧。偭者先生特别强调总调度程序在 HNC 技术里的灵魂作用，这里，我们看到了一个绝妙的示例。

学长：你的“极左”有时很可爱，我不是加了“引号”么！下面，我们正式转入“情况 02”的讨论，同时试着给“情况 01”来一个圆满收场。还是你来打头阵吧。

知秋：此刻，我们可以深深感受到“沧海 8 粟”的巨大局限性了。因为“例 71-01”和“例 71-02”提供的都是<!31!32SCJ>的示例，刚才这句话里的“提供的”也是。如果让话里的“‘例 71-01’和‘例 71-2’”也入住“的”特殊贵宾室，那就变成了 GBK 要蜕。这就是说，傻瓜规则实质上是识别规则的扩展，识别规则是傻瓜规则的净化。没有这一手扩展和净化的功夫，“(l,v)”准则恐怕只能束之高阁。

在汉语里，用得上傻瓜规则的短语不难信手拈来，下面随意给出两组。

——<GBK1>：坚持己见；关注穷人；探索拐点；爱好篮球；期待转机；担心雾霾。

——<GBK2>：政府坚持；学界关注；哲学探索；富豪爱好；穷人期待；老人担心。

如此简明的规则，WCT 应该有能力把握住吧；如此低级的智能，应该不难赋予 WCT 吧。一开始我就是这么想的，但经历过“要蜕不变性”和常规要蜕的讨论之后，我对“应该”的思考，也许向着务实的方向靠近了一步吧。

两组短语都是很规范的 4 字短语，是很正常的“ov”与“vo”，都可以入住“的”特殊贵宾室。这时，“的”特殊贵宾室的特点是入住了 3 位客人：前两位分别是“v”、“o”，第三位是“的”，这样的贵宾室将名之规范“的”特殊贵宾室。但是，WCT 不能只接待这些规范客人，遇到不规范情况怎么办？这就需要考察各种规范外的基本情况，也就是考察规范外情况的授权问题。

“沧海 8 粟”所提供的两个“的”特殊贵宾室样板，仅“例 71-01”属于规范情况，这在上面已经交代过了。

规范外授权包括下列思考：①“ov”和“vo”都各自存在 4 种组合形态，要不要加以区别？②“ov”和“vo”的各自仆从（修饰成分）要不要包括进来？③“ov”和“vo”里的“v”与“o”可能存在不同的数量形态，要不要一视同仁？④紧挨在“的”之前的元素自身就是“vo”或“ov”形态，如何处理？WCT 对这 4 个问题的处理权限将分别命名为授权 71-m,m=1-4。

授权 71-m 都属于词汇层级的处理，班门弄斧的忐忑不安程度，学长可以想见，下面也用一张表给予简明陈述（表 6-4）。

表 6-4　授权表 71-m

授权编号	授权内容	说明或举例
71-1	不加区别	留给 SCT 去处理
71-2	包括进来	如："例 71-02" 就把 "最初" 包括进来了
71-3	一视同仁	如："'例 71-01' 和 '例 71-02' 提供的"
71-4	备案上交	留给 SCT 去处理

在我看来，HNC 技术接力的一项关键性或基础性工作就是制定这样的一批授权表。"一批"的含义，授权表的编号方式已经说得非常清楚了，不必赘述。学长以为何如？

学长：不是不必赘述，而是必须详说。授权表是贵宾速判表的衍生品，编号"71-m"里的"7"对应于速判表条例编号的"7"。你的速判表是对初战清单的实战化转换，也可以叫作灵巧综合吧。速判表和授权表的直接目标或浅层目标是服务于 WCT，但终极目标或深层目标是服务于 SCT。我们在前面曾一再感叹，句类分析所需要的句类知识太庞大了，我们似乎将陷入望洋兴叹的困境。现在，你试图通过这两张表向学界表明：困境并不存在，贵宾速判表的全部条例不就是区区"8"条么！第一张授权表不就是区区"4"条么！而句类分析的大急句类知识都浓缩在这两张表里了。然而，我们必须追问：这是句类分析面临的基本态势吗？两张表真的具有那么大威力吗？

知秋：学长，不只是两张表，在区区"8"条和区区"4"条之间，还有"的"速判和"的"规则；在"8"条之上，还有"情况 0m,m=1-5"。授权表 71-m 只是依据"情况 01"而提出的一项具体举措，而速判表则是依据"情况 0m"而作出的一项整体部署，一项关于语句理解处理"扫荡外围"之战的整体部署。

学长：我是担心这场对话又长又闷，故意搞了一个追问游戏，活跃一下气氛。你把我想说的话都说出来了，很好。总之，比起俑者的初战清单，你的"情况 0m,m=1-5"、贵宾速判表和授权表向前跨进了一大步。你的补充虽然很重要，但毕竟是次要的，例如，速判表的条例 3-1，它把俑者未纳入考虑的"BC"或"oo"情况也包括进来了。但关键在于，以"WCT,SCT"为基本构成的两阶段或两部门构思，是你的贡献。现在我们可以这样发问，WCT 各部门的一般员工需要什么样的职业培训呢？不就是一个对贵宾速判表和相应授权表的学习与操作吗？这样培训要求还存在什么不可克服的障碍吗？

知秋：听到学长刚才的发问，我非常高兴。对我们的对话历程，我想用下面的 3 句话来加以概括：①最初对几千口句类"井"的忧心忡忡终于升级到关于 64 组句类群的豁然开朗；②关于概念基元直系捆绑词语的初级思考终于升级到三层级激活的全方位贯通；③头绪不甚清晰的初战清单终于升级到贵宾速判表的灵巧转身。

学长：从探索者也需要自我鼓励的视角来看，我基本认同你的"三升级"概括。不过，本场对话的主体内容是围绕着"关键激活要素 3 代表"（简称"3 位代表"）展开的，是回到主体的时候了。现在，我们才讨论到"3 位代表"第 1 位所面临的一个情况，而且是其中的最简单情况，但我们已经花费了这么多的精力。因此，下面该考虑一下向律师学习的问题，以提高陈述的简明扼要水平。

知秋：向律师学习的问题当然应该考虑，不过，我还是要啰嗦一句，这个最简单情况可是精心挑选的，藏着玄机。其中最重要的一点在于，直截了当地表明："的"之战决不采取"7义选一"的死板算法，而是采取"逢山开路，遇水架桥"的灵活战法，"的"与"是"的连见就如同一次振奋士气的"逢山"或"遇水"，我们开的路或架的桥确实非常管用。

学长：这种话要谨慎，在对"沧海8粟"的检验过程中，我们要清醒和虚心。

知秋：好。让我们以清醒和虚心的态度来考察一下"的"之战经常逢遇的"山水"，那就是要蜕，包括GBK要蜕和"v"异化。在"的"速判里，前者定位在条例71和72，后者定位在条例73，是3个相互独立的条例，不能把条例70看作是条例73的特殊情况，因为条例70面对的是系词，而条例73面对的是一般动词，两者"的"特殊贵宾室入住客人的身份差异很大。另外，"的"特殊贵宾室按照条例71或73入住客人的身份，可能完全对应。那么，授权表71-m是否可以被条例73借用？这是一个很有趣的问题。

学长：不要故弄玄虚，毫无疑义，你的意思就是：授权表73-m可以从71-m拷贝而来。你试图采取这样的方式，把我们带进初战清单里的第一号战役（编号01："的"之战），确实费了一番心思，也饶有趣味。但"沧海8粟"里的"70"战例过于单调，而"71"和"72"的战例应该是另外一番景象，让我们来进行沙盘演习吧。

知秋：有事弟子服其劳，我马上把演习结果传给你。

——战例71-02（GBK2要蜕，4）

<孙中山先生|领导|的辛亥革命>，

<GBK2R41J>——（73\2-01）

，<资产阶级革命派|领导|的民主革命>，

<GBK2R41J>——（73\2-02）

（也不是参观）<伟人生活和死去的地方>，

<GBK2S0P4J>——（73\2-03）

（鉴于）<{俄政府支持乌克兰叛军}所引发的国际反应>

<GBK2P21J>——（73\2-04）

——战例71-01（GBK1要蜕，6）

，<照搬|西方资本主义|的其他种种方案>，

<GBK1D01T0a1J>——（73\1-01）

（毛泽东和许多中国优秀青年一样，成为）

<信仰马克思主义的先行者>。

<GBK1D01X10J>——（73\1-02）

（事实表明）<不触动|封建根基|的自强运动和改良主义>，

<GBK1（f44）XY5J>——（73\1-03）

（推翻了）<统治中国几千年的君主专制制度>，

<GBK1XR41J>——（73\1-04）

——以{帮助被压迫者}为主旨的理论——

<GBK1D2J>——（73\1-05）

（，我们党已成为）

<{在全国执政|五十多年}、{拥有|六千四百多万党员}的大党>，

<GBK1{（X0+R61）P11J}>——（73\1-06）

——战例 72（EK 要蜕，2）

（由于）<对西方的失望>，

<EK!31X20Y1J>——（例 72-01）

（对金砖国家（巴西、俄罗斯、印度、中国和南非）领导人而言，）

<7 月份{创立“全新开发银行”（NDB）和“应急储备安排”（CRA）}的公告>

<EK（Cn-1!31D01Y3J）>——（例 72-02）

战例的排序不是“沧海 8 粟”的自然顺序，而是以“先易后难”为序。战例的难易度差异很大，难度大的都嵌入了原蜕，“沧海 8 粟”并未标注，是我刚刚加上去的。

这场沙盘演习的结果表明，绝大部分战例是可以轻易拿下的，学长怎么看？

学长：我们先让入住“的”特殊贵宾室的全部客人亮个相吧：

——71-01：的辛亥革命>，的民主革命>,的地方>，
的国际反应>

——71-02：的其他种种方案>，的先行者>。的自强运动和改良主义>，
的君主专制制度>，的理论——的大党>，

——72：的失望>，的公告>

这个结果清楚地表明：你的“轻易拿下”标准是否存在瞻前不顾后的片面性呢？那个“的国际反应”和那个“的自强运动和改良主义”能那么轻易拿下吗？就算是那 3 个最简明的“的理论”、“的大党”和“的公告”能轻易拿下吗？我都不这么想。

知秋：我也不这么想，我们想到一块儿了。

学长前面提出过“右盼左顾”的批评，这里又提出了“瞻前不顾后”的批评，一脉相承。但是我要说，学长的批评或提醒在战略和战术运用方面，可能差异很大。在总体思考上，我一直是把学长的提醒谨记在心的。在把“的”区分为特级贵宾和一般贵宾的重大举措中，更是如此。文本里出现的“的”，不是每一个都有资格充当特级贵宾，条例 7m 逐一列出“的”特级贵宾的资格，我们已经讨论过“70”，正在讨论“71”和“72”，下面还要讨论“73”。“71”面向要蜕，“72”面向 EK 要蜕或“v”异化，“73”面向包蜕，“70”则面向“的”的语习逻辑表现。总之，WCT7m 承担着“扫荡外围”的重头戏，其后续的 SCT7m 则承担着“突破要塞”的重头戏，即降伏劲敌 02 之战。

学长：那些卖瓜王婆的做派，没有影响到你吧。你还是对“我也不这么想”直接说出你的想法比较好，不要绕弯子。

知秋：不是绕弯子，而是必要的准备。这涉及两件事：一是“的”之战与“和”之战的联合作战；二是“三二一”原则的运用。这两件事实质上是一个“一而二，二而一”的课题。我就直截了当地说吧，“和”之战将与“的”之战一样，划分出“8m”系列，其“81”将与顿号“、”对应，“82”将与简单 oo 对应；“83”将与复合 oo 对应；“84”将与隐含 oo 对应。把握住这 4 项对应关系，将这 4 项关系融入到“7m”战斗系列里，是“的”特级贵宾之战的

关键举措。

学长：慢点，你的跳跃式描述习惯又出现了。我先说这么一句话吧，“的”与“和”的联合作战，也就是规则“7m”与“8m”的联合作战，是现代汉语理解处理最重要的作战。所以，你刚才说到关键举措，不仅是“的”特级贵宾之战的事，也是“的”之战全局的事。

就数量而言，现代汉语文本的“的”，特级贵宾应该是少数吧，拿下了特级“的”，不等于拿下了一般“的”或全部“的”，对于这个问题，你一定要清醒。对特级“的”和一般“的”的作战，要相互协同。在这项协同作战里，“的”之战与“和”之战的协同，或者说，规则“7m”与“8m”的协同，究竟能起到多大作用呢？这是我最为关心的。因此，我提议，把这次沙盘演习的重点放在这个问题的考察方面。

知秋：完全同意。为了这项考察，我对“沧海 8 粟”的标注增加了一点花样。特级“的”以黑体表示，一般“的”以大一号的字体“的”表示，“和”、“是”以及“p407”也都以黑体表示，结果如下。右界标记的 4 个数字依次代表特级“的”、一般“的”、“和”与“是”的累计数。

——<伟人生活和死去的地方>， (1,0,1,0)
——但唯一的办法是依靠集体的努力和热情。 (2,1,2,1)
——展望‖党和人民在新世纪的伟大征程， (2,2,3,1)
——我们‖充满必胜的信心和力量。 [3,2,4,1]
——毛泽东和许多中国优秀青年一样， (3,2,5,1)
——他们代表着已经成长起来的工人阶级和人口众多的农民阶级的诉求， (5,3,5,1)
——但也未能改变‖中国半殖民地半封建的社会性质和人民的悲惨命运。 (5,5,6,1)
——都不能完成救亡图存的民族使命和反帝反封建的历史任务。 (5,7,7,1)
——<不触动|封建根基|的自强运动和改良主义>， (6,7,8,1)
——，<7 月份{创立“全新开发银行”（NDB）和“应急储备安排”（CRA）}
的公告> (7,7,9,1)
——巴西总统迪尔玛•罗塞夫因巴西在世界杯上不光彩的失败和国内经济低迷 (8,7,10,1)
——“例 71-01”和“例 71-02”提供的都是<!31!32SCJ>的示例， (9,8,11,2)
——作为新兴革命力量登上中国的政治舞台。 (10,8,11,2)
——旧式的农民战争， (10,9,11,2)
——八十年后的今天， (10,10,11,2)
——你能在国内看到更好的风景。 (10,11,11,2)
——看到他们头脑中的天赋。 (10,12,11,2)
——俄罗斯总统普京也特别需要这样的事件。 (10,13,11,2)
——今天是新的一天， (10,14,11,3)
——是土耳其的里程碑， (10,15,11,4)
——是土耳其的生日， (10,16,11,5)
——奥运会的倒计时已经持续 3 年了。 (10,17,11,5)
——我们必须向一切内行的人们（不管什么人）学经济工作。 (10,18,11,5)
——西奥多，恐怕你弄错了旅行的意义。 (11,18,11,5)

——伦敦必须取得同样成功的结果。 (12,18,11,5)
——是它浴火重生的日子。 [13,18,11,6]
——中国人民‖已拥有‖一个欣欣向荣的社会主义祖国。 (14,18,11,6)
——这个巨大变化，是中华民族发展的一个历史奇迹。 [15,18,11,7]
——回顾‖党和人民在上个世纪的奋斗历程， (16,18,12,7)
——志士仁人开始重新思考，寻找新的救国道路。 (16,19,12,7)
——那是绝对不能靠观赏大山来实现的， (17,19,12,8)
——三年五年，总可以学会的。 [18,19,12,8]
——我们必须学会<自己不懂的东西>。 (19,19,12,8)
——<面对|的>‖是‖一个[灾难深重的旧中国]。 (20,19,12,9)
——<它最初关注的>是西方自由主义、个人主义和实用主义等思想， (21,19,13,10)
——<照搬|西方资本主义|的其他种种方案>， (22,19,13,10)
——<信仰马克思主义的先行者>。 (23,19,13,10)
——<不触动|封建根基|的自强运动和改良主义>， (24,19,13,11)
——<统治中国几千年的君主专制制度>， (25,19,13,11)
——以{帮助被压迫者}为主旨的理论 (26,19,13,11)
——<{在全国执政|五十多年}、{拥有|六千四百多万党员}的大党>， (27,19,13,11)
——<孙中山先生|领导|的辛亥革命>， (28,19,13,11)
——<资产阶级革命派|领导|的民主革命>， (29,19,13,11)
——<{俄政府支持乌克兰叛军}所引发的国际反应> (30,19,13,11)

这个结果里明摆着3个意外：意外01——特级“的”的数量竟然远大于一般“的”(30,19)；意外02——特级“的”在小句里的占比竟然如此之高（大于50%）；意外03——傻瓜规则的管用程度竟然如此之大——100%。

基于这3项意外，我觉得，学长刚才的论断——拿下了特级“的”，不等于拿下了一般“的”或全部“的”，恐怕要重新考虑了。我认为，拿下特级“的”，即拿下识别规则的“的”和傻瓜规则的“的”，就等于取得了降伏劲敌B战役的决定性胜利。

学长：大言不惭，大言不惭，何苦乃尔！此大言的突出呈现是意外03里的那个“100%”，真实“100%”么！仅凭着区区“沧海8粟”，就可以得出这样的结论吗？对不起，我似乎忘记了你的大名。好吧，让我们就在区区范围内，搞一次剖析。

这项该剖析当然是从那个“30”入手，依据你在“的”规则表里的约定符号表示，我刚才把数字“30”分解为4类，其结果如下：

70-01	3	
70-02	1	
70*	1	[18,19,12,8]（三年五年，总可以学会的。）
71-01	8	(6,7,8,1),(10,8,11,2)**
71-02	7	(1,0,1,0),[15,18,11,7],(19,19,12,8)
72-01	4	(2,1,2,1),(5,3,5,1),[7,7,9,1],(8,7,10,1),

72-02　　6　　[3,2,4,1],(5,3,5,1),(11,18,11,5),(12,18,11,5), [13,18,11,6], (14,18,11,6)

对这个结果，我的感受是：一则以喜，一则以忧。喜的是你对“沧海 8 粟”的标注有所改进，例如，“70-01”里的“（10,8,11,2）”，所有的特级“的”都可以获得适当安顿，从而似乎印证了你的“100%”。那么，还有什么可忧的？你来回应一下吧。

知秋：学长对语言现象的交织性有深刻感受，傻瓜规则之间难道就那么界限分明，不存在模糊地带吗？这是学长质疑“100%”的基本思考。学长对所列举的示例分别给出了两类标记，其中带方括号的就属于质疑，共 3 项。3/30=1/10，不算多吧，下面就来依次加以讨论。这里没有把[18,19,12,8]计入，因为它不属于傻瓜范畴。

学长：可以。这里的依次与傻瓜类型直接对应，就从“[15,18,11,7]”开始吧。

知秋：示例“[15,18,11,7]”的原文如下：

这个巨大变化，是中华民族发展**的**一个历史奇迹。

这个例句，原标注并未纳入傻瓜规则 71-02，而是纳入 72-02。我认为，这是俑者先生的一项“失误”。由此可见，HNC 基本语料库的建设确非易事。傻瓜规则把它纳入 GBK2 要蜕（初战 06）或劲敌 SE02，但也可以把它看作是动词异化或流寇 RB01（初战 10）。

那么，傻瓜规则的速判结果是否必须向俑者先生的“失误”看齐呢？这属于语言现象的交织性呈现。对交织性呈现的合适处理方案就是先作傻瓜速判，随后对速判结果进行必要的检验，以纠正可能出现的重大失误。这就是“WCT,SCT”作战谋略的要点：“WCT”承担速判，“SCT”承担检验，即我们已经熟知的句类检验。本例句可以通过<GBK2XY4J>检验，因此，向俑者的“失误”看齐是没有必要的。

学长：你使用了带引号的“失误”，我不想多说什么，但我依然存疑。看下一个示例吧，我的疑问是：傻瓜规则为什么不选择“71-01”，而是选择“72-01”呢？

知秋：我先把[7,7,9,1]的原文拷贝下来，随后代表傻瓜申辩。

，<7 月份{创立“全新开发银行”（NDB）**和**“应急储备安排”（CRA）}**的**公告>

申辩词如下：

我很傻，但有一套傻本事，一套快速识别入住客人身份的本事。这套本事分 4 个套路：第一套叫客人的范畴性；第二套叫客人的“v,o”性；第三套叫客人的主仆性；第四套叫客群的对仗性。拿这个例句来说，速判过程分为 3 步：第一步，认定“‘全新开发银行’（NDB）”、“‘应急储备安排’（CRA）”属于“o”，这一步用的是第二套本事。第二步，认定“和”的特级贵宾身份：“81”，这同时用上了前两套和第四套本事。第三步，认定“的”的特级贵宾身份：“72-01”，这一步不仅运用了前两套本事，还运用了一项附加规则，叫“71-01”让位于“72-01”。

学长：一共有多少条附加规则？

知秋：此问是否违背了“不要快跑”的原则呢？学长为什么不问一声 4 套本事的具体内涵、学习难度及其语种属性呢？

拿这个例句来说，WCT 打了一场很漂亮的“和”之战，它利用了“和”两边客人身份的对仗性。这个速判结果乃是铁板钉钉子，这类信息很重要，要传递给 SCT 模块。它们如何生成？这属于附加规则的任务。

在我心里，“的”之战与“和”之战的联合作战也许就是“WCT,SCT”的淮海战役。在学长的“3 位代表”里，就数“和”这位代表最难对付。在这个例句里，WCT 可把这位最难对付的家伙彻底制伏了。

对不起，我自己又“快跑”起来了。虽然附加规则不属于对话 MLB 的范畴，但我还是蛮有兴趣地告诉学长，这些附加规则大有可为。还是说一声吧，与上述附加规则对应的另一条是：“72-02”让位于“71-02”。

学长：我的“不问”正属于“问在不言中”。我对申辩词比较满意。下面来考察最后一个例句吧，其原文是：**是它浴火重生的日子**。这个例句可是将了你一军，回想一下你刚才介绍过的另一条附加规则吧。

知秋：没有将着我。把该例句纳入“72-02”不是我的安排，而是学长的安排。它应该纳入“71-02”，这毫无疑义。

学长：戏言耳，活跃一下气氛而已。现在，我们应该反思一下，这场对话是否走向了杂乱无章的迷宫状态？是否给人一种偏离了“句类检验如何落实”主题的错觉？

知秋：要弥补这个弱点，得依靠学长的点睛功力了。

学长：狡猾！不过，我倒愿意一试，从你的“扫荡外围、突破要塞”说起，这 8 个字就是落实句类检验的一个透齐描述或关键举措。扫荡外围主要是认定那些 E_lJ 和异化动词，突破要塞就是认定每一小句 EgJ。

就汉语理解处理来说，扫荡外围的任务相对于突破要塞而言，要艰难得多和烦琐得多。HNC 提出的敌寇清单和初战清单，虽然大体给出了一个如何扫荡外围的透齐性描述，但清单本身不具有可操作性。就汉语理解处理的第一趟接力而言，这是一个致命的弱点。本场对话可以说不辱使命，基本完成了该致命弱点的弥补。请注意“基本”二字，这意味着还有大量的细节有待完善。

“基本”的标志性内容包含 3 个要点：第一要点是若干法则的制定，包括“WCT,SCT”、贵宾速判表和识别规则；第二要点是若干规则的制定，包括特级贵宾速判表（见“的”速判）、傻瓜规则（见“的”规则）和授权表；第三要点是若干智库的建立，包括 “情况 0m,m=1-5”和“界标 0m,m=1-3”等。你把法则、规则与智库区别开来，各自独立建设库，这不仅是对通常词语知识库的重要补充，也是对 HNC 句类知识库的重要补充，是一项创举。你的傻瓜规则尤其不同凡响，在这个大数据喧嚣一时的年代，网络信息抽取者都把数据傻瓜（指数据的统计结果）看作是终极产品，直接投放到市场中去冲锋陷阵。但你的数据傻瓜不同，不是终极产品，而是一个过渡产物，一个具有进化功能的数据胚胎，一个最终可以发育成数据智者的胚胎。这是你的明确意愿，对这个意愿的实现前景，我持乐观态度，因为我对句类检验的功效比较乐观，虽然还存有一些疑惑。

知秋：愧不敢当，主要是学长引导有方。

学长：我们都讲了不符合探索者身份的话，后不为例。现在我想问你，“30”分解结果里的那个 “**”是什么意思呢？至于那个 “*”，意义自明，就不必说它了。

知秋：那是一个“WCT,SCT”成功合作的范例，一个表现句类检验功效的范例。该例句包含的启示性信息都比较有意思，原始资料未加词语标注，现在我把标注后的大句拷贝如下：

> 他们代表着<<已经成长起来**的**工人阶级>**和**人口众多的农民阶级**的**诉求>，
> {作为新兴革命力量}登上中国的政治舞台。
> （XT4a1J,T2bS3J（TAC={!31D2J}）

WCT 把其中的“**登上中国的政治舞台**”速判为 GBK1 要蜕，是非常严重的误判，但由于 SCT 的把关，该误判获得了纠正，因为 GBK1 要蜕的速判在句类检验中未获通过。“政治舞台”不能充当“登上”句类（自身转移句 T2bJ）的 TAC,却适合充当该句类的 TB2。这样，被“的”傻瓜规则误判为 E_l 的“登上”就重新赢得了参与 Eg 选择的资格。由于“登上”前面的“革命力量”特别适合于充当 TAC 的核心要素，于是，小句里的另外一位 Eg 候选者——“作为”——就被淘汰出局了。我实在想象不出，除了句类检验之外，还能有什么别的办法能解决这里的艰难选择：“作为”和“登上”谁主沉浮？

该大句 4“的”1“和”，对“和”和前面 3“的”的角色，WCT 都给出了正确安顿，只是最后的“的”出了大差错。学长可能对 WCT 差错率有一定兴趣，但我可以坦白地说，这个统计数据意义不大，重要的是 SCT 的纠错率能否接近 100%。这是我又一次使用 100%这个词语，学长该不会又一次发出大言不惭的警告吧。

学长：娃儿脾气，再耍一次也无妨。这场马拉松式的对话该结束了，但许多重要话题与我们擦肩而过，十分可惜。最后，拿出其中的一个来说一下吧，那就是傻瓜规则“72-03”，你的葫芦里到底卖的是什么药呢？

知秋：啊！“的”规则里那个特殊 vo 呀！我举两个例子学长就明白了，飞行速度和研究成果。速度和成果这一类的词语一定把它前面的动词异化。俑者先生曾为汉语的动词异化现象费了不少脑子，想了不少点子，包括所谓的“一”之战。但智者千虑，必有一失，他恰恰遗漏了这一类局部结构最为简单明了的动词异化现象，而他设计的符号体系是可以轻松描述这一结构或现象的，一个简单不过的概念关联式而已。

告别这场“马拉松”吧。遗憾的是，向律师学习的努力成效甚微，但我一定继续努力。

学长：你估计，俑者先生会如何看待对话 MLB04？

知秋：应该相当满意吧。期待着下一场对话，俑者会提供新的“沧海一粟”吗？

学长：我估计不会。

1.2.4　领域认定如何落实？

对话 MLB05

知秋：果然不出学长所料，俑者先生说，他没有精力提供新的 HNC 语料。但是非常蹊跷，他以附件的形式，传来了一份编号“998”的语料，我已经转给学长了。对于上次对话，他只给了 8 个字——“可喜可嘉，深致谢意”——的回应。

为了这场对话，我查阅了一下十多年来与 HNC 有关的论文，包括全部博士论文和大部分硕士论文，我的感受是下面 8 个字：量也，大惊；质也，更惊。

“两惊”使我对近年的两个流行词语——泡沫和忽悠——有了更深刻的领会，但这一领会，却引发了一种难以言表的痛苦感受。俑者先生的对外和对内，采取了彻头彻尾的双重标准，何其怪异乃尔！我这样说，必将引起某种误会，所以要补充一句，在博士论文里不乏佼佼者，其中北京师范大学中文信息处理研究所的几位[*09]尤为突出，但毕竟是凤毛麟角。

学长：“998”语料不是非常蹊跷，而是非常重要。

要我说，怪异不在俑者先生，而在于学妹，不惑之年以后，你可能会明白过来。你过于依靠互联网了，大约还没有仔细看过俑者先生写的几篇序言[*10]吧，那里可没有一星半点的忽悠，所以，我相信你仔细看过以后，一定会消除双重标准的痛苦感受。

我们的对话，不必被背景文件牵着鼻子走。现在很清楚，我们的对话被安排了四轮，当前在第二轮的第五场。本场对话，我就不想完全跟着标题走。第一轮对话匆匆结束，应该补课。下面，我将作一些追问。我的第一项追问是：“赤壁之战”是否可以回避语境分析呢？愿闻高见。

知秋：不敢当。这个问题可以从 3 个方面去考察：过程方面、理论方面和技术方面。

从过程方面说，“赤壁之战”设想提出的时间点，紧接在附录撰写之后，那是 HNC 到达第三标志之前的前两年。由此推断，学长第一追问的答案是：Yes。

从理论方面说，翻译对理解的要求可以低于微超，甚至远低于微超。微超面对着劲敌 A，不能有丝毫含糊，但翻译可以不那么严格。所以，答案同上。

学长刚才说，应该补课，我特别支持。不拘小节的坏习惯，就是祸害。劲敌 01 其实有两个定义，附录里的和后来的，前次我们的讨论并不彻底。实际上，后来引入的劲敌 A，是附录定义的劲敌 01。这一点，俑者先生就没有交代，便不拘小节了。

从技术方面说，按照俑者的设想，“赤壁之战”应先以初战清单为纲，而该清单只是句类分析的必修课，不涉及语境分析。所以，结论依然是，答案同上。

学长：你的分析很中肯。我的第二项追问是：HNC 不断扬言，领域认定或语境分析是语言理解的灵魂，灵魂都不要了，HNCMT 雄鹰怎能凌空飞上机器翻译雪线的巅峰呢？在领导或智囊眼里，这不是明摆着的忽悠吗？所以，初战清单不可能受到第一趟接力之接棒者的待见，否则就是咄咄怪事了。

知秋：在这场对话里，看来需要两位辩护人：HNCMT 辩护人和 HNC 灵魂辩护人。我愿意毛遂自荐，做个临时代理人吧，先为 HNCMT 辩护。

翻译雪线的巅峰有多种类型，HNCMT 首先排除了口语翻译，因此我们要明确的是，翻译文本有哪些基本类型？HNC 的回答是：两种。一是传播专家知识的文本，简称第一类文本；另一种是传播世界知识的文本，简称第二类文本。两者之间，必然存在广阔的交织区。一个简明的解决方案是，把交织区里的少数文本纳入第一类文本，如霍金先生的《时间简史》。这样，第二类文本就包括下列 4 项内容：①新闻；②媒体文本；③对近代文明有重大影响的重要著作；④对人类文明发展有重大影响的古代经典。后两者，代表上述交织区的多数。这 4 种类型文本之雪线巅峰的攀登难度依次递增，但仅有量变而无质变，因为它们基本上都不涉及第一类文本的专家知识。而避开此项知识，正是 HNCMT 的基本出发点。

学长：陈述得不错。可是，HNCMT 为什么要避开专家知识呢？

知秋：专家知识一进来，句类检验就要难办得多。因为俑者先生寄予厚望的所谓 HNC“绝配”，在第一类文本里将变成很稀罕的东西，而在第二类文本里却比较常见。

学长：你拿得出来稀罕与常见的统计数据吗？

知秋：不是数据问题，是我没有说明白。我说的比较常见是指，HNC 定义的“绝配”为不同领域的第二类文本所共享，属于语言脑的“绝配”。不同领域或专业的第一类文本，当然也共享这些“绝配”，但它们还使用各自特有的一套“绝配”，那是科技脑或艺术脑的“绝配”，不同专业不能共享。我们不是亲历过这样的例子么，那就是：大场、急所以及 HNC 据此生造出来的新词——大急。

关键是，HNC“绝配”不同于语言学或计算语言学都曾经追求过的词语搭配，搭配好比是农业时代的技艺训练，而 HNC“绝配”则是后工业时代的高科技综合训练。

学长：打住！再说下去，独木桥和高铁的比喻都会冒出来了。我建议，我们暂时离开“绝配”话题，换到“三二一”原则的话题。

知秋：还不到转换话题的时候，我还没有把 HNC“绝配”的内容表述清楚呢！刚才，一说到技艺训练时代性这个话题，学长就把我的话打断了。我知道，原因是学长对我的比喻十分愤慨，我完全理解学长的反应，其实，我也非常反感那种把网络时代的技术与智能发展捧到天上的各种胡言乱语。技艺训练的时代差异诚然是一个非常复杂的话题，我同意放下。但我必须把搭配和“绝配”之间的差异说清楚。

“绝配”不是概念联想脉络的另一种说法，而是特指概念联想脉络里的突出亮点。这是我给出的定义，未经俑者先生的授权，但我相信先生不会反对。下面我应该做的，就是把这些亮点描述清楚。我的描述方式将采取“绝配 0*k-m-n,k=1-4,”的形式，先说“绝配 0*k”。

绝配 0*1 对应于概念基元层级的绝配；绝配 0*2 对应于句类层级的绝配；绝配 0*3 对应于语境单元层级的绝配；绝配 0*4 对应于记忆层级的绝配。从现在开始，我可以把绝配的引号去掉了，因为它们已被赋予了清晰的定义。

学长：你似乎回到了清醒状态，对绝配 0*k 给出了一个明确的定义，这个做法很好，但仅仅是一个开始，我很乐意倾听下文。

知秋：谢谢。先介绍关于绝配“0*1-m”的思考，该“m”仅取值 1 和 2，绝配 0*1-1 对应于词语形态的绝配，绝配 0*1-2 主要对应于概念基元形态的绝配。理论上，绝配 0*1-2 应该与语种无关，但实际上并非如此，大部分与语种无关，但并非全部。某些绝配 0*1-2 密切联系于文明的基因特征，这就是说，绝配 0*1-2 的大部分具有普适性，但也有少数“异类”，不具有普适性。在俑者先生给出的概念关联式里，凡带有符号“-0-”的，就可能属于绝配 0*1-2 里的“异类”。这是我需要首先交代的一点，可供后来者参考。

绝配 0*1-1 当然密切联系于具体的语言或语种。每种语言都有自己的词典，不同语言之间需要一部对接词典，语言学家为词典付出了巨大的辛劳。那么，每种语言有自己的一套绝配 0*1-1 词典吗？不同语言之间是否也需要一部绝配 0*1-1 的对接词典呢？我的设想是，前者的答案是 Yes，而后者的答案是 No，学长以为然否？

学长：这个设想起源于俑者先生吧。但他似乎并没有绝配 0*1-m 的区分。

知秋：生长点恰好在这里。这项区分恰恰是为了连接——合二为一，为合而分。如果绝配的双方都是词语，那属于同种婚姻。如果绝配的一方为词语，另一方为 HNC 符号，那就好比是异种婚姻。我设想的绝配 0*1-m 词典包括两种婚姻。这就是说，绝配 0*1-1 词典，就是自然语言词语充当男方或女方，但 HNC 符号只能充当女方；相反，0*1-2 词典，HNC 符号充当男方或女方，但自然语言词语只能充当女方。词语与概念之间的婚姻关系用图表来表达要简明得多，如下（表 6-5）。

表 6-5　词语概念关系

编号	男方	女方	说明
关系 1	词语	词语	词典
关系 2	词语	HNC 符号	映射
关系 3	HNC 符号	HNC 符号	概念关联式
关系 4	HNC 符号	词语	捆绑、概念关联式

所谓绝配，就是这 4 类关系中的亮点，特别是与各级贵宾相联系的亮点。绝配或亮点的概念是 HNC 思考的精髓，直接关系到语言理解的奥秘，甚至可以说，关系到语言脑的核心奥秘。对微超来说，首先就要紧紧抓住与特级贵宾相联系的亮点或绝配。

这里，我想说几句不中听的话，传统语言学实际上只关注过关系 1 的基本内容，未涉及亮点。计算语言学把关系 1 当作一个纯粹的统计课题，不可能产生绝配或亮点的认识。所谓 HNC 知识库的建设，也只关注过关系 2 的主体内容，对亮点的认识很不到位。至于关系 3 和关系 4，迄今为止，还仅仅停留在偭者先生的苦口婆心里。

学长：最后的一段话纯属于多余。不过，你的这张表概括得很有水平，尤其使我感兴趣的是，与词语对应的另一方竟然是 HNC 符号，而不单是概念基元 CP。这使我想起了偭者最早大力提倡的“同行优先”。我猜想，偭者先生应该十分赞赏这张表，并高兴地看到绝配 0*1-1 的构想，并用以替代他最初设想的“同行优先”。

知秋：不能完全替代，因为“同行优先”与绝配 01-m 是两条道上的车，思考的视角不同。不过，绝配 0*1-1 更能凸显“同行优先”的实用价值。

学长：两股道上的车？愿闻其详。

知秋：我是从绝配想到了一个新词——绝斥，偭者先生提出“同行优先”，看似从语言空间向着概念空间迈出了一大步，但实际上依然未能彻底摆脱传统思维的束缚。只关注匹配的一面，未去关注匹配的另一面，我想把这另一面叫作拒斥。

自然界存在引力与斥力，引与斥的存在性是一种普适法则，有引无斥，或有斥无引的宇宙或世界是不可思议的。社会、大脑和语言能置身于这一法则之外吗？显然不能。

学长：你关于绝配这一概念的思考起点，我已经有充分理解。可是，你的绝配 0*1-m 符号里，可没有包含这层意思呀！

知秋：刚才没有来得及说。符号 0*k-存在符号^0*k-。如果前者名之绝配，那后者就是绝斥了。句类检验的基本功不仅表现为绝配法则的运用，也应该同样表现为绝斥法则的运用。我觉得，这两条法则可统称配斥法则，该法则的符号表示就是“(o0*k-,o=（;^))”。就语言理解处理来说，配斥法则如同鸟的两翼或车之两轮，缺一不可。可是，由于偭者先生本人对

“同行优先”概念的偏爱，竟然也忽视了两翼或两轮的表述。

学长：但愿这番话，跟我多次批评过你的 HNC 模仿症没有任何联系。

知秋：我理解，学长的批评里，也暗含着鼓励，是一种 j87e2m 式的批评。所以，问题不在于有没有联系或模仿，而在于联系或模仿的性质如何。我刚才使用的符号“o=（;^）”就是从语料“998”模仿来的，但学长不会批评。

学长：很好，接着说。

知秋：偭者先生在 HNC 探索后期特别强调“三二一”原则，其中的“一”实质上就是两翼原则，证实与证伪构成两翼。但是，偭者先生并没有正式宣布过以“一”原则替换他原来的“同行优先”，更没有“（o0*k-,o=（;^））”法则的明确思考，这不能不说是一项失误。这项失误表明，偭者当年并没有彻底摆脱传统语言学关于匹配思考的单一性束缚，三重或五重模糊论类此。

学长：“一”原则可以替换“同行优先”吗？

知秋：妙哉此问！我觉得，单一性思考的束缚，在 HNC 探索的整个历程中几乎无所不在。“同行优先”和“解模糊”只是其中的个案，而且不是根本性的。根本性个案当属于 HNC 对自身探索目标的最初定位：专注理解，不管生成。这无异于“自欺而不自知”的乌托邦思维，不是吗？

学长：要把言与行区别开来，言行一致的命题非常复杂，就如同语言面具性命题一样，不宜轻谈。我们避开它为上策，还是紧扣替换的话题吧。

知秋：我想说，“同行优先”和“一”原则都是对“合则留，不合则去”这一基本原则的一种具体表述方式，都属于理解与生成的共同课题。后者完全可以替换前者，那么，偭者先生为什么始终避开替换的话题，而“犹抱琵琶”呢？我觉得，还是专注理解的惯性思维在作怪。偭者先生始终对“同行优先”情有独钟，为什么？因为“同行优先”似乎对于领域认定和个人特定记忆[*11]的生成，更有助益，而“一”原则似乎沾不上边。

学长：这些“觉得”话语虽然是一个有趣的理论话题，你也打了一个擦边球，但还是就此打住为好。上场对话，就出现过七零八碎的弊病，我们应该吸取教训。

照我看，（o0*k-,o=（;^））法则比较符合本场对话的主题，从这里展开下面的讨论吧。

知秋：我们从配斥法则（o0*1-,o=（;^）,k=（1;2））说起吧，我可以在这里为该法则写一个宣言，并名之“对话 MLB04”宣言，以弥补对话 MLB04 的零碎性失误。该宣言全文如下：句类检验最有效的武器是配斥法则的运用。有时候，绝配法则一剑定乾坤，有时候，绝斥法则一剑定乾坤。配斥法则之两项内容在不同语言里的比例也许存在一定差异，但不会出现天壤之别。因此，配斥法则的两项内容或两侧面都要抓紧，绝不能只顾一头，不顾另一头。

可是，在 HNC 的探索历程中，在语言学研究的历史长河中，人们恰恰犯下了只顾一头的严重失误。乔姆斯基先生正是利用这一失误，仅仅凭借一个荒唐的例句[*12]就发出了“语言 ill-defined”的著名宣告。但是，绝斥法则却可以轻而易举地宣判该荒唐例句的死刑，从而让乔姆斯基先生的宣告破产。

当然，配斥法则不能替代一般性适配法则和拒绝法则，正如高级营养品不能替代一般食物一样。但是，对于胎儿、婴儿和幼儿来说，高级营养的作用非同小可。配斥法则正是句类分析技术的高级营养。可惜，偭者先生没有及早认识到这一点，误了语言理解处理第一趟接力的大事。“同行优先”、“合则留，不合则去”、“主块是句类的函数”、“句类代码”、“EK 复合构成”、“EK 上装与下装”、“GBK 之对象内容表示”和“基本概念短语”等，都是语言分析的新式武器，也是句类分析的重要营养原料，但可惜都不是句类分析的高级营养品。句类分析技术的成长过程，像一个贫苦人家的可怜孩子，没有吃上一口高级营养品。因为俑者先生只提供了上列一般营养，而且是营养原料，而不是营养品。其严重后果是，在句类分析旗帜下的语言分析技术不得不另行寻找食物，以填饱肚子为第一要务，即使明知是有害的甚至是有毒的，也顾不得了。

学长：你的这种讲话风格来自何方？不必搞这么冗长和夸张的铺垫吧。

知秋：学长的批评极是，探索者应该力避情绪化，可是我还做不到。

与绝配相比，绝斥其实是更为简明的世界知识，因而是句类检验最有效的武器之一，可是，俑者先生从来没有把这一要点明确讲出来。

HNC 花费那么大的力气对具体概念进行了空前的细致分类，不就是为句类检验提供最有效的绝配或绝斥准则吗？可是，俑者先生从来没有把这一要点明确讲出来。

HNC 花费那么大的力气对抽象概念进行了空前的细致分类，不就是为领域认定提供最有效的绝配或绝斥准则吗？可是，俑者先生从来没有把这一要点明确讲出来。

HNC 花费那么大的力气对语言概念的基因结构进行了空前的细致分类，不就是为多元逻辑组合提供最有效的绝配或绝斥准则吗？例如，（o,eko,oko）里各对应元素之间必然“相引”，而不对应元素之间必然“相斥”。可是，俑者先生从来没有把这一要点明确讲出来。

HNC 竭尽其所能，对要蜕进行了空前的细致分析，不就是由于要蜕的句类分析难度要远远低于全局句类分析吗？句类分析一定要从要蜕做起，因为要蜕具有“近水楼台先得月”的天然优势，这显而易见。我据此而提出了“扫荡、突破和占领”的三步曲，也就是先搞定 EJ，后搞定 EgJ 嘛。这个做法，对于汉语尤为重要。可是，俑者先生从来没有把这一要点明确讲出来。

于是，这 5 大要点竟然变成了 HNC 的“丈二金刚”，要点里的全部亮点都黯然无光，几乎无人知晓，谁之过？

学长：发泄得差不多了吧。可是，你概括的 5 大要点就不是“丈二金刚”吗？未必吧。

知秋：谢谢提醒，请学长具体指点吧。

学长：不是指点，是提问，我依次来。第一问：绝斥怎么就比绝配更简明？

知秋：此论断缘起于证伪往往比证实容易，我先说两个例证吧。

第一个例证是俑者先生曾经引用过的著名分词歧异短语：“**南京市长江大桥说**。”在我的印象里，先生的论证过于偏重绝配，而忽视了绝斥。长江大桥属于 pw，而除了 gw 以外的所有 w，都不能“说”，都不能 239（定向信息转移），这就属于绝斥。将该法则用于该短语的消歧，岂非更为简明？

第二个例证是我们在“对话 MLB04”里讨论过的要蜕“登上中国的政治舞台”。WCT 一定是先把它当 GBK1 要蜕来处理，随即被句类检验否定，否定的依据就是：“政治舞台”是“登上”的 GBK1 绝斥，然而，它却是“登上”的 GBK2 适配。于是，“登上”就从 E_l 升级为 Eg。这看起来是走了一条弯路，语言脑是否也走这条弯路？我不知道。但我知道，微超却必须走这条弯路，别无选择，估计俑者先生会支持我的想法。

学长：在这个问题上，我似乎摸到了“丈二金刚”的头脑。不过，在我看来，适配与拒斥才是语言脑的看家本领，这套本领的学习过程，是语言脑的核心奥秘所在。而绝配与绝斥只是适配与拒斥的少数亮点而已。当然，微超也需要类似的学习过程，按照俑者先生的设想，语境分析和记忆就是该学习过程的要点，我对这一设想已不持异议。但设想毕竟只是设想，在你的思考里，是否把绝配与绝斥的学习当作是该学习过程的起点呢？

知秋：正是，我认为没有其他更好的起点。HNC 已为这个起点的科学描述提供了极为丰富的素材，若不善加利用，岂非绝大浪费！

学长：好。下面是第二问：你的“俑者先生从来没有把这一要点明确说出来”，都属于抱怨，而抱怨的通病就是以偏概全。你的第二抱怨，在我看来，其通病最为严重，因为句类空间的对象并不直接联系于具体概念。我这样说，你觉得委屈吗？

知秋：如果学长把我看作是一个比较纯粹的探索者，那委屈的话题就可以放在一边，不要去管它了。第二问的关键词是“句类空间的对象并不直接联系于具体概念”，但对这个关键词必须加以补充，那就是：**但是，某些句类的某些 GBK 必须以某些特定具体概念为核心要素**，这第三个“某些”不仅是绝配的描述，也是绝斥的描述。因为那特定“某些”之外的东西，包括抽象概念和具体概念，就属于绝斥。如此重要的法则怎么可以不“明确说出来”呢？

学长：很好！连我都觉得，没有举例说明之必要了。下面是第三问：与句类分析相比，配斥法则对于领域认定的效用是否要小得多？

知秋：“没有举例说明之必要”，对我有多么温暖，学长知否？学长的第三问是希望把本场对话尽快拉回到主题，但我希望从容一些。下面的话如果出现了严重的离题现象，请学长及时制止。

我们的对话一直没有直接触及俑者先生所命名的劲敌 01 或劲敌 A。俑者先生多次讲过劲敌 01 的降伏难度，英语远大于汉语，学长同意这一论断吗？

学长：这是一个十分有趣的课题，与你感到“非常蹊跷”的“988”语料有关。该语料的全部 Eg 的对照表如下（表 6-6）。

表 6-6　988 语料的中英文对照表

编号	英文	汉语
01	said quite frankly	非常坦率地表示
	have a long way to go	还有很长的路要走
02	avoided the need to react	[就无须]……作出回应
03	has the fate ‖ ... [+in their hand] are not in the employ	掌握着 不是受雇于
04	suggests... so that...do not become	表明 使……不至于演变成
05	may be the best way to improve	可能是 ‖ \{提高……的最好方式/
06	became a demonstration ‖ ? (of the complete lack)	表明 {……|缺乏|……}

表 6-6 表明，俑者先生依然在坚持己见，就是你刚才说的那个所谓论断，下面就以“论

断”名之吧。但俑者的坚持已有所松动，标注符号“‖?”就是明证。“论断”有一定的参考价值，但切不可当真，因为它很类似于HNC探索初期关于全局特征块的“上装”和“下装”论。

局部特征块也可以拥有自己的华丽“上装”和“下装”，当然也可以拥有自己的复杂EK构成，这就是“论断”的根本弱点。另外，全局特征块穿戴华丽“上下装”和使用复杂EK构成的机会可能更多一些，这似乎也是不争的事实。所以，我说“论断”有一定的参考价值，但仅此而已。你满意我的答复吗？

知秋：我同意“根本弱点”的论断，但“不争的事实”不是似乎，而是“就是如此”。至于符号“‖?”，与其说是“有所松动”的明证，不如说是“坚持已见”的新证。学长完全误会了“‖?”的意思，那绝不是前移到“became”之后，而是后移到我添加的“(of the complete lack)”之后。

学长：你对俑者标注的揣摩，也许无人能及。这样，“998”排序的依据就一清二楚了。俑者先生关于EK复合构成描述初期重大失误[*13]的根源，也浮出水面了。因为“EQ+EH+E”形态的EK复合构成，汉语罕见，而英语比较常见。

知秋：俑者先生看到这段话，一定会欣慰无比。

学长：包括我夸奖你的话吗？

知秋：那不属于让人欣慰的话，不是吗？

言归正传吧。英语复合EK的后边界往往难以判定，而汉语几乎不存在这一难题。因为现代汉语有一个不成文的规定，那就是：凡复合EK带有EH的语句，一定采用规范格式。因此，其EK一定位于句末，这是现代汉语在句式方面最耀眼的亮点。

我觉得，这才是俑者先生依然“坚持已见”的底牌。

学长：现代汉语有那么一条不成文的规定吗？我拭目以待。

知秋：我对学长“拭目”的结局，充满着期待。

在复合EK构成方面，汉语或英语都存在分离问题，汉语主要是前分离，比较容易辨认；英语主要是后分离，比较难以辨认，例如，“998-3”里分离出去的“[+in their hand]”。

不过，英语最大的问题还是后边界的认定。而这个认定问题，在传统语言学的视野里，无疑是惹是生非。以“998-5”和“998-6”为例，如果两者分别取“may be”和“became”为谓语，不就万事大吉了吗？这样，“998-5”的句类就是特级贵宾jDJ，“998-6”的句类也是特级贵宾Y02J，有何不可？

学长：一个奇怪的试探，多此一举。

“有何不可？”问题，也是我的问题，让我从jDJ和Y02J这两位特级贵宾说起吧。我觉得，两位是语言生成的特级贵宾，但不是语言理解的特级贵宾，前者犹然。然而，两位必将成为未来微超输出接口的常客，但微超的输入接口并不欢迎它们，为什么？因为两者都不便于从句类分析到语境分析的提升。我猜想，这是提升问题，在俑者心中占有重要地位。你不是觉得语料“998”非常蹊跷吗？我以为，答案要从这里去追寻。

知秋：学长的提示如同醍醐，这是真心话。至于试探，我不完全否认，但其目标仍然是为了请教。我本来确实怀疑，俑者对“998-5”英语的标注，受到了汉语译文的影响，因为英语的“the best way”是最明确的包装品，为何弃而不用呢？现在，我的怀疑基本消除了。

虽然“may be”之后是一个漂亮的包蜕，一个“to”原蜕的包蜕，但直接拿到“XY5J”更有价值，因为它可以为语境分析提供更直接的升级服务。

学长：我对“论断”的讨论已经相当满意，就到此为止吧。我希望通过这段讨论，向偭者先生传递一个信息，那就是：传统语言学也在努力开创新局面，它不会拒绝 HNC 关于语言现象描述的一系列新思考。第三问的铺垫工作已经充分“从容”了，你可以直接面对了吧。

知秋：首先我要说，学长的第三问很不一般，是一个充满吊诡的追问。学长知道，有一个哲学命题或一类问题，叫非此即彼，配斥法则适用于这类问题的分析。句类分析面对的问题，大体可以纳入非此即彼，但领域认定基本不能纳入。从这个意义上说，学长第三问的答案似乎是一清二楚，但实际情况远非如此。

学长：别把什么哲学命题拉扯进来，你就直接阐释一下“三二一”原则在句类分析和领域认定中的应用吧。

知秋：好。不过，我还得先“从容”两下：①我和学长本来都期待着“沧海一粟”的继续供应，结果是突然中断了，仅仅补充了一份非常蹊跷的“998”。②现有的“沧海 8 粟”只标注了句类分析的结果，却没有标注语境分析的结果。这两件事都不寻常，为什么？我近来一直在琢磨这两件事。刚才我突然醒悟到，原来它们跟学长的第三问竟然有密切联系。

学长：有点意思，说下去。

知秋：学长可是授权我继续“从容”了。第三追问的背景是我的那句话：HNC 花费那么大的力气对抽象概念进行了空前的细致分类，不就是为领域认定提供最有效的绝配或绝斥准则吗？这句话里的关键词是“空前”二字，我把“空前”的含义概括成下列 3 点：两类劳动和三层级精神生活的划分；文明主体与专业活动和文明三学基因的联系；深层第二类与第三类精神生活的未来追求。我们已经看到了第一点和第二点的详细论述，第三点尚未见到具体文字，但我们知道，那属于《全书》的第三册，放在最后撰写。不过，第三册内容的要点实际上已经在第一册里提前预告了。

我说“998”非常蹊跷，是由于在“998-0m,m=1-6”里，专业活动和深层精神生活竟然是各占一半，这绝不是偶然的安排。

学长：别说什么“绝不是”，如果是“偶然的安排”，也许反而更具有积极意义。你先给出“998-0m”的领域吧。

知秋：“998-01”、“998-02”和“998-06”属于第二类劳动，“998-03”属于深层第二类精神生活，“998-04”和“998-05”属于深层第三类精神生活。

这里，我照搬了偭者先生的术语。其实，我并不喜欢这些术语，第一类劳动可简称劳动，第二类劳动可简称工作，第一类精神生活可简称心态，表层第二类精神生活可简称休闲，深层第二类精神生活可简称信仰，表层第三类精神生活可简称奋斗，深层第三类精神生活可简称伦理。就生命的意义来说，无非就是生理、心理和伦理三个侧面，作为生命体的个人，要力求生理健康，心理宽广，伦理高洁。所以，我一听到中国老年人常用的话别词语：保重，就觉得不是滋味。因为保重只说了生理，而这恰好是自身难以自主的，能够自主的是心理和伦理，怎能反而置之不理？这我就不展开来说了。

学长：你已经“展开”到离题万里了，而且漏洞不少。不过，这些离题话语有点意思，我给你补充两句吧。对耄耋老人来说，保重固然重要，但更重要的是保持，保持五十的心理和七十的伦理。这五十和七十来于孔夫子的自述："五十而知天命，……七十而从心所欲，不逾矩。"下面，请进入正题。

知秋：对不起，谢谢你的提醒和补充。上面我连续使用了 3 个属于，其实，它们就是配斥法则"o0*3-"的语言表述。我甚至认为，领域认定不过就是一个"o0*3-"法则的运用问题，而且，该法则的运用不需要通过从法则到规则的转换。为什么偭者先生对"沧海之粟"语料都没有给出领域标注呢？答案就在于此。

学长：好家伙，你这是亮出了金箍棒。可是，金箍棒毕竟是神话呀！

知秋：学长可别忘了，古今中外的多少神话都已成为现实，就神话人物来说，似乎只有后羿和土行孙两个例外，不是吗？领域认定远比句类认定容易，因为句类认定必须通过严格的句类检验，而领域认定根本不需要通过什么领域检验。如此重要的论断，偭者先生竟然"没有明确讲出来"，岂非重大失误？

学长：偭者先生把领域认定看作是语言理解的灵魂，花费了一整编的篇幅加以论证。在那一编（[320-]编）里，正式提出并阐释了"三二一"原则，并特别指出：**看齐原则主要为语境认定服务，协调原则和求证原则主要是为句类分析服务。**你那个轻飘飘的"没有明确讲出来"岂非强加之罪？

知秋：学长言重了。偭者先生的"没有明确讲出来"有其多种背景和思考，无罪可言，何来强加？

就领域认定来说，三看齐里最难以处理的是高层向低层看齐。这项看齐对同一株语境概念树，当然不存在任何问题。但是，如果涉及不同的语境概念树，特别是涉及共相概念树与殊相概念树，高层和低层的辨认，就不同于军官的肩章了。

学长：你刚才说：**领域认定不过就是一个"o0*3-"法则的运用问题，而且，该法则的运用不需要通过从法则到规则的转换。**这里有没有自相矛盾呢？

知秋：做辩护人真不容易！学长不能把我那句话里的 EpJ——"我甚至认为，"——拿掉呀！好吧，把"不需要"前面再加上一个"甚至"，可以有所弥补吧。

学长：你这个辩护人相当出色，我不过是同时考验一下你的智商与情商而已。第三追问的讨论已经太长了，你拣最要紧的再说几句。

知秋：补说 3 点。关于"o0*3-"法则的有关规则；关于领域信息的基本来源；关于领域句类的解模糊功能，3 者将简记为"(关于 0m,m=1-3)"。

——关于 01：

领域认定的首要问题是层级的判定，一级判定就是偭者先生所划分的 7 大领域。初期微超一定要从 7 大领域的判定规则做起。7 大领域判定无误是微超的初中毕业证书。

领域认定的第二大课题是混合领域的生成，要分别制定两类规则：一是 7 大领域之间的混合；二是同一大领域内，共相概念树与殊相概念树之间的混合。混合领域判断无误是微超的高中毕业证书。

——关于 02：

领域信息的基本词语来源是名词而不是动词，基本语块来源是 GBK 而不是 EK。语料"998"充分展示了这一要点。

领域信息知识库[*14]只采取 0*3-2 形态。

——关于 03：

名词和动词的多义模糊在特定领域下不复存在，介词和连词的多义模糊在特定句式下不复存在。

学长：我想，3“关于”的论述肯定会得到偭者先生的认同，但肯定忽视了读者的感受，我们预先向读者致歉吧。我的第四追问比较简明，那就是：你定义的配斥法则可直接应用于理解基因（o,eko,oko）对应元素的描述吗？

知秋：学长此问乃知心之问。所以，我的“相引”和“相斥”都带引号。谈到直接应用，我想讲 3 点：第一点，直接应用只能针对殊相，不能针对共相。对共相，就只能使用带引号的“相引”和“相斥”加以描述。第二点，这 3 种理解基因的直接应用各有自己的独特个性，其中，“oko”的个性最平凡，不难描述；“o”的个性最自然，但一直被过度夸张；“eko”的个性最神奇，但一直被严重忽视。第三点，微超对理解基因的处理谋略也应该遵循“扫荡外围、突破要塞、占领中枢”的谋略，这里的“oko”属于外围，“o”属于要塞，而“eko”则属于中枢。

学长：我不知道偭者先生是否全部认同你的论述，但我是全部认同的。而且，我认为，领域认定的落实，关键就在于第三点的落实。本追问的讨论就务虚到此，我们可以考虑将来专门为此写一部专著。

我的第五问最简单，那就是：你的“先搞定 E_lJ，后搞定 EgJ”说法是否存在明显的漏洞呢？

知秋：我 5 次写下“可是，偭者先生从来没有把这一要点明确讲出来”，这里不仅有学长指出的发泄因素，还有拷贝便利的因素。上面的说法，应该加上诸如“在一般情况下”之类的“句首语”。对我们前面仔细讨论过的“的、是”绝配，当然要反过来，采取“先搞定 EgJ，后搞定 E_lJ”的处理步骤，对偭者反复强调的“!11”格式的句子，也应该如此。这些都属于“WCT+SCT”司令部的事。

偭者先生或许对本场对话很不满意，但我们已经尽力了。学长来一段结束语吧。

学长：不来了。但要说一声，我对你的表现十分满意。

知秋：谢谢，2015 年再谈。

988

```
01: On more than one occasion,
      <the officers who were with us>‖said quite frankly‖#
        they‖have a long way to go‖in naval aviation.
              (f12,T30J(ErJ=T1T3*2J))
        不只一次，
        <陪同|我们的|（中国）军官>‖非常坦率地表示，
          ‖#他们‖在海军航空兵方面‖还有很长的路要走。
             (f12,T30Y30J(ErJ=!21T1T3*2J)RB05)
                （汉语主辅变换）
```

02: By leaving early,
the Russian president ‖ avoided the need to react ‖ to the harsh statements of Wstern leaders at the end of the meeting.
(Ms,X21R31J)
俄罗斯总统 ‖ 提前离开,
[这样][-就无须] ‖ -在会议结束时- ‖ 对西方领导人的尖锐言辞 ‖ 作出回应。
(ST2bJ,(fb19)(RB10)Cn-1!31!11X21R31J)
(句式转换,汉语 EK 分离)

03: The titular interstellar crew ‖
has the fate ‖ of humanity[+in their hand],
and they ‖ are not in the employ ‖ of a faceless multinational orporation or a feel-good international coalition.
(R41J,(f44)R424J)
片中星际穿越小组的成员 ‖ 掌握着 ‖ 人类的命运,
而他们 ‖ 并不是受雇于 ‖ 某个不知名的跨国公司或自我感觉良好的国际联盟。
(R41J,(f44)R424J)

04: Our study ‖ suggests ‖ #{that efforts|should be made[+to structure activities]}
‖ #so that instrumental concequences ‖ do not become ‖ motives.
DJ(ErJ=X03J(ErJ=(f44)Y02J,A={!31!01XY0J}RB04SE05))
(双重块扩, GBK 后分离)
我们的研究 ‖ 表明 ‖ #,
{[-应该尽力]对所做的事 ‖ 有个合理安排},
#使 ‖ 工具型的结果 ‖ 不至于演变成 ‖ 动机。
DJ(ErJ=X03J(ErJ=(f44)Y02J,A={!31!11XY0J}RB10))
(双重块扩, EK 前分离)

05: {{Helping|#peaple|foucus on|the meaning and impact of their work},+{rather than on|,say,<the financial returns|it|will bring>}} ‖ ,may be the best way to improve ‖
not only the quality of their work
but also their financial success.
XY5J(A={!31R310J}(ErJ=(,(f44)!31!30)X21Y8J)
((f44)XBC=<GBK2Y0J>)})
帮助 ‖ #人们 ‖ 专注于 ‖ 工作的意义和影响,
+而不是比方说关注 ‖ <工作|所带来的|物质回报>,
这样做 ‖ 可能是 ‖ \{提高|他们工作的质量以及物质财富>的最好方式/。
(!31R310J(ErJ=(,(f44)!31)X21Y8J((f44)XBC=<GBK2Y0J>)),
jDJ(DC=\!31XY5J/))
(句式转换, 句类转换, ErJ 保持, 要蜕保持)

06: The G20 summit in Australia's Brisbane ‖ became a demonstration ‖ ?
of the complete lack of a common language for constructive

dialogue between Russia and the West.

Y3J((YB;YC):=RB01)

<在澳大利亚布里斯班|举行的|G20 峰会>‖表明‖

{俄罗斯和西方之间|缺乏|<{展开|建设性对话}|所需的|共同语言>}

Y3J(YB=<GBK2P11J>RB05,YC={D2R61J}(DC=<GBK2YaS3J>(YB=(!31R31Y5J)))

（英语 EK 复合构成的模糊性，汉语主辅变换）

1.2.5　微超智力如何测定?

对话 MLB06

知秋：收到俑者先生的答复了。这次是两句话，十个字，字数在形式上比上次多了两个。学长愿意猜一下吗?

学长：莫非是“向两位学习，向两位致敬”吗?

知秋：正是，不过都使用了感叹号。

学长：为了这次对话，我又翻阅了一遍《全书》的已定稿，但收获不大。

知秋：俑者先生在这方面的片言只语，我原来就有一个比较清晰的印象，所以这一次，我一开始就作了“重打鼓，另开张。”的打算。

我的发言提纲如下：

第一点：微超智力的测定应区分基础、学习、运用 3 个层面。

第二点：基础智力的测定仍然可以沿用准确率和回收率这一对描述参数。

第三点：学习智力的测定应以显记忆（ABS）成长过程的考察为主。

第四点：运用智力的测定应以问卷调查的方式为主。

学长：这个提纲的 4 点太“庞然大物”了吧。

知秋：每一点的陈述词语都显得“庞然”，但实际内容都很浅显。第一点，我觉得没有必要解释，因此，下面将从第二点开始说明。

学长：可以。估计读者也不会有太大的意见。

知秋：所谓微超的基础智力，用大白话来说，就是指语言理解能力。用 HNC 语言来说，就是指句类分析和语境分析的能力，后者也可以名之领域认定能力。句类分析和领域认定两者相互依赖，因此，我们面临的第一个问题似乎是，两者的能力可以独立测定吗? 为了这个“似乎”，我思考了好几天，最后总算想明白了，这个问题实际上并不存在。这要感谢俑者先生的敌寇表和初战清单，但更要感谢的是学长的两句话。

学长：别搞语言游戏，什么“两句话”[*15]，胡闹!

知秋：顺便问一声，学长的那个“64”，落实了吗?

学长：这事要请你代为与俑者先生沟通。“64”的落实纯粹是一个技术问题，很简单，“X-”系列不动，仍然是“30”，“B-”系列裁并为“15”，“Y-”系列裁并为“19”，这样加起来不就是“64”吗? 具体的裁并方案我就不说了，看我们能否不谋而合吧。

知秋：微超基础智力的测试可以归结64组句类群的初步测试，一个也不能少，这是“目的论”的提示。该项测试不是按基本句类序号从1到64依次进行，而是依据广义作用效应链的8个侧面并行推进，这是“途径论”的提示。先测试基本句类，后测试混合句类，这是“阶段论”的提示。英语和汉语要同时测试，要把语言的共相和殊相处理措施严格区别看来，这是“视野论”的提示。

学长：你把HNC综合逻辑共相概念树s10的基本描述用在这里了，理出了一个头绪，有点意思。这使我们对这项测试的规模似乎有了一个轮廓性的了解，接下来的问题是：“沧海998粟”可以满足本项测试的基本要求吗？

知秋：我对此比较有信心。当然，“998”并不是一个神仙数字，我深信的是，如果微超通过了“沧海998粟”的初步测试，就等于取得了小学毕业证书。该证书意味着，面对敌寇清单和初战清单里潜藏的全部处理难题，微超已具备游刃有余的能力。

学长：先别说什么游刃有余。你设想的小学有几门课程？每门课程的及格线是多少，优秀线又是多少？这个分数是以准确率和回收率为计算基础吗？

知秋：6门：主块与辅块、基本与混合句类、格式与样式、句蜕与块扩、多元逻辑组合、句类检验。汉语另加1门：动词异化。

分数不分什么及格线与优秀线，而是统一以90分为合格线。

所谓合格线，就是准确率与回收率都在90%以上。但这两“率”不适用于句类检验的考核，它实际上是前列5项的一个综合考察，将使用另一个术语，叫“自明度”，也以90分为合格线。

学长：综合考察似乎是你提出来的新思考，自明度如何量化？我觉得，偭者先生始终没有讲清楚。这两点都十分专业化，不便在这里仔细讨论。不过，我宁愿相信你的能力，也宁愿相信你的判断[*16]。基于这两点，基础智力的测定就讨论到这里吧，往下走。

知秋：我的学习智力包括两个基本侧面：一是领域认定；二是记忆生成。

学长：稍息，提醒一声。第一句话打头的“我的”非常不当，这是你们这一代人的不良语习。这里的问题不仅是语言歧义，更关系到文化素养，明白吗？

知秋：谢谢学长的提醒。这些天我一直在思考，“沧海8粟”都以句群为单元，可是，为什么偭者先生不标注领域信息？我的结论是：领域认定的不确定性可能远大于句类。故偭者来了一个“给尔自由”，据说，这是先生近年在HNC沙龙里常用的话语。

上面我们指出了“998”里6个大句所归属的领域范畴，但那是最高级别的领域属性。它们都高高在上，可以保证领域认定不犯大错误，但领域认定需要落实到低层，即偭者命名的延伸概念层，这是另一个层次的问题。另外，对于实际问题的解决，高层领域信息的作用当然不能说微不足道，但对于句类检验或词语多义模糊消解所急需的有效配斥信息，必然是处于“鞭长莫及”的尴尬状态。最后，更关键的一点是，低层领域认定与文明标杆或立场有关，我猜想，偭者先生是在有意回避这个敏感话题。

学长：我对你的猜想没有兴趣，但是，你提出的问题是微超智力测定所不能回避的。下面，我开始正式的追问。

追问01：你设想的微超学习智力仍然以“沧海998粟”为测试语料吗？

知秋：是测试与训练兼用的语料。这里先要特别说明一点，微超训练完全不同于大数据训练。大数据训练根本不理会输入与输出之间的内容逻辑关系，语料库语言学深感困扰的是所谓的稀疏问题，可以依靠无边的大而逐步加以稀释。从技术谋略来说，这是很高明的一招，已经结出了丰硕的技术成果。微超训练则恰恰相反，它集中精力关注大数据训练不予理会的东西——输入与输出之间的内容逻辑关系，使之通过训练而不断得到完善。大数据训练的关键是数据的大，微超训练语料的关键是数据的代表性。

上面我说过，"'998'并不是一个神仙数字"，现在我想提出修改，把该数字"神仙"化。这样，前面关于"毕业证书"的话语都要进行相应的修改。"神仙"化的具体的做法是，把"沧海998粟"区分为3种类型：基础型、学习型和运用型，基础型是小学必修，学习型是中学必修，运用型则是大学必修。为了表示对佣者先生的尊重，我将把小学课程限制在"沧海800粟"以下，中学课程扩展到"沧海900粟"，大学课程才扩展到"沧海998粟"。当然，"沧海801"到"沧海900"里的"一粟"就不是一个句群的长度，而"沧海901"以后的文字可能更长，例如《红楼梦》的一回或《战争风云》的一章。

学长：回答的后段带有浓重的浪漫色彩，我很不习惯，暂不加评说。前段我能接受，但不是没有疑惑，不过那主要属于后话。这里只先问一声，你如此安顿"沧海"的布局，那"沧海998"是否有点不协调呢？

知秋：难道学长真有这种感受吗？那可是6个不寻常的大句，工业时代会出现那样的语境描述吗？不会吧，在后工业时代的初期或过渡期也不会吧，因此，那可是后工业时代曙光的醒目标记啊！

学长：一个"下里巴人"的顺便提问，竟然引来如此"阳春白雪"的回答，有趣。我的第二项追问是，你是否认为，领域认定与记忆生成的关系更为密切呢？当然，我这里说的记忆是指语言脑的记忆，不涉及佣者所描述的其他5类功能脑的记忆，包括拷贝记忆。虽然佣者先生关于脑或大脑的描述并非正式的专业术语，但我愿意接受并使用它们。

知秋：学长的这项追问乃是典型的尖刀之问，是关乎微超命根子之问。

我对"论记忆"充满了敬意，因为在那一编里，关于微超第一趟接力的全部"大急"课题，都已经给出了明确的阐释。这里，我将别出心裁，用一个"体制"外的小例子来"略表寸心"。我们不是多次讨论过那个神秘数字"64"么，学长最后还说："这事要请你代为与佣者先生沟通。"其实根本没有这个必要，因为我们早已获得了明确的授权，那授权书就在[340-11]节的注释"[*01]"里。

佣者先生曾论述过两个相反命题的非绝斥性，一个是HNC的表述：语块是句类的函数；另一个是一位博学计算语言学家的表述：句类是语块的函数。现在，我们面临着类似的情况，一个命题是：记忆是领域的函数，另一个命题是：领域是记忆的函数。

我支持第一种表述方式，也就是HNC表述方式。在"论记忆"里，先生"一以贯之"的东西就是：记忆是领域的函数。这里的领域，实质上与语境单元SGU同义，也可以说与语言理解基因LUG同义。

至于佣者先生的非绝斥性观点，我并不完全支持，在我看来，那不是一个适度的中庸。学长在追问之后的话语，对我是莫大的鼓舞，所以就壮起胆子，作出了上面的回答。

学长：我似乎被带到了菩提树下，学妹，你觉得眼前的菩提树还清晰吗？

知秋：至少我不觉得模糊。

学长：好，那我提出本场对话的最后一项追问：领域认定与句类分析的关系是一种陪忖关系吗？

知秋：学长知道金庸先生小说中的人物老顽童周伯通吗？

学长：不仅知道，还很熟悉。

知秋：那太好了。领域认定技术就是HNC技术的老顽童。我们有必要询问周先生，他是左手厉害还是右手厉害。前面我们谈过，除了后羿和土行孙之外，中国神话人物的神奇功夫，现代技术不仅是都已经予以实现，甚至还有所超越。微超的关键技术不过就是一个技术老顽童的研发，其理论基础已经如此明朗，冬天来了，春天还会远吗？所谓不可逾越的技术障碍，究竟何在？

学长：既然说到这里，我也直说吧。关键不在技术障碍，技术障碍这个提法本身，在这里就是一句糊涂话。如果展开到是否“不可逾越”的问题，我建议你想明白，你关于“沧海801”系列和“沧海901”系列基本HNC语料的设想，会遇到什么障碍呢？你一个人能独立承担吗？想明白了以后，你的问题也就有答案了。

但是我要说，你的设想很有创意，我是欣赏的，因为它确实能够满足微超智力测定的基本语料需求。我建议，本场对话就到此结束。下面，我们稍微休息一下，即转入下一场对话，不必等待偭者先生的回音，从而结束本轮对话，好吗？

知秋：好。

注释

[*01] “HNC模仿症”是学长先生对知秋女士的批评话语，见“对话007”。

[*02] 老子的哲理名言是：“道生一，一生二，二生三，三生万物”，偭者曾论证说，该名言如果变换成“道生一，一生二，二生三四，遂成万物”，就更为精当。

[*03] 两联结是指“全局性难点劲敌、大场”的联结和“局部性难点流寇、急所”的联结。

[*04] 两波语义热是指语义网和文本内容理解，第一波由互联网创建人之一的伯纳斯-李先生发起，但其影响范围仅限于美国。第二波则是全球性的，最近几年很时兴。

[*05] 谷歌的一位副总裁曾于2013年向媒体宣称，谷歌正在开发一种新技术，可以将手机变成“通用翻译器”。

[*06] “三语”说是HNC提出的术语，用于概括符号学创立的“语形、语义、语用”三维度说。

[*07] 回顾主要是指白话文运动初期“底”与“的”的分工；倡议是指“的”与“之”的约定性合作。

[*08] 该部分成为本节的附件之一，标题是：MLB04附件01。

[*09] 他们的导师都是该研究所的创办者许嘉璐教授。许嘉璐先生是我国培养跨文理“两栖”人才的先驱，成就斐然，其榜样作用必将影响深远。

[*10] 那几篇序言见《全书》第六册附录。

[*11] 特定记忆是HNC引入的专用术语，见[340-12]节。

[*12] 该例句的原文是Colourless green ideas sleep furiously。

[*13] 该重大失误指特征块复合构成遗漏了“EK=EQ+EH+E”这一构成形态。

[*14] 本知识库的全名应该是基础知识库，因为它不包括领域之间的概念关联式。

[*15] 那“两句话”是指：①自然语言的全部语句都可以纳入64个句类群；②三激活：激活词语、激

活概念和激活语境。

[*16] 你的判断是指知秋在前面讲过的一句话：如果微超通过了“沧海 998 粟”的测试，就等于取得了小学毕业证书。

MLB04 附件 01：“傻瓜”规则 07

规则 07-1：寻常“vo;ov”

——“vo;ov”都是词库里的双字词，“o”里不允许包含具体概念。

（例：“枪毙、杀人、放火”等被排除在“v”之外）

规则 07-2：对仗“vo,ov”

——“o”是词库的双字词，“v”是单字，不拒绝 v 属性。

条件：必须成组出现（至少两组）

（例 1：“亲贤臣，远小人”可入选“vo”）

（例 2：“狡兔死，走狗烹，敌国破，谋臣亡”可入选“ov”）

规则 07-3：灵巧“vo”

——“v”与“o”都是单字，“v”具有明确的“v”属性。

条件：成双出现，且“o1”与“o2”或同属“B//C”，或前“B”后“C”。

（例：抗美援越，抗日救亡）

MLB04 附件 02

依据 WCT 服务条例，“的”之战的第一项服务，是处理下列事项：区分特级贵宾和一般贵宾、登记分词模糊、登记伪词陷阱。第一项比较复杂，将采用“先右后左”的原则进行处理，这里潜藏着下列 3 个问题：①“先右后左”原则是仅适用于贵宾室，还是所有的客房？②该原则仅适用于汉语吗？③分词模糊是汉语的专利吗？下面仅回答第一个问题。

第一项服务的基本目标是：认定正常，发现异常。这是“的”之战的两个要点，下面依次说明。

就汉语而言，右盼可能取得立竿见影的效果，如“块尾标记 fh14\1”和“句尾标记 fh14\2”的认定[*a]。

理论方面的考量也有最简明的，于是，问题归结为如何定义“异常”或“正常”。

我的建议是，先定义“正常”，其他则属于异常。“正常”的定义是：“的”左右两侧的两个相连词语，皆属于 ou 或 oo。说大白话就是，“的”左右两边的两个相邻词语无动词。对正常“的”，优先考虑联系于语法逻辑的 l42e21，但究竟“是”或“不是”的终极判断，并不由 WCT 作出，而是由 SCT 作出。

依据 HNC 概念基元符号体系的预期知识，“的”还是另外 4 项概念基元的直系捆绑词语，它们是：

```
l42\1     要蜕标记
l42\3     包蜕标记
fh14\1    块尾标记
fh14\2    句尾标记
```

其中，两项语习逻辑概念（块尾或句尾标记）的判定最容易做，一个语段内通常可提供足够的简明证据，交给 WCT 模块来处理比较合适。而两项语法逻辑（要蜕或包蜕标记）的判定比较复杂，应交给 SCT 模块来处理。

[*a] 第一项认定的铁证是，“的”与“是”共住一室，第二项认定的铁证是，“的”与“，”或“。”共住，在同一小队里的前面还有“是”特殊贵宾室。但还存在铁证之外的情况，所以两项认定都需要专门的程序。

第 3 节 微超的冷板凳还要坐多久？

对话 MLB07

学长：上一场对话，你引用了“冬天来了，春天还会远吗？”的诗句，它似乎对本节标题之问，给出了一个积极的答案。但是，对于极地圈之内的广阔地区，这个诗句显然是不适用的，不是吗？

知秋：语言脑不能比作脑的极地吧。我们通常看到的地图，仅相当于与生理脑对应的地图，不过，我们也能看到与图像脑或艺术脑大体对应的地图，那就是地貌图和阶梯图解地图，但是与情感脑、语言脑和科技脑大体对应的世界地图何在？难道它们根本就不具备存在的资格吗？当然，语言学家绘制过语系分布图，性学家也可能绘制过相应的分布图，但那不是我心目中的语言脑和情感脑世界地图。学长怎么看这个问题呢？

学长：如此肆无忌惮地生造一些术语，只会给 HNC 添乱。不过我知道你的“小诡计”，你是在引向一个话题，一个你自己还不知道如何表述的话题。但我可以帮你一把，那就是：人类家园需要一部文明描述的世界地图，一部关于文明现状与未来发展的世界地图，一部融合俑者与老者基本思考的世界地图。

知秋：学长只帮了一半，还有另一半学长也帮到底吧。

学长：这好办。另一半是：当一些以拯救人类家园为己任的伟大智者横空出世，并呼吁“全人类携起手来，共同绘制这部世界地图”的时候，微超坐冷板凳的日子就自然结束了。

知秋：学长不觉得自己也轻度感染了 HNC 模仿症吗？这才是“小诡计”的核心呢！开个玩笑。

学长：那就算我“中计”了吧。但关键在于，另一半是一个完全错误的论述，你说说错在哪里吧。

知秋：老"姜"的手段，果然不寻常。这也许需要从老者对俑者的批评谈起，我体会，老者批评的核心是两点：一是不支持以 3 种文明标杆为代表的诸多 HNC 提法，认为这是自行设置障碍；二是对俑者世侄的诸多感情用事之举徒唤奈何，因为这是其家族遗传基因的呈现。在老者心里，根本不存在什么冷板凳，而当下的热板凳大多不过是一堆"粪土"。俑者先生似乎在尽力远离"粪土"，实际上，却在"粪土"方面耗费了大量精力。这样，本场对话的主题也只是一撮"粪土"而已。

当然，老者的看法不能替代俑者。两位先生之间，是一致多于差异，还是差异多于一致，我不清楚。但我觉得，俑者非常尊重老者，两位最大的差异仅在于对待"期盼"的态度。老者淡然处之，信奉"可遇而不可求"的六字真经。俑者不同，不仅坚信"事在人为"的四字真经，还积极思考"人为"的谋略和方式。

学长：形而上到此足够了，转向形而下吧。

知秋：我认为，"沧海 998 粟"就是"形而下"的坚实起点。"沧海"一定不能立项吗？未必。立项前是冷板凳，立项后就是热板凳了。探索者的职责就是先给这只冷板凳加温，从"沧海 009"开始，一粟接着一粟。走过一段以后，同时启动"沧海 801"，一粟接着一粟。再走过一段，让"沧海 901"也加入进来，一粟接着一粟。在这 3 支队伍行军的半路上，也许立项的机遇就到来了。

学长：我听起来感觉很怪，有点像《圣经》里某些段落的文字。3 支队伍，我只见到了第一支里的 8 位士兵，没有见到他们如何行军。另外两支，我连士兵都还没有见着。如果我现在说，满腹疑团，你不觉得意外吧。

知秋：不是不觉得意外，而是深感意外。难道学长完全忘记了"写一部专著"的"可以考虑"[*01]吗？你那部专著能不涉及另外两支队伍吗？能不考虑如何行军吗？

学长：厉害的"丫头"。我承认，3 支队伍的组织与行军，似乎有那么一点眉目，但训练与作战？我们前面的讨论，不过是为张良提供了一点运筹帷幄的素材，对萧何与韩信有帮助吗？刘邦看得起这点东西吗？

知秋：我觉得，学长的定位大错而特错。我们前面的讨论，是三杰都可以使用的素材。只是学长"可以考虑"的"专著"，属于张良专用的东西。当然，我提出的点子，主要是为韩信将军服务的。至于刘邦是否看得起，我们根本不必去考虑，先做好萧何分内的事就是了。

学长：如果这场对话能出现这样的反应：我的话似是而非，你的话似非而是，那我就非常满意了。我期盼着，本轮的全部对话，都出现类似的效果。下一轮对话见。

知秋：我期盼着下一轮对话。在这里，我要说一句本轮对话的告别语：向不计得失的探索者胸怀致敬。

注释

[*01] 见对话 MLB05 里关于追问 4 的讨论，那里，学长有如下话语：本追问的讨论就务虚到此，我们可以考虑将来专门为此写一部专著。

第二章

微超的科学价值

引 言

现代著作都非常讲究章节的标题，给人一种“琳琅满目，美不胜收”的强烈感受或冲击。本《全书》恰好在这方面做得最差。笔者也想过，本章和下一章，是弥补这一严重缺陷的大好时机。可继而一想，一个人的短版就是一个人的宿命，还是放弃那种一步登天的美梦吧。

不仅如此，为了遮丑，最终还决定，干脆不给本章分节，以 MLBS0m 替代之。下一章则以 MLBT0m 标记，连引言都省略掉。

当然，为每一个 MLBS0m 和 MLBT0m 搭配一个文字标题，是一个好主意。但这个主意不应该由笔者来拿，因为这两章的论述全权都已经托付给两位对话者了。

对话 MLBS01：从何谈起

知秋：僙者先生的引言，基本在我的意料之内。本轮对话的场次，学长有所考虑吗？

学长：标记 MLBS0m 清楚地告诉我们，最多 9 场不是吗？问题不在于场次的数量，而在于对话的内容。对每一轮，都划定每场对话的范围或标题，这才是常理。不过，僙者先生本来就不是一位按常理出牌的人，我们的感受虽然比较接近，但我可不敢说“意料之内”。

我的初步考虑是：本轮对话仅分 3 场，其文字标题如下：

MLBS01：从何谈起
MLBS02：微超与大脑之谜
MLBS03：微超与文明之谜

知秋：学长的考虑可以去掉“初步”二字，我将跟着学长的思路走。

僙者先生非常重视《全书》整体结构的前后呼应性，但实际效果并不好。“从何谈起”这个标题，非常符合本轮对话的呼应性要求。我愿意再次充当打先锋的角色，但我会吸取以往的教训，少一点莽撞。

对“从何谈起”的“何”，刚才我回忆和思考了好几分钟，我觉得，把“何”定位于 MLB01 最为合适。

当时学长说：**僙者先生住在 HNC 围城里，我们在城外，视野可以更开阔一些，那就当仁不让吧**。这段话让我当时的忐忑心情一下子缓解了许多，但现在我有了新的想法。原来，我不过是生活在 HNC 围城里面的一座小城而已，但学长不是。可那个时候我没有这个认识，所以，那场对话最后不欢而散，那是我们对话以来的第一次，我相信也是最后一次。

本轮 3 场对话的标题，实在是妙不可言。我本来多次起疑，大脑之谜与文明之谜究竟谁先谁后？学长这么一排序，这个问题就有了答案。而我觉得，僙者先生对此并不明确。学长曾针对《全书》的文字风格，畅谈过其“废话连篇与惜字如金、横冲直撞与故弄玄虚、放肆妄言与谨小慎微”的矛盾现象，现在我的看法是，僙者对大脑之谜，基本采取“惜、玄、慎”的态度，但对文明之谜，则基本采取“废、横、肆”的态度。据我侧面了解，在僙者心目中，西方哲学界在康德之后，只有一位真正的哲学家，那就是维特根斯坦先生。而在 20 世纪的中国，真正的思想家只有一位，那就是马一浮先生。因此，我对僙者先生的各种“废、横、肆”表现，都能谅解或理解。但就这种表现本身来说，是否造成了《全书》的致命内伤？

学长：你把我的排序与“妙”字挂上，已让我汗颜。其实，对“文明之谜”和“大脑之谜”这两个词语的使用，我非常忐忑。僙者先生可能都会有异议，他关注的是“语言脑之谜”，怎么可以换成“大脑之谜”？你的侧面了解，我认为非常可靠，因为《全书》提供了一系列佐证，这我就不一一列举了。核心问题是“内伤”，我是支持这个词语的，虽然我给它加了引号。下面，我将尽力为僙者先生做一点辩护。

“内伤”的根本原因在于《全书》的定位不清晰。“语言脑的奥秘”、“语言脑与文明”、“微超与语言脑”、“微超与文明”，这是 4 大课题。前两个，需要进行康德式的理论探索，后两个，需要进行图灵式的技术探索。在某种意义上可以说，这是 4 个全新的课题。用 HNC

术语[*01]来说，四者之间虽然“强交式关联”，但其全新特性决定了，必须先走“分别说”之路，而绝不能一上来就走“非分别说”之路。4样全新的东西，各自都还没有说清楚，怎么可能进行非分别说呢？我认为，《全书》的撰写方式恰恰走了这条先“非分别说”的绝路。你在内伤前面，还加了一个修饰词——致命，我是完全支持的。

偭者先生最终用4项公理来概括1号课题——语言脑的奥秘——的理论探索成果，对于这项“公理说”，我愿意投赞成票，我的理由比较现实，即使最终证明它们不是公理，但毕竟充当过语言脑奥秘探索历程指路明灯的作用。不过，对于那些由公理引申出来的诸多不宜话语[*02]，我依然持保留态度。偭者先生本人，怎么可以在这种场合“赤膊上阵”？

对2号课题——语言脑与文明——的探索，我认为，偭者先生虽然是无意之中走上了这一条探索之路，然而却具有必然性，这与其十分独特的个人生活经历有关。《全书》里对此写下了一系列小故事，我并不怀疑那些故事的真实性，但我质疑那些故事“描述背景BACD”的可靠性。这些故事是《全书》思考的土壤，应该把它们看作是偭者先生的一项独特告白：我的文明视野不是全来自书本，也来自生活。

那么，偭者先生的文明视野存在什么问题？归根结底，就是那根他反复阐释的文明标尺所隐藏的问题。偭者先生把那根标尺定义为：文明三学（神学、哲学、科学）基因的发达和健全程度。但发达度和健全度如何衡量？他自以为讲清楚了，其实还差得远。他用这根文明标尺来考察各路文明的基本特征，并据此给出了希腊文明和中华文明的基本描述。这些，我都愿意支持；其中，对中华文明的“三化一无”[*03]描述，我甚至比较欣赏。但我仍然要说，那根标尺用于描述工业时代及其以前的各路文明也许是合适的，但未必适用于现代文明的发展趋向。所谓“隐藏的问题”，就是指这一要点。

至于3号和4号课题，与上述“隐藏问题”密切相关。偭者自觉无能为力，于是就“外包”给我们了。

知秋：学长这番话，给我一种茅塞顿开的强烈感受，每一句我都同意，甚至包括“其实还差得远”和“自觉无能为力，于是就……”这样的话语。但另一方面，我又有一种不完全是那么回事的感觉，我说不好。不过，下面的话如果不讲出来，我会觉得难受，学长就姑妄听之吧。

我初次读完《全书》的网上内容之后，形成了两大疑惑。①为什么使用一个那么不协调的名称——全书？难道HNC理论不需要继续发展吗？②为什么采取那么奇特的撰写方式，竟然反“虎头蛇尾”而行之呢？现在，这两大疑惑依然存在。

显然，我的关注点与学长的差异甚大。学长看到的弱点或根本缺陷，是标准学术著作视野里的违规景象，而我关注的是探索性著作里的反常景象。违规与反常不是一回事，但两者必然相互影响。这里的问题比较复杂，旁观者很难看清楚。我们的对话本来就是一种特殊形式的沙龙，所以我建议，本场对话到此结束，好吗？

学长：同意。

注释

[*01] 后文对所谓的HNC术语都加了引号，共3个。其实，后两个并不是。

[*02] “不宜话语众多”是有歧义的，这里属于 S04J。学长所指，也许首先是“论记忆”里的一系列“无论是”，见[340-11]节。

[*03] “三化一无”的具体陈述是：中华文明的基因特征是：神学哲学化，哲学神学化，科学边缘化，始终未能形成神学、哲学和科学各自独立的完备学术体系，可简称“三化一无”。该论述见[123-211]小节，该小节的名称是：理想行为 73219 的世界知识。

对话 MLBS02：微超与大脑之谜

知秋：学长上次说过，这个标题是偭者所不能接受的，但实际上未必，因为偭者曾使用过“脑谜 m 号”的短语，该短语里的“脑”就不是语言脑，而是通常意义下的大脑，而且偭者本人就曾反复使用过大脑这个词语。我们知道，“脑谜 m 号”还缺两个，那就是“脑谜 4 号”和“脑谜 5 号”。我是把“脑谜 m 号”当作语言理解处理之“敌寇表”一样对待的，学长以为然否？

学长：对每一号“脑谜”的现有陈述，偭者先生采取的都是常规方式。你上次说过一句“反‘虎头蛇尾’而行之”的话，我印象很深。但你看，这个话对“脑谜”就不适用。

《全书》反复谈到一个鸿沟，那就是世界知识与专家知识之间的鸿沟，开始我并不认同这个说法。通过“脑谜”，我的看法有了根本转变。

“脑谜 m 号”的出发点应该是“脑谜 1 号”，但《全书》最早说明的并不是“脑谜 1 号”，而是“脑谜 3 号”。你说的反常现象，这倒是一个，也许最为典型。“脑谜 3 号”见于[122]篇的篇首语，而与“脑谜 1 号”对应的“脑之 6 大功能区块”说，则远在该篇首语之后，始见于[122-101]小节，该小节的名称是：意志能动性 4 要素的世界知识。该小节给出了两项重要陈述，即“脑谜 1 号”和“脑谜 2 号”的定义，拷贝如下：

> 这个大脑五大功能区块拓扑图将简称脑谜 1 号。
> 核心理解区块的这一平台作用将命名为脑谜 2 号。

第一项陈述可以说是比较简明的世界知识，但第二项陈述不能这么说，因为它是以作用效应链为后盾的。但偭者偏偏将两者分别命名为脑谜 1 号和脑谜 2 号，并将两者都纳入世界知识的范畴，我当时的震惊是你难以想象的。于是，我回头去查阅脑谜 3 号，再看那张以“心理 71”、“意志 72”、“行为 73”和“思维 8”为 4 要素的拓扑结构图，不禁对“脑谜 3 号”产生了一种应该刮目相看的感觉。随后的连锁反应是，对该小节前后的诸多奇谈怪论，我也另眼相看了，这一点，将在下一场对话里细说。

这 3 项“脑谜”，关键是脑谜 2 号，它是“脑谜 m 号”的立论之基，也是 HNC 理论体系的立论之基。这个基，就是广义作用效应链。我的这项认识，说起来很简单，但形成过程却十分复杂。关于作用效应链的 HNC 经典论述，在《全书》的第一章，我们就看到了，虽然我当时感觉到这段话颇不寻常，但毕竟只是有点感觉而已。经过“脑谜 1-3 号”的上述“折腾”，应该说，原来的颇不寻常感觉向上提升了一大步。但上述最终认识的取得，应该说，首先要归功于我的及时“补课”，对偭者提到的许多人和一些著作，我原来了解甚少，

“补课”之后，略有所知。其次应该归功于我们的对话，其中对话MLB03是一个转折点。

知秋：我完全同意学长的“首功”说法，因为我也有过类似的“补课”经历。这一点，我们另外找个时间进行纯粹的个人交流吧。但我不太同意学长关于转折点的描述，与其具体到MLB03，不如直接说MLB。从MLB01以后，学长已经是判若两人了。对HNC，学长已经完成了从“左”到“右”的转换，甚至接近于“极右”。因为《全书》里许多不拘小节的失误，学长似乎都一概赦免。被学长如此看重的脑谜2号，《全书》似乎再也没有提起过，读者恐怕早就忘得一干二净了。如此之类的怪事，难道都已经不值得一提了吗？

学长：《全书》不仅怪事多多，还怪论如林。你有兴趣的话，可以写一本《漫谈HNC之怪》的通俗读物嘛。“似乎再也没有提起过”这个短语，有资格夺得“诸怪之最”的桂冠。因为脑谜6号和脑谜7号就是对脑谜2号的具体阐释，而极度重视呼应性的《全书》却把这个最重要的呼应给“呼应”没了，岂非荒诞之极？再说一点，《全书》对脑谜6号和脑谜7号不仅作了最系统的阐释，而且还特地对阐释的时机（时间和地点）作了一番煞有介事或别出心裁的说明，但恰恰没有对被跳过的脑谜4号和脑谜5号交代一个字。这都是咄咄怪事，是《漫谈》的珍贵素材。

“补课”的话题确实不说为妥，但“做功课”的话题却不能不说。关于大脑之谜的10个命题，关于“语言超人全貌表”的12个要点，都需要我们来“做功课”。我们就来对命题或要点依次“功课”一番，怎么样？“做功课”是年轻人的强项，还是你来继续打头阵吧。

知秋：我不认为依次“功课”一番是个好主意。我已经说过，10个命题和12个要点对微超而言，就如同句类分析的“敌寇表”。对“敌寇表”，我们仅重点讨论过劲敌02的降伏课题，对同属于劲敌B的劲敌03也只是讨论了一个大概，并未深入。所以在这里，我们也只选择一两个重点课题来讨论吧。那么，这重点应该以什么为标准？我的想法如下：前面，我们以MLB为标题的对话，实质上是以技术为标准；现在，对以MLBS和MLBT为标题的对话，皆应以产品为标准；将来，对以LB为标题的对话，则应以产业为标准。

学长：万万没有想到，这样不可思议的变化竟然出现在你的身上。现在，请拿出你的重点课题清单吧。

知秋：不！这次该轮到学长打头阵了。

学长：可以。打头阵的也可以是诱军嘛！我的“诱军”就是让“要点12——路在何方？”当队长。在要点12里，偭者叙说了3项触动[*01]和3项大急[*02]。我的看法是：微超的科学价值就蕴含在或体现在那两个“3项”里。完全不熟悉两“3项”的读者，请务必细读原文。这里给出了两个注释，那只是为比较熟悉的读者准备的。

知秋：我想请问，两个“3项”的科学价值大体相等吗？如果不是，那是否应该分个主次？我们下面的讨论总不能围绕着6大主题来展开吧！

学长：对两个“3项”谈主次，就如同谈“鸡先？蛋先？”的悖论。我建议，今天的讨论从一项询问起步。该询问是：如果偭者先生今天来撰写两“3项”，其文字是否与其5年前写的有所不同？甚至有重大不同？

知秋：学长前面不是“钦定”了一个“诸怪之最”的桂冠吗？按我的意思，这顶桂冠应该“加冕”给[123]的[2.2-0]——**理性行为7322的概念延伸结构表示式**。依据惯例，此类分节的内容仅限于概念树的概念延伸结构表示式的书写。但该分节却“**打破了惯例**”，不仅集中给出了“**一系列概念关联式**”，还写出了“**一大段特殊的文字**”。这一大段特殊文字就是学长所概括的“大脑之谜的10个命题”和“语言超人的12个要点”。对于这段文字，我的看法是，应该把它们当作一件特殊的“历史文物”来对待，并对它采取西欧人对待历史文物的态度。当然，在学长的专家视野里，这件“文物”必然有许多瑕疵，但文物的瑕疵就是历史本身，不是吗？

学长：我基本同意你的“文物”和“瑕疵”观点。但是，面对读者，我们总得讲点通俗的东西吧。我既然被戴上了“专家”的头衔，那下面的讲解任务，就非你这位后生莫属了。

知秋：我固然是义不容辞，但学长也不能袖手旁观。你说过，我是一位网络依赖者，为了这场对话，我主要是上网查了一下与“两超”有关的近年信息，比较仔细地看了大约100来条。我的观感可以归纳成下面的两句话，第一句是，具备诺贝尔奖潜力的信息都具有巨大的忽悠性；第二句是，不具有忽悠性的信息又都不具备诺贝尔奖潜力。这使我想起了关于“部分诺贝尔奖停授”的预测[*03]，老者把这项“停授”当作是他的第一期盼。我本来并不支持老者的这种期盼，但现在我的态度有了一定程度的变化。

学长：这两句话太空泛了吧。

知秋：学长的打断恰逢其时，我正要讲具体示例呢。

与第一句话相联系的典型示例有美国的“人脑图谱计划”和“大脑逆向工程”，有欧盟的“人类大脑计划”和“蓝色大脑工程”，其中的“大脑逆向工程”堪称现代科技忽悠的冠军。领军人物叫雷•库兹韦尔（Ray Kurzweil），写了一本叫《奇点临近》（*The Singularity Is Near*）的全球畅销书。他曾宣称：“对奇点最突出的批评是大脑太复杂，太神奇，它的某些特性是我们无法仿效的。但科技的指数级进步正运用于大脑逆向工程，这堪称历史最重要的项目。”库兹韦尔先生是把一切科技难题都简单归结为计算问题的突出代表。这位先生的社会活动能量很大，在技术创新的“圣地”（硅谷）创办了一所著名的奇点大学，他本人虽已66岁高龄，还受到谷歌公司创立者的青睐，担任起该公司创新工程院院长的重任。对这位先生的雄心壮志，老实说，我是连“拭目以待”这4个字都不愿意说的。不过，这里我要特别说一声，俑者先生在“要点06——脑谜7号探究的语言超人之路”里也使用过“逆向”这个术语，但HNC关于微超的“逆向”与库兹韦尔先生的“逆向”是两个完全不同的概念，甚至可以说是背道而驰。库兹韦尔先生的“逆向”建立在“智力就是计算”这一基本假设之上，而HNC的“逆向”则是建立在“智力是内容逻辑的运用”这一基本假设之上。

与第二句话相联系的典型示例，其占比要大得多，我只挑两个示例。

——01：科学家揭开记忆的奥秘（俄罗斯《晨报》2010年12月15日）

“剑桥大学俄裔神经生理学家尤里•卡特罗夫说，大脑在刚听到新单词时最为活跃，然后脉冲逐渐减弱，重复160次后，记忆信号完全从脑电图上消失，因为此时神经细胞之间的联系已经完全建立起来。

专家希望，有关新单词记忆方法的知识可以应用于康复治疗医学，例如中风导致的失忆或失语。”

——02：科学家首次定位大脑记忆之门（美国《每日科学》网站2014年11月26日）

“人们知道，记忆主要储存在大脑皮层，产生并检索记忆内容的控制中心位于大脑内部。所有这些都发生在海马区和毗邻的内嗅皮层。

德国的一个研究小组把‘记忆的位置具体到了海马区和内嗅皮层的某些神经元层。能确定哪个神经元层处于活跃状态’。

该小组成员来于马格德堡大学认知神经学和痴呆症研究所，实验中使用7特拉斯MRI设备。”

在我看来，示例01仅涉及HNC所命名的拷贝记忆，那只是记忆的最简单形态，那么可以给予“科学家揭开记忆的奥秘”的标题？示例02则存在一个根本问题，即图像记忆、情感记忆、艺术记忆、语言记忆和科技记忆能混同在一个区块里吗？这5类记忆可以不加区别吗？因此，我认为，“科学家首次定位大脑记忆之门”的标题是不合适的，我甚至认为，马格德堡大学的研究者特别需要学习一下HNC记忆理论，这就是说，领域专家也需要“补课”HNC所提供的世界知识。

俑者先生反复强调过，大脑之谜的解答不存在统一的理论描述模式，要从语言脑的探索寻找突破口，我支持这一论点。这类似于宇宙之谜的探索，大统一理论迄今依然是一个悬案，不是吗？通过最近的上网，我强烈地起疑，对于理论物理学追求大统一理论的历史教训，为什么认知学界竟然采取不予理睬的奇特态度？

学长：奇点临近的说法我也有所耳闻，据说，其基本依据是：21世纪以来的技术发展速度，不再是以往的线性态势，而是指数态势。我不懂数学，但我认为，所谓的线性或指数增长，以及各种以英语字母或几何图形描述的变动态势，显然都只适合于事物发展态势的局部性描述，而不是全局性描述。在全局性描述方面，我倒是比较认同俑者先生介绍过的辛克函数[*04]。我认为，它不仅适用于经济领域的时代性发展描述，也应该适用于其他专业领域，例如，文学和艺术领域。因此，对于你的第一组评论，我不持异议。

但对于你的第二组评论，我实在不敢苟同。我们要给自己一个恰当的定位，那就是为未来的脑谜探索者探路，用俑者的话来说，就是为21世纪的笛卡儿或康德提供素材，但这已经是学界的“高干”待遇了。要明白，我们毕竟只是探路者或素材提供者，不是江山指点者。我们是数学和理论物理学的绝对外行，对于认知学，也只是刚刚学到一点皮毛知识，怎么可以在这些神圣的专业领域面前指点江山？

知秋：我要说，如果学长还没有下定决心，退出本场或今后各场对话，那就要硬着头皮“指点”下去，不是仅仅当一名探路者或素材提供者。探路者与指点者的区别，没有学长想象得那么巨大吧。当然，“指点”者可能会遭遇“断头台”的命运，学长不会是担心这个吧。其次，对那些确乎神圣的专业领域，我们当然要充分尊重，甚至敬畏。但是，认知学不能算一个确乎神圣的领域吧。

学长：什么硬着头皮和“断头台”，简直是乱弹琴！本轮对话关系到意识，而意识就是一个神圣的领域。最近，我在一本权威著作里看到一段话，很有意思，对你现在的状态而言，也许是一抹及时的清凉油。

人类的意识大概是最后的未解之奥秘了。之所以称之为奥秘，是因为要解开它但却又无从着手。……对于那些关于宇宙学和粒子物理、分子遗传和进化理论等问题，我们至今尚未找到所有的答案，但我们知道该怎么办。但面对意识，我们至今如坠五里雾中。时至今日，意识是唯一常常使最睿智的思想家张口结舌、思绪混乱的论题。与过去所遇到过的所有奥秘一样，不少人坚持认为——并且希望——意识将永远是一个不解之谜。

知秋：对不起，学长，对我来说，这段话不是清凉油，而是兴奋剂。你说的权威著作是《大脑如何思维》吧，《全书》多次提到过这本书，对该书评价甚低，下面的话语[*05]就是明证。“语言脑的探索也许可以出现另一种景象，既不像《大脑如何思维》的作者那样没有主心骨，也不像《心灵的发现》作者那样陷于纯粹的思辨。”学长如何看待这段话？

学长：你以为我会举白旗吗？只是检验一下你的“补课”情况和应变能力而已。下面，我建议，我们只集中讨论一个问题，那就是：微超启动，机在何时？

知秋：此问有趣，难道学长认为已经不需要问路在何方？

学长：那就心照不宣吧。

知秋：我想先从第一趟接棒者的立场说一句话，那就是，巧妇难为无米之炊。

我从网上的 HNC 信息可以断定，作为 HNC 技术命根子的句类分析，还停留在小句分析的低水平上。连大句的台阶都还没有上去，更不用说句群和篇章了。从理解处理的深度来说，连句类检验或“最起码的自知之明”都还没有去做，更谈不上什么领域认定和记忆转换了。为什么会出现这样不可思议的怪事呢？请允许我用下面的话来回答，那就是：“金帅”和“官帅”[*06]在各专业领域的影响力太强大了，就如同地球上的任何实体都脱离不了重力一样。

我说一句比较刻薄的话，HNC 技术急需的“语料”是“水稻”或“小麦”，而大家在努力种植的都是绿化草，HNC 团队也是一直在全力种植绿化草，不过品种略有不同，也许更耐寒一点吧。

所以，对“机在何时”的询问，我的回答很简明，那就是在“水稻”或“小麦”的收割之时。

学长：微超之“炊”是语言脑之炊，也就是语言意识之“炊”。这样的“炊”，不能光是粗茶淡饭吧！单一规格的主食肯定不够标准吧！

知秋：我正要说这个话题。学长还记得你打算撰写的专著吧，我建议，该专著定名为：语言理解基因的运用。它将是微超之“炊”荤菜的基本原料。

学长：这是你第二次提到该专著了，当时我使用的短语是“我们可以考虑”。所以，你刚才话语里的词语偷换，即“你”对“我们”的偷换，是绝对不允许的。

知秋：学长别急，这只是学长义不容辞的第二部专著，前面还有第一部呢！该专著的书名，我也拟好了，叫“神奇的 64”。这本书，将是微超之“炊”素菜的基本原料。

学长：你似乎对菜肴很感兴趣，那我就跟着你走一段吧。看起来，你根本就没有搞清楚微超之“炊”的荤素之别，你刚才讲的两样东西，都只能做素菜，做不了荤菜。微超如果只靠着这些菜，肯定营养不良，也许不缺维生素，但一定缺蛋白质，特别是高密度脂蛋白。

知秋：学长心目中的微超荤菜原料，我应该能够给出一个八九不离十的猜测，那就是记忆，特别是其中的隐记忆。那么，在无数的山珍海味中，最有营养价值的菜是什么？俑者指出过或暗示过这一点吗？

学长：你要是继续这样揣着明白装糊涂，我可要转换话题了。

知秋：确实不是装，我正在通过关键词查找“论记忆”里的有关论述，找到了，就是下面的两段。

记忆特区的体量将随着年龄的增长而减小，通常，到不惑之年将减至最小。每一片特定记忆特区将经历一个从不显不隐状态到显状态的转换过程，该过程也就是相应隐记忆从原初形态走向成熟形态的转换过程，语言脑的整个成长历程与这些转换过程相伴随。该历程大体可以区分成下列 6 期：婴儿期、幼儿期、朦胧期、青春期、学士期和后学士期，其中“朦胧期、青春期、学士期”的年龄段大体对应于现代的“小学、中学、大学”，但不同个体的差异甚大，某些人可以在 10 岁前就在许多方面达到学士期，有些人则可能一辈子在某些方面也达不到。

上述阐释涉及到语言脑记忆发育过程的要点，也涉及到智力成长过程的要点。该要点可以归结为一个字——学。此学是指“禀赋作用效应链 7220β”（见[122-2.0-1]分节）之“仁、学、义”里的学，专属于语言脑，主要学习世界知识，而不是专家知识，将简记为“学”。“学”不同于词典意义的学习，也不是所谓“刺激-反应”理论里的学习。“学”是语言脑的一种天赋，一颗善于“学”的语言脑，即使是文盲，也会成为“上智”。一颗不善于“学”的语言脑，即使专家知识再高明，也可能仍然属于“下愚”。

学长：看来你不是一位一般的“贪吃”者，怎么一说到山珍海味，你就想起双头鲍和老母鸡汤炖鱼翅呢？当然，两者都是至味。但我说的微超荤菜，不是指微超双头鲍或微超鱼翅，而是指微超家常菜。你给出的两段引文，属于微超至味，你说说微超家常菜吧。

知秋：微超家常菜的总称就是记忆模板。但我并不同意学长的鲍鱼和鱼翅比喻，因为两段引文关系到隐记忆的发育过程。

学长：那两段话是直接针对语言脑的，完全是假设性的，可以说与微超无关，微超根本就不必理会它。我甚至觉得，俑者先生写出的此类语段，都属于多余；他花费在这些方面的精力，可以说是一种浪费。

知秋：学长很像那位老者前辈了，我不想与学长争论。回到记忆模板吧，在学长看来，微超产品的核心技术就是记忆模板的研发。这样，从技术到产品的第二趟接力，我们这些人就可以袖手旁观，是这样吗？

学长：不要耍这种小聪明。你的“沧海 8km”和“沧海 9km”是干什么用的？不就是为第二趟接力服务吗？不就是为记忆模板服务吗？我们可以更明确地说，全部“沧海 okm”，包括你将单独承担的两件，都属于第一线服务，而所谓的“专著”，包括刚才提到的两部，则属于第二线服务。

在对话 MLB07 里，我们谈起过刘邦。其实，在微超和语超的事业中，用 HNC 符号语言来说，在“oLB，o=（M;）”事业中，也许刘邦并不重要，而库兹韦尔更重要，因为库兹韦尔先生具有预测技术发展势态的慧眼。

不过，按照《全书》的观点，人工智能技术应改名为人工智力技术，因为智力包括智能和智慧。光谈智能，一定看不清“沧海 okm”的独特技术价值，美国的库兹韦尔也做不到。所以，你得等待一位中国库兹韦尔的出现。

知秋：我刚才受到了偷换词语的批评，这次学长该作点自我批评吧。我不等待中国库兹韦尔，我等待“神奇的 64”和“语言理解基因的运用”的诞生，没有前者，“沧海 8km”成不了气候，没有后者，“沧海 9km”成不了气候。

学长：好吧，让我们秉持着探索者的定力，一起努力。

知秋：纯净探索者的定力！不过，我担心，俑者先生可能对本场对话非常失望。我不想与学长争论的话题，才是“微超与大脑之谜”的核心课题啊！

学长：即使我们争论，也走不出 HNC 围城。我已经把话带到了，那就是关于“多余”和“浪费”的话。我深信，俑者先生不仅不会失望或生气，还一定会感到欣慰。因为我们的承诺，是微超启动之大急。

我期盼着下一场对话，再见。

注释

[*01] 3 项触动的标题是：语言学触动、心理学触动和脑科学触动。原文见[123-22]节。

[*02] 3 项大急的内容是：①语言超人软件必须从概念形成做起；②语言超人软件面临着概念运用的巨大挑战；③语言超人软件面临着领域激活与认定的巨大挑战。

[*03] 其实不是预言，只是老者的一项设想，见“一位形而上老者与一位形而下智者的对话”。

[*04] 辛克函数的数学形式是 $\sin x/x$，俑者曾用它来描述人均 GDP 增速的时代性变化。

[*05] 这段引文见[310-13]节。

[*06] 这是《全书》第一卷里引入的两个术语，专用于文明话题，这里只是借用而已。

对话 MLBS03：微超与文明之谜

知秋：果然不出学长所料。黄叔的回话是：精进如斯，感佩不已。理论高瓴在握，语智技术可期。黄叔是智者对俑者先生的称呼，在今后的对话里，我也这样称呼。

为了这场对话，我又翻阅了一遍《全书》[121]和[122]里所说的诸多奇谈怪论。其内容极为庞杂，但核心是清晰的，依次是下列 4 点：①科技迷信论（三迷信与两无视）；②尼采与鲁迅；③传统中华文明与希腊文明；④需求外经论。可简称现代文明 4 要点。

我认为，特别值得探究的是下面的一段论述，该论述可简称文明的灵魂或文明之魂。

> 传统中华文明对德 7222 的理解与描述有别于希腊文明，也是中华文明唯一高于希腊文明的地方，这个地方是伦理学的核心。高明的具体表现就是仁和君子这两个概念的提出与阐释，希腊文明曾详细论述的至善与正义的概念只相当于儒学的义。而儒学则系统阐释了“仁学义”的伦理基本架构，这个架构的要点是：“无学即无仁义”、“仁主要是对社会精英的道德要求，义主要是对社会大众的道德要求，仁高于义”，愚意以为，这一要点对后工业时代所呼唤的伦理学具有启示意义。

黄叔特意为[122]写了跋，那是《全书》的第一篇跋，跋里强调的正是上述文明之魂。因此，我建议，本场对话围绕着现代文明 4 要点和文明之魂来展开。

学长：又一次“书生意气，挥斥方遒”。

可是，这个世界，无论古代、近代还是现代，从来都不曾按照书生意气运转过。在古代，社会“包装体”[*01]是按照王权的意气运转的，在近代和现代，是按照“金帅”的意气运转的。书生意气，不过为现代社会增添了许多五光十色的“包装品”而已。老者完全明白这一点，你的黄叔也并非完全不明白这一点。所以，你的建议，形式上似乎符合俑者先生的意愿，实质上完全违背了他的意愿。

知秋：我并不完全同意学长的观点，因为学长把后工业时代的历史性呼唤抹掉了，但我不想与学长争论。学长是安排议题的高手，下面，我跟着学长走就是了。

学长：我们首先应该询问一声，俑者先生为什么要设置“微超与文明之谜”这么一个议题呢？议题里的“微超”与“文明之谜”，要相互联系起来，这是显而易见的。微超是后工业时代的技术产物，虽然这只是俑者先生的设想。因此，这个“文明之谜”里的文明，应该不是指古代和近代的文明，而是指当下的文明。

网络世界在孕育另一种文明模式，谷歌、推特和脸书等信息技术创新“大哥”，都在创建一种新的文明模式，库兹韦尔先生把这种新的文明模式描述得天花乱坠，这包括“2045年的人类平均智商将远远超过爱因斯坦”之类的东西。新文明模式已成为当下的“赫然”存在，俑者先生感受到了这一点，但他不愿意说出来，因为这“赫然”[*02]，与他设想的后工业时代发展势态背道而驰。因此，我认为，本章标题里的“文明之谜”是指这“赫然”，可简称网络文明。那么，微超在网络文明里将充当一个什么样的角色？这才是俑者先生希望我们讨论的议题。

知秋：在对话 MLB01 中，学长对微超和语超给出一个定位性说明，今天又对微超给出另一个说明，这两个说明之间，是否存在某种内在冲突？

学长：没有任何冲突，只是相互补充。MLB01 里的微超定位，是指具有法人资格的客户，如公司、政府部门及各种社会组织；这里的定位，则指一般客户，不具有法人资格，如各种微博和微信群体。

这些群体就是网络社会的家族和部落，21 世纪的人类将分别生活在两种社会里，一个是传统意义的社会，另一个就是网络社会。这一点，老者和俑者都始料未及，正是在这一点上，库兹韦尔先生似乎要“先知”得多。我上面说的新文明模式，简言之，就是指：“传统社会+网络社会。”

知秋：我不能同意库兹韦尔先生“‘先知’得多”的说法，《全书》N 次提到网络世界，……

学长：这我知道，但《全书》使用过“网络社会”这个词语吗？

知秋：请等一下，有了[*03]，请看：

> 更重要的是，日益令人喜爱又令人生畏的虚拟网络世界就有可能通过“语言超人”逐步形成一个具有人类专业活动特征的虚拟**网络社会**，该**网络社会**也会产生网络政府，该政府将主管网络世界的是非善恶，从而免除网络世界可能给人类带来的伤害。

学长：我是说“似乎”，你不能把这个词语抹掉。我在网络社会之外，将来也不打算进入，因为那个社会的家族和部落必然还处在原始状态。家族需要家长，部落需要酋长，这是天经地义的事，也就是俑者先生推崇的规则管辖者——法则。那么，谁来担任网络社会的家长和酋长？我认为，微超就是最合适的人选。俑者先生希望听到的，也许这个答案就是其中之一。

传统社会的家长和酋长需要培训，这也是法则，网络社会也必将如此。培训就需要教材，那么，教材从哪里来？《全书》具备教材的资格吗？我们预备撰写的东西具备这个资格吗？答案显然是，都不具备，因为教材只能是各种类型并不断升级的“微超技术”说明书。

你刚才拷贝出来的那一段话，属于下一轮对话的内容，这里就不再讨论了。

知秋：可是，我在前面提到的现代文明4点和文明之魂，不能完全排除在本场讨论之外吧！学长刚才的话语，让我陡然明白老者与俑者的根本差异了，原来老者仅期盼于传统社会，而俑者则同时期盼于传统社会和网络社会。他希望先在网络社会里取得第二文明标杆的话语权，也就是中华文明的话语权。这样一来，学长在上一场对话里说到的“多余”和“浪费”[*04]，现在我要另眼相看了。那不是多余和浪费，而是一种苦心孤诣。

学长：这次该我来说，不想与你争论了。本场对话，虽然共识不多，但我十分满意。

知秋：我有同感，下场对话见。

注释

[*01] 这里，学长先生接连使用了3个HNC术语，都加了引号。

[*02] 赫然，是《全书》描述后工业时代曙光的常用修饰词语，这里，学长把它当作名词来借用。

[*03] 下面的拷贝文字见“期望行为7301\21”次节（[123-0121]）后面的子节结束语。

[*04] 其原话是：“我甚至觉得，俑者先生写出的此类语段，都属于多余；他花费在这些方面的精力，可以说是一种浪费。”

第三章
微超的技术价值

引 言

依据俑者的授权，我们曾打算恢复《全书》原有的章节式样，由我们两人分别执笔。继而一想，我们在技术方面更是外行，搞章节就无异于在冒充内行。于是决定全盘接受俑者先生的建议，继续对话，共 3 场，以 MLBT0m 标记，其汉语标题如下：

MLBT01：微超将体现一种特殊形态的人工智能
MLBT02：微超与语言脑替代品
MLBT03：微超与“电子白老鼠”

本轮对话的场次与标题，我和学长之间发生过激烈争论，上面给出的是双方妥协的结果。这一过程没有惊动俑者先生，我们还决定，今后的每场对话，不再逐次向先生传送记录，到最后一起办理。

对话 MLBT01：微超将体现一种特殊形态的人工智能

知秋：学长的“赶鸭子上架”心情好点了吗？本来应该是我来当鸭子的，没想到事情会变成这样。

学长：你先说说，你那个“沧海 okm”计划需要多长时间吧。

知秋：如果是我一个人业余的话，每天满满的 4 小时，大约需要20年时间。但是，“一个人”和“业余”都可能发生变化，不是吗？

学长：从“沧海 okm”到“HNC 捆绑词典”，随后到“配斥法则”，最后到“配斥规则”，这整个过程需要多长时间？

知秋：这 4 件东西可以与“生产线”上的产品形态递变过程相比拟吗？学长有所误解吧！

学长：没有“沧海 okm”，光凭现有的语言词典和语料库，能编制出一部符合 HNC 要求的“捆绑词典”吗？没有这两者，你有能耐写出“配斥法则”教科书吗？没有这部教科书，你如何训练微超？你怎么可能把它变成一部熟练掌握“配斥规则”的智能机器呢？

知秋：以前我面对学长的连珠炮追问，心情就紧张，现在不了。刚才学长的 4 发子弹都击中了微超研发过程的要害，但其中有两大瑕疵。第一大瑕疵是，学长又一次犯了“词语偷换”的失误，“配斥法则”教科书，我一个人可承担不起，而且，它的理论依托主要是《神秘的 64》和《语言理解基因的运用》，而这两部专著的编撰[*01]将主要由学长负责，不是吗？第二大瑕疵是，最后一句里的“配斥规则”前面，必须加上“三二一”原则。

学长：现在是我面对你的反驳，就难免心情紧张。不过，通过这几个回合，读者对标题里的那个“特殊形态”，应该有个大概的了解了。这里的“特殊形态”当然包含着理解自然语言的原有含义，但不仅如此，它还指明了实现这一“特殊形态”的 3 个必要条件：HNC 捆绑词典、“沧海 okm”、“配斥法则”教科书，三者属于一线的必要条件，至于二线的必要条件，不可能列举，因为那包括已有的和未来的无数专著和论文。

知秋：为了标题里的那个“特殊形态”，我与学长反复交换过意见。学长依然认为，独立的语言脑未必存在，独立的语言意识也未必存在，因此，微超的技术实现不太可能单一依靠 HNC 理论而完成。但学长同时承认，HNC 理论确实为语言脑或语言意识提供了一个当前最为完备的符号描述体系，因此他对微超技术与产品仍然充满着期待，并乐意亲自参与这一史无前例的科技探索征途。但这毕竟是一项科技探索，故学长坚持，言辞一定要低调，不能忽悠读者，“特殊形态”就是在这种背景下折中出来的。

学长：“特殊形态”前面的“将体现一种”也是这样妥协出来的。不过，应该说明，这妥协或折中是我与知秋女士个人之间的折中，不是我与偭者先生之间的折中。前面，我对《全书》讲了不少微词，借这个机会，我想说一声，那些微词不代表我对《全书》的最终认识，现在我仍在继续研读中。下面拷贝《全书》里的两段话，用以说明我在研读过程中的两点重要感受。

——话段 01[*02]

网络世界已经出现了各种消极感受异态行为7301\00e26（t）*\3，并呈现出无奇不有的复杂特征，是否需要对**增扩延伸概念 7100e26**（t）*\3 作**进一步的延伸**描述**请后来者酌定**。

话段 02[*03]

这五大历史事件[*04]还意味着下列五大历史效应：

（1）“爱因斯坦-普朗克-图灵”式的科学辉煌不太可能再次出现，让历史叹为观止的技术奇迹还会继续，但对人类社会的影响力会逐步减弱，互联网很可能是**技术与工程奇迹的“珠峰”**；

（2）**战争消失**的历史童话会向各文明世界逐步推进；

（3）六种文明世界都会逐步找到自己的特定历史发展范式，**最不稳定的第二世界**也不会例外；

（4）实体经济和虚拟经济都有自己的**终极边疆**，终极边疆效应的直接表现就是经济饱和现象；

（5）第一世界在全部（8 项）专业活动领域的领先地位**还将持续几个世纪**，但它与另外五个世界的经济差距会迅速缩小。

我第一遍读这两段话的时候，几乎觉得每一个大句都有问题，有些小句的问题还特别严重，我最初特别反感的词语以黑体表示如上。但到底是什么问题？我在前面的微词里，曾以“相互冲突的强烈感受”加以概括，相互冲突的一方是“废、横、肆”，另一方是“惜、玄、慎”。这两个示例话段，则是两者“合一”的代表，所以，我要多说几句。

HNC 对行为 73 的符号描述采用了向狭义心理 71 和意志 72 的所谓挂靠方式，这个挂靠，我花费了很长时间才弄明白，那微超能有这个本事吗？现在，我仍然存在这个疑惑。话段 01 里的挂靠符号相当复杂，除了约定的挂靠符号之外，还加了**增扩和进一步延伸**，最后还来一个**请后来者酌定**。这不禁让我当时联想起下面的 4 个字：荒谬绝伦。不过，在我对 HNC 符号体系比较熟悉和对 HNC 理论体系的总体思考有所了解以后，重读话段 01，我的感受却变成了下面的 4 个字：语重心长。但这里我仍然要说，行为 73 篇的章节设置存在着“自我感觉良好”的严重缺陷，全然不顾读者的感受。

话段 02 在我心里产生的感受，现在依然不能说得很清楚，只能说一点“模糊性思考”[*05]。与“五大历史效应”对应的 20 世纪的“五大历史事件”没有同时拷贝，这非常遗憾，但对下面想说的话影响不大。我对该话段的注意力开始集中在那些黑体标出的词语，产生了“横、肆”与“惜、玄”之极的最初感受，随着对 HNC 世界知识的更多了解，再回过去看“三迷信行为 7301\02*ad01t=b 的世界知识”次节，最初感受发生了质变，原来俑者先生在那个次节里给出了 HNC 世界知识的纲领性说明。你可以不同意俑者的表述，但你不能轻视它或忽视它，因为该表述不属于“模糊性思考”，而属于“清晰性思考”和“针对性思考”[*06]。当然，这只是我个人的判断。不过，由于有知秋女士的支持，我就放开胆子写出来了。

知秋：学长刚才的话是本场对话的“点睛”之笔。被折中或妥协掩蔽掉的东西就不必拉出来献丑了，不过，我还是想讲一下本场对话标题的核心词语——人工智能，本来我是建议使用“人工智力”这个词语的，但学长坚决反对，人工智力还是 AI 嘛！

在本场对话里，我们重点讨论了微超研发的 3 项必要条件，但没有涉及充分条件。那就推到下一场对话吧。学长，你看呢？

学长：可以，就这么办。

注释

[*01] 关于两部专著的编撰，两位对话者最初是在对话 MLB05 里提起的。

[*02] 原文见“感受基本效应行为 7301\00e2n 综述”次节（[123-01002]）。

[*03] 原文见“三迷信行为 7301\02*ad01t=b 的世界知识”次节（[123-01021-2]）。

[*04] “这五大历史事件”指 20 世纪的五大历史事件，原文就在话段 2 的前方。

[*05] “模糊性思考”是概念树 801 的汉语命名，这里是借用。

[*06] “清晰性思考”和“针对性思考”分别是概念树 802 和 803 的汉语命名。

对话 MLBT02：微超与语言脑替代品

知秋：生理脑的部分部件已经出现了多种类型的电子替代品，其尖端产品让霍金先生可以从事广泛的语言交流活动。这等于说，一种类型的语言脑替代品已经存在了。但是，霍金先生所使用的尖端产品并不是我们今天要讨论的微超。

学长：叫作微超的语言脑替代品可以为霍金先生提供更好的服务，不过，它不是专门为霍金先生定做的，而是服务于所有的人。将来，所有的人都需要它，就如同手机一样，不分男女老少，不分贫富贵贱，不分能力或智商的高低，也不分健康、疾病或残疾，更不分强者或弱者、成功或失败、幸福或悲惨。产品 MLBo 仅有两种基本规格：MLBp 和 MLBpe，分别供个人用户和单位用户使用，两者起价不同，但每种类型都是一个价。它会自动识别用户的特殊需要，免费提供各种个性服务。但免费不是无条件的，必要时会开出特殊服务清单，要另行付费，供用户选择。

知秋：学长怎么一下子变成了一位产品推销员呢？我们的产品还八字没一撇呢？

学长：正是八字没一撇，才需要这样推销，否则，你怎能引起刘邦的注意呢？

知秋：上面的那些话，打动不了刘邦。你先说说 MLBo 的基本配置吧。

学长：基本配置很简明，就是下面的表示式：

```
MLBo =: MLBI+MLB+MLBO
```

MLBI 没有我们的事，但是，在 MLBO 方面，我们需要做大量的开拓性工作，当然仅限于第一趟接力的范畴。在这个环节，HNC 留下的“遗产”，可以说是微乎其微。

知秋：学长，对不起。你的两个论断，我都不能同意。MLBI，怎么可能“没有我们的事”？对 MLBO，怎么可以说“HNC‘遗产’微乎其微”？

学长：我们先讨论 MLBI，它无非涉及 3 样东西：一是文字；二是语音或音乐；三是图像。三者都有各自识别机，识别结果经过 MLBI 处理后，传给 MLB。当然，MLBI 与 MLB 之间的有效互动，一定存在一系列的科技课题，甚至是崭新的课题。但是，这些课题的组织实施，是 MLBo 总设计师的事，我们——我和你——有能力把手伸进那些课题里么？

知秋：学长的这一解释，我可以接受，请接着说“微乎其微”吧。

学长：仴者先生的隐记忆，不仅是语言理解的引擎，也是语言生成的引擎。但是，这个“隐”，是语言脑的隐，而不是微超 MLB 的隐。关于语言脑与 oLB 的这一本质区别，你的黄叔并没有想透。这个话有根据吗？我告诉你，根据就在本卷的卷首语里。

知秋：我知道，学长是指下面的话语吧。

> 当然，语超必然是一把双刃剑，既可以成为人类的朋友，也可能成为人类的敌人。这是一个与本卷有关的重大话题，但将完全回避。

难道学长认为，这段话表明，黄叔受到了“奇点”奇谈的影响吗？

学长：这种可能性微乎其微，但现代奇谈多矣！“奇点”只是其中之一。你拷贝的这段话本身，就是一个很俗套的奇谈。双刃剑是当下的时髦词语，仴者先生理应慎用。“语超必然是一把双刃剑”的出现，我开始以为是笔误。该论断之吊诡，就如同“天使必然是一把双刃剑”或“恶魔必然是一把双刃剑”，令我骇然。此吊诡的依据可概括为以下 3 点：一是天使与魔鬼的必然同在性；二是主宰者，即 HNC 作用者的“e2n”特性；三是事物自身的“e2ne2n”特性。这是我细读《全书》以后的一点体会。我还进一步体会到，仴者先生自己已陷于这一吊诡而不能自拔。

知秋：我对吊诡不感兴趣，“老者”前辈，请直接解说“微乎其微”吧。

学长：知秋后辈，一叶知秋的奥妙不就是见微知著么！这里的“微乎其微”密切联系于你的黄叔对语言生成的态度，该态度的微妙变化和该变化里的微妙，难道不值得去追寻或探求一下吗？

知秋：我严重纳闷，还是学长先明示一下吧。

学长：不敢，但我可以试着先开个头。HNC 探索初期，仴者先生明确说过，HNC 理论只管语言理解，语言生成是传统语言学的“领地”，似乎说过“井水不犯河水”的话吧。但语法逻辑和语习逻辑是传统语言的固有“领地”，这岂不是明目张胆的“入侵”行为吗？所以，在那以后，仴者先生才开始放出一些语言理解与语言生成不可分割的话语，并以“玩新”为陪衬话语，突出 HNC 发现的一些语言生成法则。这一点，我倒是没有异议。但我对 HNC 的一种放风话语很不以为然，放什么风？“概念关联式是语言生成总源头”之风。一有机会，就过度强调那源头的威力。

知秋：学长的“放风”比喻，我能接受，但这股“风”，不是歪风邪说吧。

学长：你如何看待这股风的基本特征？

知秋：让我想一想，两个短语，一是概念关联式八股，二是古汉语范式。

学长：把最后两个字改成灰燃，死灰复燃的简称，那就更精妙了。

知秋：但这两项基本特征，是精华，而不是糟粕。

学长：对于 MLB 技术，可以这么说，但对于 MLBo 产品，就不能这么说了，因为对于绝大多数用户来说，该八股和灰燃就是糟粕。一个生性不吃羊肉的人，即使是东来顺[*01]的涮羊肉，对他来说依然是糟粕不是吗？这里，我要强调一声，对上述八股和灰燃，我是十分尊重的。两糟粕，皆仅指形式而非内容。因此，我们大可不必在这个问题上，耗费口舌之争。

知秋：我觉得，已经大体跟上学长的思路了。“微乎其微”的意思就是要把 HNC“遗产”

转换成现代读者的美味，而《全书》设想的MLBo，根本做不到这一点，因为它仅擅长HNC八股语言或HNC灰燃语言。

学长：如果我说，儞者先生一直在顽强地美化他的HNC八股和灰燃，你同意吗？

知秋：同意。而且我还想补充一点，黄叔留给后来者那么多期待，唯独没有一句关于现代语言美味的期待。

学长：这是《全书》里一个十分不协调的景象，我也注意到了。你说说，上述语言美味最大的挑战是什么？

知秋：众口难调。学长在前面已经给出了一个众口清单，那时，我觉得它有点怪异，现在觉得它太重要了，很像HNC的基本句类清单。

学长：这你就太抬举我了。不过，我们的使命确实就是把众口难调转变成众口称赞，其艰巨性不言而喻。在某种意义上可以说，这不是两栖语言学家[*02]的未来使命，而是当下的使命，因为语言美味属于MLBo产品开发的大急，要提前行动。

在网络时代，语言美味的年代性太强。这一特征的把握，不要说儞者先生做不到，我也做不到，这属于你的责无旁贷。

知秋：最近我看到一则报道，说美联社现在每季度播发的稿件，将近3000篇是由机器人撰写的。所以，我对学长刚才的"MLBo大急说"持怀疑态度。

学长：这则报道，我今天上午也在《参考消息》上[*03]看到了。你认为，这则报道会影响儞者先生关于脑谜探索的基本思考吗？

知秋：我觉得那影响将微乎其微。我猜测，学长的语言美味，与黄叔"模糊性思考"里的HNC言语大体相当，但语言美味属于清晰性和针对性思考的产物，高于HNC言语。学长的众口清单只是MLBo用户类型的清单，是制作MLBo语言美味的基础，但不是语言美味清单本身。不同类型MLBo用户的语言口味差异很大，美联社的"机器记者"能制作出老人或小孩的语言美味吗？显然不能！更不用说孤独老人和自闭小孩的美味语言了。

总之，学长提出了一个关于HNC语言美味的宏伟畅想，我举双手赞成。但那不是微超MLBo的大急，不是MLBo1.0版的事。对MLBo1.0来说，先使用黄叔的"模糊性思考"HNC言语吧。

学长：我对本场对话比较满意，关于微超MLBo研发之充分条件的讨论，我们只能发表这点比较浅薄的意见。再多说，就可能会走上冒充MLBo总设计师的邪路。最后，想说一句本场对话的告别语，我不能再用纯粹书生的眼光看待你了。

知秋：谢谢学长的鼓励，再见。

注释

[*01] 东来顺曾经是北京最著名的涮羊肉老字号。

[*02] "两栖语言学家"是许嘉璐先生提出的概念，在[360-1.2.4]的注释[*09]里曾有所介绍。

[*03] 见《参考消息》（2015年1月31日）第7版，标题是："机器记者"写稿多发稿快。

对话 MLBT03：微超与“电子白老鼠”

知秋：上一场对话的最后，“邪路”的警告把我想说的话给吓回去了。不过，放在这里来讲也不错，因为它恰好属于这两场对话的交织地带。

我想说的话题是，MLBo 能否成为阿氏症[*01]患者的“医用”产品呢？

学长：这个话题不错。你前几次介绍过欧盟和美国的 21 世纪大脑研究计划，我回去查了一下，发现那些计划的重点应用目标就是为了治疗阿氏症。俑者先生似乎说过，阿氏症就是语言脑疾病。但即使是使用 HNC 术语，也应该是“生理脑＋语言脑”病患，而不能简化为语言脑疾病。

知秋：这里不能叫劲，学长，那属于语言游戏的范畴。在黄叔的话语里，语言脑疾病就等同于“生理脑＋语言脑”病患。脑谜 m 号话题的最初提法是脑的 5 大功能区块，后来，那个“5”又变成了“6”。可是，黄叔从来没有申明过，原来的那个“5”是错误的，不是吗？

学长：《全书》的这种语言游戏不只一处，那可是害了读者。不过，我明白你把“医用”二字加上引号的缘由了。

知秋：未来几年，将是机器人大发展的时期，现在的机器人都是“生理脑”局部功能的电子模仿品。这个带引号的“生理脑”包括图像脑、情感脑甚至艺术脑和语言脑，但不包括 HNC 定义的微型图灵脑，即 MLBo。Robot+MLBo 才是本轮讨论的核心课题。要说 HNC 产业，我认为，就要抓住这个“Robot+MLBo”，这个家伙才有资格充当 21 世纪的智能机器人。

注释

[*01] 阿氏症是阿尔茨海默病的简称。

第六编附

自然语言理解处理的 20 项难点及其对策

引言

在林杏光教授的启发下，我将为最近标注的语料写一个相当长的说明，详细阐释自然语言理解处理的 20 项难点及其对策。

句类分析将成为 HNC 理论的课程之一，这门课程有两条主线：一是各基本句类的句类知识；二是句类分析的难点剖析。前者在“基本句类知识要点”一文中说明，后者在本部分说明。两文都将在 10 万字以上，将来可以与其他小论文合起来编成一本文集，成为《HNC（概念层次网络）理论》和《概念联想脉络理论》两部专著之间的过渡性专著。

所谓句类分析的难点，也就是自然语言理解处理的难点，这些难点并非由于采用了句类分析的方式而存在，而是任何分析方式都要遇到的，不过句类分析将直接面对这些难点，并提出解决的方案。

我在“关于文字文本 HNC 语料库建设中难点标注的说明”一文（简称“说明”）中列举了文字文本句类分析的 20 项难点，其中的前 13 项属于全局性难点，后 7 项属于局部性难点。13 项全局性难点实际上是 12 项，因为第 13 号难点“多种复杂情况”是指多种全局性难点同时出现的情况。

20项难点是对文字文本三重模糊造成的各种复杂语言现象的概括和细化。这些难点的处理需要一个综合治理方案，在综合治理方案的统帅下，对 20 项难点分别采取各个击破的处理策略。这一综合治理方案的纵向发展应能适应语音文本的五重模糊，而横向发展应能适应不同语种的理解处理。不言而喻，20 项难点的处理是相互依赖和相互制约的，不存在完全独立的 20 项解决方案；同时，这 20 项难点又必须独立拥有适应自身特点的独特处理策略或招数，这应该是综合治理方案的基本思路。毛泽东先生有一句关于解决复杂问题的名言，那就是：战略上要藐视困难，战术上要重视困难，这两句简明的话确实体现了十分高明的谋略思想。对于复杂的语言现象，如何实施这一谋略？我的体会是：一方面要全力追求统一的处理模式，同时又要采取“分化瓦解区别对待”的灵活策略。本部分将力求运用这一谋略思想来剖析 20 项难点并提出解决这些难点的策略思想。

20项难点当然不能概括自然语言理解的全部问题，但它概括了按句类分析标准规定的理解标准所面临的全部重大问题，解决了这些难点，就表明计算机基本具备读懂一般叙述文和论述文（两者将合称广义应用文）的能力，基本具备我们所追求的“自知之明”能力。因此，我认为直接面对这些难点是当务之急。这 20 项难点的突破就意味着机器翻译和自动文摘的实质性突破。

HNC 联合攻关组在语音文本战线鏖战了太长的时间，我一直为此事深感不安。因为针对语音文本必须回避（即有所不为）的一些难点，对于文字文本而言是不能回避的，而句类分析有希望予以解决，从而打开自然语言理解处理的新局面，首先是机器翻译和自动文摘的新局面。

当然，文字文本也有自己应该回避的难点，这主要涉及文学语言美的欣赏问题，包括风俗习惯和文化素养差异造成的特殊语言表达和有关人类心理活动的一些特殊表达。语言学家和人工智能专家喜爱津津乐道一些语言之美和一些特殊表达，阐述其中的理解奥妙，并按照图灵标准要求机器加以理解，我是不赞同的。我认为那些在广义应用文中究竟比较少见的语言现象应该暂时置之不理，而应集中精力先去解决那些具有普遍意义的难点，也就是本部分列举的 20 项难点。

对于当前应该回避的难点，有不少文章进行过讨论。本部分将采取与《HNC（概念层次网络）理论》同样的方式，不引用这类文献。虽然这些论文或专著不乏很有深度，很有启发的见解，但总的说来，类似于晋代玄学家们的高谈阔论。如果说当年玄学家们无补于东晋的复国大业，那么，也可以说图灵式的语言奥妙分析也无补于自然语言理解的大业。

与晋代玄学风格相反的是所谓经验主义学者，这些学者往往看到一两个难点就赶紧行动起来，写文章，出成果，缺乏总体思路，满足于随波逐流。这种科研方式在自然科学领域大体可行，有时甚至是势在必行，但自然语言理解，特别是汉语理解处理则切忌这种短视的做法，为什么？因为西方不可能为汉语的理解处理开拓一条阳关道，实际上你无流可逐。

经验主义者也明白这一点，于是急忙寻求捷径，他们看到了汉语与西语有两项明显的表观差异：第一，汉语没有词间空格；第二，汉语没有中心动词标记。好了，从分词这个难点发动进攻，声称这是汉语信息处理的当然“瓶颈”。至于第二个难点，由于没有什么简易办法，就暂时按兵不动，先请汉语语法学家搞出一套适合汉语特点的词性标注方案再说。

将近 20 年过去了，进行“瓶颈”之战的效果如何？适合汉语特点的汉语词性标注研究又如何？可以用这样两句话来概括：“瓶颈”依然，词性无望。苗传江写了一篇介绍 HNC 的文章，对两个“如何”稍稍进行了一点反思，立即遭到一位语料库专家的强力镇压。这在学术史上是一种屡见不鲜的社会现象，学界的现实权威往往不是学术的历史性权威，历史性权威往往要遭到现实权威的排斥和打击，因为现实权威最容易感受到历史性权威挑战的威胁。

林杏光教授多次提起过这位语料库专家的一种说法——如果谁解决了汉语述语动词辨认的困难，就可以获得诺贝尔奖。我们不了解这位专家说这句话的真实动机，不能由此作出他不了解诺贝尔奖专业规定的结论，但由此推定这位专家不了解汉语述语辨认困难的科学问题所在应该说是相当可靠的，甚至由此进一步推断他对自然语言处理这一边缘性学科领域只具有文献情报综合者的学术水平也是比较可靠的。因为下面将会看到，这一所谓可获得诺贝尔奖的难题只是 20 项难点之一，而且是比较容易解决的难点。

本文共分 4 部分：第一部分阐述全局性和局部性两类难点的含义；第二部分阐述处理这

些难点的策略思想；第三部分简要说明 HNC 的统计观或 corpus 观，句类分析所急需的基本统计数据以及如何快速有效地取得这些数据；第四部分将以杂谈的方式说明前三部分里遗留的一些问题。

文中引用的例句主要取自“corc4-3.”，这时仅给出标号 m.n，不另加说明。本文还要经常引用《理论》一书的原话。

一、句类分析难点综述

句类分析难点分全局性和局部性两大类。

全局性难点又分两大子类：一是与句类的假设和检验有关的难点；二是与句间信息利用有关的难点。编号为 1 ~ 13。

局部性难点也有两大子类：一是与“体词”有关的难点；二是与动词有关的难点。编号为 14 ~ 20。这里对体词打了引号，因为它包括汉语里与动词兼类的体词。

第一类全局性难点可分为两个基本侧面：一是全局特征语义块 EgK（包括它的团块形式）的多句类代码难点；二是局部特征语义块 ElK 与全局特征语义块 EgK 相互干扰形成的难点。两者的编号分别是 1 号难点和 2 号难点。与 EgK 对应的语句记为 EgJ，与 ElK 对应的小句记为 ElJ。两者的句类分析很不简单，因为它们与块扩现象 EpJ-ErJ 和复句现象 EmJ 交织在一起。

第二类全局性难点也有两个基本侧面：对应于有无句间信息标记可供利用两种情况，所谓句间信息标记就是 HNC 理论所定义的语言逻辑概念 l9、la、lb 三类。这三类概念对应于传统语言学定义的指示代词、部分副词和部分连词。HNC 理论对所谓虚词的传统语言学分类方式，采取“分化瓦解区别对待”的策略，另搞一套分类体系，形成 HNC 三大超级语义网络之一的语言逻辑概念，是 HNC 理论建立第一个理论模式的重大举措之一，对于以语义块感知为切入点的句类分析技术的实现具有关键意义。

句间信息标记的有无与句间信息利用的难点不存在简单的对应关系，有不意味着易，无也不意味着难。我们将把句间信息利用的难点统称为隐知识揭示，按其难易程度分为浅层和深层两类。前者揭示定义为冗缺指代模糊的消解，深层隐知识揭示定义为句间潜在性因果关系的揭示，句类潜在性转换的揭示。后者是指语句表示方式（即句类选用）的多样性变化。

浅层与深层隐知识揭示难点分别编号为 3 号和 4 号，其中两种重要的特殊情况分别命名为复杂省略和复杂因果句，并另行编号为 11 号和 12 号。

下面按编号次序分别对各项全局性难点作详尽说明，在说明难点的同时也适当介绍相应的亮点。战略上藐视困难的关键就在于，在看到难点的同时也看到亮点，并对亮点有真知灼见，同样，战术上重视困难的关键就在于，在看到亮点的同时也看到难点，并对难点有真知灼见，否则就是盲目地藐视或重视，是幼稚和无知的表现。真知灼见往往是言简意赅的表述，但读者难以理解，本文试图对 1 号难点以另一种方式进行阐述，因而行文将十分臃肿，但效果也许将相反。

1.1　全局特征语义块 EgK 的多句类代码难点（1 号难点）

1 号难点有三种基本情况：

一是特征语义块核心采用简单构成，也就是说只有一个动词，但该动词可选用多种基本句类或混合句类。这里需要说明的是，对于同一句类可取不同句类表示式的情况不属于这一难点。例如，“宣布”这个词，虽然可选用信息转移句的全部 4 种句类表示式，但不能选用其他句类，因而不属于难点词。但“带来”却属于 1 号难点词，因为它可取基本句类的因果句和一般转移句。“带来”这一类的词《现汉》都不收录，这不是《现汉》的疏忽，而是它的标准，《现汉》的标准从语言学来看也许是有道理的，但从中文信息处理的角度来看，则未必正确。这里特别要注意两类词：一是它属于 1 号难点；二是它充当某一或某些概念节点的重要汉语反映射词。“带来”符合这两条标准，是必须收录的。

二是特征语义块核心采用复合构成，也就是采用 HNC 所定义的特征语义块核心的一般表示式 EQ+E+EH（当 EQ、EH 都不存在时，就是上面的简单情况）。这是一个难点与亮点并存，而以亮点为主的复杂情况。后面将对这一情况进行详细说明，并采取忆思的方式，或许于读者有所裨益。

三是动词连见而不连用的情况，简称动词连见干扰。典型例子是：两个连见动词之一属于特征语义块，另一个却属于广义对象语义块。这里说的特征语义块包括全局性和局部性两类，如例句 12.1：

> 最近，一些阿拉伯机构||指责||{沃尔特·迪斯尼公司|宣扬|<反对|
> 阿拉伯人|的暴力活动>}

句中的“宣扬反对”就属于动词连见干扰，它既是对全局特征语义块“指责”的干扰，本身又是动词连见干扰。两动词连见实际上有 4 种可能的组合方式：

> 前者充当 E 块核心（全局或局部），后者进入广义对象语义块；
> 后者充当 E 块核心（全局或局部），前者进入广义对象语义块；
> 两者合起来充当 E 块核心（全局或局部）；
> 两者都失去了动词功能

对最后一种组合方式，如果不存在明确的指示信息，可暂时不予考虑。对前两种情况“进入广义对象语义块”的动词，则不论是否存在指示信息，都应该查明它是否失去了动词功能，而不能有所不为，这实际上就同 7 号难点或 9 号难点纠缠在一起了。

对三个以上动词的连见，可应用两分准则按上述原则处理（注：见第四部分说明 1：关于动词团块与动词连见，以下将简记为说明 m：xxx）。

关于 1 号难点的简要说明就写到这里，下面转入忆思式畅谈。

在全部 20 项难点中，HNC 针对特征语义块复合构成这一难点耗费了最多的心血，E 块核心复合构成概念的提出是经过很长一段时间磨炼的。触动这一思考的是关于中心动词的话题，当年看到不少文章提出过这样的基本论点：西语中心动词有明确的形态标记，汉语没有，而且动词满天飞，因而汉语的自然语言理解和处理必然大大难于西语。我对这一论点深表怀疑，因为根据我当时对英语句子处理水平的了解，英语的这一优势只适用于形式上的句法分析，而句法分析离理解处理还有很大的距离，不能把句法分析与理解混为一谈。所以，在《理论》的“理解问答28”中写了下面的一段话：

> 中心动词、形态标志、词性的作用都被语法界过分夸大了……由形态标志给定的中心动词不一定是（特征语义块）语义的中心……从最高层次的理解即文学语言欣赏的角度来说，连标点符号都是多余的东西，何况形态标志和词性之类的外在标记？艺术作品不需要标点符号，音乐美术是这样，文学语言也是这样……在语法框架依然统治汉语理解的今天，这一最高层次理解的本质——只依赖于内容，不依靠外在的包装——难道不是很有一点振聋发聩的启示意义么？

我当时写下这一段话是有背景的，这个背景主要是句类的认识已经形成，并直接起因于关于特征语义块核心构成的一次顿悟。有一天我看到《黄焯文集》里的一段先父对他的一位博士生的题词：

> 学问文章皆宜以章句为始基……当潜心玩索文义……精心观览全书，**而不可断取单词。**

我在讲授“Lesson4 句类分析三重协奏曲”时引用过这一段话。当时面对着“不可断取单词”这6个字，我沉思甚久，突然萌发了特征语义块（EK）的核心应采用复合构成表示式的顿悟，这是HNC理论发展过程中关键性的顿悟之一，产生了后来命名为高低搭配、动静搭配、vv类动词等概念。这些概念替代了传统语言学中部分补语和动宾结构的概念。从形式总体来看，主、谓、宾、定、状、补加上介词和连词等概念形成了语法概念的完备集合，HNC的句类、语义块及其相应表示式的概念从某种意义上也可以说是对这一语法概念集合的语法-语义转换，从语法空间转换到语义空间或概念联想脉络空间。自然语言理解处理几十年来沉重的脚步和蹒跚的历程是这一转换极为艰难的见证。但是对这一转换之路的探求是不曾停止过的，语法学大师乔姆斯基本人也从事过这一探求，不过最近他本人又说，这一探求是错误的（见王宏强的“美国友人E-mail”）。这里，我们可以对乔姆斯基先生说：No!HNC had finished this transform.

所谓汉语述语动词辨认的困难，由于特征语义块核心复合构成表示式的概念和特征语义块上下装概念的提出（两者合起来形成特征语义块一般表示式的概念），形成了两个耀眼的亮点，这两个亮点交相辉映，基本上解除了述语动词辨认的形式困难，这一点将在第二部分详说。

从理解处理来看，真正的难点不在于述语动词的辨认，而在于述语动词的解释。HNC把这一解释定位成句类假设的检验，这才是突破理解难关的关键性的一步，而且仅仅是第一步，因此把汉语述语辨认的困难与诺贝尔奖联系起来是荒唐可笑的。HNC联合攻关组成员应牢牢记住这一点。

特征语义块核心复合构成的思想是对动词连见现象的一种理论阐释或揭示。西语由于有发达的形态标志，不能出现无形态区别的连见动词，于是汉语的动词连见就成了一种少见多怪的语言现象，这是中心动词概念为害的结果。一个句子通常至少需要一个特征语义块以表明它陈述什么样的表现，另外还需要若干个——最多4个——广义对象语义块以表明它陈述什么样的对象，这是HNC关于句子基本构成的基本观点（句子基本构成观）。在57组基本句类中，有52.5组需要特征语义块。但是**特征语义块的完整表达与单个中心动词完全是两**

回事，一个完整的特征语义块核心的表达有时不仅需要多个动词，而且还需要体词的配合。这就是特征语义块核心复合构成思路的要点。西语有形态标志的中心动词不一定是特征语义块的中心，那个形式上的中心动词实质上有时反而是“中心”的副词，例如

<The food|we|eat>||seems to have profound effects||on our health

相应的汉语大体是

<人们|吃|的食物>|| [|似乎]对人类的健康||有深远的影响

这是混合句类之一的效应作用句，它必须有三个主语义块，特征语义块是：

seems to have profound effects　　似乎……有深远的影响

两个广义对象语义块 YXA 和 YXB（按约定简记为 A 和 B）分别是

The food we eat　人们吃的食物
our health　　　人类的健康

而特征语义块的中心是名词 effect。在这里，仅仅抓住英语形式上的中心动词 seems 对理解处理是没有意义的，过分强调它的中心作用甚至是一种误导。

按照特征语义块核心复合构成的思路，可以避免这种理解处理过程的误导。对 HNC 理论略知一二的读者应能从这个例句窥知，依照句类表示式的指引，软件不难达到 HNC 所定义的理解（读懂），并据此完成汉英两种语言的互译。

上面几段，不自觉地又进入了本文力求避免的陈述方式，因为有些读者会对这种陈述方式产生过敏反应。下面将回到通俗方式，但适当采用非通俗方式仍然是必要的，因为我不善于用通俗方式给出画龙点睛之笔。

特征语义块核心的一般表示式是

$E_k=EQ+E+EH$

这个表示式是陶明阳在他的硕士学位论文里第一次正式提出来的。下标 k 表示核心，取自英语的 kernel，这个表示式显然有下列 4 种特殊形式：

$E_k=E$
$E_k=EQ+EH$
$E_k=EQ+E$
$E_k=E+EH$

第一种表示相应于 E 块核心的简单构成，第二种表示相应于 E 块核心的常规复合构成，以常规名之是因为语言学早就注意到这一语言现象，第三和第四种表示及一般表示所代表的 3 类 E_k 构成应该说是 HNC 提出来的新概念，对它们还分别给出了相应的搭配命名：

$E_k=EQ+E$　　高低搭配及 vv 动词搭配
$E_k=E+EH$　　动静搭配

E_k=EQ+E+EH　高低动静搭配

应该说明，高低搭配和动静搭配也是其他语义块复合构成的一般特征，特别是高低搭配。这里仅针对 Ek 作进一步的说明。

E_k 的高低搭配是指高层动词与低层动词搭配，搭配规则（顺序）是前高后低，汉语和西语都是如此。高低搭配往往采取远搭配方式，即中间插入广义对象语义块或其一部分，汉语和西语都有这种倾向。高低搭配概念的提出是对“中心动词”概念的补充或否定，但是不应该将“中心动词”概念与“head driven”概念相混淆，后者大体相当于 HNC 的特征语义块概念，不过它因没有升华到句类和句类表示式的高度而功亏一篑。

所谓高层动词和低层动词，顾名思义，就是与 HNC 概念符号的高层和低层动态概念所对应的动词。v 概念与动词是有区别的，动词一定有相应的 v 概念，但 v 概念不一定有相应的动词。在概念层面（空间）叫 v 概念，在语言层面（空间）叫动词，所以，高低搭配有时也解释为高层概念与低层概念的搭配。至于高层、中层、底层和低层概念的定义，请参看《理论》，这里就不解释了。汉语的典型高层动词有“进行、提出、搞、做、作”等，英语有 get make 等。

vv 类动词和 vv 动词搭配概念的提出是一种工程需要，也是对高低搭配概念的补充，当年曾考虑过重新定义工程意义下的高层和低层概念的方案，后来放弃了，而以 vv 类动词的概念来替代。vv 动词是这么一类动词，它必须在后面补充另一个动词才能构成 E_k，E_k 的句类由后面的动词决定。这类动词将称为纯 vv 动词，汉语里的“加以、予以、给以”就是典型代表。除了纯 vv 动词之外，还有大量的所谓兼类 vv 动词，这些动词可独立充当 E_k，但是也可以充当后续动词的配角。与纯 vv 类动词类似，两者合起来的句类由后续动词决定，最有代表性的兼类 vv 动词就是“开始”和“进行”。兼类 vv 动词可以按照 E_k=EQ+EH 的方式来处理，但不如按 E_k=EQ+E 的方式简明。不言而喻，vv 类动词本身又可以连用，如“开始进行”，软件设计要注意到这一点。

vv 动词是概念类别的一种，因此，有时也把 vv 动词叫作“vv 概念类别”。但绝不能说“vv 类概念”，这样的概念是不存在的，因此概念的 HNC 表示式中没有 vv 的形式，这是需要明确的。因此，今后最好只用 vv 类动词的说法，而不要使用 vv 类概念的说法。

上面的说明肯定会使一些读者产生疑问，有必要提出 vv 类动词这样古怪的说法吗？难道传统语言学没有相应的权威命名？应该说语言学确实注意到了这一语言现象，并给出了“形式动词”的命名，但这个命名既不适用于表示汉语里的兼类 vv 动词，也不适用于表示英语中大量存在于 vv+to+v 组合结构中的 vv 类动词，这就是本文的回答。

vv 动词的出现是亮点而不是难点，纯 vv 动词更是耀眼的亮点。兼类 vv 动词的出现，往往伴随着多句类代码难点，因为你不能认定它就是兼类 vv 动词，而只能作为一种假设，然后通过句类检验予以确认。至于对这种情况是否先采取“有所不为”的策略，应该先不作决定，而等待统计结果。

下面讨论动静搭配。

如果说高低搭配是对一部分补语概念和所谓动宾结构两者的一种变换，那么动静搭配就可以说只是对所谓动宾结构的一种变换。例如，“动手术、负（承担）责任、搞对象、感兴趣、伤脑筋、奠定基础、采取措施”等，从形式上看，这些确实是动宾结构。但是一个句子里动宾结构的数量是不确定的，各种动宾结构的意义又很不相同，只分析到动宾结构可以说还只是征途的起步。重要的是，要搞清楚这些动宾结构在句子里各起什么作用？HNC 采取“各个击破”的策略，将不同的动宾结构分别划入全局特征语义块 EgK、句蜕 ElK 和块扩 EpK-ErK 的范畴。在这三个范畴里，应该说对采用动宾形式结构的特征语义块的辨认是三划分的突破口或切入点。因为这一范畴既关系到句子分析的全局，又具有最明确的预期知识可供利用，预期知识放在 HNC 词语知识库的@K 栏目里。但这不等于说，动静搭配的特征语义块辨认不存在难点，难点在于“动”与“静”的分离。这里说的分离包括在“动”、“静”之间插入广义对象语义块或其一部分和插入 Eu 两种情况。看下面的例句：

（1）李大夫||[|正在]为张先生||动 [肝脏&]手术
A QE l8 XB X YB XH
!11XJ

（2）张先生||正在动[肝脏&]手术
YBCB QE Y YBCC YH
Y01J

（3）李大夫||正在 动||肝脏[手术|]
A QE X YB XH
!XJ

（4）张县长|| [|要]对这起大楼倒塌事件||负 领导 责任
X1B l0 XBC X10 Eu X10H
!11X10J

例句（1）给出了作用句的 YB 要素插入 E 块的示例，例句（4）给出了一般承受句的 E 块插入了 Eu 的示例。作为对比的另外两个例句表现出了十分有趣的模糊现象（说明 2：关于“李大夫||生正在动肝脏手术”的分析）。

EQ+E、E+EH 之间可能出现两可的疑难，例如，语料 4 中的“起到越来越重要的作用”。但两可疑难往往不是疑难，也就是说，某些“两可”可采取“任选”的方式。就这个例子来说，关键在于“任选”是否影响句类的判定，而这里显然是没有影响的，因此“任选”是可行的。但是软件不欢迎“任选”，因此，针对 EQ+E、E+EH 的两可制定了一项硬性规则（约定），这就是约定 E+EH 的 EH 只能是纯体词，否则就选定 EQ+E，不管兼类，也不管“的”的所谓体词化功能。

总之，采用 EQ+E、E+EH 形式结构的特征语义块虽然也有其特殊的难点，但总的情况是亮点多于难点。

至于 EQ+E+EH 复合构成，一般来说，这一结构的出现同纯 vv 动词一样，是亮点而非难点。

最后谈一下 EQ+EH 的构成方式。

EQ+EH 构成属于 E 块的常规复合构成，表现为两个或多个动词连用构成 E 块核心，如“贯彻落实，又打又拉，半工半读，恫吓与利诱并用，审议并通过”，又如“组织、加强、保护和利用（7.1），彻底重新定义并且重新组织（7.2）”。常规复合面临着混合句类代码的约定问题，请参看陶明阳的论文。

EQ+EH 构成的难点在于假连见的判定，什么是假连见？连见与连用有什么区别？（说明 3：关于连见与连用及假连见）

最后，我建议读者思考一个问题：为什么把 1 号难点统称为多句类代码难点？这里只提示一点，针对 1 号难点，一方面给出 E 块核心构成的一般表示式，据以形成统一处理模式；同时又给出 E 块核心复合构成的 4 种特殊形式，据以形成“区别对待”的灵活处理模式。这就是毛泽东谋略的运用。从上面的分析可以看到，这一谋略确实十分有效，从难点中挖出了不少亮点。

1.2　Eg 与 El 相互干扰难点（2 号难点）

Eg 与 El 相互干扰就是述语动词与非述语动词的相互干扰，用 HNC 的语言来说，就是全局特征语义块 EgK 与局部特征语义块 ElK 的相互干扰，简称 Eg-El 干扰。这种干扰是汉字文本频繁出现的语言现象，曾被一些中文信息处理界同仁视为难以逾越的障碍。对句类分析来说，多数情况这是一场不算太难的前哨战，因为它干扰全句句类假设的情况很少出现，而当这一干扰出现时，它实际上就转换成 1 号难点了（说明 4：关于“实际上就转换成 1 号难点了”）。下面先看一个出现 Eg-El 干扰的例句。

这些无形资产||包括||软件的功能，R011J*5+f414
　　RB1　R011　RB2−1
\{[|出其不意地]对对手信息技术|进行　攻击}的能力/，　RB2−2=\!3111XJ/
　　Eu　l0　B=XB+YC RXQ　RX
\{采集和传播|信息}上*的能力/，　RB2−3=\!31T19T01*21J/
　T19　T01 TC
\\{信息|处理}工具/的兼容性/（说明 5：关于标注符号的改动）
　RB2−4=\!3121XJ/
以及许许多多其他因素。　RB2−5=f12

这是一个以句蜕难点为主的句子，但包含了所谓语义块构成问题的全部典型难点，非同寻常，下文将进行详尽分析。联合攻关组的成员必须自觉地培养这样一种科研素质，就是碰到一个具有挑战性的典型难点，就会激发起一种跃跃欲试的探索冲动和“不达目的决不罢休”的韧劲。没有这种科研素质就不会有科研的创造性成就。我希望本组成员抱着这种心情阅读下面的论述。

对于这一非同寻常的句子，将采取不同寻常的方式加以阐述。首先作一个表层说明：这是一个由 4 个语串构成的句子。语串是一个新术语，类似于音串（参看《理论》p166）。读者应该体会，HNC 使用了很多新术语实在是无可奈何，就这里的情况来说，原有的句子、短语、词组等术语和 HNC 的语义块或 FK，用在这里显然都不合适，只得启用一个新术语了。第一语串是句子的主体，后面的 3 个语串是对“软件的功能”（实质是“功能强大的软件”——这属于深层隐知识揭示）这一短语或词组的列举说明，最后的句号表示列举结束，与句号相配合的“以及许许多多其他因素”是表示列举结束的典型短语。

接着作一点深层说明。

第一，第一语串的E块无上下装，而且“包括”另有义项lv40，因此，仅就这一语段本身并不能认定它就是一个R011J句类，而只能取这一优先句类假设。

第二，在这一句类假设下就产生了列举的需要，因为E块“包括”具有这一激活信息。这一信息来自“包括”的HNC符号v40-+fv414。“包括”的句类代码是主从关系句，一般的主从关系句没有列举特征，但是，由概念v40-构成的主从关系句却具有这一特征。**这就是HNC特别强调的基本句类知识**，这一知识应在主从关系句和双对象效应句的基本句类知识中予以明确表达，没有这一表达就是知识表示的严重失误。显然，这一类极为重要的知识只能依托基本句类由人直接教给计算机，语料库的统计或学习是无能为力的。这里还应该指出，**这类知识是所谓世界知识的精华，是让计算机理解自然语言的关键，先抓住这些精华，才能在自然语言理解处理方面迈出坚实的第一步**。不能抓住这一要害，你将陷入世界知识的汪洋大海，重蹈后文将介绍的美国CYC工程的覆辙。

第三，从上面的说明可知，句类代码提供语句的总体宏观信息，微观的具体信息还需要HNC符号的补充，两者结合起来，才能产生具体的丰富联想。就这个例句来说，句类代码并没有告诉你RB2需要一个系列RB2-m，更没有说明需要什么样类型的系列，这两项信息分别蕴含在E块“包括”的HNC符号v40-+fv414和RB2核心要素“功能”的HNC符号r00里。因此，后面相继两个语串都以概念rz00的反映射词语“能力”作为相应句蜕块的包装词语，就是理所当然的预期了。故《理论》有云（p157,p4）：

> 句类代码是句类辨识和句类分析的基础，因而**是最重要的知识项，是HNC知识表示的纲、统帅和灵魂。**
>
> 这个（指HNC）符号体系必须是高度数字化的，每一个符号基元都具有确定的意义，**可充当概念联想的激活因子。**

显然，句类代码与关键词语HNC符号的关系是纲与目的关系，句类代码是纲，HNC符号是目。从某种意义上可以说，句类分析的灵魂就是实现这一纲举目张的具体操作。

第四，第二语串有动词团块（说明6：一项笔误）“进行攻击”，但紧跟的“的”字取消了它的Eg资格（“的”排除准则），由此推知它只能是也必须是一个句蜕块，从l0激活信息“对”可以认定这是一个关系作用句的包装句蜕块（(!3111RXJ)）。

第五，第三语段有动词团块“采集和传播”，但它没有第二语段的简明现场判断信息，而遇到了汉语普遍存在的一种歧义结构。本文将把这个结构命名为[Structure1]，其一般表示式为：

[Structure1]=v+FKQ+的+FKH

这个结构的标志是动词和FKQ、FKH之间的“的”字，FKQ、FKH本身除了**“的”字的紧邻可以是动词外，其他都是体词**。这个结构的重要性可以用这样两句话来表达：解决得好功德无量，解决得不好后患无穷。这是一个有一定挑战性的问题，对语音文本，适当放弃这个阵地是允许的，但对文字文本，则必须攻占。因此，本文将提前（应该在第二部分）对此详加说明。

按照传统语言学的术语来说，这一结构的歧义是偏正顺序的两种可能：一是动词与 FKQ 先形成动宾结构，然后与 FKH 形成偏正结构；二是 FKQ 与 FKH 先形成偏正结构，然后动词与这一偏正结构形成动宾结构。用符号来表示就是

```
[Structure1]=[Structure1-1]=[v+FKQ]+<的>+FKH
[Structure1]=[Structure1-2]=v+[FKQ+<的>+FKH]
```

针对这一组合结构模糊（HNC 叫语义块构成模糊），假定动词所对应的语句为 3 主块句，则可形成下面的 4 种推论：

推论 1-1：如果 FKQ 满足 v 的 E～JK2 预期要求，而 FKH 不满足
则 [Structure1]=[Structure1-1]=[v+FKQ]+<的>+FKH
推论 1-2：如果 FKH 满足 v 的 E～JK2 预期要求，而 FKQ 不满足
则 [Structure1]=[Structure1-2]=v+[FKQ+<的>+FKH]
推论 1-3：如果 FKQ 和 FKH 都满足 E～JK2 预期要求
则 [Structure1]=[Structure1-3]
=[Structure1-1]//[Structure1-2]
推论 1-4：如果 FKQ 和 FKH 都不满足 E～JK2 预期要求
则 [Structure1]不成立，应另作形势判断
（说明 7：关于“形势判断”）

[Structure1-1]代表包装句蜕（说明 8：关于“[Structure1-1]代表包装句蜕”的论断），[Structure1-2]代表句子或原型句蜕（说明 9：关于“[Structure1-2]代表句子或原型句蜕”的论断）。推论 1-1 是确定性判断，推论 1-2 是具有两种可能性的模糊判断，推论 1-3 是具有三种可能性的模糊判断，推论 1-4 要求作形势判断。

进行这一推理的必要条件是FKQ 和 FKH 必须存在，而关键性准备操作是把[Structure1]与其上下文分隔开来，<Structure1>的 4 个单元依次是：动词 v（包括 v 连见团块）、块素 FKQ、汉字“的”、块素 FKH。块素 FKQ 很容易界定，是动词与“的”的中间部分。块素 FKH 的上界是“的”，下界是另一语义块的起始标志或标点符号，起始标志包括 l0//l2、l1//l3、QE 或动词。

上述推理本身只是 HNC 语义块构成理论和句类表示式理论的运用，用通俗易懂的语言写出这个推理过程非我所长，在讲课的时候弥补吧。

仅利用[Structure1]内部的信息只可能作出上述的推论，也就是说，仅能在特定条件下才能彻底消除[Structure1]的歧义模糊（说明 10：关于“歧义模糊”），推论 1 具体表述了这一特定条件。但应该指出，模糊性判断同样是巨大的进展，它们为进一步利用上下文信息，把模糊判断转化为确定性判断奠定了基础。

下面来说明如何利用上下文信息实现模糊判断的确定性转化。

推论 1-2-1：如果无上下文
则 [Structure1-2]为句子

推论 1-2-2：如果上下文 E 块具有全局性特征但不要求块扩（对上文）
则 [Structure1-2]为原型句蜕
推论 1-2-3：如果上文 E 块具有先验块扩特征（几个特定句类）
则 [Structure1-2]为块扩
推论 1-2-4：如果上下文 E 块不具有全局性特征
则 [Structure1-2]为优先子句（说明 11：关于“子句”）

推论 1-2-4 仍然是模糊推论。进一步的推理规则如下：

推论 1-2-4-1：如果 E 块一侧的上（下）文缺少一个 JK，而另一侧
下（上）文或 FKH 满足所缺 JK 的预期要求
则 [Structure1-2]为复合句的子句或其主体部分
（说明 12：关于“复合句”）
推论 1-2-4-2：如果 E 块一侧上（下）文缺少一个 JK，而另一侧
下（上）文及 FKH 都不满足所缺 JK 的预期要求
则 [Structure1-2]为句蜕或其主体部分

到此为止，模糊判断“推论 2”经过两步利用上下文信息的推断已转换成确定性判断。对模糊判断“推论 3”可以如法炮制。

这里上下文信息利用的第一步雷同于句类分析三步曲之第一步的句类假设，关键信息是表现全局特征的上下装。上下文信息利用的第二步雷同于句类分析三步曲之第二步的句类检验，关键是预期要求的深度：概念类别—高层—中层—底层，其中的每一层又有不同的深度。预期深度越深，检验的可靠性越高。

回到引发这一大段论述的语串——\{采集和传播|信息}上的能力/，它属于推论 1，此语串是包装句蜕。似乎非常简单，但实际上隐藏着一个重大的“危机”，那就是单字词基本概念“上”的处理，它属于局部性难点的第 1 号。

[Structure1]是 2 号难点的表现形式之一。上面说到，解决这一难点将功德无量，而上面的分析表明，HNC 句类分析是有办法对付这一难点的。但是，词性标注的方法，各种统计模型的语料库方法，各种经典的和现代的句法语义分析方法，能解决这类难点吗？这是本文的每一位读者，包括那些不熟悉 HNC 理论的读者，都应该认真思考的。

第六，第四语串有动词“处理”，串尾以句号结束。到此为止，我们已经分析了 3 个语串，第一语串优先句子，第二和第三语串已肯定是包装句蜕块，而且符合第一语串列举要求，这些语串信息表明第四语串如果存在动词，它优先于句蜕块，这是现场信息产生的预期知识。即使如此，软件还是需要对这一语串进行例行分析。

在具体分析这最后一个语串之前，应该再次指出抓两头策略的重要性。这也是上文提到的毛泽东谋略的重要内容之一。在《理论》的文献索引中，特别引用了毛泽东的《中国革命战争的战略问题》。在毛泽东的长篇著作中，该文是谋略思想讲得最好而马克思主义中应该扬弃的教条成分含量最少的一篇，是值得自然语言理解处理工作者特别是 HNC 理论开拓者和软件设计者精读的。对复杂语言现象的分析和处理，抓两头的策略特别重要并有效，从

HNC 映射符号、句类代码、句类格式（说明 13：关于“句类格式”）、概念类别等知识表示，到语义块、句子或句群分析的两可疑难，从各种全局难点到各种局部难点的处理策略设计，都要善于抓两头。抓住了两头，疑难就会消退，不会抓两头，疑难就要膨胀。句间关系的两头是：外在的句间标志和内在的作用效应链典型运作。前者主要是 lb 类概念和 f 类概念的运用，后者将在“忆思录 3-m-0”中阐述（说明14：关于“忆思录”）。

第四语串以“以及许许多多其他因素”结束，这是什么？是 HNC 定义的句尾语 f14。靠什么去辨认它？过去是回避的，而现在需要面对。

句尾语前面的部分“\\{信息|处理}工具/的兼容性/”是 2 号难点的第二种表现形式，命名为[Structure2]，其一般表示式为：

[Structure2]=K+v+FK

[Structure2]远比[Structure1]复杂：第一，[Structure1]只有一个下边界需要认定，而[Structure2]的上下边界都需要认定；第二，汉语 E 块的下装一般比较简单，而上装比较复杂，因此，[Structure2]的 K 很容易与上装相混淆；第三，[Structure2]的组合歧义多于[Structure1]，这将在下面用传统语言学的术语来说明。

[Structure2]的第一种组合方式是主-谓-宾结构，是一个句子或子句，这里的子句即 HNC 的原型句蜕块；第二种组合方式是 K+v 形成主谓结构，然后与 FK 形成偏正结构；第三种是 K+v 形成反动宾结构，然后与 FK 形成偏正结构。后两种组合结构即 HNC 的包装句蜕块（说明 15：关于“句蜕块和包装句蜕块”）。“\\{信息|处理}工具/的兼容性/”属于第三种组合结构。

句蜕块的内部构成可以用 HNC 的句类格式给以确切的描述，读者可以从语料段 corc4-3 得到印证。这一点很重要，应该在“说明”里加以解释，可是我没有交代。这是一个缩影，反映了我性格上不拘小节的严重弱点，对 HNC 事业的发展产生了严重不利影响，林杏光教授经常提醒我注意，但江山易改，本性难移。就“句类格式”这个提法来说，就非常不妥，改成语句格式比较恰当，因为各种格式是按照语句的通用（数学）表示式而不是句类（物理）表示式来表达的。严谨的学者都非常注意把好命名关，然而我却经常“不拘小节”，张普教授曾对标准与规范格式的命名提出批评是有道理的，它像句类格式命名一样经不起字面推敲。在写本文时，我力求改正，但积习难改，请本组成员帮助，过去我多次发出这一呼吁，未得到响应，现在情况不同了，HNC 开始走向社会，一定要肃清“不拘小节”造成的危害。

句类格式有两种基本类型，即规范格式（包括直接与句类表示式对应的标准格式）和违例格式，句蜕块同样有这两种基本类型。特别值得指出的是，违例格式在正常的语句中较少使用，有些格式根本不使用，而在句蜕块中却经常采用，例如，3 主块的 JK1+JK2+E 违例格式，即!21 格式。实际使用时往往采用!3121 格式，也就是上面说的反动宾结构。两类句蜕块的包装形式有所不同，即单层包装和双层包装的差异，违例格式经常采用双层包装，而规范格式却很少采用。所谓单层包装是指对句蜕部分只作一级说明，两者以偏正结构组合，双层包装是指对句蜕部分作两级说明，因而形成两级偏正。“\\信息|处理}工具/的兼容性/”就是双层包装，句蜕块“信息处理”先修饰“工具”，一级偏正，而后“信息处理工具”又修饰“兼容性”，二级偏正。

“信息处理工具”这 6 个字的词组很有代表性，上面给出了 HNC 的分析方式。笔者欢迎熟悉经典句法分析或现代句法语义分析的读者就此进行比较研究。HNC 分析方式的要害在于把这里的“处理”统一先当作动词来处理，即进行局部句类分析，而不管它的兼词性表现（“处理”与前面的“信息”组合似乎是名词，与后面的“工具”组合又似乎是形容词）。统一先当作动词处理的根据何在？《理论》p182 说：

> 如“进行产业结构调整”“开展政治体制改革的研究”。传统句法分析要追究这里的“调整、改革、研究”是动词还是名词，HNC 的回答是：这种追究只徒具形式，没有本质意义。理解的本质在于不论是“政治体制改革”还是“改革政治体制”的词序，“政治体制”充当“改革”的对象这一概念关联性的本质不变（更准确地说，“政治体制”是“改革”这一作用型概念的效应对象 YB）。同样，“产业结构调整”和“调整产业结构”的词序也不影响“调整”与“产业结构”的关系本质。当“政治体制”与“改革”、“产业结构”与“调整”相结合时，前者的 YB 角色和后者的 X 角色不应该由于两者出现顺序的不同而变化。大脑的感知就是对概念之间这一相互关联性的把握。在这一概念联想激活过程中，词性的作用显然是一个疑点，也许以西语为母语的人会对词性有所依赖，但以汉语为母语的中国人显然不应该依赖于词性。

下面将基本仿照[Structure1]的方式，对[Structure2]的模糊推断作相应说明。如上所述，[Structure2]可能出现两种组合方式：

[Structure2]=[Structure2-1]=[K+v]/FK
[Structure2]=[Structure2-2]=K+v+K_2

在第二个表示式里，角色不明的词组 FK 变成了语义块 K_2，下标 2 是为了与前面的语义块 K 相区别，没有任何其他含义。[Structure2-1]代表包装句蜕，[Structure2-2]代表句子或原型句蜕。在形式上，[Structure2]的结构歧义与[Structure1]完全相同，但内在意义有重大区别。[Structure2-1]的[K+v]通常是反动宾结构，但也可能是主谓结构，所以，[Structure2]的两种组合方式都是模糊判断。

针对这两种组合模糊，可形成下列判断：

推论 2-1-1：如果 K 满足 v 的 E～JK2 预期要求
而 FK 不满足任何预期要求
则 [Structure2]=[Structure2-1-1]=\{!3121EJ}/

推论 2-1-2：
如果 K 满足 v 的 E～JK1 预期要求
而 FK 不满足任何预期要求
则 [Structure2]=[Structure2-1-2]=\{!0EJ}/

推论 2-2-1：
如果 K 和 FK 分别满足 v 的 E～JK1 和 E～JK2 预期要求
则 [Structure2]=[Structure2-2-1]=EJ//<!0EJ>

推论 2-2-2：
如果 FK 满足 v 的 E～JK2 预期要求

而K不满足任何预期要求

则 [Structure2] =[Structure2-2-2] =K+!31EJ//K+{!31EJ}

推论 2-3：

如果K和FK都不满足v的任何预期要求

则 [Structure2]不成立，应另作形势判断

推论 2-1 是确定判断，推论 2-2 和推论 2-3 是模糊判断，后者的模糊消除需要利用上下文信息，与[Structure1]的情况完全一样，这里不再重复。

[Structure1]和[Structure2]概括了 2 号难点的全部情况（说明 16：关于“概括了 2 号难点的全部情况”的说法），两结构的简化情况值得作特殊研究，本文不进行讨论，这也许又是“不拘小节”的表现，所以需要大家帮助嘛。

在键击了上文的最后一个句号以后，我闭上眼睛沉思了半小时以上。汉语特有的 2 号难点，即所谓主谓、动宾、偏正之歧义就这样基本消失或攻克了吗？模糊判断中的“另作形势判断”里是否隐藏着什么重大危机？预期满足度的当前极性（是否）量化方式必将带来的两可疑难影响如何？包装词组容易辨认吗？f1 和 f2 类词组的干扰容易排除吗？我遨游了一圈，感到十分放心。更重要的是，上面的分析能引发我的学生们跃跃欲试的探索冲动，并诱发他们的才华迸发吗？我满怀信心地睁开眼睛，并对自己说，这一节可以这样不小结而结束了。

1.3 浅层隐知识揭示难点（3 号难点）

从本节开始，我将回到“52 个论题”的初期写作方式，因为不能不考虑综合疲劳症复发的潜在威胁。

浅层隐知识揭示包括一般性缺省和指代模糊的消解，这个问题在《理论》的 p75-76 已有详细说明，本节是对该说明的另一种陈述方式。那里把这一隐知识的揭示划定为理解处理的中期目标，现在是进入中期目标的时候了。缺省和指代问题一直受到语言学的特殊关注，有大量文献，建议理论组安排专人就这个子课题作一次文献调研，这一建议也适用于深层隐知识的背景知识。

缺省有两种基本类型，即语义块整体缺省和语义块要素缺省，这是定义。这个定义十分简明却有点玄奥。判定缺省的前提是必须预先知道应该有什么，没有这一预期知识就无从判定缺省。句类表示式提供了一个句子必须有什么的前提，因此，它是语义块整体缺省判断的依据。同理，语义块构成表示式提供了语义块要素必须有什么的前提，因此它是语义块要素缺省判断的依据。那么是否可以说，在句类表示式发现之前，缺省判断是一个不小的难点，而在句类表示式发现之后它已不成其为难点？问题当然不会这么简单，正如引言中所说，各项难点是相互制约的，缺省难点受到 1 号难点的制约。如果一个句子不存在 1 号难点，其语义块整体缺省的难点确实也就相应消失，但如果存在，则又当别论了。

语义块整体缺省实际上是指主块的缺省，因为辅块是可有可无的，不能采用缺省的概念，因此，“语义块整体缺省”可简称主块缺省。同理，语义块说明部分是可有可无的，也不能采用缺省的概念，因此只能是语义块要素缺省。但必须申明，这一论断不能教条式地应用于句蜕块，特别是其中的包装句蜕块。

汉语最常见的主块缺省是 E 块的 jD、S 缺省和!31 格式的 JK1 缺省。对前者，特意设置了 4.5 个不含 E 块的句类表示式予以表述。对后者，要求 HNC 词语知识库给出!32 格式的缺省信息，当这一信息不存在而出现缺省时，就默认!31 缺省。这里应强调指出，HNC 对默认规则的使用应不同于一般系统，因为它有预期检验的强大支持，因此，许多情况下，默认只不过是检验过程的一种优先排队，对主块缺省的默认，应采取这一策略。

语义块要素缺省同样有 E 要素缺省与 JK 要素缺省之分。这里需要澄清一下过去在这方面的“不拘小节”的失误。要素和核心这两个概念（命名）是有区别的，核心是要素的不可缺少部分，要素可以是核心的说明部分，这是我心目中的区别，可是在具体表述时过去并没有严格把关，混乱是难免的。就 E 块来说，其核心的定义如本文的 1.1 节所述，要素则可以包括 QE，但不包括 QEu。就广义对象语义块来说，核心就是语义块构成表示式中的显指部分，而要素则包括语义块构成表示式中的隐指部分。在句类表示式中，隐指部分用一个附加表示式来表达，例如：

基本作用句（的）	B=XB+YB+YC
关系句（的）	RBm=RBmB+RBmC
相互比较判断句和简明判断句（的）	jDBC=DB1DB2+DC;……

核心缺省的辨认属于浅层隐知识揭示，但要素缺省的辨认则应纳入深层隐知识揭示。在 HNC 词语知识库的@ S 栏目中，对广义对象语义块的要素加了%标记的，表示它不可缺省，没有这个标记的都可以缺省。广义对象语义块的要素缺省是一种司空见惯的语言现象，通常可以置之不理。

指代也有两种基本类型：一是对 HNC 所定义的具体概念的指代；二是对事物属性的指代，也可以说是对 HNC 所定义的抽象概念的指代。指代的这一特性使它适合于用挂靠的方式进行表达，第一类指代用 p//w 与 400m（m=0~7）挂靠的方式表示，第二类指代用 l9 与基元、基本、综合类概念挂靠的方式表示。这两类指代大体上相应于传统语言学的人称代词和指示代词。

指代概念是语义块感知的重要亮点之一，《理论》p228 说，

> 人称代词和指示代词有三大特点：
>
> （1）在与其他概念组合时，它们一定充当语义块（不是短语）的头。它们前面的“的”也不改变这一规律，只不过这时它是句蜕块中的子块。
>
> （2）它们都可分别充当自足性语义块。
>
> （3）当两者同时出现时，人称代词必须在指示代词之前，而且失去了自足性特征。如果表现出伪自足（见下文），则 l9 为语气词 f50。
>
> 这是三项很特殊的语法知识。为了激活这一类的特殊联想，HNC 统一采用了概念类别符号与层次网络符号不一致的表示方式，这个不一致代表概念的多元性表现或综合性表现，多元性表现比较简单，综合性表现比较复杂，有时需要激活一类局部规则去取得有关知识。这一类局部规则通过类别符号去检索。
>
> 类别符号 l9 产生的激活过程是：
>
> ……

这是一段未充分展开因而容易为读者所忽略的重要论述，它涉及两个根本性问题：一是如何形成 HNC 的语法知识；二是如何利用这一知识。前者的要点是：从一般句类分析的三部曲和汉语句类分析特殊需要的两支撑——K 调度与单音词处理——的角度去表述语法知识。引文概括的人称代词和指示代词的 3 项语法知识，是从语义块感知和语义块构成的角度观察到的，从语义块感知才会提出块的头尾信息问题（第一特点），从语义块构成才会提出自足性问题（第二特点），至于人称代词和指示代词的排序问题（第三特点）是第一特点必然引发的派生问题（两个老大碰到一起，谁当老大？）。后者的要点是：语法知识是“一类特殊联想”，但引文并未对“特殊”二字加以说明，特殊总是相对于一般而言的，笔者心目中的一般联想是“句类代码＋HNC 映射符号”和由两者统帅的其他 HNC 知识，而引文指出的人称代词和指示代词的三大特点，属于这一知识体系之外的知识，因而是特殊联想了。特殊联想需要采用特殊方式加以激活，引文建议采用“概念类别符号与层次网络符号不一致的表示方式”。引文接着说：“这个不一致代表概念的多元性表现或综合性表现。”这句话里的“概念”是“词语内涵”的替代，这一替代在《理论》里普遍采用，但用在这句话里未免太不拘小节了，不过紧接的下文“综合性表现……需要激活一类局部规则去取得有关知识……这一类局部规则通过类别符号去检索”总算有所弥补。最后，还应该补充一点，在《理论》中凡涉及语义块构成的论述都没有把 u 类概念考虑在内，例如，特征语义块一般表示式中就未包含 QEu、Eu、EQu、EHu 等，这里引文中所说的“头”也是如此，lg9 类概念之前当然还可以加上修饰词，这是不言而喻的。

“概念类别符号与层次网络符号不一致的表示方式”属于概念类别划分的工程需要（见《理论》p264），与之相联系的局部规则也就是 HNC 语法知识，预定放在小专家知识库里，用于句类分析各环节的特殊处理，特别是语义块感知和句类假设的关键性排除处理。《理论》p265 说：

> 这里的工程需要是指软件的需要，具体说，是指理解处理过程中某些特定环节的需要，例如，E 假设，E 排除，E 排队，JK 或 fK 感知，局部处理等。考虑这些特定环节的需要，在概念类别栏目中给出简明的表示，是一项意义重大的举措。

上面的两段论述表明，浅层隐知识的一个重要方面是 HNC 语法知识，它的揭示需要通过词语概念类别符号的“不一致表现”去激活相应的局部规则，所谓“不一致表现”，是指两种知识表示方式里的五元组表示或概念类别基元表示的不同。指代模糊的消解是这一隐知识揭示过程的典型代表，显然，这里所说的浅层隐知识不只是通常意义下的所指之“隐”，还包括其他语法功能的“隐”，例如，使后接动词名词化（以符号 qv$g 标记）等。corc4-3 标注的 3 号难点大部分属于这种情况，如 2.4*、2.7*、3.2*等。

人称代词和指示代词的 HNC 映射符号的主体和概念类别符号分别是：

	HNC 符号	概念类别符号
人称代词	p400m m=0-7	pl9
指示代词	l9yu OR lj9yu	lug9 OR lg9

指示代词的层次符号变量 y 代表所指的类型（如特指、泛指、通指等），变量 u 代表挂靠层

的层次符号，如“这种”的 HNC 映射符号和概念类别符号分别是

lj9152+qv$g+g4005, lug9

其“不一致表现”是五元组的有无差异，而“我你他”等人称代词的“不一致表现”则是概念类别基元的不同。

浅层隐知识揭示的第三方面是冗余模糊的消解。“冗缺指代”模糊中的冗余通常是指口语中大量存在的重复和不含语音信息的习惯发声，但这里所说的冗余模糊则特指广义对象语义块的多余现象，显然，这又是 HNC 语法现象，因为只有从句类表示式才能观察到这一现象。此现象的具体表现有广义对象语义块分离和两可块的出现两种基本类型。这一隐知识揭示，当前的理解处理核心软件已有十分好的表现。

上面的文字，希望有助于说明从 HNC 的视野确实能观察到一些新的语言现象，或者对原已观察到的语言现象给出新的解释。笔者深感欣慰地看到，1999 年有三位语言学硕士毕业生都在这方面作出了优秀的成绩。我们殷切希望，广大的汉语语言学工作者能从传统的轨道上扩大活动领域，结合汉语理解处理的需要，参照 HNC 的思路，开拓现代汉语语法语义研究的新局面。所谓 HNC 思路，归根结底就是一句话：建立语言空间与概念空间相互映射的桥梁。世界上的每一种自然语言，就有相应的一种语言空间，这就是说，人类的语言空间有数千种之多，但这些语言空间所对应的概念空间只有一个。HNC 用 3 个超级语义网络和 4 个附加语义网络来表述概念空间的语义基元，用 E、A、B、C 来表述主语义块的构成基元，用基本句类表示式来表述语句的整体结构基元，用 X、P、T、Y、R、S、D 来表述特征语义块 E 的核心基元，用 Ms、In、Wy、Re、Cn、Pr、Rt 来表示辅语义块的基本类型，用 RtB、RtC、ReB、ReC 来表示两可语义块的基本类型，从而初步形成一个与自然语言空间相对应的概念空间的符号表述体系。这个符号体系适合于计算机的操作，但不适合于人类的直接使用，因为它只有形而没有音。设计这一符号体系的目标完全不同于世界语，也不同于中间语言，而是试图设计一个满足自然语言理解处理基本需要的知识表示体系。我多次说过，这个知识表示体系的完善不是一代人的努力可以完成的，但终究已经奠定了比较坚实的基础。这个知识表示体系可以理解为一种新的观察工具，也许可以把它比作语言空间的望远镜和显微镜吧。用它去观察语言现象，会看到许多新的景象。例如，漫无边际的句法树库，从 HNC 的知识表示体系看来，已经是一项没有意义的探索或追求，因为基本、混合和复合句类表示式的发现已经超越了句法树库的目标；所谓汉语述语动词辨认的困难对文字文本实际上已不复存在；汉语分词“瓶颈”之说实际上是一个人为的假象；令人畏惧的各种歧义现象多数情况是句类检验过程不难解决的常规处理。上列问题只是理解处理初级阶段面临的难点，大体上已经解决了。当前的目标是向着理解处理的中级阶段前进，广义的隐知识揭示（包括语境生成）是这一阶段的重点之一。这些提纲挈领式的论断，对于那些不理解 HNC 理论的读者来说，无异于雪上加霜。但对于已经理解 HNC 的读者，应该能够心领神会并产生奋发之感。

本节引述的《理论》中所谓人称代词和指示代词三大特点之说，如果能起到一点抛砖引玉的作用，则笔者会感到万分荣幸。不过，这里应该说明，这块“砖”很可能是不合格产品，因为这只是笔者的一种直觉（低级演绎），并未作语料验证。不过，这种情况在《理论》里

是极少数，绝大部分论断是经过语料验证的。如果有人利用这种个别情况竟然喊出“打假”的口号，那就不仅是无知，而是别有用心了。最后还应该指出，我们更重视验证方法与演绎方法的结合，只有这种结合才能达到高层次的求知探索。大规模真实语料统计方式只适合于一些特定的应用，如各种频度现象的统计、新词搜集、反映表层语言现象的具体统计模型的验证（包括模型参数的确定）和应用等，而深层语言现象不是一个统计问题，不能对大规模真实语料的统计寄予过高的期望。

1.4　深层隐知识揭示难点（4 号难点）

与浅层隐知识不同，深层隐知识的内涵不是可以从它的定义而顾名思义的，因此本节将首先介绍深层隐知识的具体范畴，然后说明深层隐知识的信息激活因子，最后概述深层隐知识的表示（即揭示）。这些问题超出了语句处理的范围，在《理论》的 Paper6 中有所阐述，本节将基于面临句间处理的新形势，作必要的发挥。

深层隐知识都属于远程上下文联想，《理论》p57 说：

> 多义（包括歧义）选一处理的一般原则是众所周知的，就是依靠上下文的联想。但是，如何进行上下文联想的处理？概念层次网络理论的答案是：上下文联想处理有近程、中程和远程之分。近程联想是指语义块内部的联想，中程联想是指语义块之间的联想，即句子内部的联想，远程联想是指句子之间的联想，包括基于要点主题分析的篇章级联想。

目前，取得重大进展的理解处理核心软件，即句类分析软件，已能相当出色地完成近程和中程（特别是中程）的上下文联想处理，但完全不具备远程上下文联想处理的能力，这是针对语音文本特意安排的一项有所不为，现在则需要赶紧选定突破口，有所作为了。

按 Paper6 的思路，深层隐知识大体可区分为 3 个范畴：一是基本语境知识；二是由基本概念、综合概念与 11 类概念共同构成的综合知识，将简称背景知识；三是由基元概念 53、基本概念的属性子类 j7 与 j8，以及 la、lb、jl1 类概念共同构成的综合知识，将简称情态（势态）知识。从揭示的难度来说，三者依次递增，但从解模糊的效果来说，则是依次递减。因此，按照抓两头的策略，深层隐知识揭示处理应以前两个范畴特别是第一范畴为突破口。

基本语境知识，也称句群概念联想脉络，当然是一个非常复杂的问题，什么是基本语境？这需要定义。考虑到自然语言主要是对人类活动的表述，HNC 把基本语境定义为 8 种类型的人类活动，它们对应于扩展基元概念的不同一级概念节点，分别命名为 1 号到 8 号语境，详细说明见 Paper6（《理论》p87-94），每号基本语境可以按照相应一级概念节点的子节点继续划分二级和三级子语境。

基本语境知识的激活因子就是语义块核心或要素的层次网络符号，通过相应层次符号的统计，就能确定相应句段的基本语境类型，即取得基本语境知识。这个统计过程有自明度的高低之分，自明度这个术语是最近在“HNC 理论与自然语言语句的理解”一文（今后该文将简称为 Paper31，而本文将简称为 Paper32）中提出来的，将代替 Paper3 建议的玄度概念。自明度的高低之分主要决定于下列 4 项处理：关于概念节点交式关联性的处理；关于基本语境知识与句类泛函关系的处理；关于各类主块的贡献加权因子的处理；关于各类辅块的贡献加权因子的处理。对于这 4 项处理的探索是陈磊的硕士论文的规定内容之一。

与缺省和指代问题类似，背景知识也有大量的先行研究，应注意吸收已有的成果。本文所定义的背景知识要比通常的背景窄，HNC 将背景知识与辅语义块、基本概念、综合概念联系起来，因而它与英语的W说或汉语的“何”说有所不同，例如，“何”说里的“何人、何事”与W说里的 Who//What 就不属于本文定义的背景知识，而属于基本语境知识的范畴，但“何”说的“何时、何地、何物、何量”等则属于背景知识。本文的背景知识定义方式一方面有利于该知识的提取，像上面的基本语境知识一样，可通过相应层次符号的统计而获得所需知识；另一方面也有利于背景知识的多层次细化。

HNC 理论定义了 7 种辅块和 4 种两可语义块，7 种辅块的纯净性是随着编号的增大而减小的，我们约定，6 号和 7 号辅块以及两可块的内容将分别纳入情态（势态）知识和基本语境知识，直接提供背景知识的只是 1 号到 5 号辅块的内容。如果也按“何”说的方式来命名，就可以给出“何方式、何途径、何工具、何参照、何条件”等 5 类背景知识，“方式、途径、参照”这 3 项背景知识，W 说或“何”说都重视不够，然而是与“条件、工具”同样重要的。

背景知识的途径、方式、工具和条件分别是综合类概念的 4 个一级节点，这 4 类背景可以按照相应概念的二级节点划分子类，“何”说的“何时、何地”属于条件背景的子类——时间条件和空间条件，“何物”则通常应纳入工具背景。在 5 类背景知识中，参照是最基本也是最难以把握的，背景知识揭示的难点实际上就在这里。任何一级的语言表述，从词语到句子，从句子到篇章，都存在参照点问题，仓颉码发明人朱邦复先生对此有比较深刻的认识，在他的篇章理解框架里引入了“立场”的概念，这是与众不同的，而朱先生的“立场”就是 HNC 的篇章参照点。

参照是唯一没有在综合类语义网络中设置相应一级节点的背景，为什么？因为自然语言里不存在表述不同层次参照的词语，用语言逻辑概念节点 l14 与概念 jgwa30c6n “挂靠”的方式来进行表述就足够了。例如，“来说”，其 HNC 映射符号为 l14+jgwa30c64+hPh，“就事论事”里的“就”为 l14+jgwa30c63，它是“就”字的特殊义项，其常用两义项为 l0320、luua0122，前者也可以更精细地映射为 l0323+g249a。

有的读者会惊呼，HNC 映射符号如此复杂，计算机当前不可能代替人工填写，HNC 词语知识库将是一个永远完善不了的浩大知识工程。这一惊呼是有道理的，是一个值得深思的重大问题，特别是在语料库的统计和学习浪潮方兴未艾的现在。词语知识库确实是一个永远完善不了的浩大知识工程，因为新词和词的新义在不断涌现，但是，同时也应该看到，未臻完善与使用的有效性是两个概念，未臻完善的东西可以具有很高的使用价值，第二次世界大战时期赫赫有名的“空中霸王”与现代的隐形轰炸机 B2 相比，太不完善了，然而在当年却发挥了巨大作用。一个人不能因为知识永无止境而拒绝学习知识，相反应该采取“活到老、学到老”的积极态度，词语知识库的建设更应该如此。HNC 词语知识库是完成词语空间与概念联想脉络空间相互映射的桥梁，是当前此类桥梁中功能最完备、潜力最强大的桥梁，其他一切桥梁都难以与它相提并论。其根本优势在于，知识库效用的增强与知识的增长成正比，不存在知识冲突的潜在危险，其知识结构既具有“残而不废”的独特优点，又具有“一劳永逸”的保险功能。这些高级知识的获得不是当前计算机的统计和学习所能胜任的，其初期骨架只能依靠人工填写，因为它是一项创造性劳动。忽视知识库建设中的创造性因素，一味依赖计算机的思路是有片面性的，人们对此应保持清醒的头脑。因此，我们在惊呼的同时，还应该感到庆幸，否则就不是全面的认识。当然，HNC词语知识库目前也面临着两项紧迫的严峻挑战：一是人为造成的错误知识表示的发现与改正；二是词语预期知识的机助学习与更新。

上面两段似乎偏离了本节主题的论述，希望能够深入浅出（但本文的“浅”是专业意义下的浅，对于不了解HNC符号的读者仍然是很深的，这我就无可奈何了）地表明，包括难以把握的参照知识在内的5项背景知识，在词语层面都提供了足够的信息，这些信息是用HNC符号表示的，要把这些信息变成现场知识，就需要对相应词语的HNC符号进行语义解释。在HNC理解处理模式中，知识的揭示归根结底都是对HNC符号的解释问题，但这个问题对背景知识特别是其中的参照知识的揭示更为突出。这项解释工作要比语义距离计算复杂得多，是语音文本时期软件回避的课题，而现在不能回避了。

背景知识揭示的难点在于相应HNC符号的解释这一说法，不能理解为这一难点的解决主要或全部是软件的责任。如Paper31附录英汉双语料段的最后一句话：

在她丈夫看来*，她的这个缺点||很难原谅

Re XBC X20

其中的“看来”是加了难点标记“*”的，这不是一个普通的单项难点，而是一项综合难点。《现汉》不收录的关键双字词“看来”是一个语用功能比较特殊的语言符号，它起着块扩判断句格式转换的作用，把该基本句类的DA变换成一个参照辅块。但它目前的HNC映射符号l14+jgwa30c64+hfK并没有给出这一信息，这是必须加以补充的。换句话说，目前的语言逻辑和“语法”概念基元（l、f语义网络）对语串之间信息传递方式的表述还需要加强，一些备用的变量节点，如l6y、l7y、l8y、lay以及更多的可扩充节点，如f41\k。基于语串之间和不同语种之间信息传递的表达需要，现在可以而且必须对这两类概念进行又一轮综合设计了。显然，这不是一类项寻常的探索，是有相当难度的。

情态（势态）知识的揭示首先应区分小情态与大情态两子类，小情态是指带有la、lb类信息的情态，大情态是指不带有这一类信息的情态。如例句

3.3** jD0J*7

而且速度||更快，

jDBC jDC

3.4** !31S0J*7

也更具**||全球性。

QE S0 SC

代表具有小情态信息的情况。而例句

7.3** Y30J*5

{把第三次**浪潮中的工具|……应用于**……|第二次**浪潮中的机构}

l0 TC RT0 TB

YB={!31114R511T0*31J}

只能 发挥*||一小*部分潜力。

QE Y30 YC

9.2** !31R011J*5

包括从*{通过*卫星|获取|的战术……情报}到……

R011 l5q l1 （Ya0）（YC） l5h

RB2Q=<!31Ya0J>

<地缘政治层次上的战略观点|的运用>*等。

（RB2） R511

RB2H=<!3121R511J>

代表具有大情态信息的情况。

这里的情态大小之说仅涉及形式而不涉及内容，情态内容包括事物属性的现实存在和潜在（的）存在。大小情态都可以包含这两种存在。揭示现实的存在比较容易，但揭示潜在的存在比较困难，近期可列入有所不为。例句 3.3 和 3.4 代表第三次浪潮的现实存在，这只要恢复省略成分就可以得到，属于显式现实存在。但例句 7.3 的现实存在则是隐含的，形式上它没有省略，实际上是“多数企业”的一种现实存在，即这些企业还没有认识到该句所陈述的效应。这一隐知识需要揭示，激活信息是明确的分号“ ;”，因此是可以做到的。例句 9.2 表面上存在明显的省略，似乎只是一个语义块省略问题。但这个省略十分复杂，表现在两个方面：首先，不能简单地把被省略的语义块理解为前一句里的“新的资产”，还应该包括军方对它的利用这一层含义，这就属于潜在性存在的揭示。其次，这里的“从……到”搭配所对应的内容在形式上不对仗。这很可能是译者的问题，因为这种不对仗不符合汉语的“规范”。从文字表达来说，也许把“获取的战术情报”改成“进行战术情报的获取”更好一些。但是，这一改动并不能改变被省略的 RB1 本身的复杂性，因为它本来就包含“新的资产”和军方对它的利用这两层含义。这一潜在性存在的揭示，我认为在近期应列入有所不为。

1.5 句类转换难点（5 号难点）

句类转换的概念是句类概念的必然产物，一些基本的句类转换知识是耀眼的亮点。让我们来考察 5 种类型的句类转换。

（1）第一类是基本作用句向被动承受句的转换，反应句和关系反应句向一般承受句的转换，广义作用句向效应句的转换。

这是汉语里 3 种常见的转换，都与西语主动-被动式转换相对应。3 类转换时所用的典型转换器（词）分别是“遭到、受到和得到”。转换都有正反之别，句类转换也不例外。上述转换是正转换，反过来的转换就是反转换。汉英互译时经常要进行第一类句类转换的正反转换。

（2）第二类是基本状态句和基本判断句向几种无特征语义块句类（包括 S04J 句类）的转换。

这一转换的本质是对基本状态句和基本判断句 E 块的省略，E 块省略的提法是对传统句法表述方式的一项补充，用句法分析的术语来说，就是句子并非都是 S=NP+VP 的形式，还有 S=NP1+NP2 的形式。这一补充对于汉语与西语的翻译具有“以简驭繁”的作用。“以简驭繁”一词是从朱邦复先生的《汉字基因工程》一书中借用来的，我很赞同汉字基因的提法，在《理论》的 Paper1 中实际上阐述了同样的思想。无特征语义块句类表面上似乎是汉语特有的语言现象，因此这一转换似乎只需要在西语汉译时加以注意，其实不然，汉语西译时也存在同样的转换，主要是汉语的 Sm0Λ（m=1,4,5,6）句类。例如，《红楼梦》里凤姐首次出场时那一大段关于衣着和形态的描写，翻译成英语时，大约就得转换成一组短语（介词短语或进行式短语）。那么，怎样看待这样的介词短语？我认为，那就是缺省两个语义块的（!30,!31）Sm0J 句类，是西语特有的 S04 句类，汉语与西语的这种表述差异仍然属于句类转换的范畴，是不同语种表述方式的典型句类转换之一。这一说法当然会引起争论，即使在 HNC 联合攻关组也不易得到认同，所以我过去一直隐而未说。

汉英互译过程出现的这类现象——西语的一些句子翻译成汉语要去掉动词（系词），一些介词短语要加上动词变成句子，汉语的一些句子或成语翻译成西语时也要作同样处理，句类分析也命名为句类转换。用句类转换来表述这一语言翻译现象不是追求“标新立异”，它确实就是 57 个基本句类之间的转换。当然，这种说法与西语关于句子和短语的定义不一致，所以把这一类句类转换叫作句子短语变换也可以。我过去也说过，无特征语义块的句子是汉语特有的现象，是迁就西语语法学的传统，实际上是“违心”之说。可以继续“违心”，我并不坚持一定要对这一语言翻译现象采用句类转换的说法，不过本文把它纳入第二类句类转换的范畴统一进行讨论。

第二类句类转换当然也有正反之别，正转换是指特征语义块从有到无的转换，反转换是指特征语义块从无到有的转换。在具体翻译时是否进行正反句类转换，当然要依据上下文的情况，不同的译者可能采取不同的方式，是最典型的两可处理，属于翻译过渡处理的艺术方面，这里顺便指定，张艳红的博士学位论文对这一类的艺术问题必须有所讨论。这里我想说的只是：句类转换概念的引进，对机器翻译来说，本身就具有把这一难点变成亮点的作用，当然句类转换知识不是仙丹，某些具体处理难点依然存在，但是它指明了解决这一难点的谋略或基本思路。至于第一类句类转换，难点基本上已不复存在。

（3）第三类是复句向因果、果因句的转换，主要是向因果句的转换。

这一转换概念的提出，是引言中所说“分化瓦解区别对待”策略的运用，也是“抓两头”策略的运用。我认为，复句的“两头”就是复合句类和因果、果因句。前者代表两个句子共用一个广义对象语义块的情况（一头），后者代表把两个句子先进行句蜕，而后合并成一个句子的情况（另一头）。所以，读者应该注意，HNC 的复合句类与传统语言学的复句是两个概念（说明 17：关于“复合句与传统语言学的复句是两个概念”的说法）。

在 57 个基本句类中，对特征语义块两侧的广义对象语义块都采用 BC 复合构成表示式的只有因果、果因句，其特殊性可见一斑。因果、果因句的基本句类知识是（下面的论述应该在“基本句类知识要点说明”里，这里是插入式叙述，将来应调整到“说明”里。“说明”才写了 11 篇，因 973 论证而中断，思考最忌讳中断，长时间的、不间断的、不知疲倦的“闭关”式深入思考是产生顿悟火花的必要条件）：

（a）在现代汉语里，因果、果因句只采用标准格式，所以列为广义效应句，编号为 43。但古汉语不是这样，例如，老子的名言“祸兮福所倚，福兮祸所伏”，就属于规范格式，而且是语义块的标记位于块尾的规范格式。

（b）因果、果因句的 JK1、JK2 都具有先验句蜕特征，这在全部基本句类中是独一无二的。其他基本句类也可以出现两个广义对象语义块的句蜕，但不具有先验特征。为什么？因为我们把因果、果因句定位于作用效应链的一轮运作。所谓一轮运作，就是涉及作用效应链的两个环节。因此，理论上任何表现作用效应链一轮运作的复句都可以转换为因果、果因句。反过来，任何因果、果因句也可以拆分成反映作用效应链两个环节的两个独立的句子。

（c）因果句可省略特征语义块，这时现代汉语的 PBC1 与 PBC2 之间往往加上逗号把两者隔开，因为现代汉语或口语的句蜕块不存在古汉语那种艺术至高境界的精练，一般是“货真价实”的。缺省特征语义块并以逗号隔开的因果句，如果不存在相应的 lby 标记，那就是 12 号难点。

（d）因果、果因句分别有两个姐妹句类。因果句的姐妹句类是势态判断句（编号 56）；果因句的姐妹句类是混合句类的关系素描句 RP11*22，RP11 取 v12m，例如，“长江发源于青海”，“印欧语系来源于古梵语”。把这一类句子定义为关系素描句是一项约定，目的在于突出因果、果因句的先验句蜕特征。

（4）第四类是任何句类向是否判断句（编号 51）的转换。

《理论》中未录用的“论题 22-1：关于‘是’小专家”中说：

> 这个清单把“是”的 16 个义项转化为 9 项判断，这一转化体现了句类分析先上后下策略的灵魂。“是”的语义有 16 项之多，但不能简单当做 16 选 1 问题来处理，首先要把全局（句类或句类转换）信息和局部（语义块内部）信息分开，“是”的复杂性主要表现在这里，而不在于义项的多少。在判定它的具体义项之前，必须先把这个大前提搞清楚：它是充当整个句子的 E，还是充当 JK 的块素？或者只是（jD,E）的转换标记？不搞清这个大前提，直接进行 16 义项选一处理是盲目的，也可以说是不可行的。

符号（jD,E）J 就是表示任何句类 EJ 向是否判断句 jDJ（编号 51）的转换。我曾多次说过，这一转换是无条件的，正是基于这一点，我在批评语言命题说的同时，也肯定命题说首创者亚里士多德的天才（大约在《理论》的“理解问答”中谈到过这一点）。这一项语言知识非常重要，可形成两项“理性法官”式的理解处理策略。

第一，大家知道，是否判断句是 E ~ JK 预期知识最贫乏的句类（几乎等于零），其预期知识仅存在于 DB ~ DC，对于转换形式的是否判断句，就必须利用转换前（或被转换）的句类所提供的句类知识进行句类检验。这是所有句类转换处理的基本策略或准则，也是 HNC 提出句类转换这一概念的谋略体现。没有句类的概念，既观察不到（至少是不能清晰地观察到）这一语言现象，也不会产生这一谋略思想。

第二，翻译过程 6 项过渡处理中的第一项就是句类转换处理，本节将这一过渡处理具体化为 4 个小类，每一小类都有相应的转换规则和转换原则。规则是死知识，好办；原则是活知识，难办。活知识就要善于抓两头，否则就可能陷入寸步难行的困境。（jD,E）J 概念的提出，就抓住了一个“两头”：汉语的（jD,E）J 语句在翻译成英语时，要变成原句类的被动式表达，这就是一位理性法官。例如，“这部电影是由张先生导演的”就是（jD,X）J 转换，英译应转换成被动式：

```
The film is directed by Mr. Zhang.
```

实际语言可能出现违法的句子，导致理性法官的判断失误，如果理性法官的失误都属于约定的有所不为范畴，那就表明理解处理系统的自明度接近百分之百了。

（jD,E）J 转换是汉语特有的语言现象［说明 18：关于“（jD,E）J 转换是汉语特有的转换”的说法］，翻译成英语的转换原则和规则都已齐备，也就是说已经有了理性法官。但反转换目前还没有理性法官，或者更具体地说，只有规则而没有原则，这就是句类转换处理的难点，对 5 类转换都同样存在。

（5）第五类是任何句类向存在判断句（编号52）的转换。主要有：一般反应句（编号 8）、一般判断句 D01J（编号 30）、一般承受句（编号 4）。

存在判断句的这一转换特性，曾列入“论题 22-2：关于‘有’小专家”一文（此文亦未入《理论》）的底稿要点清单，当时属于有所不为的范畴，故未写入正文。现在则必须纳入在所必为的范畴了。汉语的这一句类转换语言现象采用“有”的动静组合或高低组合方式构成特征语义块，如“有意见、有看法、有感情、有（所）考虑、有（所）发现、有约定、有责任”等。汉语的这种表述方式翻译成英语时就不像上面的第四类转换那样，可以委派一位理性法官去全权处理。在 5 类转换的过渡处理中，这属于最难的一类。

1.6　主辅变换难点（6 号难点）

主辅变换难点同句类转换难点一样，既是分析过程的难点，又是翻译过渡处理过程的难点，下面的所有全局性难点都具有这一特征。在研究这些难点时，一定要区分这两个不同的侧面。

关于分析过程的主辅变换，张艳红的硕士论文里有详细论述。这里只指出一点，就是《理论》p199（论题 9）中提出的双向变换和单向变换的概念，是处理主辅变换的关键。因为汉语双向主辅变换语义块的英译，一定要消除汉语的模糊性表达（双向的实质就是模糊主辅变换，也可以称为两可变换），变成英语的确定性表达，这一项知识可形成一位理性法官。

英语汉译的主辅变换与“关系”代词密切相关。而“关系”代词的处理，显然是英译汉的急所（围棋术语，第二部分有说明），除非你只处理不带这类代词的简单句型。“关系”代词处理的首要内容是：是代主还是代辅？是代句还是代块？对此能否找到理性法官？这是我们急需研究的课题。

上文在关系上面加了引号，因为这里说的关系代词比标准定义有所扩充，包括人称代词之外的所有代词，既包括那个万能的 it，也包括关系代词的连词功能。从理解处理来说，区分 that 是代词还是连词并不重要，重要的是确定上述问题的答案。如果是代辅，一般都需要在汉译时进行辅块到主块的转换。Paper 31 附录语料的第一个句子就出现了这种情况。

本节的简要论述当然需要相应的语料验证，这里主要是说明 HNC 提出主辅变换的独特思路和方式，它是否更贴近人类的实际翻译过程，请读者思考。

1.7　复杂 JK 构成难点（7 号难点）

所谓复杂的句子，实质上都是多个结构简明的基本句子的集成，而基本句子无非就是基本和混合句类。复杂的主要表现是复杂的 JK 构成。因此，对复杂句子的分析和理解，关键的一步就是复杂语义块的构成分析，也可以叫作复杂句的还原处理：就是把复杂的句子还原成集成的简明集成单元。如果你对这一段话感到难以理解，不要紧，后面会有通俗易懂的示例说明。

所谓复杂 JK 构成，指下列 7 种基本类型：

（1）同类型要素多项并列（要素并列）；

（2）要素的多层（嵌套）‖多项（并列）修饰；

（3）语义块=常规句蜕块；

（4）语义块=伴随分离、转换或块并合现象的变形句蜕块（说明 19：关于“变形异句蜕块”）；

（5）语义块的一部分（即语义块的要素或其修饰）=句蜕块；

（6）语义块=句蜕块嵌套；

（7）语义块的一部分（即语义块的要素或其修饰）=句蜕块嵌套。

上列 7 种复杂 JK 构成，统称 7 号难点，其不同类型将分别记为 7-m 号难点。显然，7-3、7-4 号难点可分流到 9 号难点，7-1 的多数情况并不能构成难点，因为文字文本的标点符号就往往给出了足够的信息。关于难点的上述表示可用于各号难点，这些表示符号完备之日，才是难点分析大功告成之时，这是需要各组特别是理论组共同努力的。

这个清单又是 HNC 独特思考方式的体现，站在句类表示式和句类分析的立场，你很容易联想起这个清单，这是一个非常简明的演绎过程。这个清单本身就是一位理性法官，倚仗它去考察语言现象就比单纯的统计或归纳更有效率。这个清单不能仅仅看作是问题清单，也蕴含着解决问题的基本思路，那就是句蜕块的概念。其中的常规句蜕块指早已定义的 4 种句蜕形式，这 4 种形式还可能出现分离或转换现象，这就是第四种类型，后面 3 种类型里的句蜕块包括常规句蜕或变形句蜕。

本文引言中说 HNC 联合攻关组在语音文本战线鏖战了太长的时间，我一直为此事深感不安。因为针对语音文本必须回避（即有所不为）的一些难点，对于文字文本是不能回避的，而句类分析有希望予以解决，从而打开自然语言理解处理的新局面。

现在可以说得更明白一点，我**最深感不安的就是复杂 JK 构成，在所谓“语音文本必须回避、文字文本不能回避、句类分析有希望予以解决”的难点中，7 号难点的前 5 项应列为重中之重，急所中的急所**。按预定计划，将委托一位博士后作专门研究。

本节最后，看一段语料。

> 邓小平同志是我党我军我国各族人民公认的享有崇高威望的卓越领导人，伟大的马克思主义者，伟大的无产阶级革命家、政治家、军事家、外交家，久经考验的共产主义战士，我国社会主义改革开放和现代化建设的总设计师，建设有中国特色社会主义理论的创立者。

这是邓小平先生逝世时国家讣文的第二段，共 6 个语串，没有插入语 fFK。对这 6 个语串可以有两种看法或分析方法：一是把 6 个语串看成 6 个句子，第一个句子是一个是否判断句 jDJ，随后的 5 个句子继承第一个句子的 DB 和 jD，都是省略 DB 和 jD 的（!31,!30）jDJ 句子；二是把 6 个语串看成一个句子 jDJ，这个 jDJ 拥有 6 个并列的 DC，即

```
DC=∑DC-m,  m=1-6
```

这两种看法或分析方法具有同等的理解效果，两种看法的后5个语段都归属于同一jDJ的DC，是典型的两可。从汉语传统来说，取第一种看法比较符合汉语的语情，但从语言的发展来说，第二种看法更便于与印欧语系接轨，因而我倾向于采用第二种看法。

这里顺便说一下语义块表示式中的两种数字表示方式：一是与大写英语字母并列的数字，即在特征语义块字母后面的代表基本句类的子类；在广义对象语义块基元（A、B、C）后面的代表语义块的对仗特征。二是列举数字-m，代表语义块、要素或块素的序列特征（说明20：一段删除）。

回到上面例句的分析。

第一语串是一个自足的是否判断句，其DC两次出现7-5号难点，并同时出现7-2号难点，整个语串还存在5-4号难点，因而是13号难点的典型表现（说明21：关于13号难点）。下面进行详细讨论。

先讨论两个7-5号难点。

第一个7-5号难点是“我党我军我国各族人民公认（的）”，第二个7-5号难点是“享有崇高威望（的）”。其激活因子分别是动词“公认”和“享有”。为什么这两个动词是7号难点的激活因子？首先是因为它们前面已经出现了是否判断句的特征语义块“是”，其次是在“公认”与“享有”之间出现了激活标记“的”。但是，仅仅指出这两点是远远不够的，还要进一步追问：对这两个激活条件如何给出一般表述形式？它们是否必须同时具备？

第一个条件的实质是对全局特征语义块EgK的确认，第二个条件的实质是对局部特征语义块ElK的确认。HNC已为两者的确认制定了十分详尽的策略（见《理论》的“论题”1～5）。这两个条件不需要同时具备，只需要其中之一。两者同时具备时产生相互加强的效果，使理解处理的置信度更高。两者都不存在时只能依次进行句类假设与检验，在1.13节中将对此作进一步阐述，这里建议读者思考一个问题，如果第一语段中的“公认”与“享有”之间不是“的”而是“并”，是否影响EgK的确认？

第二个7-5号难点是“享有崇高威望（的）”与其随后的“卓越领导人”一起构成1.2节中所阐述的[Structure1]，并满足[Structure1-1]条件。在确知这些结构（[Structure1]）里的动词是ElK时，它们就一定是句蜕块的基本构件，需要进一步进行句蜕类型的判定，这将在1.9节阐述。这里需要着重说明的是“卓越领导人”的3重角色。首先，它是jDJ的符合DB～DC预期要求的DC；其次，它是以“享有”为核心的[Structure1]的FKH；最后，它是以“公认”为局部特征语义块的句蜕块的构成部分之一。“卓越领导人”的这一三重角色可以从该语串的分解看得更清楚，这个复杂的语串实际上是下列3个句子的集成。

邓小平同志是卓越领导人。

邓小平同志享有崇高威望。

邓小平同志是我党我军我国各族人民公认的卓越领导人。

其中的第三个句子是“我党我军我国各族人民公认邓小平同志是卓越领导人”这一块扩判断句的（jD,D）转换形式。集成与还原都需要制定详尽的规则，也不难制定详尽的规则，但这不是本文的任务。为什么不难？因为我们已经拥有基本句类的完备表示式和混合句类的完备生成规则，拥有完备的句类格式知识，拥有日益完善的句类知识、动词和体词的HNC

预期知识，拥有一整套行之有效的自然语言理解处理策略。HNC 的根本优势就在这里，读者能理解否？

把上列 3 个基本句子集成后的第一语串是具有复杂 DC 构成的是否判断句，其 DC 要素为“卓越领导人”。它前面有两项并列要素说明——“我党我军我国各族人民公认的”和“享有崇高威望的”，因而它同时具有 7-2 号难点。第一项要素说明又是块扩判断句的（jD,D）转换形式，故整个语串还存在 5-4 号难点。

语料的第二、第三和第四语串，在上述语义块并列知识的引导下，情况比较简单，不用说明。

语料的第五和第六语串都呈现出十分复杂的情况。第五语串的动词“改革开放”和“建设”，由于两者之间存在“和”及“建设”后面存在“的”，它们的 Eg 资格立即被取消，也不纳入 2 号难点，在分析时就当作“总设计师”的修饰成分来处理，但英译时要进行比较复杂的语义块构成变换处理。第六语串形式上是[Structure1]，但检验结果将表明它不是[Structure1]，因为 FKQ、FKH 都不满足 E ~ JK2 的预期要求，是 7-2 号难点与 7-5 号难点的综合表现。这种结构在 1.2 节未予讨论，拟暂时纳入有所不为。

本节最后，给读者留下一道习题：“当前的日本就像一艘遭到破坏的船”是什么句类？存在什么类型的难点？

1.8 JK 分离难点（8 号难点）

语义块分离现象对特征语义块和广义对象语义块是不同的，我们历来区别对待。本节所论，仅涉及广义对象语义块分离，特征语义块分离属于 17 号难点。

在探求句类表示式的曲折过程中，曾引入过语义块具有封闭性的假设，语义块如果没有封闭性，就不可能存在句类表示式。或者从另一方面说，如果语义块随意分离，那语言块感知将十分困难甚至几乎是不可能的，因此，语义块的封闭性应视为语言科学性的必然要求。但是，语言还有艺术性的一面，它又要求适度的语义块分离。语言是科学和艺术的矛盾综合体，因而表现出语义块封闭性与分离性并存的奇特景象。这些基本观点在 Paper2 中曾有所阐述。

对汉语的语义块分离现象，已逝世的萧友芙老师曾同郝惠宁一起作过比较深入的研究，其知识表示方式已形成规范。句类分析软件也对汉语的语义块分离现象具备相当的辨认和处理能力。但是，汉语的语义块分离仍然存在一些不容忽视的残余难点。

汉语 JK 分离的残余难点与特征语义块动静组合存在密切关联性，待找到适当例句后对本节进行补充说明。

英语的语义块分离现象，我很不熟悉，没有发言权，也暂置不论。

1.9 句蜕难点（9 号难点）

句类表示式中最关键、最费思考、最难把握的知识是：凡显含内容的广义对象语义块都具有块扩或句蜕特征。但实际情况似乎显得非常复杂，有些显含内容的 JK 既不块扩，也不句蜕，如物转移句的 T2C；而有些不显含内容的 JK 却又经常出现句蜕，如关系句的 RB1 或 RB2；绝大多数含内容的 JK 似乎既可块扩，也可句蜕。这不仅是句蜕处理的难点，还似乎表明 HNC 语义块构成表示式中的内容符号 C 是一个虚无缥缈、没有实际意义的概念。

关于广义对象语义块必须引入对象和内容这两个特定概念的想法，在 1992 年的许多不眠之夜里，不知多少次从不同角度反复进行过思考和验证。这包括句子基本语义构成不仅需要众所周知的对象及其表现（这相应于传统语言学的主语和谓语）的概念，还需要对象与表现可以融合在一起构成广义对象的概念；主、谓、宾、定、状、补的传统内涵不仅需要进一步分类，而且需要进一步分解的概念；动词不仅需要本身特征的及物与不及物之分、配套特征的配价梯级的概念，更重要的是，需要引入表征配套特征的块扩与句蜕（当时采用的是扩展与融合这两个术语）概念。我在 Paper2 中对内容这个概念的复杂引入过程，作了详尽得近乎烦琐的叙述，却回避了对内容的扩展与融合（相当于后来的块扩与句蜕）存在重大区别这一重要问题的阐述，为什么？因为在这 3 个不同角度的思考过程中，块扩与句蜕的区分最为艰难，两可的矛盾在当时依然存在。

在 1995 年开始的汉语 I 型语料的标注过程中，对句蜕是现代汉语书面语常见语言现象（这本在预料之中）的亲身体验，对广义对象语义块内容基元概念 C 的醉人感受，加上“抓两头”的“职业”习惯，使我产生了对某些基本句类应赋予先验块扩特性，对另一些句类应赋予先验句蜕特性的想法。这两项特性是十分宝贵的基本句类知识。可是，这些知识竟然在 HNC 的大量文字论述中不见踪迹，为什么？

这里有许多令人遗憾的原因，但最根本的原因是家族遗传的灾难性浪漫（说明 22：关于家族遗传）。

HNC 探索过程中值得留下记录的东西，过去（1998 年生病之前）我说过的比写下的多，写而未存的比存下的多，如果没有张全的细心，这一灾难性后果是不堪设想的。

块扩和句蜕是这一灾难的重灾区之一，本文将作必要的补救。

薛侃的硕士学位论文偏重于具体句蜕现象的概括分析，本节将着重阐述句蜕这一概念的理论方面（说明 23：关于薛侃的硕士论文）。

句蜕的概念是对子句和“句子成分与词性对应”这两个经典概念的极为重要的发展。句蜕有 4 种基本类型，子句只是其中之一的原型句蜕；句子成分与词性对应的概念，只适用于简单构成的语义块，不适用于复杂构成的语义块。**语义块的本质是复合的。主语、宾语、定语、状语中出现动词，谓语中出现名词，是语言的正常表现或现象。然而，这一语义块的正常本质现象长期以来却被“句子成分与词性对应”的经典概念掩盖了。**

对 HNC 理论的误解之一就是认为句蜕和块扩的概念产生较晚，是在语义块和句类概念之后提出来的，这一误解来自于不了解 HNC 理论的形成过程，让我们重温一下《理论》的有关论述。

> 我们从句子整体结构的角度引入了因果表现的概念，并将果表现纳入 C 语义块。果表现就意味着“C 语义块可扩展为另一语句”，或简称 C 的语句扩展性。因为，所谓果表现，就是新的效应又会引发新的作用这一基本观念的具体体现。也就是说，语句表达时，将作用效应链再循环的功能交给 C 语义块来承担，而再循环的表达当然又需要一个语句。

除了单纯描述对象和表现的语义块之外，还有同时描述对象和表现的复合语义块。……这就是说，语言的表达对象及其表现可以融合在一个语义块里。应该把具有这种融合的表现与不具有这种融合性的表现区别开来，我们把前者叫作内容C，把后者叫作特征表现E。

两类对象，两类表现，表现与对象的融合性（注：即后来的句蜕），果表现的语句扩展性（注：即后来的块扩）。这四点，是形成E、A、B、C四种主语义块概念的理论依据。融合性意味着A、B、C实质上是广义对象语义块的构成基元。

（《理论》p53)

广义对象语义块（简记为JK）通常都具有内部结构，因此，JK也需要相应的表示式来表示这个内部结构（简称构成）。因此，需要引进JK构成基元的概念，从这一点开始，我就同菲尔墨先生分道扬镳了。本来我们就不在同一条道路上，他在追求对各种短语的语义命名，我在追求语句表示式。然而，我的语义块命名与菲尔墨的格命名是遥相呼应的。可是当我意识到JK的基元与句类相结合才是菲尔摩的格时，我豁然开朗，困扰菲尔墨先生的完备性问题对我已不复存在。菲尔墨先生的历史性工作可以划上句号了。

（《理论》p188)

但是，主辅语义块的区分只是一个起点，关键性的飞跃是在关于主语义块类型的思考中：对特征语义块E的类别基元和广义对象语义块JK的类别基元的发现，后者是前者的函数的发现，从而得到主语义块是句类函数的结论。这个结论标志着HNC理论对第二个理论模式，即语义块和语句物理表示式的探索已进到“蓦然回首”的境界。

（《理论》p193)

菲尔墨的“格”是不可分解的，他本人及其后继者似乎都没有想过语义角色也应有基元与复合之分，HNC对此作了深入的探讨，其中C角色基元的提出具有关键性，由此产生块扩和句蜕的重要思想。

（《理论》p232)

作为对HNC理论探索过程的要点描述，这几段文字是比较贴切的，文字上很不通俗，又不够通畅，对于不熟悉HNC的读者肯定如同听天书。我们常说：句类分析过程以语义块感知为切入点，以语义块构成分析为终点。那么，什么是HNC语句理论探索过程的切入点和终点？答案是语义块的复合构成和句类表示式。这就是上面4段文字以不同方式试图表达的同一内容。因此，不但不能说块扩与句蜕是HNC理论后来的发展，而且应该反其意而说之，HNC理论的探索过程正是以块扩与句蜕的概念为理论思考的切入点，不过当初叫作（内容基元的）扩展性与融合性而已。

在第一届HNC战略研讨会第二次会议上，我作了以“假设、透彻性与理性法官”为题的讲话，其中的假设之三采用了下面的公式表达形式：

实现初级自然语言理解的充分知识＝句类知识＋语义块构成知识＋语义块间预期知识
＋语义块内同行知识

为了揭示这一公式的本质，不妨给出另一种形式的公式：

实现自然语言理解的必要充分知识＝

语法知识＋语义知识＋语用知识＋情景知识
　　＋大规模真实语料的统计及范例知识
　　＋常识＋专业性知识

其中，第二个公式是假想的，但反映了当代主流计算语言学界的普遍共识。这两个公式的本质差异何在？后者是知其然的理性水平，前者是知其所以然的知性水平。表面上看，两者的前提有所不同，后者似乎比前者的认识更为全面。但是，问题的要害恰好在于：第一，后者更全面的前提恰好反映了它对计算机的自然语言理解处理缺乏必须从初级理解入手，逐步向中级和高级理解过渡的清醒认识。第二，后者对它所列举的各项知识还缺乏透彻的综合理解，还不明白，这些知识的大部分是不能独立直接使用的，还需要进行综合、抽象、提炼与转换，才能有效地为理解处理服务。那么，怎样进行这些知识的综合、抽象、提炼与转换？应该留有余地说，HNC 提供了一种答案，那就是第一个公式所表述的知识形式。不应该排除存在更好的综合、抽象、提炼、转换方式的可能。但是，你必须朝这个方向努力。在“论题 21”中（此文未入《理论》）曾引用过伏契克先生的话“人们，我爱你们，你们要警惕啊”，就是针对这一历史性需要而发出的友好呼吁。

王宏强模糊然而敏感地抓住了 HNC 假设 3 的潜在意义，他第二天的发言表明了这一点。我希望今后用“第三公理”来替代假设 3 的提法，并祝愿它能变成一个专用术语。

遗憾的是，《理论》和未进入《理论》的文字都只对第三公理“厚”的方面进行了论述，而缺乏变“厚”为“薄”的画龙点睛之笔。这需要理解深度与写作功力两方面的交融，我缺乏对此进行弥补的基本条件之一，但这里仍试图采用一问一答的方式尝试一下。

问：格语法、配价语法、中心语驱动语法、范畴语法和乔姆斯基的管辖约束理论都明确提出了从中心动词联想主语和宾语的思路，HNC 的句类表示式不过是这一思路具体化的方式之一，它在思路方面究竟有什么发展？

答：你可以继续坚持说句类表示式只是上述思路的具体化，但你置上列引文于不顾的“坚持”清楚地表明，你既没有综合考察全部基本句类表示式，也完全不了解句类知识的含义，所以，你的坚持是非常盲目的。你了解哪些基本句类必须依靠 JKm ~ JKn 之间的关联性进行句类检验，而不能依靠 E ~ JKm 之间的关联性吗？你了解哪些句类 JKm ~ JKn 之间的对仗性知识是句类检验的关键吗？你了解哪些句类具有先验块扩的特征，而先验块扩就表示该句类的语句在多数情况具有两个中心动词吗？你了解哪些句类具有先验句蜕特征，而这些句类的语句经常出现格式转换和主辅语义块变换吗？你了解句类检验存在要素方式与全局方式、充分性与必要性的根本区别吗？最后是，你了解哪些句类的 E 与哪些 JKm 具有关键性的关联知识吗？这些知识是语句理解处理的基本保障。但是，除了最后一项知识之外，上述语法理论对其他各项知识曾加以考虑吗？其理论框架能够容纳吗？在你对这些问题有所了解以后，欢迎你再来继续讨论。

我经常说，自然语言理解必须从语言空间升华到概念空间，上列知识就是升华的具体内容。不以这一升华为基础的理解处理思路或方案是永远不可能与大脑语言感知模式接近和接轨的。

第三公理中的第一项知识与 1 号难点及 5、6、8、10、11、12 号难点相联系，第二项知识与2号难点及7、9号难点相联系。这里"联系"的意思是：此类知识是处理这些难点的基本"武器"。

第二项知识的灵魂概念是句蜕。你作出了句类假设，该句类各广义对象语义块的类型是已知的，某一广义对象语义块是否先验句蜕或可能句蜕是已知的，因此，对哪些语义块应作要素检验，哪些应作全局检验，软件是心中有数的。心中有数是成功的主观保障，心中无数是失败的主观根源。做任何事情都是这样，句类检验也不例外。对于需要进行全局检验的语义块，又一次遇到动词是正常现象，没有又一次遇到反而是不正常现象。因此，何惧汉语句子里的多动词现象？对Eg之外的动词在局部范围进行句类分析就是了。HNC把处理策略挂在嘴边，为什么？因为策略不明，寸步难行；策略洞明，迷雾消清。

那么，全局检验（也叫局部句类分析）就没有难点了吗？当然不是。它会面临整句句类分析同样的所有难点，当然也可以运用同样的知识，按照同样的策略和步骤去进行处理。也就是说，在句蜕块内部将出现句类分析三部曲的小循环，甚至这个小循环里又嵌套着另一个更小的循环。这就是1.7节所说的7-7号难点。

这个大小循环的思路本身并无新意，传统句法分析也具有这一思路。差别在于两点：第一，句类分析为从大循环转向小循环提供了足够的预期知识，而传统句法分析离这一目标还有很大的距离，庞大的句法树库计划就是为了这一目标而制订的，但我很怀疑它的可实现度。第二，句类分析可以为各类、各级句类检验提供统一的多层面的有效预期知识，而句法分析依然处于痛苦的探索时期，对大规模真实语料词语共现频度统计的过分依赖实际上就是这种痛苦的具体表现。

本节最后，应该说明的是，就句蜕处理本身来说，其难点仅在于：第一，句蜕块包装的辨认，特别是多重包装的辨认，第四类常规句蜕也可以纳入包装的范畴。第二，变形句蜕的处理，这也许需要暂时列入有所不为。但是，就语义块构成来说，句蜕现象几乎无所不在，它不仅可以出现在JK、fK的任何部分，甚至可以以广义QE的形式出现。这些难点已不完全属于句蜕的范畴了。

本节的思考题是：为什么在1.2节里对[Structure1]没有考虑E ~ JK1检验？如何加以补充？

1.10　块扩难点（10号难点）

块扩知识是所有基本句类知识中最耀眼的亮点。

那么，块扩还有什么难点？

上一节说到"抓两头"的"职业"习惯，使我产生了对某些基本句类应赋予先验块扩特性的想法。敏感的读者会问：还有非先验块扩吗？

回答是：先验块扩不仅是理论表达的需要，同时也是软件处理的需要，即工程需要。这里先验的意思就是赋予某些基本句类一个与众不同的特性：它需要两个特征语义块，而不是一个。而且，这两个特征语义块不是一个全局，一个局部，即不是Eg与El的从属关系，而是因果关系或序列关系，两个E块应该分别记为Ep和Er。

为什么上面的论述中用了"赋予"这个词？难道语句的特性可以人为地赋予吗？

当然不能。

但是，应该指出，一个语句里前后两个特征语义块的上述两种关系是语言的客观存在，在书面语中，更是普遍的语言现象。从句类的角度对这一语言现象予以考察，可以十分清晰地看到：经常出现两个特征语义块的句类，可以明显地分辨出两类，一类是两特征语义块具有明确的从属关系，另一类是具有明确的因果或序列关系，当然也有介乎两者之间的情况。此外，经常出现两个特征语义块的句类也可能在一个语串里不出现第二个特征语义块，如信息转移句。面对自然语言的这些"调皮"表现，我的"抓两头"及"职业"性习惯使我认定，先抓住哪些必然要明确出现两类关系的两特征语义块的句类，在工程上是明智的策略，为此即使适当增加句类代码也是值得的。这样，就产生了先验块扩和先验句蜕的概念和术语。上文中的"赋予"一词即来于这一背景，先验块扩与先验句蜕确实存在"赋予"的成分。

基于抓两头的思路，HNC 定义了 7 个无条件块扩句类（说明 24：关于 7 个无条件块扩句类）和两个有条件块扩句类。7 个无条件块扩句类是：作用效应句（编号 2）、信息转移句（编号 17）、扩展替代句（编号 25）、扩展双向替代句（编号 26）、扩展主从关系句（编号 28）、扩展双向关系句（编号 29）和块扩判断句（编号 31）。两个有条件块扩句类是：一般反应句（编号 8）和一般效应句（编号 38）的子类 Y30J。前者的条件是：Ep:v7121；后者的条件决定于概念节点 331 的具体反映射动词。为什么要对 Y30J 加以特殊"照顾"？因为效应概念节点 331 与信息转移概念节点 232、思维概念节点 822 强交式关联。

定义先验块扩的工程考虑在于，消除句类知识的不确定性或模糊性，把这一模糊性转嫁给个别词语的多句类代码特性，这显然有利于思考方式的净化。同时，也有利于词语 HNC 知识表示的填写：只需要注意词语的个性特征，而不必重复填写句类代码中已包含的信息。

除了先验块扩的句类之外，是否还有非先验块扩的句类？理论上当然是存在的，而且大量存在，因为语义块基元 C 本来就具有这一特性嘛（见 1.9 节引录的第一段引文）。但是，为了工程思考的净化，或软件处理的便利，我们把所有非先验块扩的情况都纳入句蜕。说穿了，这个便利就是为了充分发挥句类代码及其句类知识的灵魂统帅作用。

为什么可以纳入句蜕？因为我们定义了原型句蜕，在形式上，原型句蜕与块扩是没有区别的，这就是引入原型句蜕这一概念的奥妙所在，是第二部分要专门论述的所谓处理策略思想的妙用。句蜕有 4 种基本形式，如果专抠形式的话，你可以争辩说，原型句蜕不是句蜕，是块扩，这种"抠"法就是书生气的表现了。

这样说来，块扩的子句与原型句蜕的子句不就没有区别了吗？软件处理不是照样要面临两可的疑难吗？不！别忘了句类代码的灵魂统帅作用，块扩句类的块扩子句是不能转化为要素或块素句蜕的，而原型句蜕的子句却可以进行这一转换。自然语言很"调皮"不是吗？但正式体以上的书面语是不能这么"调皮"的。谓予不信，可以验证。

综上所述可知，先验块扩就是块扩，因为已不存在非先验块扩。但句蜕却有先验与非先验之分，先验者，相应句类的语义块表示式中显含内容要素者也；非先验者，不显含内容要素者也。

上面的论述以前我说过多次，但形成文字还是第一次。这样的浪漫性失误实在是太多了，……写到这里，我的心情很不平静，往事与近事的许多痛心情景浪涛般涌上心头。人们常说"江山易改，本性难移"，这句话里蕴含的哲理，应该以不同的参照标准运用于客观和主观，贤者和愚者的根本区别，也许就在于这一运用吧。

本节最后，应该回答的两个问题是：为什么说块扩知识是所有基本句类知识中最耀眼的亮点？块扩处理还有什么难点？但我宁愿把这两个问题作为本节的思考题，留给读者（说明25：关于“块扩是最耀眼的亮点”）。

1.11　省略难点（11 号难点）

省略属于自然语言多重（语音 5 重、书面语 3 重）模糊中的所谓冗缺指代模糊的“缺”。这个“缺”是缺漏和省略的统称。语音识别时的吞音失误，书写、誊写、排版以及其他原因造成的遗漏，都属于缺漏，不是省略。缺漏是语言应有信息不合理的“缺”，或来于主观因素的失误，或来于客观因素的丢失。省略是语言应有信息合理的“缺”，是语言艺术性的需要。两者的共性表现是“缺”。省略的定义已在 1.3 节中说明，哪里使用的术语是缺省，即这里的省略，也就是说，“冗缺指代”里的“缺”有缺漏与缺省之分。这些话我早就应该交代的，到今天才在这里写下来，深感歉疚。

缺漏处理应暂时有所不为。当然，如果开发 HNC 校对系统，它是首当其冲的两急所之一，另一急所是消冗处理。

1.3 节说明了省略的两种基本类型，给出了两类主块省略和两类语义块构成省略的理论概括，这一理论概括是考察和处理省略难点的基本依据。显然，如果没有句类表示式，是不可能给出这一概括的。

在书面语中，省略的内容通常应在上下文里有所交代。根据句类表示式的引导信息，利用句类检验的手段，省略处理理应不存在根本障碍。然而，语言的艺术性表现（调皮现象）也会使得省略处理出现十分复杂的情况：被省略的语义块或其一部分不与上下文中特定的语义块、短语或词语完全对应。这一不完全对应有两种基本类型：一是对应具有不确定性，如 1.4 节所分析的最后一个例句；二是有所扩展，即作者在上下文中的交代不够完整。

因此，省略处理难点实质上就是深层情景知识——潜在性存在揭示的难点。

省略处理的基本依据是句类表示式，如果同时存在多句类代码难点，那么，究竟是否存在省略或省略了什么都处于待选状态。这时，省略处理的困难就同多句类代码难点交织在一起了。

指代从某种意义上说也是一种特定形式的省略，上面关于省略难点的阐述同样适用于指代。所以，指代与省略处理应采用同一核心软件模块。

1.12　因果句难点（12 号难点）

因果句难点，表现在两方面：一是 E 块 P21 的省略；二是句间情态知识的揭示。所谓因果句难点实质上是 E 省略与情态揭示两难点的综合效应。看下面的例句。

随着汽车工业的飞速发展，
行车速度不断提高，
汽车交通事故也急骤上升，
汽车司乘人员的安全问题已越来越被人们所关注。

这 4 个语句是一个 3 级连锁的因果句。前两个语句构成第一级因果句，中间两个语句构成第二级因果句，后面两个语句构成第三级因果句。

这 3 级因果句都省略了 P21。但第一级因果句由于有“随着”（l16121）的强提示，依靠因果句的基本句类知识，不难辨认。第三级因果句的提示信息也比较强，只有第二级因果句的提示信息比较弱。提示信息分别是：

也	ljluua0120；luua0442
越来越	uu53

把这些提示信息转化为情态知识的激活信息，当然需要对相应 HNC 符号的解释程序，这不在话下。由此可见，因果句难点主要不在于 P21 的省略，而在于对前后语段“因果”关系的判定。上面所陈述的连锁因果现象并非普遍规律，而只是一种特殊情况。一般情况是连锁因果与平行因果交叉并存。所谓平行因果是指多个因造成一种果，或者是一个因造成多种果，或者是多个因造成多种果。自然语言本身并不严格区分这三类因果，而情态知识的准确揭示，则必须加以区分。因此这一知识的揭示往往超出了语言本身，需要世界知识的支持。结论是：因果句难点的彻底消除不是中级句类分析的任务。

1.13　难点的综合表现（13 号难点）

多项全局性难点同时出现的情况称作 13 号难点（说明 26：关于 13 号难点）。

在一个语段中，20 项难点不出现、单个出现和多个同时出现的相对比例是 HNC 最为关心的基本数据之一。

在附录中，标注 13 号难点的语段并不多，但是，由于各项难点固有的交叉性，标注的结果并不能完全反映实际情况。应该说，有显式与隐式 13 号难点之分，标注的只是显式 13 号难点。

1.14　体词多义模糊难点（14 号难点）

从本节开始，讨论局部性难点。难点及其处理策略的说明将同时进行。

HNC 对体词的定义是：凡概念类别栏目中带五元组符号但不以单个 v 为第一属性的词，都属于体词。这就是说，vB//vC 类词语也属于体词。按照这一定义，体词之外，另有动词和虚词。3 类词之外，各种语言还有语素符号 h//q。

动词的定义是：概念类别栏目中带五元组符号并以单个 v 为第一属性的词。

虚词的定义是：不带五元组符号的语义块标记和说明符，即与相应 l 类概念对应的词。

这些定义与传统定义有共同点，但又有根本区别。为什么不照搬传统定义？为什么还另外定义了特殊符号 f//h//q？《理论》对此论述过于简略，将另写长篇专文加以说明（说明 27：关于五元组符号与词类）。

汉语的体词多义模糊难点与西语有重大区别。一般来说，汉语的双字或多字词在纯体词意义下的多义模糊比西语小得多，单字体词的模糊度大体与西语相当。但汉语体词与动词的兼类现象远比西语严重。例如，“领导”，按上述定义，属于体词而不是动词，语料标注时属于 14 号难点。由此可知，所谓 14 号难点，其第一类表现就是体词的动词兼类现象，是 2 号甚至是 1 号难点的另一表现形式。

14 号难点的第二类表现是体词兼有 h 特性，如“好，里，界”等。

14 号难点的第三类表现是体词兼有 hv 特性，如“上，下”等。

软件对汉语 14 号难点的处理，必须区分这 3 类表现，分别采取不同的处理策略。3 类表现的区分在词语知识库的概念类别栏目中有明确的指示信息，对于文字文本，处理前提是毫不含糊的。

对第一类表现，关键举措是查看该词前面有无上装 QE 或 Eu，或后面有无下衣 hv。如果上装前或下衣后无“的”，一律先按动词处理，否则一律先按体词处理。

对第二类表现，关键举措是确定组合处理的方向，是仅作前向组合处理还是要作双向组合处理？处理方向的引导信息在字知识库中应有明确指示。对语音文本，曾把这一处理叫作段接处理，对文字文本仍然可以沿用这一术语。

对第三类表现，关键举措是先作前向组合处理。如果前面是单音动词，先作为 hv 处理；如果是 QE 或 Eu，先作为动词处理；此外（包括双音动词情况）一律先按体词处理。

14 号难点为局部性难点之首，体现了下列各项难点（包括 17 号难点）的共性。前后向组合处理是解决这一难点的关键。为什么叫局部难点？一方面它属于语义块内部构成问题，另一方面它的前后向处理是紧邻的，不像句类检验那样，通常需要远距离操作。所谓前后向处理是语言学的基本常识，这一提法本身并无新意。但 HNC 为这一处理的实施提供了新的“工具”，这就是 HNC 符号本身所体现的概念关联性（包括同行性）。

上面只针对语词的概念类别特征作了局部处理的共性说明，实际处理时当然还需要利用语词的个性特征。例如，“领导”一词，如果前面紧跟特定人名，则应先作动词处理。但应注意，汉语的“特定人名”可能出现歧义，紧跟的约束并非绝对保险。例如，“张全式领导”这 5 个字就有歧义，这种歧义只能靠上下文的基本语境信息来解决。

本节命名为体词多义模糊难点，但从模糊表现的上述具体说明可以看到，这里的“义”是广义的，不只是通常意义下的语义 semantics，也包括通常的词性兼类现象，而汉语的词性兼类实质上是词的语用问题。

1.15 两可双字词或多字词难点（15 号难点）

本难点实际上是所谓汉语分词难点的理论方面，而最后的 20 号难点是分词难点的实际方面。

关于分词问题，请参看未列入《理论》的“论题 21：二论中西语言的基本差异”。分词这个术语不太妥当，更不要说分词“瓶颈”说了。但该术语已赢得社会认同，只能入乡随俗。但必须认识到，这一术语里“分”的本质是“合”。黄侃说：“积字成句，一字之义果明，则数字之义亦必无不明。”[①]当然，季刚先生的“积字成句”一语在字面上不够精密，因为在字与句之间存在一个不可缺少的层次——语义块。用 HNC 的术语来说，应该是“积字成块，积块成句”。但“积字成句”这 4 个字是一个高度概括的引导语，这段话的要点在后面的“一字之义果明，则数字之义亦必无不明”这一重要论断。把一字之义的“果明”与数字之义的

① 黄侃.2006.文心雕龙札记.北京：中华书局，125 页.

“必明”联系起来，是非常杰出的语义组合化思想，是针对汉语的语义组合化乃基于字义组合化这一基本语言现象而提出来的。季刚先生这一论断的要害在于那个“果”字。“果”者，上下文联想处理之结果也，意味着“**而不可断取单词**”[①]也。

季刚先生所倡导的这一字义组合化思想，是汉语语言文字学研究的优秀传统之一，汉语文字文本处理应该继承这一传统。具体来说，在分词难点的理论方面，关键不在于制定分词标准，而在于如何通过“一字之义”之“果明”，以求得“数字之义”之“必明”。在分词难点的实际方面，更应如此处理。不在这个基础上进行扎实研究，并有所突破，而仅仅在算法上（包括统计算法）下工夫，即使能取得一些工程上的明显效果，对理解处理的深远探索目标终究不会产生实际的裨益。我多次说过，某些计算语言学家对语料库语言学重要性的过分宣传，将对理解探索形成一种误导，就是这个意思。

当然，走“果明”到“必明”之路是一个巨大的挑战。西方的一些语言学流派，特别是后乔姆斯基的结构主义流派，对此既有许多精辟的理论阐述，又有许多独到的实际研究成果。[②]但他们都未能产生句类思想的顿悟，因而都未能形成明确而具体的从“果明”到“必明”的完整理论体系和技术实施谋略。现在，由于句类分析技术的诞生，这条路出现了“柳暗花明”的转折。

从“一字之义”之“果明”到“数字之义”之“必明”，不仅是对广义对象语义块构成分析过程所有局部性难点的高度概括，也是对语义块感知过程特征语义块构成分析的高度概括。也就是说，这条原则关系到句类分析三部曲之第三部和第一部。本节和1.18~1.20节所论，属于广义对象语义块，1.17所论，属于特征语义块。上一节与下一节所论，则涉及两者。

局部处理首先要搞清楚一个基本前提，就是它是否依赖于全局处理结果的引导。当然，这个基本前提存在两可疑难，但不能因此而放弃对这一基本前提的先验规定。HNC的先验规定是：基本概念短语的局部处理不依赖于句子的全局处理结果。研究15号难点，首先要利用这一先验规定。

基本概念短语具有8种类型，独立（基本）类型5种，从属（说明性、补足性）类型3种。5种独立类型是：序次短语、时间短语、空间短语、数量短语和质类短语；3种从属类型是：程度短语、普遍属性短语和伦理属性短语。构成这8类短语的核心概念分别属于基本概念语义网络的8个一级节点。

对5种独立类型基本概念短语的成功分析与生成可以看成是进入自然语言处理圣地的门票，4年前当我们开始想到展示HNC的效用时，曾试图从取得这张门票入手。刘志文先生和张全博士曾为此作出过重大努力，为配合这一努力，我专门写了一组小文（见《理论》“论题11”的附录）。今天参加“中文之星”公司音字转换技术的鉴定，在十分感奋的同时，也有一些吃惊，例如，经过25亿汉字超大规模语料库的统计学习，却竟然未能取得这张门票。这不能不说是一个“一叶知秋”式的启示。那么，HNC处理方式能否更上一层楼甚至攀上顶层？

在我写那些小文的时候，对这一点可以说是深信不疑。今天，HNC虽然已进入自然语

---

① 黄焯.1989.黄焯文集.武汉：湖北教育出版社.

② 林杏光.1999.词汇语义和计算语言学.北京：语文出版社.

言处理的“中堂”，但似乎是利用特殊身份进入的，并没有交验那张门票，为什么？因为并没有进行相应的检验。如果总结这里的经验教训的话，我觉得主要问题既不在于理论方面，也不在于技术方面，而在于组织管理方面。所以，最近制定的课题管理条例对于HNC事业的发展是关键性的，虽然它还很不完善。没有这一条例的有效贯彻实施，这10万字的专文将只是一堆废话。

我写下上面的话，是因为我担心HNC技术的发展有可能出现这样的不协调状态：全局性难点处理表现优异，但局部性难点处理表现一般甚至低下。局部性难点处理需要细致的、技巧高明的、精益求精的长期朴实积累，需要对繁杂语言现象与重复性脑力劳动具有坚韧的耐心。局部性难点处理同样可以写出很有价值的论文，但论文不等于技术完善，而这一完善化是以上述朴实与坚韧精神为必要条件的。当前的科研大环境非常不利于这种精神的培育与发扬，HNC联合攻关组也难以有所作为（说明28：关于检验与测试）。

15号难点具有典型的繁杂性，读者从上述的一组小文就可以充分感受到这一点。然而，这组小文所论述的5种独立类型的基本概念短语，只是繁杂性适中的局部性难点。

按繁杂性标准，15号难点处理可依次给出下列清单：

01　包含性概念局部组合处理。

02　特指与泛指的局部组合处理。

03　对比性概念局部组合处理（如“老中青”、“难易”、“喜怒”、“有无”）。

04　对偶、对仗性概念局部组合处理，包括以“、”号标志的对仗性组合。

05　5类基本概念短语的局部组合处理。

06　同位语局部组合处理（包括以“—”号标志的同位语）。

07　uv类概念组合处理。

08　uu类概念组合处理。

09　u类概念局部组合处理。

10　vv类概念组合处理。

11　vB类概念局部组合处理（如“扫黄打假”，“杀人放火”）。
（注：后者是vB-vC组合。）

12　vC类概念局部组合处理（如“得好卖乖”，德育与智育）。
（注：德育，即道德教育，形式上是偏正结构，实质上是vC反结构。）

13　Bv、Bu类概念局部组合处理（如“人去楼空”、“山高水长”）。

14　Cv、Cu类概念局部组合处理（如“德高望重”、“心广体胖”）。
（注：后者是Cu-Bu组合。）

15　vu类概念组合处理。
（如“健全体制”、“体制健全”、“公司的体制还不够健全”）。
（注1：前者是vC结构，后两者实质上都是Cu结构，但vu类概念的Cu结构可扩展为S04句类。）
（注2：HNC所定义的各种组合结构也拟另写专文详述。欠债甚多，非虚言也。）

16　问话处理。

17　否定性陈述局部处理。

18　正反性陈述局部处理。

19　名词性活跃语素组合处理。

20　列举局部处理，包括列举省略处理。

21　逻辑组合（包括多元逻辑组合）概念的联想处理。

这个清单大体上是 15 号难点的大全。大部分单项使用了“局部处理”，表示只考虑局部性组合处理，并不表示它不出现（当然罕见）分离的特殊情况。不带“局部”修饰词的处理表示需要考虑远距离搭配的情况，如英语的“问话处理”，其“？”与相应语词的配合总是远距离的。

单项 1 到 4 是最基本的局部组合处理。甚至在语音文本的鏖战时期，都试图在这一局部战线有所突破，读者从《理论》的“论题 23”可以看到这一明显意图。

下面对这个清单的前 5 项作详细说明，即采用《北京青年报》的写作方式，虽然我曾把这种写作方式贬为“懒婆娘的裹脚布”。但我做不到言简意赅式的通俗，只好依靠“裹脚布”了。清单其余部分的论述将放到本文之外。

1.15.1　包含性概念

包含性概念是传统语义学中上位与下位概念的一个特别重要的子集。HNC 层次网络的设计本来就具体体现了概念的上下位关系，为什么还要另行设计一类特殊的包含性概念？因为一般高层（上位）概念对低层（下位）概念的“包含”不具有可数、分离而且不交叉的可分性。而这一特性非常宝贵，是常识精华的典型范例之一，所以专门为它另行设计一个表示符号“-”，这个符号应视为一个局部处理的激活因子。

包含性概念和特指包含性概念的一般表示式分别为

yy-　　yy-0　　yy-0-　　yy-00　　yy-00-　　……

fyy-mn　　fyy-mn-mn　　……

表示式中的变量 yy 包括字母与数字，字母与数字的长度不定。变量 mn 仅包括数字，长度约定为 16 进制两位。

如果读者想获得包含性概念的感性认识，请参看《理论》“论题 11-2”。这里补充说明三点：第一，数字 0 的两旁都带符号“-”的概念属于不定性或临时性的包含层次，如行政区域划分里的“专区”，时间划分里的“旬”，战争时期划分的战区，经济建设中划分的各种区域等。第二，包含性概念多数具有一定的总层次，这一点与对比性概念类似，但对总层次未加说明。为什么？因为多数包含性概念总层次的历时性较强而共时性较弱，因此，把这一知识放在相应概念的常识库里比较适当。第三，可数性是包含性的必要条件，而“体面线点”并不符合这一条件，为什么也纳入了包含性概念？HNC 符号所定义的“体面线点”是实际（物理）的而不是抽象（数学）的体、面、线、点。面是体的表面，线是表面的相交线，点是相交线的交叉点或有限线段的端点。这样，任何体的面线点就都是可数的了。视觉实际上就是依据这一定义下的“面线点”加上色彩去感知静态物体的。

特指包含性概念一般具有偏正结构，如辽宁、吉林和鞍山的 HNC 映射符号分别是

辽宁　　fpj2*01/fpj2-6
吉林　　fpj2*01/fpj2-7
鞍山　　fpj2*01/fpj2-6-mn+pwj2*m

符号 fpj2*mn 代表具体的国家。约定 mn 按 16 进制取数，其中 fpj2*00 打算用来标记联合国，主要国家的表示式如下（说明 29：关于国家的符号表示）：

中国　　fpj2*01+fwj2*4-1
美国　　fpj2*02+fwj2*4-3
俄国　　fpj2*03+（fwj2*4-2,fwj2*4-1）
日本　　fpj2*04+fwj2*4-2+wj2*8
德国　　fpj2*05+fwj2*4-2
英国　　fpj2*07+fwj2*4-2+wj2*8
法国　　fpj2*08+fwj2*4-2
意大利　　fpj2*09+fwj2*4-2
加拿大　　fpj2*0a+fwj2*4-3

1.15.1.0　包含性概念组合规则

规则 1　串行（高低）组合规则
高层＋低层（汉语）
低层＋高层（西语）

包含性概念的串行（高低）组合，是用高层说明低层，高层是低层的修饰。具体组合方式与语种有关，但每一语种都是有规律的。就汉语来说，包含性概念的高低组合时一定是高层在前，低层在后。西语反之。

对于特指高低层概念，串行组合时其变量 yy 必须严格相同，否则就是错误的组合。李应潭教授曾提出过“辽宁鞍山”与“辽宁吉林”的难点（指：前者是一个地方，而后者是两个地方的判断），我告诉他，这个难点对于句类分析已不复存在。理由很简单，就是由于引入了包含性概念及其相应表示方式。

规则 2　并行组合规则
两包含性概念组合必须具有一定程度的对仗性
两特指包含性概念直接组合必须严格对仗

包含性概念并行组合是对事物的列举，因此，没有一定程度的对仗性是不合逻辑的。“辽宁吉林”属于特指包含性概念的并行组合，在不加组合符号 l43 的情况下，两者必须严格对仗。所谓严格对仗，指不仅 yy 相同，而且包含性层次也相同。对相邻两包含性概念是串行还是并行组合的判断，就是依靠对其类别符号和层次符号进行解释。这里的解释是什么意思？主要是对 HNC 定义的挂靠型概念作整体处理，例如，将 pj2 理解为国家，将 pwj2 理解为城市，将 wj2*m 分别理解为水域（m=0~3）、陆地（m=4 ~ 7）、岛屿或半岛（m=8,9）。其次是对符号“-”、“*”及其随后的数字独立处理。

1.15.2　特指与泛指概念

特指与泛指是命名（指称）的两方面需要，特指用于命名的个体表达，泛指用于命名的群体表达。命名的复合构成常采用特指与泛指相互组合的方式。特指与泛指这两类概念，不是上下位关系，而是个体与群体的关系。特指本身又分两种表达方式：具体型与指代型，HNC 分别用 fy 和 l91m 来表示。变量 y 可取 HNC 所定义的除 1、jl 之外的全部基本概念类别符号，常用的有：

fpj2*	特指的国家、省、县
fpwj2*	特指的城市
fwj2-	特指的地区、地点
fwj2*k	特指的洲、洋、海、山、河、湖、岛、沙漠、平原等
fpemn*k	特指的政党、公司、组织、团体、家族
fpmn*k	特指的名人
fpwmn*k	特指的品牌

表示式中的 mn 取相应基元概念的层次符号，以表示具体的内容。“*”表示挂靠结束，后面的数字“k”（可以多位）表示约定的说明。

西语对上列特指概念一律采用首字母大写的表示方式，一望而知为特指概念，但并不能由此知道特指的内容，因为它往往把内容省略了。汉语则一般采用

特指＋泛指

的复合（组合）表示方式，虽然不具有“一望而知”为特指的优点，但实际上不仅指明了特指，还指明了具体内容。应该说中西两种方式各有千秋吧。HNC 对特指概念的表示方式吸收了中西两者的优点。

在设计特指概念过程中，曾遇到两个困扰：一是特指的人名；二是特指的事件名称。人名的表示本身就具有复合特征，汉族最为简单，有些民族十分复杂。因此，人名采用 f30*m 的特殊形式来表示。概念节点表的细心读者可能注意到，对 f30*m 中 m 的具体设计，后面特意留下了待定符号“....”，那是为人名表示比较复杂的民族预备的。至于西方人喜爱的宠物专名，HNC 的表示比较简单，直接采用 fjw62*方式就是了（说明 30：符号*与符号\的区分）。

特指事件表示的困扰是由于基元概念类别符号的约定省略而引起的。曾经使用过的替换方式是 f*mn，与上列特指概念一样，mn 也取相应基元概念的层次符号。这一表示方式是否形成标准？如果没有回应，我就认为大家认可。

特指与泛指概念还有绝对性与相对性之分，西方语言学对此有十分深入的研究，这里不来介绍，因为与当前的理解处理关系不大。但需要指出两点：第一，西语以大写字母开头的特指概念并非都具有绝对性，例如，星期一到星期日、一月到十二月的表示。HNC 对这些相对性特指概念并不转换成相应的 fpj1 类特指概念，而转换成一般的对比性概念。第二，HNC 对特指概念的表达以激活联想脉络为第一宗旨，因此其 HNC 符号经常采用以“+”号

表示的展开形式。这种形式对于各专业领域的特指概念表达尤为适用。

1.15.2.0 特指泛指概念组合规则

规则 1　对人的称呼或陈述
　　特指+泛指（汉语）
　　泛指+特指（西语）
　　特指+泛指+特指，如：中华人民共和国主席江泽民

规则 2　对物的称呼或陈述
　　特指+泛指（汉语铁定，英语趋于确定）

规则 3　人的特泛指称呼或陈述
　　特指+泛指（汉语），如：中国人，上海帮，湖北佬……
　　特指+后缀（西语）

规则 4　物的特泛指称呼或陈述
　　特指+泛指（汉语铁定，英语趋于确定）

规则 5　对事件的称呼或陈述
　　特指+“泛指”（汉语铁定，西语偶用），如：南昌起义
　　“泛指”+介词+特指（西语）

1.15.3 对偶、对比、对仗概念

HNC 概念符号体系对上述 3 类概念给予了特殊关注。在《理论》的第一篇论文（Paper1）中，首先对这 3 类概念作了充分的阐述。传统语义学提出过同义词、反义词、近义词的术语。反义基本相当于对偶，近义大体相当于 HNC 交式关联概念的两种符号表示：HNC 映射符号的高层与第一中层的数字序列相同；展开表示式的主项或前几项相同。

换句话说，对偶性概念是对反义概念的扩展，交式关联概念是对近义概念的扩展和形式化（可计算）（说明 31：近义词应包括对比性概念）。

反义只考虑了事物及其特性的正反两方面，而实际上具有正反特性的事物及其特性还具有对立统一方面，不过，自然语言对于这一方面往往没有给出相应的语词，但在概念层面它是客观存在的，这一点在哲学上早已有明确的认识，语义学似乎有点疏忽了。另外，正反及其对立统一只是对偶性的二重表现形式，对偶性还有三重表现形式，例如，过程概念节点 12kΛ（k=4-7）的“源汇流奇”就具有三重对偶性，“源”与“汇”呈现出正反性对偶，但源汇之间必有“流”的存在,“源”与“汇”的对立统一为“奇”，表现为物理上的“奇异点”。一根磁棒的磁场就具有这一明显特征。关系概念节点 43kΛ（k=1-3）的“支持、反对、中立”，43kΛ（k=5～7）的“合作、对抗、妥协”都具有三重对偶特征。通常所说的两面派行为是这些关系概念节点的对立统一表现。

传统语义学中“近义”的概念是比较模糊的，近到何种程度才算近义？没有明确的标准。HNC 符号表示在“近”的标准化或量化方面前进了一步。但应该指出：“近”有动态与静态之分、语义与语用之分。HNC 符号仅反映了“近”的静态与语义方面，还没有反映“近”的动态与语用方面。因此，还需要进行进一步的探索。动态性涉及基本语境知识、背景知识和情态知识的获得与运用，语用性涉及语言生成，目前设想放在反映射库里给出某种表达。

“近”的静态与语义表达方面也还有待完善，这主要是指 HNC 语义表示式的展开方式。目前展开符号只采用“+”号一种形式，似乎不够。展开式各表示项的表达方式，也有待作出更简明的约定，特别是对 u 类概念。

从上面的说明可知，对“近义”的理解不能仅限于语义，所以 HNC 很少使用这个术语，而采用“交式关联”这个术语。

HNC 对于对偶性和对比性概念约定的符号表示分别是

对偶性概念　　emk
对比性概念　　cnk、dnk

表示式中的 c、d、e 是 16 进制的数字 12、13、14，不是字母。变量 m 预定用于表示对偶性的类型或编号，实际上尚未具体设计，目前虚用变量 em 或使用省略 em 的简化形式。对偶性概念 k 的取值约定为两组：k=0 ~ 3；k=4 ~ 7。由于各语义网络高层表示的数字串个数都有明确约定，底层表示的数字串又约定仅取 16 进制数字 8-b，所以对属于中层表示的对偶性概念采用简化数字符号不会引起任何混淆。

对偶性概念一般具有正反两方面的意义，HNC 约定：

k=1,5　　表示正面意义
k=2,6　　表示反面意义

但应该指出，这一约定对于过程、转移、大部分基本概念（除了 j8、j51）并不适用。例如，“东西，南北，左右”等空间概念（语词），在一般情况下并无正面或反面的意义。但是，在某些特定语境下，“东西，左右”却具有非常强烈的积极与消极意义，HNC 预定对诸如此类的对偶性概念的特殊表现通过 emk 或附加 j86k 的表示方式给出确定的提示信息。不过，迄今尚未实行。

对比性概念的数字标记 c 与 d 表示该概念序列取值（以数字序列 k 表示）的方式：是从小到大，还是从大到小？

c 表示取值从小到大
d 表示取值从大到小

例如，行政干部、教授、工程师、中小学教师的级别都是一级最高，似乎古今中外不约而同。而技术工人的级别却是一级最低，八级最高。为表示这一区别，两者的 HNC 映射符号分别在中层用 cnk 和 dnk 表示，n=0 表示总级数不定。这样，国家行政干部和一般行政干部的映射符号分别是

pa11d0k, pa01d0k

明清时代的国家官员分七品，每一品又有正从（音 zong4）之分，这些官员的映射符号为

(pa11d7kd2k,l15,fpj2*01/ (pj01*0-,ga102,pj10d52)) +…

表示式采用了语言逻辑组合结构，其中的逻辑连接符 l15 过去一直简化为 l5，可以沿用。第

一项表示式中的 d2k 表示官品的“正从”。

k=1　表示正品
k=2　表示从品

具体的官名可用展开项表示。上面的表示式不能简化成只取组合结构的第一项，那样背景信息就丧失了。

简化表示约定只用于当代的官员表示，例如，总统、皇帝、国王、总理、首相等，分别表示为

pj2/pa10d01　总统制国家的总统
pj2/pa10d01+j742　内阁制国家的总统
pj2/pa11d01　总统制下的总理
pj2/pa11d01+j741　内阁制下的总理
pj2/pa10d01+j742+ub2　君主立宪国家国王
pj2/pa11d01+j741+ub2　君主立宪国家首相
pj2/pa11d01+ub2　非君主立宪国家首相
（pj2,ga102）/pa10d01　国王（当代的）
（pa10d01,l15,ga102/pj2）　国王（历史的）
（pj2-0/pa10d01,l15,ga102/pj2）　帝国下的王国国王（历史的）

各种人物的 HNC 映射符号都可照此办理，例如，封建社会的爵位，可表示成

(pc56d5k,l15,ga002/pj01*1)

这个表示式给出了背景信息。对当代的爵位则采用下面的两种简化表示式

pc56d5k+ub2, pc56d2k+ub2

后者适用于当代常用的“勋爵”一词。

HNC 符号体系设计的全局性准则在《理论》里有简明的阐述，但局部性准则基本未予说明。上面的示例算是初步的弥补，试图说明关于组合结构的 4 条局部性准则：

语言逻辑组合结构的后项提供背景信息；
展开式的第一项表示共性，后续的展开项表示个性；
包含性概念可延拓表示式的前者表示共性，后者表示个性；
连接的对偶或对比表示式的前者表示共性，后者表示个性。

下面给出第四条准则的示例。

大学教师的级别一般分为 4 级：助教、讲师、副教授、教授。但又有助理教授、特级教授、终身教授、博导等名目。HNC 的相应映射符号如下：

pea74c33/pa71c44　教授

pea74c33/pa71c43	副教授
pea74c33/pa71c42	讲师
pea74c33/pa71c41	助教
pea74c33/pa71c43c21	助理教授
pea74c33/pa71c44d40,l15,fpj2*01）	特级教授
pea74c33/pa71c44d20+jz12d01	终身教授
（pea74c33/pa71c44d21,l15,fpj2*01）	博导

读者注意：对比性概念cnk中k的取值约定为1~n，但dnk中k的取值可以是0~n。这里有什么奥妙？另外，cn、dn都可取n=0，这又有什么奥妙？大家思考。下面说明对仗性概念。

如果读者熟悉中国楹联、律诗、骈文的基本规则的话，那就不必对对仗性作什么说明了。但现代中国读者很不熟悉这些中国传统文化的基本常识，而我经常把这一基本国情忘记了。

对仗性的基本要求按传统语言术语来说是词性相同，用HNC术语来说，是广义概念类别相同。详细地说，就是要求基本概念、基元概念、语言逻辑概念、基本语言逻辑概念、综合类概念、"语法"概念、基本物概念、挂靠类具体概念各自按子类集团形成对应表述，对抽象概念还要加上五元组相同的要求。这就是对仗性的具体定义。

所谓"子类集团"，在《理论》里都有简要的说明，当然集团之间有一定的模糊性，不过那些楹联和古诗高手对"子类集团"概念的清晰度可以说是无懈可击的。我一直强烈呼吁HNC概念节点表要按集团标准排版，因为在我的心目中，集团特性是极为重要的。但节点表一直沿用不管集团特性的"一竿子插到底"排班方式，据说是因为大家习惯并喜爱这种方式，这我就难以理解了。

以上所说，是对仗性的内容要求。汉语的奇妙在于内容与形式的高度统一，这是汉字的奇妙表现之一。形式对仗性是指对仗性表述的字数严格相同。当然，现代汉语已经不那么严格了，但基本上还是遵守的。例如，总不能在满足内容对仗性要求的前提下，在形式上不管单字词、双字词、三四字词的差异而强行对仗，你得设法做到"单、双、三、四"的相应对称。

汉语对仗性表述内容与形式的高度统一，是汉语信息处理的一笔宝贵财富。为利用这笔财富，在基本概念中特意设置了节点j714，以便在语词（主要是带有q//h搭配标记的语词和l4//l5类语词）的映射符号中，给出对仗性要求——形式上对称的激活信息。

我忍受着极大的"痛苦"写下了上面的大段文字。目的无非是为了对上述的两句话进行诠释，以便读者获得清晰的感受或认识。这两句话是：

对偶性概念是对反义概念的扩展

交式关联概念是对近义概念的扩展和形式化（可计算）

这样类型的话在《理论》里太多了，我不可能对每一这类阐述给出如此详尽的说明。例如，HNC把理解定位于"概念联想脉络的激活、扩展、浓缩、转换与存储"，这一句话的详尽阐述需要写多部著作。但是，联想脉络激活的近程、中程、远程之分已经有足够条件作充分阐述，特别是近程和中程联想脉络的激活，所有局部性难点的阐释都是对近程联想脉络激活的具体说明，大部分全局性难点的阐释，是对中程联想脉络激活的具体说明。我之所写，只是一些要点或其中的一个方面。此类问题的论文式阐述是每一位 HNC 探索者都可以胜任的，我寄厚望于来者。应该说，我非常幸运的是：

前幸见古人，后欣逢来者，
念高峰之可攀，独傲然而耘作。

这 22 字小诗，是一种人生追求，也是一种精神境界。作为 HNC 事业的开拓者，都应该有这种追求和境界。诗中之独，乃独立、独当一面之独，非孤独之独也；傲然之傲，乃坚强执著之傲，非骄傲之傲也。小诗是对唐诗开创者之一陈子昂先生的名篇《登幽州台歌》贻笑大方的模仿。陈子昂先生慷慨千古的原作顺录如下：

前不见古人，后不见来者，
念天地之悠悠，独怆然而涕下。

本分节可以结束了。最后顺便说明两点。

首先，第一分节所阐述的包含性概念也属于交式关联范畴，也是对近义概念的一种扩展和形式化。读者到此应该明白，为什么 HNC 很少使用传统语义学中的“近义、反义、上位、下位、语义场”等术语了。推而广之，在句类表示式的引导下，HNC 自然也就很少使用诸如“主谓宾、格、配价、组合关系、聚合关系”之类的术语了。

其次，语义学也有相关词的概念。问题在于概念联想脉络必须严格区分交式、链式、同行 3 类关联性，相关词这个概念没有注意到这一点。所以前面只提到反义和近义。链式关联是指语义块之间或内部的要素之间的关联性，同行是指抽象概念的五元组关联性或具体概念的 x//w 之间的关联性，在《理论》里都有详细解释，这里就不多说了。

1.15.3.0 对偶、对比、对仗概念组合规则

定　义　对偶、对比性概念局部组合统称对仗组合。
　　　　对仗组合首先是指内容对仗。
　　　　对仗组合在形式上有对称与不对称之分。
　　　　内容对仗性的要求有高低之分：
　　　　　高对仗性要求对仗组合两侧语词的高层甚至中层的层次符号一致；
　　　　　低对仗性仅要求类别符号一致。
总规则　形式对称的对仗组合，
　　　　其两侧的核心内容和修饰部分都必须满足对仗性要求；
　　　　形式不对称的对仗组合，
　　　　一侧的核心内容可能与另一侧的修饰成分对仗。
附　则　形式不对称的对仗组合可能形成组合歧义，
　　　　该歧义的消除要依靠远程语境。
规则 1　汉语对仗性概念单字词可直接组合，

组合后的语词默认按体词处理。

若有例外，应在字知识库中说明（这是工程艰巨性的典型示例）。

规则 2　顿号（“、”）是对仗性组合标记之一。

规则 3　（lq5，lh5）搭配概念的反映射语词是对仗性组合标记之二。

规则 4　语言逻辑概念 l43 的反映射语词是对仗性组合标记之三。

规则 5　语言逻辑概念 l44 的反映射语词多数情况也形成对仗性组合。

规则 6　两对仗性概念可形成修饰组合。

规则 1 是发现汉语新词的有力武器之一。规则 2 与规则 3 具有绝对性，但规则 4 具有相对性，标记两侧多数情况出现对仗，是否对仗应作现场判断。规则 6 的使用通常是哲理性论述，如“必然的偶然”。汉语与西语的具体构成方式存在重大差异，需要制定相应的细则。

附则的例子如：“张先生和李小姐的丈夫”不产生歧义，但“张先生和李小姐的朋友”则会产生歧义。

规则 1 的例子如：俯仰、起止、生死、进退、买卖、显隐、增减、破立、开关、好恶、得失、爱憎、攻防、出入……这些单字动词直接对仗组合后形成名词。其中的“出入”属于半例外，它有两个义项：

体词　jlr002

动词　（v64221,v64222）

注意：后者的映射符号已将字面意义颠倒过来，与完全例外的“进出”一致，以符合概念层面表示的内在要求。

1.15.4　关于 5 类基本概念短语的补充说明

本小节将采取异乎寻常的写法，先说两大段题外话。第一段话畅谈短语与语义块，第二段话全面回顾 HNC 思路的形成过程，最后才作补充说明。

第一段题外话：关于短语与语义块

在词与句子之间到底存在什么中间层次？传统语言学有短语说和词组说，但 HNC 都未采用，而另行定义了语义块。这个术语是基于构建句类表示式的需要而提出来的，同时也是对语句和句类作整体思考之后的一项结论。一个句子需要多少个短语或词组？用这两个传统术语是无法回答的。后来的“格”与“链”、“配价”与“范畴”等概念前进了一步，但仍然没有深入到句类表示式这个要害，没有完成这个必不可少的从语言空间到概念空间的飞跃。句类表示式需要一些基本表示项，这些表示项需要一个命名，为此而引入一个新术语是很自然的，这个新术语就是语义块，对应的英语是 semantic chunk，语义块的大写字母符号 K 即来于 chunk 的最后一个字母。从语义块这个新术语，派生出主块、辅块、两可块、块扩、句蜕、块序、块分离等术语都比较自然，皆简明达意。对这些派生术语，如果把块换成短语，对前面的 5 个术语还勉强可用，但短语的原来含义已面目全非，需要重新定义了。至于后面两个术语，特别是“块分离”这个术语，是断乎不能用短语来替换的。

由 57 组基本句类的句类表示式可知，广义对象语义块多数情况为复合构成。HNC 对复合语义块构成提出良性与非良性的区分，前者意味着块内各要素有固定排序，后者意味着块内各要素无固定排序。这里应强调说明三点。

第一，这个排序与语种有关，翻译过渡处理6难点之一的语义块构成变换，就是指良性构成语义块排序的调整。

第二，"意味着"一词表示一般如此，但不具有绝对性，语言总存在"调皮现象"。关键在于"一般如此"是概念层面的知识，可以在基本句类知识中加以表达，"调皮现象"是语词层面的个性知识，可以在语词的HNC知识库中加以表达。没有这两个层面的知识表示分工，就不可能走上以知识为基础的自然语言理解处理的康庄大道。没有明确划分语言空间与概念空间的顿悟，没有领会到知识表示的概念层面、语言层面、常识及专业层面三者的分工合作是知识表示最关键的一步，就容易陷入"不见庐山真面目，只缘身在此山中"的困境。《理论》的Paper7曾对此有所阐述，但可能由于种种原因，了解这一要点的读者似乎不多，所以在这里重复一遍。这是一个重要的思路，反过来说就是：如果没有句类表示式和正在探索的远程语境表示框架的宏观引导（两者是HNC五项理论模式的核心），单纯在语言空间从事语言法则或规则的研究，其活动范围是非常有限的，很难摆脱"坐井观天"的狭隘和局限性。

第三，所谓语义块各要素的排序主要是指对象与内容的排序，也叫作对象内容分解。对象以具体概念为主体，内容以抽象概念为主体。内容里可以出现El，这时绝大部分句类出现句蜕，某些特定句类出现块扩。不仅如此，对象里还可以包含内容，内容里也可以包含对象，关于语言的这一常规现象，在《理论》Paper2中的阐述也许过于抽象化，但要点是清晰的。

由于语义块通常是复合构成，那么，在词与语义块之间就需要引入一个中间层次的表达术语。这个中间层次曾命名为块素，这个术语如果仅仅是语义块要素的简称当然是无可非议的。问题出在试图用"块素"这个术语表示"要素及其修饰成分"，这就很不合适了。因为语义块是句类的函数，语义块中的各要素，特别是广义作用句的核心要素（简称核心）密切依赖于句类。但是，各要素的修饰成分一般与句类无关。这样，块素的概念就把与句类有关和无关的东西混杂在一起了。在实际使用过程中还出现过混乱，第四种常规句蜕-块素句蜕的命名就是一例，这里的"块素"专指修饰成分，与块素的本来定义是不一致的。

那么，对词与语义块的中间层次如何表达？建议只保留要素和核心这两个术语，取消块素这个术语，同时引入块饰（语义块要素修饰成分的缩称）的术语。这样，第四种常规句蜕应改名为块饰句蜕。在符号上以小写字母u附加在要素符号（约定为大写字母）之后来表示。其实在语料标注中已经这么做了，如：

QEu　Equ　Eu　EHu

推而广之，就有

XBu　YBu　YCu　XBCBu　X2Bu…

总之，一切语义块要素都可以带修饰成分，这是基本语言常识。要素需要一个通用符号，将用最后一个希腊大写字母Ω来表示，这样，要素的修饰成分就可以用Ωu来表示。过去只有一般语义块的通用符号K，广义对象语义块的通用符号JK，特征语义块的通用符号EK，辅块的通用符号fK，现在加上一个语义块要素通用符号Ω，才算是齐全了（说明32：关于块素符号）。

有人会问：块饰不就是定语吗？有什么必要另搞一个这么别扭的术语呢？问得好。我的回答是：传统语法学有一套自身的理论体系，主、谓、宾、定、状、补是这一理论体系基本构架的基本构件。这个基本构架及其基本构件是纯形式的。这个纯字是关键，不纯就会带来许多矛盾，这不仅是理论的预期，也是实践的启示。形而上学就需要彻底地形而上化，数学的线与面就是彻底的形而上，不能与物理的或实际的线与面相混同。传统语法学是语言的初等数学，乔姆斯基及其后的现代语法学大体相当于语言的高等数学，HNC 是语言的物理学。数学有变量的一阶微商和二阶微商的术语，物理学有速度和加速度的术语，分别对应着位移变量的一阶和二阶微商。如果一位数学家问一位物理学家：你们为什么要另行引入速度和加速度的物理学术语，而不采用我们的数学术语——微商呢？你认为那位物理学家有必要回答吗？这样一对比，是否皆大欢喜？希望如此。其实，这里重要的不是术语本身，而是术语内涵的具体表示式，上列 Ωu 的各种具体表示式才是实质性的前进。

那么，对 Ωu+Ω 的整体是否需要一个命名呢？肯定需要，而短语这个术语是合适的。《理论》的“论题 11”实际上表达了这一意向。这样，HNC 的短语与传统的短语就有所不同，不同在哪里？留作习题吧。

Ωu 本身的构成又有简单与复杂之分。最简单的 Ωu 是 u 类概念的单个语词，这时不存在构成问题，西语在这一点上确实远比汉语规范。由多个而且概念类别不同的语词组成的 Ωu 就出现构成问题了。Ωu 的复杂构成可能成为语义块复杂构成中最复杂的一个环节，那就是 1.7 节所阐述的 7-5、7-6、7-7 号难点。由此，可以自然转向第二段题外话了。

第二段题外话：对 HNC 思路形成过程的回顾

这个回顾将从句蜕和块扩谈起。

在 1.9 节中曾经指出：句蜕和块扩是 HNC 理论体系思考的切入点，不过当时叫作内容基元的扩展性与融合性而已。

在北京图书馆苦读一年（1989 年）之后的那段日子里，我对西方语言学和现代汉语语法学的总体思路满腹怀疑，语言研究怎能不扣住语言理解这根主线呢？而中国的传统语言学是始终扣住这根主线的。于是，一股“逆流”心态（这是我的性格本征，如果我早生 50 年，肯定是辛亥革命中的激进派，然后又变成中国传统文化的坚定维护派，像我的祖辈一样）高度膨胀，其代表性标志是：对“狗屁不通”的谑称（这是先叔祖父对某语法名著的谑称，幼时先父叫我到另一书房取该名著时，必使用这一谑称）从幼时的不满转变成觉得“谑之深刻”。

于是，“音义两极”说，“八大词类、六种句子成分”说，“双宾语”说，“中心动词”说，“六种组合结构”说，“汉语属于 SVO 语言”说，“字本位、词本位、词组本位、句本位”等说，都成了疑问。

于是，“汉语处理的难度远大于西语”，“……动词满天飞的可怕景象……”，“宾语复杂到了可以单独成句的程度，这种句法分析，从逻辑和实用的角度检验，都会碰到困难……”之类的表述，都觉得是不严肃的科学论述。

对上述各“说”的“逆流”心态反应主要有：汉语不是拼音语言，怎么还照搬音义两极的概念？将词类与句子成分挂接，是句子常理分析（且不谈理解，但也不限于句法分析）的要点或本质吗？既有双宾语，为什么不能有双主语、双谓语呢？双宾语的本质又是什么？一个“双”字，一个简单的直接、间接之分，岂不是明摆着回避问题的实质吗？稍微懂得一点英语的人都明白，英语那个形式上的中心动词常常不是动词的真正中心，为什么那么羡慕人家有个形式上的中心动词呢？汉语字到词的组合，词与词的组合本质上是语义的组合或语用的需要，不探究这一组合的本质，仅满足于形式上的结构说明，特别是像“后补”那样的说明，其探索的勇气和深度岂不是连“金木水火土”的朴素物质论都不如吗？汉语 S、V、O 之可灵活排序，明如白纸黑字，为什么还要照搬西方语言学的标准，向那个印欧语系 SVO 标准套近乎呢？本位之论，你了解起源吗？你可知道，所有自然科学领域都无本位之说，而哲学之外的人文科学领域也基本不使用这一概念吗？你可曾想过，语言之本是语言空间之外必有一个共同的概念联想脉络空间吗？这才是“本”，没有这个共同基础，世界上 5000 多种语言空间怎能相互交际呢？

“宾语复杂到了可以单独成句的程度”是极为正常并常见的语言现象，岂止宾语，主语、定语、状语同样都可以“复杂到了可以单独成句的程度”。这些正常而常见的语言现象在某些语法学家看来反而是不正常的，还谈什么“逻辑和实用的角度检验”，真不明白逻辑何所据、实用何所依？你对“常见”视而不见，实用从何谈起？这些语法学家往往热衷于“比喻的和夸张的，乡土的和诗歌的，儿童的和怪诞的例句”（《理论》p193），其实目的不在于探索语言法则，而在于发表论文而已。

上面说到，主语、宾语、定语、状语都可以“复杂到可以单独成句的程度”，并指出这是极为正常并常见的语言现象。说它常见，是因为它是一个简单的统计问题，也用不着大规模的真实语料，就现代汉语书面语的宾语来说，在30%左右吧。说它正常，则是因为它是一个非常严肃的论题。当然，这里的“正常”说，确实是以它的“常见”性为开端。黑格尔先生说过[①]：

> 因为如果以一个当前直接的东西作为开端，就是提出一个假定，或者毋宁说，哲学的开端就是一个假定。

正如黑格尔先生所说，HNC 探索的开端就是一个假定。不过，具体的假定是三个，我在第一届 HNC 发展战略研讨会第一次会议上的发言，谈到这三个具体假定。后来在许嘉璐先生视察中国科学院声学研究所时的汇报发言中改为三个公理，现引述如下：

公理 1　　存在众多的自然语言空间和唯一的概念联想脉络空间
　　　　　存在两类空间的多种相互映射形式
公理 2　　自然语言处理＝建立这两类空间相互映射的“算法”
　　　　　自然语言理解＝从语言空间向概念联想脉络空间的映射
　　　　　　　　　　　＝概念联想脉络的激活、扩展、浓缩、转换与存储
　　　　　语句理解＝确定该语句的句类表示式（句类表示式对号入座）
　　　　　　　　　＝句类分析

① 黑格尔.1990.小逻辑.北京：商务印书馆，38 页.

公理3　　语句理解知识＝句类知识＋HNC符号知识
＋语义块之间的预期知识
＋语义块构成知识
＋远程语境知识

为了对比，我概括了传统理解观的要点（上述公理是HNC的理解观）：

语言理解的必要充分知识＝语法知识＋语义知识＋语用知识
＋大规模真实语料的统计及范例知识
＋情景知识
＋海量常识
＋专业性知识
语句理解处理＝句法分析＋语义分析＋逻辑分析

并指出：传统理解观的根本弱点在于，缺乏知识集成的总体思路；缺乏划分语言空间和概念联想脉络空间的明确认识；缺乏理解处理的阶段论和对理解本身的本质思考。

上面引述的话，本来不应该由我自己来陈述的，它属于真正读懂了《理论》的评述者特有的“专利”。但形势使然，乃不得已而为之。

毋庸讳言，《理论》本身有严重的不足。它是一本文集，而且除首篇外，都是HNC探索过程中内部使用的文献，在写作的时候根本没有考虑一般读者难以适应的一面。在《理论》出版时，曾打算写一篇由浅入深的、系统的引导性说明，然而由于时间紧迫而我又时在病中，不得已而告缺。许多极为重要的概念和论点，满足于阐述的精练，过于强调“不愤不启，不悱不发”的学习方式，没有辅以读者易于明白的语言，举例太少；对于数以百计新引进的术语和约定符号，说明的通俗性不够，有些甚至没有给出明确的定义；对于HNC探索前期和后期的不同表达或定义方式出于一种特殊考虑未作统一调整或说明。这些缺陷的综合，不仅要求读者“惯于作抽象的思维，善于抓住纯粹的思想，轻灵运动于纯粹思想之中”，而且要求读者具有极大的耐心。

黑格尔先生曾针对哲学的难懂[1]，说过这样的话：

> 他们的困难，一部分由于他们不能够，实即**不惯于**作抽象的思维，亦即不能够或不惯于紧抓住纯粹的思想，并运动于纯粹思想之中。

上一段论述中后一个引号中的话即来自于黑格尔先生的这一高见。《理论》着重于对各种语言空间所映射的共同概念空间及其特性的阐述，希望引导读者放松一点仅在语言空间思考语言现象的传统习惯，建立一些从概念空间俯视语言空间的视野。如果事与愿违，那只能寄望于来者弥补了。

自然语言空间所映射的共同语言概念空间只是整个概念空间的一部分，它远不能包括现代科学所大大扩展的并将继续扩展的全方位概念空间。HNC对于这个语言概念空间的阐述，

① 黑格尔.1990.小逻辑.北京：商务印书馆，40页.

是以作用效应链和它派生出来的主体基元概念及其相应的句类表示式为基础的。建立在这个基础之上的“上层建筑”十分庞大，包括下列几个方面：

（1）关于概念基元体系的表达，需要思考以下的问题：

概念基元有限吗？肯定，有限的汉字是最有力的证明。
能否借用语义原语的概念？不能。
能否直接叫作概念联想脉络基元？不能。
词类概念的参考价值如何？微。
是否需要运用本体论和方法论的哲学概念？需要。

基于上述前三点思考，HNC采用了“概念基元”的术语，但概念基元体系的表达仍借用“语义网络”的术语；基于第四点思考，HNC引入了五元组的概念；基于第五点思考，HNC将语义网络分成“本体”型和“方法”型两大类。这里只叙述问题和结论，不作解释，以下类此。

本体型：基元概念（含主体基元概念和扩展基元概念）
——服务于基本句类体系的设计
基本概念 ——服务于状态的表达
——服务于语义块内部构成的Ω或Ωu+Ω分析
语言逻辑概念 ——服务于语义块的整体辨识
——服务于语义块内部构成的分析
——服务于句间信息的提示和表达
方法型：基本逻辑概念 ——服务于基本判断句的辨认
——服务于特征语义块的情态（势态）辨认
综合概念 ——服务于辅块的辨认
——服务于汉语句蜕块包装部分的辨认
——服务于汉语逻辑组合结构语词的辨认
“语法”概念 ——服务于语言表达方式的辨认（包括修辞）
——服务于特指语词的辨认
——服务于语言习惯搭配的辨认
基本物 ——服务于宇宙空间的描述
——服务于生命生存条件的描述
——服务于生命系统及其基本结构的描述
专用挂靠概念 ——服务于人类生存空间（地球与社会）基本状况的描述

（2）关于概念组合结构的表达，需要思考以下的问题：

概念基元相互组合的方式可以照搬传统语法学的有关术语吗？不能。
概念基元的相互组合等同于语词之间的语义组合吗？不等同。

HNC论定：需要引入作用型、效应型、语言逻辑型3种新的组合结构；需要将原来的动宾结构区分为vB、vC两种结构；需要将原来的主谓结构区分为Bv、Cv、Bu、Cu四种结构；这两类区分也统称对象内容分解。

在汉语“积字成句”的过程中，上列9种组合结构起着特殊的作用，所谓汉语的“意合”，奥妙即在于此。

（3）关于词与句子之间存在一个什么中间层次的思考。

HNC论定：需要引入一个新概念来表述这一中间层次，语义块这个术语比较合适（参阅前文）。对此，学界有许多议论。

HNC捅破的窗户纸是：用语义块构造句类表示式。

这确实只是一层窗户纸，这层窗户纸的具体名称叫句类表示式（说明33：关于八旗子弟评说的删除）。

（4）关于语句句类表示式的思考。

无限和不确定的自然语言的语句竟然存在有限的基本句类表示式，这太不可思议了。然而这毕竟是语言的客观存在。

也许第一个真实看清这一客观存在的《理论》读者是已故的萧友芙教授，因为她按照HNC句类表示式的基本思路主动标注了几千句各种类型的现代汉语语料，不曾发现一个例外。所以她才对HNC理论那么信任和专注，从而迸发出“朝研颠谜，暮究颠谜”（说明34：萧老师挽联）的激情。

句类表示式的物理基础是基本句类知识的客观存在。句类知识的一部分，传统语言学也曾有所阐述，然而始终处于“只见树木，不见森林”的零碎状态，没有形成系统。有识之士也曾不断发出过要进行系统化努力的呼吁，指导性的建议很多。但自然语言理解处理当前迫切需要的，是行动的巨人，而不仅是言语的巨人。

句类表示式的探索是这一系统化努力的一部分，其基本目标之一在于提供一个从概念空间俯瞰语言空间的视野。

在这个视野里，主语义块、辅语义块与两可语义块的分野十分清晰。

有人讥曰，这不就是必选格与可选格的偷梁换柱吗？

在这个视野里，主语义块中特征语义块与广义对象语义块的分野十分清晰。

有人讥曰，这不就是谓语与主宾语的翻版吗？

在这个视野里，广义作用句与广义效应句的画面像山区与平原之别。

有人说，这是玩弄辞藻。

在这个视野里，先验块扩和先验句蜕的语言现象如同盛开的鲜花。

有人说，荒唐！什么先验！这是唯心论的破铜烂铁嘛。

在这个视野里，广义对象语义块的良性与非良性构成之分像清纯秀丽的少年与老谋深算的政客。

有人说，这是不懂语言学的门外汉胡思乱想的典型。

在这个视野里，广义对象语义块存在三种基元，其中C基元的特殊二重性蕴含着最宝贵的激活信息。

有人说，这是耸人听闻的夸大其词。

在这个视野里，以语义块感知和句类假设为切入点实行句类分析三部曲的操作，乃语句理解处理的天经地义。

有人说，拿出真东西来大家见识见识。

在这个视野里，句类转换、主辅语义块变换、语义块分离三大语言现象才从后台走到了前台，既生动活泼，又具有简明的形式化表达方式。

在这个视野里，语句格式丰富多彩的表现一览无遗。

在这个视野里，混合句类和复句类型精确数量的计算（前者理论值为 3192，后者略多于 1000 万）易如反掌。

……

于是，讥者默然。

但讥者是否默然只是小事一桩，重要的是：HNC 必须从理论和工程两方面无懈可击地进一步证明上述俯瞰景象的客观存在！

但要记住：这样的证明，永远是血与汗的结晶与光芒！但仅仅是血与汗并不能保证放射出光芒，它还需要把勇士的浪漫与智者的深邃结合起来。

还应该指出：上述种种俯瞰景象并非一下子就呈现在探索者的眼前，需要探索者善于使用 HNC 所提供的语言“望远镜”与“显微镜”，并训练目力。春秋时著名射手养由基的百步穿杨神功，据说得力于他对目力的特殊训练方式：对着一小片树叶，由近而远静心注视，直至百步之外，仍能像近距离那样，看清那片小树叶。标注 HNC Ⅰ型语料，就是 HNC 探索者所必需的养由基式目力训练。没有人可以例外，包括我自己。

当然，目力训练只是做学问的基本功之一，更重要的是实践康德先生所提倡的理性法官式的思考。这种思考方式的关键在于不满足于知其然，更要追求洞知其所以然，也就是理论思考的透彻性。汉语的“把”字句，有多少语法学者曾经为探知“其然”而辛勤耕耘，写了那么多论文，成绩斐然。但正如陆俭明先生所指出的，这项局部性研究还没有走到尽头[①]，为什么？在我看来，其主观原因就是没有在探求“所以然”方面进行必要的努力，而客观原因是没有句类表示式和语句格式概念的指导。

但是，还应该强调指出，理性法官式的思考不仅需要理论上的透彻性，也需要工程上的规定性。两者巧妙结合的水平，是考核一位“理性法官”是否高明的唯一标准。

HNC 的探索历程充满了对这一考核过程的宝贵记录，既有成功，也有失败。从启示的价值来看，失败的记录往往更为宝贵，所以《理论》特意予以保留。其中最有代表性的失败记录有：

对综合类概念的反复设置失当

对语义结构方程的过度依赖

关于对偶性概念默认特征阐释的片面性

关于对比性概念默认值佯谬处置的“不拘小节”失误

关于块扩与句蜕相互转换的错误阐述

这里只对第五项失败进行说明。

---

① 陆俭明、郭锐.1998.汉语语法研究所面临的挑战.世界汉语教学，4.

句蜕和块扩是最常见的语言现象，尤其是句蜕。如果一个自然语言处理系统不能处理这两种语言现象，那就免谈“智能”二字，这当然只是我个人的看法。

对于块扩和句蜕的讨论，安排在“论题”系列中的两篇：

“论题 27：论块扩处理”

“论题 28：论句蜕处理”

两文皆未入《理论》，但都在因特网上公布了。在“论题 27”里提出：

> 块扩本质上属于句类知识，……这就是说，某些句类的 JK2 或 JK3 具有潜在的甚至是必然的块扩特征，这些句类与特定的概念节点相联系。这些概念层面的知识，是最宝贵的知识，也是计算机不难掌握的知识。如果对具有块扩现象的语句能够按照块扩的要求进行相应的处理，那就是说，对这一语言现象，计算机实现了对大脑语言感知过程的模拟。HNC 就是这样把语言感知的模拟分解为一系列的计算机操作过程。块扩是这样，句蜕、句类转换、语义块感知、句类假设检验、单音词感知等等都是如此。

在“论题 28”里提出：

> 如果说块扩基本上是语义块物理表示式的显式特征，那么，可以说句蜕基本上是语义块表示式的隐式特征。对块扩，可以从概念层面和词汇层面获得足够的信息，但句蜕不能。因此，句蜕处理似乎要比块扩处理困难得多。然而，这只是一个假象，实际情况并非如此，……
>
> 块扩、句蜕和复句都面临着一个共同的问题，就是在一个音串内出现了两个 E 团块，……这里首先应该回答的一个基本问题是，软件如何在这三者之间进行选择？……
>
> 上述“三选一”的突破口在哪里？在块扩，因为块扩具有最完备的信息。……
>
> 在块扩现象不难先行确定的前提下，上述“三选一”就简化成了“二选一”的问题，即句蜕与复句的辨认。句蜕有两种基本形式：一是句蜕表现为一个完整的句子，这种句蜕形式在西语用关系代词加以标志，比较容易辨认；二是取一个句子的某一块素或某一说明项作为句蜕的中心，句子的其他部分变成句蜕块的说明成分，两者之间加“的”字予以标志。这种句蜕汉语比西语容易辨认。
>
> 汉语对第一类句蜕经常加以包装，这就同西语的方式很接近了。
>
> 略有麻烦的是无包装的汉语原型句蜕。

两文的根本的缺陷何在？在于理论透彻性与工程规定性的结合不够明朗，好像一位不高明的理性法官在犹疑不决。“块扩本质上属于句类知识”，“块扩具有最完备的信息”，“块扩现象不难先行确定”，对这些重要的论点都没有给出具体的工程规定，但显然包含着可以给出这一规定的明确暗示。读者有权利发问，作者到底是已经心中有数，还是心中仍有疑虑？答案是两者兼有，一方面对先验块扩句类已经内定了一个清单，但基于“不愤不启，不悱不发”的信念而未明写，另一方面对于第一类句蜕存有两可（句蜕与块扩两可）的疑虑。对于这一类疑虑，我历来的做法是：继续思考，以待顿悟。在这一等待过程中，我犯了一个不小的错误，就是提出了块扩与句蜕可以相互转换的论点，这个论点有害而无益，这里正式宣告撤销。

那么，这一等待中的顿悟是在什么情况下出现的呢？说起来很有趣，是一只松鼠诱发的。

那只可爱的松鼠是我在香山遇到的（那是 1998 年冬天，我病后身体最虚弱的日子，徐老师陪同我去香山休养），它长时间静静地观察着静默中的我和我的手杖，这简直不可思议，天性好动的松鼠竟然也有沉静的表现。我从这一不可思议中突然想到：一些过于谨慎又不善于把握全局的人，看到松鼠的这一偶然行为，就不敢作出松鼠天性好动的结论了。真是一念之差，就进不到大彻大悟的境界了。

赋予某些句类以天然（先验）块扩的特性是早已定下的命题，这个命题就如同“松鼠好动，肥猪贪睡”之类的常识性命题一样无懈可击。松鼠的偶然静伏，肥猪的偶然狂奔，丝毫不影响该常识命题的正确性。同理，怎能让词汇层面的例外干扰句类层面的固有特征呢？对词汇层面的例外在语词知识表示中加以注明就是了。这个思路早已形成，但不够透彻和坚定，是那只可爱的松鼠把这一思路推进到透彻化和坚定化的境界了。

少数句类具有天然块扩特性，多数句类具有天然句蜕特性，这是基本句类知识中最耀眼的亮点，不要再发生“一叶蔽目”的失误了，谢谢你，松鼠。HNC 第一阶段理论探索的最后一次顿悟，就是这样在冬日的斜照下，在那个静悄悄的香山草地上萌生的。

上面说到了引文的根本缺陷，现在顺便说一下引文中的用语失误或失当，这包括：“两个 E 团块”中的“两”；“某一块素或某一说明项”中的“块素”与“说明项”。《理论》中的“两”多数情况是“两个及两个以上”的省略，对这一约定性省略曾在 Paper2 中给出说明，这里的“两”属于省略，但实际使用时也包括非省略情况。这里的“块素”实际上是要素，属于术语的滥用。至于“说明项”，就是现在定义的块饰Ωu 了。

这一大段题外话，可以结束了，其中的有些话本来我是打算到 80 岁以后才写的，但近来背部不断出现的冰凉感使我改变了原定的想法。

最后补充一点，HNC 提出了数以百计的专用术语，其中的一些术语需要正名。但正名之事非同小可，彻底清理要花费不少时间，近期确实忙不过来，只能打一些“遭遇战”。上面说到了废除术语“块素”，增设术语“块饰”。这里顺便宣告另一对“废增”，废除 1.7 节引入的术语“变形句蜕”，代之以术语“非常规句蜕”（说明 35：关于句蜕命名）。

下面回到本小节的主题：基本概念短语的补充说明。

前文提到，HNC 引入基本概念的根本目标之一，是“服务于语义块内部构成的Ω或Ωu+Ω分析”，基本概念短语的提出，是实现这一根本目标的具体措施之一。所谓Ωu+Ω分析，属于狭义的语义块构成分析，即不出现句蜕或块扩情况的语义块构成分析。不言而喻，广义对象语义块构成分析是指遇到句蜕或块扩的情况，以前也叫作全局性句类检验，这时，句类检验与语义块构成分析合而为一，需要句类分析三部曲的局部重复，句类分析演奏的成功与否首先决定于乐队指挥的水平。但是，在Ωu+Ω分析情况，句类分析三部曲第三部演奏的成功与否，主要决定于演员的功力，指挥的作用是第二位的。

以句类知识与要素预期知识为基本依托的句类分析主体软件模块起着乐队指挥的作用，但不能替代演员的功力，这是显而易见的道理。所谓演员的功力指的是以体词知识为基本依托的局部处理软件模块，本节前面列举的 15 号难点清单（共 21 项）只是这些局部处理模块的一部分。由此可见，狭义语义块构成分析，即Ωu+Ω分析，是一项具有相当规模的工程。所以，对句类分析三部曲，我们从来没有抱着一举完善的期望，因为它首先受到Ωu+Ω分析规模的制约。

但规模本身并不可怕，可怕的是对规模的总体和细节实则昏昏而又自以为昭昭。但在句类分析的框架里，Ωu +Ω分析的总体和细节都是已然昭昭或者不难予以昭昭的。

基本概念短语基本属于已然昭昭的类型，为什么要加“基本”二字呢？因为已然昭昭的标准是像 15.1.～15.3.小节那样给出具体的规则。而“论题 11”（见《理论》）的论述离这一要求还略差一步，但这一步是不应该由我这位老人来承担的。该论述写于 3 年前，某些 HNC 符号的约定后来有所变动，这属于前面提到的正名工作，将在另文里加以说明。

……

1.16　E 块省略句类的辨认难点（16 号难点）（说明 36：关于无 EK 和省略 EK）

在语音文本鏖战时期，K 调度只管一种最常见的 E 块省略句类——S04 句类，这是有所不为的临时性策略，但却造成了一个错误印象，就是认为 E 块省略句类仅此一种。最新的句类编号表规定：最后的 4 个编号（54～57）都属于 E 块省略句类，简明判断句（编号 53）也有 E 块省略的情况（句类代码为 jD0）。

这些 E 块省略句类的物理表示式是按照汉语的范例归纳出来的，这一归纳工作尚未趋于完善，这里提前（应在“基本句类知识说明”中）说一下在确定这些句类的过程中所遇到或想到的一些问题（难点）。从最后一个基本句类——简明状态句 S04J 往前说。

从句类最高层次的划分来看，作用效应链的 6 个环节，只有状态这个环节可以省略 E 块，“理解问答 33”指出（《理论》p343）：

状态句的根本特点是存在无特征要素的两要素句 SB+SC

另外，基本判断句也可以出现 E 块省略的情况，上述“问答”的提问实际上明确指出了这一点：

先生在谈到句类分析时……把基本状态句和基本判断句作为初判的一个特殊分支来处理，为什么要这样做？

两段引文里所用的“术语”后来都进行了改动，这些改动体现了 HNC 思路的发展历程，对比一下是有启示意义的：

初判	语义块感知与句类假设
（处理的）特殊分支	K 调度
无特征要素	E 块省略
两要素句	（E 块省略的）两广义对象语义块句类
	简称 E 块省略句类
基本状态句	一般状态句

汉语存在无述语动词的句子，语言学家早就注意到了。马致远先生的著名诗句“枯藤老树昏鸦……古道西风瘦马”是此类句子中最有典型意义的代表。HNC 最初把这类句子叫作无特征语义块语句或“E 块省略语句”，后来才改用“特征语义块省略句类”或“E 块省略句类”的提法。把“语句”改成“句类”标志着认识上的一次顿悟。因为这个提法明确指出

了，不是任何语句都可以省略 E 块的，只有一般状态句和基本判断句才可以省略 E 块。把这一不寻常的语言省略现象与句类联系起来，才算是取得了理性法官的资格，才算是达到了知其所以然的知性认识水平。这是写“理解问答”时已萌生的认识，可是当时所采用的表达方式，现在看来很不成熟，说明一个新概念的形成还需要一个从萌生到成熟的成长过程。写“理解问答”时，许多 HNC 的基本概念还处于萌生而不是成熟阶段。《理论》为什么要对“理解问答”采取严格保持原貌的做法？如果读者从上列对比和说明中能对此有所领会，则作者深感欣慰。

“枯藤老树昏鸦……古道西风瘦马”是什么句类呢？是 S04J，不过，它采用了 SC+SB 而不是 SB+SC 的形式。从理论上看，一般状态句既然具有 S02J//S03J 的特殊形式，则简明状态句理所当然地也应该有

```
S041J=SB+SC
S042J=SC+SB
```

两种 E 块省略形式，而且第二种形式并非罕见。广义效应句格式表达的类似缺陷，不仅 S04J 句类存在，其他句类也存在。例如，编号为 48 的三换位状态句还应该存在第三种换位

```
S03J=SC+SB+S03
```

的格式。这里还涉及正名问题，“三换位”应理解为除了“标准”格式之外还存在三种换位格式，而编号为 47 的两换位状态句必须去掉“两”字，正名为“换位状态句”。

读者应该发问，把“枯藤老树昏鸦……古道西风瘦马”认定为 S042J，而不是 S041J 的根据何在？这涉及 HNC 对 S02J//S03J 语义块 SC 的定义（约定）：

```
SC:Ph(j01)
```

S04 句类的 SC 继承这一约定（当然它也继承一般状态句对 SmC//SC 的约定）。“枯藤老树”与“昏鸦”相比，“古道西风”与“瘦马”相比，更符合 Ph（j01）的定义要求，这就是根据。于是，读者进一步发问，如果是“枯藤老树，古道西风”呢？回答依然。理由是“古道”与“西风”相比更符合 Ph（j01）的要求，然后根据对仗性原理，把身份不明的“枯藤老树”纳入同样的句类。

于是，读者又问，如果是“枯藤老树，古道荒村”呢？那就当作一个 JK 系列来处理就是了。

于是，读者反问道：为什么不可以把“枯藤老树昏鸦……古道西风瘦马”或者“枯藤老树，古道西风”就当作 JK 系列来处理呢？回答是：也可以，这涉及对文学语言艺术意境的阐发，是句类分析当前必须回避的难点。上面的答案只是提供一种意境说明方式，我认为是比较好的一种方式。这个方式需要假定下文统一采用“夕阳西下，断肠人△△△”的样式，其中用“△△△”代替了原文的“在天涯”，是考虑到如果上文作上列变动，则“△△△”也需要作相应变动。

上面的回顾一方面是为了消除对 E 块省略句类和 S04J 句类的误解，并弥补以往阐释中的疏忽，另一方面是为了说明 S04J 句类辨认的主要难点。上面的例句分析表明，当简明状

态句的SC既不满足条件（第一类条件）

SC:{(u;ug;vu)Λ(yy!:53)}

也不满足条件（第二类条件）

SC:Ph(j01);Ph(j41);Ph(l94)

时，可能出现句类辨认的困难。换句话说，满足上列条件的简明状态句，句类的辨认是没有难点的。但是，满足第一类条件的简明状态句却存在SB、SC边界的不确定性，即存在语义块构成分析的困难。这一不确定性是汉语特有的BC佯谬现象（关于“BC佯谬”这个术语，请参看《理论》p165）。从基本句类表示式可知，4主块句的JK2和JK3之间是没有语义块区分标记的，这时的JK2优先于对象，JK3优先于内容，故将两者之间的边界模糊称为BC佯谬。西语采取对JK2实行形态变化（变为“受格”，但这种形态手段只适用人称代词）或在JK2与JK3之间加上关系代词（有时双管齐下）这两种手段消除这一佯谬。汉语天生没有这两种手段，只好在“标准”格式下听任这一佯谬的存在。那么，汉语发达的规范格式是不是对其天生“缺陷”的一种自然弥补方式呢？不妨这样设想一下，但不必过于认真。

HNC并不关心这一类有趣语言现象的源流探究，但必须认真面对BC佯谬的消除。如何消除呢？还是那个以不变应万变的基本策略：立足于基本句类知识的运用，具体地说，就是充分利用具有BC佯谬句类的关于JK2与JK3的预期知识，特别是前者的预期知识，因为前者的自足性更容易检验。在57个基本句类中，具有BC佯谬的句类并不多，其中BC佯谬最难处理的就是简明状态句。让我们从一个简单例句谈起。

他情绪很好
他的情绪很好

这里的“情绪”是SBC还是SCB？第二句没有问题，“的”字规定了它是SBC，但第一句在形式上就属于两可了。“的”字在这种简明状态句里的有无不是可以随意的，语言学家对此曾作过深入的研究。但句类分析面临的问题有所不同，不管“的”字是否存在，也不管相应语音流在何处停顿或加强，它首先要解决的问题是SB与SC的边界判定。那么，能否对简明状态句给出一个简明的SC上界标准呢？能！这就是规定：在SC满足第一类条件时，SC不含SCB。这样，软件只需要关心SCu+SC的认定。当然这一认定处理也并不简单，因为Ωu+Ω的组合表示，并没有规定Ωu一定在前，而Ω一定在后。似乎任何语种都具有这种灵活性，例如，例句中的“很好”是Ωu在前，但“好极了、好得很”就是Ωu在后了。

上面说明了简明状态句的两种格式和SC必须满足的两类条件，从而描绘了简明状态句的基本句类知识。这里有必要顺便回答两个问题：第一个是简明状态句与现代汉语语言学家曾经深入研究过的存现句或存在句是什么关系呢？第二个是简明状态句是不是汉语特有的句类呢？

第一个问题是我历来希望回避的，因为传统语言学与HNC观察语言现象的着眼点存在着本质区别，两者的沟通很费“口舌”。HNC的术语和表达方式含有较多的自然科学风格，传统语言学会觉得别扭，反过来说，HNC对传统语言学也有类似的别扭感，所以我只好退而回避了。就存现句或存在句来说，首先，所谓存现句只是一个孤零零的类别，不是一个语句分类体系的有机组成之一，怎能长此以往满足于这种“只见树木，不见森林”的研究方式？前面关于“不识庐山真面目，只缘身在此山中”和“坐井观天”悲剧的说法，是对这种满足感的一种写照。其次，对存在句 4 种基本类型（“着”字句、“是”字句、“有”字句和定心谓语句）的提法，HNC 实在不敢苟同，这里语言学家引以为自豪的语言严谨性似乎悄悄溜走了。

当然，即使是缺乏总体思路指导的局部性探索，在研究的初期阶段仍然是必要和重要的，而且也会取得某些精致的成果，HNC 一定要按照“取其精华”的原则充分利用这笔巨大的财富。

存在句的定心谓语句相应于 S042 句类满足 SC:Ph（j01）的情况，其“着”字句属于一般、换位、三换位状态句的子类，其“是”字和“有”字句皆属于存在判断句的子类。把几个不同句类的子类纠合起来以存在句名之是否妥当？这值得研究，但不是本文的任务。

第二个问题我也历来回避，因为我对外语没有发言权，这里姑妄言之。首先，应该假定，E 块省略语句的存在是各种语言的共性。因为如果作相反的假定，很容易用反证法加以否定。其次，要认真研究不同语种 E 块省略的特性，它关系到翻译过程第 1 号难点，具体表现为句子与语义块之间的相互转换。例如，汉语的动态形态句，英语往往用一个辅块来表达，汉语的静态形态句往往简化为简明状态句，而英语却优先用是否判断句来表达。最后，应该采用 E 块省略的说法而不采用无 E 块的说法。因为那样的句子总可以加上某种 E 块而保持其原意。有人会说，这里的“省略”与“无”有什么区别呢？回答是：有本质区别。但既然属于姑妄言之，我就不加解释了。

第二个 E 块省略句类是简明势态句（原命名势态判断句）。

简单例句如“形势大好”、“情况危急”、“情况不妙”等，复杂例句如附录的

jD2J*3

{不论要发动|战争}+还是{阻止|战争}，

ReC=（!31XP*22J+!31XJ）

有形的东西和<可能被称作|“新无形资产”|的东西>

（D0）（DC）（DB）

（AQQ）（AQH）=<!31212D0J>

<二者之间的基本关系|对军事能力|的作用>||越来越关键了。

（AH）l0（B）（X）

DB=<!11XJ> DC

从上面的例句可以看到，简明势态句似乎具有某种“神秘”色彩，为什么要从简明状态句里独立出来？

基本句类表示式的设计贯穿着一个指导思想，就是形成语句的基元体系，由这个体系进而构建混合句类表述体系。不言而喻，如果你试图建立一个基元体系，那么该体系的完备性就必须成为第一位的追求目标。无论是整个概念空间的基元体系，还是某一概念子空间（如主体基元概念、基本概念、语言逻辑概念或基本物概念）的基元体系；无论是语义块或特征

语义块或广义对象语义块的基元体系，还是抽象概念外在特征的基元体系（即五元组），你都必须追求完备性。可是，一谈到体系的完备性，有人就会质疑，并要求拿出证明来。一方面某些探索本身需要把完备性的追求放在第一位，另一方面完备性的证明又极为困难，怎么办？唯一的出路是：加强理论思考的透彻性，以透彻性暂时替代完备性的直接证明，以理性法官的方式进行理论模式的检验。总之，你必须勇往直前，而不能谈完备而怯阵，因怯阵而回避。

简明势态句是这一指导思想下的产物。势态判断是所有判断中最重要、最困难的判断。最近几年，已被打倒数十年的五经或十三经里的《易经》（亦名《周易》）又有点走运了，这是一部什么“经”呢？简单地说，就是一部关于势态判断的专著。我曾在“理解问答 33”里（《理论》p343）说道：

> 汉语对“势”的表达很有特色，中国传统哲学对“势”的理解也比西方传统哲学深刻。这就是设置简明势态句的依据了。“很有特色”者，势态E块之省略也。“势”字是概念g53的精确反映射符号，西语不存在相应的word。据此也许可以假设，简明势态句是汉语所特有的，至少可以确定西语是没有这一句类的。所以，与势态表达有关的语句，在中西互译时，通常会出现翻译过渡处理的第1号难点——句类转换难点。

在中国古籍中，简明势态句的比例很高，这类语句要翻译成西语，就必须作句类转换，下面看几小段《论语》及辜鸿铭先生的英译。[①]

其为人也孝弟，而好犯上者，鲜矣；
不好犯上而好作乱者，未之有也（jD10J）。
君子务本（Y0J），本立而道生（P21J），
孝弟也者，其为人之本欤。

<A man| who is| a good son and a good citizen>|| will seldom be found to be||< a man |disposed to quarrel with| those in authority over him>; and< men| who are not disposed to quarrel with |those in authority>|| will never be found to disturb|| the peace and order of the State.

A wise man|| devotes his attention to|| {what| is essential| in the foundation of life}. When {the foundation| is laid}, {wisdom| will come}. Now, to be a good son and a good citizen——[do not these] || form|| the foundation of moral life?

道之以政，齐之以刑，民免而无耻。
道之以德，齐之以礼，有耻且格。

If in government you|| depend upon|| laws, and maintain|| order|| by punishments, you|| can also make|| the people|| keep away from|| wrong-doing, but they|| will lose|| the sense of shame for wrong-doing. If, on the hand, in government you|| depend upon|| the moral sentiment, and maintain|| order|| by{ encouraging| education and good manners}, the people|| will have|| sense of shame for wrong-doing and , moreover, will emulate||{what| is| good}.

① 辜鸿铭.1996.辜鸿铭文集.海口：海南出版社.

邦有道，危言危行；邦无道，危行言孙。

When there is|| justice and order|| in the government of the country++a man|| may be bold and lofty ||in the expression of his opinion as well as in his actions. When, however, there is no|| justice and order|| in the government of the country, a man|| may be bold and lofty|| in his action, but he|| should be reserved|| in the expression of his opinions.

《论语》原文的第一段例句，除标明句类者外，都是典型的简明势态句。在译成英语时，除了 Y0J、P21J 各一句外，都要作句类转换。第二和第三段例句，也可纳入简明势态句，译文也作了句类转换，辜鸿铭先生这么处理是否表明英语无简明势态句？请读者思考。

从句类的最高层次来观察，如上所述，只有状态句和基本判断句可以省略 E 块。如果说简明状态句是状态句 E 块省略句类的包装，那么可以说，简明势态句是状态句与判断句的混合包装了。因为对势态的陈述本身必然包含着不寻常的判断，如上面的《论语》例句。把简明势态句从简明状态句中独立出来更有利于语言空间与概念空间的相互映射，特别是有利于从概念空间到语言空间的反映射。这涉及 HNC 理论的核心观念，下面多说几句，只陈述论点，不作论证。

西方文化传统一直把语言和逻辑紧紧地捆绑在一起，把语句当作命题。在数理逻辑于 19 世纪末诞生以后，哲学进入了所谓的第二次转折，即从认识论阶段进入所谓的语言哲学阶段。人们曾把这一转折看作哲学中的一场伟大革命。领导这场革命的著名学者，如罗素和维特根斯坦曾有下列名言：

哲学的任务主要就是就是对语言进行逻辑分析。

全部哲学就是语言批判。

哲学的目的是使思想在逻辑上明晰，哲学不是理论，而是活动。哲学工作主要是由解释构成的。

哲学的结果不是某些数量的哲学命题，而是使命题明晰。

这些名言既深刻阐释了语言哲学的本质，又对语言学的发展划定了一个影响深远的牢笼：语言分析＝命题分析。我在上面提到的“汇报发言”中有一句话：“西方国家不存在产生这一优势的文明基础”，指的就是这个牢笼。语言哲学和语言学都有各种流派，不同流派在论争中对很多问题都发表过十分精到的见解。但是，他们对待牢笼的态度是一致的，都不曾想过，“语言分析＝命题分析”这个天经地义的等式实际上是一个沉重的牢笼。这个牢笼阻碍了他们对语言概念空间概念基元和基本句类（即句子基元）的探索，而限于命题的逻各斯分析，“哲学的结果不是某些数量的哲学命题，而是使命题清晰”的著名论断，就把这一探索彻底葬送了。

简明势态句是古汉语的常用句类，虽然古汉语已经埋葬了，意境深奥的简明势态句在现代汉语里可能比较少见，但现代汉语仍然相当完整地保存着汉语言简意赅的特色，虽然呈现出不断削弱的趋势。我希望 T&K 组要特别注意现代汉语简明势态句的搜集，以便为《基本句类知识手册》的撰写积累资料，同时为 15 号难点综合治理策略的制定提供依据，本节的最后定稿将等待这些资料。

所谓 15 号难点，实质上就是简明势态句的判定，因为另外的 2.5 种 E 块省略句类都属于比较判断句的 E 块省略，其中必然具有比较的信息。这些句类的认定本身并不困难，但往往与省略难点纠缠在一起，如下面的例句：

jD0J
从某种程度上说，
fFK
如今的第三次浪潮与前两次浪潮‖同样深刻，
jDBC　　　　　　　　　　　jDC
jD0J
而且速度‖更快，
jDBC　　jDC

这里的“同样，更”并不构成 E 块的 QE，因而就是比较判断句的激活信息了。

1.17　Ek 复合构成难点（17 号难点）

从本节起到第一部分的最后一节，面对的是同一个问题，就是如何对黄侃先生提出的“一字之义果明，则数字之义亦必无不明”这一命题里的一个子命题（该子命题的具体内容见下文）实行计算机操作的知识准备。黄侃先生在这一命题里所概括的两“明”，下面分别简称为果明与必明，两“明”涉及“明”的前提条件及其推断依据，如表 6-7（知识矩阵）所示。

表 6-7　果明与必明的知识矩阵

问题	知识
果明	前提条件　推断依据
必明	前提条件　推断依据

这就是说，果明与必明所要求的前提条件及推断依据是不同的，从而形成一个如表 6-7 所示的知识矩阵。

什么是“一字之义果明”的前提条件？是该字所有可能的 HNC 映射符号的完备集合，即字义的完备集合。什么是“一字之义果明”的推断依据？是该字语义集合与邻近或预期位置的另一语义集合的概念关联性。

什么是“数字之义必明”的前提条件？是“数字之义”所有可能的语义组合的完备集合：如果“数字之义”形成语句，则其完备集合是所有可能的句类代码，而多句类代码可能形成语言分析 20 项难点的头号难点；如果“数字之义”形成语义块，则其完备集合是各句类表示式所对应的语义块表示式；如果“数字之义”形成短语（即语义块的一部分 FK，今后借用“短语”这个现成的术语表示 FK），则其完备集合是 HNC 所定义的 9 种语义组合结构可能形成的复合语义。由此可见，必明的前提条件有 3 种类型：语句型、语义块型和短语型。

什么是“数字之义必明”的推断依据？那就是 HNC 知识表示体系所给出的预期知识。按上述“数字之义”的类型，对语句是句类检验的预期知识，对语义块是语义块构成分析的预期知识，对短语是短语组合结构检验的预期知识。所谓短语组合结构，实质上就是 HNC 所定义的 9 种语义组合结构，但是，不能把这些语义组合结构冠以短语的修饰词，因为这些语义组合结构也可以体现在单词身上，特别是西语的 word。

从上面的说明可知，本文实质上是对黄侃的果明-必明论断的阐释，本节以前和后面的第二部分是对语句、语义块果明-必明论断之阐释，从本节起到第一部分的最后一节是对复合词果明-必明论断之阐释。

下面回到本节的主题——EK 复合构成难点，这个标题有点名不副实，因为 1.1 节讨论过的动词连见现象与这一难点有关，而动静搭配 E+EH 和高低动静搭配 EQ+E+EH 也存在这一难点。本节所谈，仅限于这一难点的两个特殊方面：一是汉语高度发达的汉字语义组合化现象在 EK 复合构成中的表现；二是 hv 类汉字的语言功用。后者当然也可以视为前者的子类，但这个子类过于特殊，未进入 E 块构成的一般表示式，独立出来比较合适。

西语词义的组合化在形式上首先依靠形态变化和附加前后缀的方式，这种方式可实现的组合内容非常有限，形态和后缀体现时态、数、性、所有等概念的语义表达，虽然都不够完整，但终究形成了一个语义符号子体系。前缀体现“反、非、预、内、下、之间”等概念的语义表达，形成另一个语义符号子体系。西语词义组合化的第二种方式是在动词后附加介词或介词短语，以扩展或转化动词的语义，这些介词也形成一个语义符号子体系，并将命名为 hv//hE 符号体系。前两个语义符号子体系的说法估计不难得到认同，但第三个子体系的说法就不同了，不过，这类争论是没有实质意义的，因此，我宁可说这是 HNC 的一种工程定义。汉语的 hv 符号体系非常发达，并表现为 hvv 特征，在汉语音节知识表示中运用了这一符号。对这一符号体系的研究最好是对汉语、屈折语、黏着语同步进行，热汗姑丽具备从事此项研究的最好条件，我希望她珍惜这一天然优势。

汉语词义组合化没有西语的纯粹形态手段，一律采用汉字直接组合的方式，在直接组合时，一些汉字的作用等同于西语的形态变化、前后缀或附加介词。这就是说，西语的上述 3 种语义符号子体系，汉语都统一用一些汉字来表达。例如，英语的形态符号 ed 大体相应于汉语的“了、过”，ing 大体相应于汉字“着、在、正”。

现代汉语语法学家注意到了汉语与西语在词义组合化方面存在重大区别，提出过复合式合成词和附加式合成词的说法，并将前者区分为联合、偏正、动宾、主谓、后补 5 种结构，将后者区分为前缀与后缀两类。对组合结构的上述分类不能说没有一定的意义，但对于帮助计算机理解词的语义组合结构这一目标来说，显然还存在很大的差距，HNC 的语义组合结构符号体系（见《理论》p18-19,p39-41）是为了弥补这一差距而设计的。这里需要补充的是，“语法”符号 h//q 实质上也是两个特殊组合结构符号，我们希望用这两个符号统一表达各种语言的形态变化和前后缀现象，这里的“缀”，不只是语词的缀，也包括短语、语义块和句子的缀。例如，现代汉语的“的”，古汉语的“也、乎、哉、兮”可充当句子的后缀，用 hJ 表示；现代汉语的“的话、来说”充当短语的后缀，用 hPr 表示；古汉语的“者”充当语义块的后缀，用 hK 表示；而“矣、焉”可充当语义块或句子的后缀，用（hPr;hJ）表示；现代汉语助词“了、着、过、到、成”等用 hv 表示；英语的后缀 ing//ed 等用 vh 表示，s//es 则用（vh+g4003-0;nh+j41-）表示；前缀类此，不另举。

在语义组合结构的运用方面，汉语的伟大创造在于，利用汉字的天然组合性形成大量复合词，使复合概念的反映射语词之复合语义结构呈现出组合形态，一目了然或一听了然，因而是显式的。而西语除了上述有限内容外，对一般复合概念基本采用另造新词的方式，因而复合结构是隐藏的。所谓形态，实质就是复合结构的一种表示，从这个意义上说，我反而认为，汉语不仅不是无形态语言，而且是形态更为发达的语言。这个观点我曾在 Paper1 的初稿里曾有所阐述，但在定稿时删去了，以免引起无谓的争论。

其实这个观点本身并不重要，重要的是需要为计算机另行设计一套计算机容易理解的符号体系，引导它理解复合概念的意义。把复合概念的反映射语词分解成概念基元的复合构成，即 HNC 符号体系，是实施这一引导的基本举措。笔者对“语言分析＝命题分析”的论断之所以不敢苟同，基本原因之一是这一论断实际上否定了另行设计概念基元及其组合结构符号体系的必要性。

以汉语的“说、讲、谈”为例，对它们的意义如何表示才能让计算机容易理解？这显然不是一个数理逻辑问题，同时也不是传统词典说明方式能够解决的问题。《现汉》对这 3 个字本义的解释如下：

说——用话来表达意思。

讲——说，谈。

谈——说话或讨论。

话——说出来的能够表达思想的声音，或者把这种声音记录下来的文字。

说话——用语言表达意思。

这些解释对人是相当确切的，但对计算机不然。对“说”用“话”来解释，而对“话”又用“说”（说出来的）来解释，还涉及“能够、思想、声音、记录、文字”等诸多概念。能否采用另外一种符号体系进行表达以方便计算机的理解？这就是 HNC 理论第一理论模式试图回答的问题。

与上列《现汉》解释相对应的 HNC 映射符号如下：

说——v65232

讲——v9232$v810

谈——v65232；v249a

话——r65232

说话——vr65232

这些映射符号里共同的核心层次符号是 232，表示“说、讲、谈”的共同概念基元——输出信息，这是三者的共性。对它们的个性，用本体层 65 和 9，组合结构符号$来表达：“谈”另有信息交流的意义；“讲”的效应特征——使对方理解——更为突出；“说”与“话”的层次符号完全相同，差异仅在于五元组符号——“说”是“话”之源，“话”是“说”之果。这样的符号表示方式，就为计算机把握这些语词之间的概念关联性，提供了一个比自然语言更合适的基础。

当然，西语也有复合词，不过与汉语相比，那真是小巫见大巫了。现代汉语复合词的大量涌现，极大地方便了汉语的使用者，但未必方便计算机的中文信息处理。问题在于如何利用汉语的这一特性，利用得好是优势，利用得不好就成了难点。所谓局部处理，对汉语来说，除了 1.15 节给出的清单外，就是复合词的处理问题，就是把汉语的这一优势用好的问题。

我们把这个问题分为 4 小类，分别在本节和随后的 3 节里阐述。

复合词是概念集分的基本单位，但要区分复合的虚实或真假。实复合词一定是复合概念，与多个概念基元相对应，如“击溃、击毙，阻击，截击”；虚复合词不一定是复合概念，如“攻击，打击，深浅，状况”。词之复合与概念之复合是两个完全不同的概念，复合词可以是简单概念即概念基元，非复合词（如汉字）可以是，而且多数是复合概念。理解过程关注的是概念的复合，而不是词的复合，明确这一点非常重要，是用好汉语优势的基础，黄侃命题关注的就是概念的复合，HNC 知识表示项里的组合结构代码也是指概念的复合，而不论该词本身的形式是否复合，因此，字也应该有这一表示项。读者会问，在词的映射符号里，组合结构信息不是一清二楚吗？为什么要重复表示呢？这个问题我说过多次了，所以就留给读者作思考题吧。

上面引入了“集分”这个新术语，意思是“集与分的对立统一”，相当于黄侃先生所说“积字成句”里的“积”，其精确映射符号是 vr390，上段文字里的“复合”最好用“集分”来替换。当然这里只是说一说这个意思，并非真的要读者接受这个术语，入乡随俗是语言的第一规则。但我们心里应该明白：语句的理解过程是概念的集分过程——从语义块的集分到语义块内部构成的集分处理，并在集分过程中确定语句句类。而所谓 17 号难点，则专指 EK 内部构成的上述两种集分处理。

第一种集分处理，即 EK 的汉字集分处理，是汉语应该特别关注的语言现象之一，由这一语言现象形成的难点将记为 17-1 难点。下面以“打”字为例进行说明。

《现汉》对“打”字共计给出了 26 个义项，其中动词义项 24 个，其义项之繁确实令人畏惧，17-1 难点的表现十分突出。还应该指出的是，《现汉》所列举的义项并不全，下面给出“打”的两个待补义项和一个现有义项的未登录词：

打伤　　打死　　打痛　　打昏　　打碎　　打乱
v008#v322　　　　　　　　　　　　　　XJ
打前锋　　打后卫
（v6501,l5,9733\k）　　　　　　　　　XS*11
打紧逼　　打联防
sv22　　　　　　　　　　　　　　　　X20J !11 !22　X20S*11

前两个义项是待补义项，第三个义项是现有义项，《现汉》的举例有：打官腔、打马虎眼、打圆场、打掩护等。在例词下一行，给出了相应 HNC 映射符号和句类代码，对其中的 X20J 还给出了格式知识。如果对有关义项都按照上面的方式，用 HNC 符号体系予以表示，运用这些知识及其伴随的@ S 预期知识，加上远程语境知识的引导，应不难对“打”字进行有效的向后段接处理，从而完成该字的多义选一处理，即 17-1 难点的消解处理。这一处理过程也就是“一字之义果明，则数字之义亦必无不明”的具体操作过程（说明 37：关于语料类型的命名）。

我建议把“打”字选作 17-1 难点的代表字之一，以它为中心形成比较完整的Ⅲ型语料，用于检验 17-1 难点处理软件的自明度。

汉语的 17-1 难点十分突出，读者会问，上面开出的简明“药方”就能够治疗这一顽症吗？应该看到，这个“药方”貌似简明，实际上可以提供 17-1 难点治理所需的全部知识，奥妙在于@ S 的细节表示。例如，对第一组未登录词的“打伤、打死、打痛、打昏”应给出“B=XB+YB,XB:p;jw62;”的预期知识；对“打碎、打乱”应给出“[B=XB+YC%,XB:p;pe.YC:r80;r82;r7123]; [B=XB XB:w.]”两项预期知识。这些知识可集中放在“打”的字知识库中，至于效应 v322 的具体内容则放在“伤死痛昏碎乱”的字知识库中。这样的知识表示安排，就是上面所说的对汉语优势的具体运用了。在上述知识表示方式中，会遇到共性与个性表示的复杂问题，需要作出“各个击破”的灵活处置，例如，义项 sv22 所对应的词语并不能都纳入上面给出的两个句类代码，《现汉》给出的例子“打比方”就属于例外。例外要作为个例单独处置，就是把这类词纳入词库，因而拥有独立的知识表示清单。

第二种集分处理就是 hv 处理。这一处理遇到的难点将记为 17-2 难点，似乎各种语言都存在这种难点。西语介词的语言功能之一是充当 hv\\hE，把一些形式上“不及物”而实质上“及物”的所谓不及物动词变换成“及物”动词，如 interest look 等。对介词意义的这一诠释，估计传统语法学难以认同，但这无关紧要，重要的是 v+hv 的知识表示。这里只谈汉语，以“成”字为例进行说明，张艳红可参照这个说明对英语进行相应的研究。

建议“成”字的第一义项表示如下：

成　　　hvv（v309,v30a1）
　　　　[v:（X;v232;v00#331;v232#v331.）=>XY02*311J]
　　　　[v:EΛ（E:Yg）=>EJ] [v:D=>D0JΛ^!0]

概念类别记为 hvv，其 v 概念的映射符号记为（v309,v30a1），映射符号之后给出 hv 的 3 项知识表示，各项表示之间用[ ]号隔开。读者应注意到，hv 的 3 项知识都与句类挂钩。第一项知识来于“成”之映射符号，表示该复合概念前接表示式中所列的作用型概念而构成 E 块时，一定形成混合句类 XY02*311J。属于 X 的反映射字有“切、磨、剪、煎、碾、包、折”等，属于 v232 的反映射字有“说、写、画、描”等，后两种概念的反映射字很少，主要是双字词，如“展现、打扮、表示、描写”等。第二项知识表示“成”字前接广义效应概念 Yg 时，句类不变，如“长成、病成、瘦成、变成、锻炼成”等。第三项知识表示“成”字前接判断概念时，一定形成!113D0J 格式的判断句，例子如“当成、看成、想成、判成、理解成、规定成”等。这里需要强调的是，凡属于 X//Y 类概念的反映射词语，都要注意它的二重性，即初期命名的所谓（4,Y）及（5,X）特性。这一二重性十分重要，在语词知识库中必须加以表示，无论是字、双字词或 word。

HNC 所定义的 hvv 类概念是不是汉语的特殊语言现象？似乎值得研究，但不必匆忙作出结论。至于传统语言学是否认可 hvv 概念，那更不必关心了。需要关心的是那些得不到词典登录资格也没有必要取得这一资格的大量双字动词，像“切成、磨成、剪成”之类，这类双字动词是黄侃先生所说的“积字”现象的形式之一，怎样才能让计算机自动辨认出这类“积字”，并且自动构成理解所必需的基本知识呢？hvv 概念的引入就是为了实现这一自动辨认过程的激活，hvv 本身就是一个明确的激活信息，而上面给出的符号表示和说明也许可以算作一块自动知识获取（自动得到句类代码）的引玉之砖吧。

近5年前，在初建汉语音节知识库的时候，hvv类概念划归活跃语素义类中的一个子类，当时就提出过对哪些hvv类概念的反映射字（一个清单）应建立小专家知识库的具体设想，在“小专家”里，hv的前搭配（字或词）可以不受限制地登录，从而形成一类长时记忆。现在，落实这一设想的时机似乎已经来到了，不可能在研究所的环境实施这类设想，但在公司环境里是可以实现的。

《现汉》对“成”字给出了11个义项，上面的映射符号综合了其中两项的一部分，即“变动＋完成”，这是一个复合义项。“成”字单独充当动词（可另加hv）时，主要运用这一义项，充当hv时，一定继承该义项。在“成”的众多义项中，这是最重要、独立性最强的一个义项，其他义项有的不必单列，有的可以合并。

本节写法显得十分松散，但实际上是外松内紧，我是有意这样写的，无非是对老一套厌烦了，想换换花样，没有别的意思。

1.18　双字动态词难点（18号难点）

从本节开始讨论的3种难点是不是汉语特有的难点呢？这个看来容易回答的问题实际上并不容易回答。

对于汉语的两个连用汉字，如果你这样提出问题：这两个汉字是构成一个复合词？还是两个单字词的复合？语言学家认为提出这样的问题是理所当然的。但是，对于英语的两个连用words，语言学家并不提出类似的问题。为什么？表面理由是汉语的字不一定是词，而英语的word一定是词。然而，如果你认真思考，会发现这个这个表面理由并不令人信服。

从语言层面看，两个汉字连用和两个words连用是有区别的。但从概念层面看，汉字连用与word连用是没有区别的。汉语的“第十二天”和英语的“twelfth day”的形式结构差别很大，但映射到概念空间都是jz00c0c/wj10-00，这一映射所体现的理解操作过程只关注连接单元的先后顺序以及连接后的概念（一般是复合概念）是什么，而并不关心连接后的东西是不是一个符合语言学定义的词或词组。这就是说，语言层面关心的是连用的形式效应，而概念层面关心的是连用的内容效应，形式效应会有所不同，而内容效应是一致的。进一步说，“第十二”是3个词，还是1个词，语言学认为应给出明确回答，并制定相应的分词规范，但从概念层面看，3与1之分是多此一举。再进一步说，分词规范的观点只是现代汉语语法学的观点，上述黄侃命题是不支持这一观点，而支持概念层面观点的。

英语中大量存在的“系表”、“系表＋介词”、“不及物动词＋介词”的组合结构，是可以整体看作词或复合词的，这些结构里的“系”与“介”实际上起着语素的作用。如果对这类结构另外给出一种标记符号，将大大有利于自然语言处理和不同语种之间的交流。为什么人家从来不动这个脑子，而我们却要大动干戈，热衷于什么分词规范呢？语素说起源于西方，但从“系、表、介”概念的延续使用来看，人家对语素、词与词组的划分是采取务实态度的，实际上并不严格区分morpheme和word。从概念层面看，这个区分是一个容易“惹是生非”的多余环节。因为“意义单位”、“独立运用”、“最小”这3个概念在概念层面是没有多大价值的。概念层面需要的核心概念是概念基元和复合概念基元的区分，是概念基元的层次性、网络性与五元组特性，是概念的组合结构。概念层面无所谓语素与词的区分，也无所谓约定俗成。西方“老师”们在这一点上倒是有点与黄侃先生“心有灵犀一点通”的感觉，而有些东方“学生”却不明白这个道理，对语素与词的界限太执著了，以至于不敢承认汉字就是词。

当然，在语言层面，语素和词的概念不能说毫无意义，但从概念层面俯瞰这两个概念，其价值远比不上从现代人体解剖学看中医的五脏六腑说。五脏六腑之说是有意义的，现代的顶尖中医专家对它的理解也许远远比不上老一辈的中医专家，但该学说并不能成为医学科学体系的基础，它究竟属于朴素科学阶段的探索成果。语素和词之说也是如此，也带有朴素科学的特征，也不能作为构造语言科学体系的基础。不同语言的语素选定标准有很大差异，任何自然语言都没有完备的语素表示体系，也不可能有这样的体系，词和词组的选定有很大的约定俗成性。此语种的语素可以是另一语种的词，此语种的词可以是另一语种的词组，但这种差异映射到概念层面就自然消失了。不同语言所映射的概念具有必然的对应性与同一性，但语素、词与词组却不具有这种必然性。HNC 理论为什么要“另起炉灶”，以语言空间与概念空间的相互映射为自然语言处理的基础，彻底抛弃从句法分析起步，重新设计句类分析之路呢？奥妙就在这里。

上面几段话属于 HNC 的老生常谈，但在讨论所谓双字新词难点之前，有必要作这一番回顾，因为这里所说的词，与传统定义有很大区别。

本节所说的难点，指那些未在词库中登录，其优先组合存在辨认困难的相邻两字，简单地说是双字新词的辨认难点。这个简称是一个打马虎眼的折中，因为汉语的词与词组不可能有严格的界限。本来叫作“双字组”是合适的，按照黄侃先生的思路，叫作“双字积”更科学。当然本文绝不正式作此建议，而服从约定俗成的原则，把它叫作双字词。但心里应该明白，本文所说的“词”实质上是汉字优先组合的意思，是“积”的意思，是概念空间的基本语义单位。从最后的意义来说，可以认为它与语法学定义的词毫不相干，因为它不需要与语素的概念相比较而存在。

现代汉语主要运用双字词，一个合适的、有别于《现汉》收词标准的双字词库是快速有效辨认双字词的重要基础，但仅仅依靠这个基础是不够的，软件还必须具有自行辨认双字新词的处理能力，下面的小段语料可以突出表明这一需要。语料标注除了沿用已引入的语义块标记和各类句蜕标记

||　　EgJ 语义块边界标记符

|　　ElJ 语义块边界标记符

{…}　　原型句蜕

<…>　　要素句蜕

\…/　　包装句蜕

[#…#]　　块扩语句起止标记符

此外，还引入了下列临时性标记

[…]　　《现汉》不收录而信息处理词典应予收录的词

(…)　　Ek 新词，不区分 Eg 和 El

$ $　　非 Ek 新词，不区分双字词和多字词

对每一语句，标出段落、句群、句子编号，这里把句号定义为句群符号，句子编号有两组数字，分别表示句群内编号和句子总数。随后给出该句的句类代码，并依次标出语义单位（词）总数、单字词数、“双”字词数、多字词数，数字之间用“-”号隔开，“|”号后，依次给出“双”字新词、多字新词、《现汉》不收录词的数量，中间也用“-”号隔开。语料摘自冯牧先生的散文“沿着澜沧江的激流——西双版纳的漫记之一”。

我们||决定[#$坐船$到$橄榄坝$去#]。

（1.1.1-01）DJ　　06-2-3-1|1-1-0

从$允景洪$到$橄榄坝$||虽然　并不　远，

（1.2.1-02）　S041J　　07-3-2-2|0-2-0

水路　旱路||都　只有||“$八九十里$路，

（1.2.2-03）　S0J　　06-2-3-1|0-1-0

但　我们||却　[毫不]犹豫地　选择了||从　水路　走。

（1.2.3-04）D01Y80*21J　　09-4-5-0|0-0-1

这||$不仅仅$（是因为）||{[顺流而下]|可以（到得）|$更快些$}，

（1.3.1-05）　P22J　　07-1-2-4|1-4-0

而且，我||觉得，

（1.3.2-06）!32DJ　　03-1-2-0

[#{能够（沿着）澜沧江　的　激流　和\{[两岸]|$奇峰$|$连云$}、{绿荫|$映波$}

的　热带　景色/|，做[一次]赏心悦目　的　航行}||，

（1.3.3-07）!3111T2b3J　　19-5-12-2|4-0-2

这　本身　对　人||[便是]||[一个][最大]的$魅惑$#]。

（1.3.4-08）　jDJ　　09-4-5-0|3-0-0

（说明 40：例句 7、8 的重新标注）

我||曾经[有过]||\{$许多次$在[江河]上|旅行}的　经历/。

（2.1.1-09）　S0J　　10-4-5-1|1-1-1

我||$私下里$[得出]了||{[一个]也许　是　有些　[偏颇]的　结论}：

（2.2.1-10）　Y10J　　10-3-6-1|1-1-1

只有当{你|在[江河]上|航行，通过$水光$$山色$|来观察|

那　随时　变化　的　景色}的　时候，

（2.2.2-11）　（!11T2b3J+!31T1J）*1　　18-7-11-0|3-0-1

…才能够…真正（领略得到）||我们　祖国　锦绣河山　的　全部　的

丰饶　和　美丽。

（2.2.3-12）　!31D01J　　13-4-8-1|1-0-0

我||曾经　在　气象万千　的　长江　上||航行过，

（2.3.1-13）　!11T2b3J　　08-4-3-1

为　那$烟波$浩瀚、壮丽　森严　的$奇景$||而　流连　咏叹，

（2.3.2-14）　!3111X20J　　11-4-7-0|2-0-0

$胸中$||充满了||壮阔　和　自豪　的　情感。

（2.3.3-15）　S02J　　　　　　　　07-2-5-0

我||曾经　在　珠江　上||航行过，

（2.4.1-16）　!11T2b3J　　　　　　06-3-3-0

（沿着）$峰连$$壁立$的[两岸]||[溯流而上]，

（2.4.2-17）!3111T2b3J　　　　　　06-1-4-1|3-1-1

[饱尝]过||<那　充满|热带　情调　|的$浓丽$强烈　的　南国　风光>。

（2.4.3-18）　X20S0*21J　　　　　　11-3-8-0|2-0-0

我||也　曾　在　祖国　边疆　的　许多$不知名$的$小河$中||航行过，

（2.5.1-19）　!11T2b3J　　　　　　13-7-5-1|1-1-0

（坐在）||精巧　轻盈　的[独木舟]中，

（2.5.2-20）　!31S0J　　　　　　06-2-3-1|1-1

在　茂密　的$花丛$和$藤蔓$间||（逐波而行），

（2.5.3-21）!3111T2b3J　　　　　　08-4-3-1|2-1-0

$林碧$ $峰青$，

（2.5.4-22）　　　　　　　　　　S041J+S041J02-0-2-0

触目||（成趣），

（2.5.5-23）　!30P21J　　　　　　02-0-2-0|1-0-0

{极目|$所至$}||，都是||[一片]蓬勃　的　生气，

（2.5.6-24）　jDJ　　　　　　07-1-6-0|1-0-1

$胸中$||不禁　激荡着||\{对于　祖国　边疆|的　无限$挚爱$}$之情$/。

（2.5.7-25）　S03J　　　　　　10-1-9-0|3-0-0

但是，我||还　没有　探访过||我们　祖国$最伟大$的　河流[之一]
——澜沧江。

（3.1.1-26）　T19J　　　　　　12-3-7-2|0-1-1

我||曾经　$许多次地$横渡过||澜沧江。

（4.1.1-27）　T2b3J　　　　　　05-1-2-2|0-1-0

当<（载着）|汽车|的　渡船>|在{[钢缆]|牵引}下|
$缓缓$（横过）|$江心$　时||，

（4.2.1-28）　（（T2b3J））　　　　　　13-5-8-0|5-0-1

巨大　的　船只||在　{激流|冲击}　下||不停地　颤抖着，

（4.2.2-29）　SJ　　　　　　09-3-5-1

使[#人||立时（感受到了）||澜沧江　的$不可抗拒$的　庞大　的　威力#]。

（4.2.3-30）　!31XYJ　　　　　　11-5-4-2|1-1-0

（远眺）||$江面$，

（4.3.1-31）　!31T1J　　　　　　02-0-2-0

似乎　是||$波平浪静$的，

（4.3.2-32）　!31jDJ　　　　　　04-2-1-1|0-1-0

但　平静　的$水面下$||却　隐藏着||胸怀　叵测　的　激流。

（4.3.3-33） Y30S02*20J　　　　　11-5-4-1|0-1-0

在　夕阳　的　照射　下||，$江心$||（泛发）着||$钢蓝色$的　光亮，

（4.4.1-34） Y30J　　　　　　　　10-4-5-1|2-1-0

间或　从$水底$||（涌出）||$一两个$（急旋）着的　涡流；

（4.4.2-35） S02J　　　　　　　　08-2-5-1|2-1-0

<（浮在）$江上$的$朽树$ $断枝$>||，象　箭$似地$||被（冲到）||远方　去。

（4.4.3-36） !31123XT2b*322J　　　12-5-7-0|6-0-0

这[一片]雄伟　景象||使[#人||不禁　感到：

（4.5.1-37） !33XYJ,PrJ=X20J　　　08-3-5-0|0-0-1

{澜沧江呵，你|真是|一条 矫健　剽悍、深邃[莫测]的$巨龙$}#]。

（4.5.2-38） jDJ　　　　　　　　10-2-7-1|2-0-1

如上文所说，语料中标注的词不同于西方语言传统意义下的词，不仅如此，双字词的"双"也不同于常规意义，所以加了引号。这里"双"字词的字数可以等于 3 或 4，如

犹豫地、选择了（04）、得出了（10）、来观察（11）、领略得到（12）、航行过（13,16,19）、不停地、颤抖着（29）、感受到了（30）、泛发着（34）

等词。这些词中的"了、过、着、地、得到、到了、来"是 HNC 定义的 hv、qv 和 h$uu，它们只改变词的形式（外延）意义，并不改变词的内容（内涵）意义。所谓形式意义，指"了、过、着"的时态意义，"地"的词性标志意义等；所谓内容意义，指词的核心字所范定的意义。作为 hv 的"得到、到了"也只有时态意义，但它们本身又是动词，属于 hvv 概念类别，所以对"领略得到、感受到了"都作为新"双"字词加以辨认，与"犹豫地、选择了、航行过、颤抖着"等不言而喻的"双"字词区别对待。采用 hv、hvv 这样的知识表示方式有利于这一区别对待的实现，即有利于相应 Ek 的句类代码和 HNC 符号的自动认定，从而有利于软件设计。

应该说明，当单字动词与 hv 构成双字动词时，则一律纳入双字词，如

有过（09）、得出（10）、坐在（20）、载着（28）、涌出（35）

等词。汉语单字词的意义范围一般十分宽泛，因而后缀具有缩小意义范围和增加形式意义的双重作用，这与双字词的后缀通常只具有形式意义的情况有所不同，所以语料标注采取了不同的方式。单字动词跟 hv 而形成的双字动词一律纳入新词，以符号（…）加以标记，双字动词跟 hv 而形成的多字动词则不加任何标记。因为前者可能变成 17 号难点，而后者一般不会变成难点。

（现在是千禧兔年初一清晨的 8 点 23 分，我很高兴还能继续保持清晨工作的习惯，因为清晨与深夜是深思熟虑的大好时光，可惜深夜工作的习惯已不能再坚持了。家人同现代常规过年的人们一样，还沉浸在梦乡。远处传来的零星爆竹声唤起了一种遥远的亲切回忆，同时也激起了一种沉重的惶恐不安。一年又过去了，而"出关"4 年来，在创新方面几乎无所作

为。在酝酿本节文字的腹稿时，我非常痛苦地感受到，建立句间知识表示体系的呼唤，已经是这样急切和响亮，但老弱之躯，不能不遵守一天仅工作 6 小时的规定，而今天已用去预定时间的一半以上。年轻的探索者与开拓者们，是你们接过接力棒的时候了。）

对语料标注的词进行简单统计，可得到下面的结果（表 6-8）。

表 6-8　词语分布统计

类别	频次	比例（%）	新词比例（%）
词总数	345	100	
单字词	116	33.6	
“双”字词	198	57.4	
多字词	31	9.0	
“双字”新词	53	15.4	26.8
多字新词	22	6.4	71.0

这个结果显示了一个也许过去未受到应有重视的现象，就是汉语双字词约有 1/4 的新词，而多字词的新词竟高达 3/4。当然，这个数字与文体密切相关，一般的论述文和叙述文没有这么高的比例，严肃的“官文”会更少一些，但这不影响汉语文字文本处理的第一道难关是新词辨认这一基本事实或判断，具体数字的精确性并不重要，1/4 和 1/10 无本质区别。重要的是要抓住新词辨认这个牛鼻子，对汉语语音文本还要新词和伪词（说明 38：关于伪词现象）辨认一起抓。

新词辨认与分词的提法有本质的不同。这里所说的新词，按分词标准绝大多数分成两个或多个单字词就万事大吉了，但实际上大吉不了，分了以后，你还得把它们合起来，先分而后合，岂非多此一举？至于所谓分词难点，在上面的语料中仅出现了一次，由此可见，分词“瓶颈”说的坚持者大约没有实际考察过新词、伪词和分词模糊（歧义）的相对比例，如果对这个基本数据毫无了解，而侈谈“瓶颈”，那是缺乏科学态度的表现。

下面对上面语料的前 8 句依次进行具体分析，然后进行综合讨论。

第一句：块扩判断句。本句存在 1 号难点，而且比较难以消解，因为 Ek 的反映射词“决定”具有多个句类代码。这里撇开这个问题不谈，从块扩判断句出发进行讨论。

块扩判断句 DJ∧D:v842 的基本句类知识是，其 JK2=DBC 语义块必须扩展为一个反映人类活动的句子，这里是自身转移句!31T2bJ，符合这一要求。自身转移句的信息由远搭配“到……去”唯一确定，这一句类知识是确定句中两个待定孤魂——“坐船”和“橄榄坝”——的基本依据。“坐”的字知识库会提供下面的预期知识：

如果　它后面跟交通工具 pw22b
则　两者的组合词优先自身转移句的工具辅块 In
　　也可能在会话语句中形成 vC 并合结构

新词“坐船”符合工具辅块的预期。至于“橄榄坝”，它必须是一个“地点”，这是自身转移句所提供的亮点预期知识之一。当然，这个“地点”是广义的，包括 fwj2-或 fpe。但“坝”

的字知识库可以提供"橄榄坝"优先于 fwj2-00 的预期知识。这样，关于新词"坐船"和"橄榄坝"的基本知识就可以自动形成。这两项新词知识肯定需要进入短时记忆，至于它们是否应该和以什么方式转入长时记忆，则属于李耀勇博士后的探索方向了。实际上，像"坐船、坐◇船、坐车、坐◇车、坐飞机、坐滑竿……"之类不符合登录条件的词，可进入"坐"字的@ S 知识项，形成一种类型的长时记忆。

按规定，新词"坐船"和"橄榄坝"的标注方式应该是

$坐　船$　　　$橄榄　坝$

这才能反映真实情况。为了简明，新词中应有的空格都省掉了，《理论》中强调的段接处理包括这一类的新词处理。

第二句：简明状态句。这一判断本身和该句类两语义块的分界都不存在任何疑点。"虽然"和"并不"两词的 HNC 映射符号所提供的语义知识已足以判定 SC 的上界，短时记忆中"橄榄坝"所提供的知识只起配合作用。

此句的扩展句类分析涉及两项隐知识的揭示：一是关于"允景洪"优先于特定地点的判定；二是关于 SB 语义块省略了"的距离"的判定。第一项判定基于远搭配"从……到……"所要求的对仗性知识，由于短时记忆中的新词"橄榄坝"优先于 fwj2-00，这个判定就是理所当然的了。这里顺便说两点题外话，第一点，这个例子表明，短时记忆不能考虑以句号截断的方案，它必须是跨句群的。第二点，如果系统的长时记忆里具有地理知识库的话，则"允景洪"是已知的不登录词语，而由"允景洪"可以推知"橄榄坝"也是中国云南省的一个特定地点了。问题在于这一长时记忆如何激活，不能设想用"允景洪"三个字去直接激活，而应该采取某种间接激活的方式。这里短时记忆中的"橄榄坝"通过远搭配"从……到……"就形成了一个间接激活信息。这一间接激活过程的软件实现也许有一定难度，但问题是这是必由之路。

"的距离"省略的判定属于深层隐知识揭示，这里的激活信息仍然应该从基本句类知识去寻找线索。简明判断句有一条句类知识，就是当 SC 的要素属于 u 类概念时，SB 或 SBC 与 SC 之间具有要素的同行优先性。本例句的"远"可以提供比较明确的同行优先知识（这属于 HNC 知识库@SR 知识项预定提供的知识），但仅仅依靠这项知识是不够的，并不能完成本例句的隐知识揭示，因为还需要利用"从……到……"短语的语义块构成知识。这个短语一般充当语义块的 KQ，但也可独立充当语义块，或充当Ωu。这不仅与短语中"……"的内容有关，也与该短语在语义块中的位置有关，这些知识属于"从……到……"小专家的研究范围。就本例句来说，在形式上该短语独立充当语义块 SB，实际上是 SBB，省略了 SBC。SBC 的预期内容是广义距离 j02，如"距离、路程、间隔、范围"等，与"远"同行。但这里可以从广义距离收缩成狭义距离，因为 SB 是两个特定的地点。这样一个特例却给出了处理广义距离问题的一般思路：从 SB 和 SC 抽取现场信息，激活概念联想脉络的预期路径，这里就是从广义距离走向狭义距离。道路似乎是畅通的，但软件实现依然比较复杂，属于深层隐知识揭示的范畴。

第三句：一般状态句。此句的"只有"是一个多义词，两义项的映射符号如下：

（1）lsb335
（2）v50+(jlv115;v461)+(jz41c21;jz52c21)

《现汉》只收录第一义项，大约是因为第二义项不符合它的收录标准。但此处的多义选一模糊不难消解，因为“只有”之后没有另外的动词，因而它本身不可能充当 QE-2。这里，采用了苗传江博士建议的序列表示方式“-n”，QE-2 表示 QE 序列的第二项，第一项是“都”。于是，把这个语串优先假设为一般状态句 S0J 是唯一的选择。该句类应有的 3 个语义块界限分明，由“水路、旱路”构成 SB，由“$八九十里$路”构成 SC。本句的 SC 是一个数量短语，SB 与 SC 之间的现场信息相互支持与上一句恰好相反。上一句是 SB 支持 SC，这一句则是 SC 支持 SB，这里的 SB 同上一句一样，也省略了 SBC。这个省略是容易恢复的，因为 S0J∧SC:K（j22）可提供 SBC 的明确预期知识。

本句多字新词“八九十里”和数量短语“八九十里路”的认定属于 1.15 节所列清单的第五项，是语义块构成处理的基本项目之一，是自然语言理解处理的“入场券”之一，这里就不必多说了。

第四句：块扩判断句 DJ。这是本段落第二句群的最后一句，这个句群的三个句子都有上装，“特征”语义块的辨认都毫无困难（这里对特征加了引号，因为第一句省略了特征语义块，但其 SC 前面仍然可以拥有上装，已如前述）。本句还另有下衣“了”，第一特征语义块的认定属于铁定情况，不是优先。但是，本句也同第一句一样，存在 1 号难点，因为其第一特征语义块“选择了”有两个句类代码：DJ 和 D01J。这个两选一的判定取决于 BC 是否块扩。对于

DJ∧D:(v840,v380)

的情况来说，可以采用“块扩语句必须另有第二个特征语义块（动词）”的简单判断准则（一般情况下该准则并不保险，因为块扩语句可以是 E 块省略句类）。本句第一特征语义块之后的“从　水路　走”3 语段中含有动词“走”，因而作出 DJ 的选择是顺理成章的事。但是，这个 3 语段很特殊，看下面的表示式：

“从　水路　走”＝“走　水路”→“水路”

其中的等式表明了 T2b3 句类（这里取!31 省略格式）的两种等效格式，这一格式变化属于该句类的基本句类知识之一。建议读者从这个例子深入思考一下语言逻辑概念 l19、l18 和两可语义块概念的特殊重要意义。

表示式的简化形式“走　水路”→“水路”当然只适用于本句的特定情况，但它表明本例句的 1 号难点实际上是一种两可表现。

本句遇到第一个《现汉》不收录词“毫不”，其 HNC 映射符号是

毫不　jluu112c33

意思是最大限度地否定，这样的复合词或词组在概念层面只是一个概念基元，应予收录。如果满足于分成两个单字词，从理解处理全过程来看，是缺乏总体思路甚至可以说是鼠目寸光的表现。

第五句：果因句。本句是第三句群的第一句，全句 7 个词中，新词竟然占了 5 个。写到这里，我感到很别扭，真想用“字积”这个术语代替术语“词”。这里不能不再次提醒读者注意，本文用“词”代替“字积”，实属无可奈何。你读本文时，必须抛开“词”的传统意义，否则也会觉得别扭。

“是因为”是本句的特征语义块，标注为新词，但也可以考虑在词库中直接收录。如果作为新词，则必须在“是”小专家中给出相应的知识，不能仅依靠现场操作。“是因为”是果因句的无模糊指示，故本句无 1 号难点，但存在 3 号和 9 号难点。前者指“这”的范定，后者指对于原型句蜕块

PBC1=(Y01jD2*21J)={[顺流而下]|可以（到得）|$更快些$}

的局部句类分析。

指代信息的揭示，首先应该区分（HNC 所定义的）具体指代和抽象指代两类不同性质的指代，前者采用以 p//w 为本体层的挂靠表示方式，后者采用 l9y 表示方式（也可以用它为本体层进行挂靠）。具体指代的汉语反映射词有“我、你、他、她”及其多数，其映射符号是 p400-。自然语言中没有确定的词专用于具体物的指代，英语的 it 过于宽泛，既可用于具体物的指代，又可用于抽象概念的指代。现代汉语本来可以避免这一“宽泛”，但从西语照搬过来的新字“它”却继承了这一遗传缺陷，令人遗憾。具体指代的揭示可简化为“对号入座”问题，但抽象指代不能。因此，尽管两者面临着共同的问题——对所指代的对象或内容进行范定，但处理策略有本质区别。所谓局部焦点跟踪（local focus tracking）处理[①]，对抽象指代常常是关键性的，而对具体指代则并非如此。

局部焦点就是局部主题，本句抽象指代“这”的范定就涉及上一句群主题的辨认，那就是“作出从水路走的选择”，它构成了本句的 PBC2。

果因句的 PBC1 和 PBC2 都可以句蜕，这是该句类的亮点句类知识。但此句的 PBC1 句蜕很不寻常，其局部特征语义块——新词“到得”——的辨认比较复杂，这里幸有上装“可以”的帮助，子句（原型句蜕）中 3 个语义块的界限似乎不难辨认。但是，它属于什么句类？要让计算机自动作出所示混合句类（基本效应句与简明势态句混合句类）的判断，恐怕不是近期能够实现的。捷径只能在“得”字小专家方面下工夫，我希望这一建议能引起足够的重视与反响。

这里，同上一句一样，也应该考虑 PBC1 句蜕块的其他等效表达方式，如

“顺流而下可以到得更快些”＝“顺流而下可以更快到达目的地”
→“顺流而下可以更快些”

后两者显然分别是自身转移句和简明势态句，这个现象能否引起 HNC 探索者应有的兴趣？希望如此。

第六句：!32DJ。此句有两个语串（两个逗号），而且“觉得”一词有多个句类代码，其中之一为 DJ。但基于第二个逗号应立即作出!32DJ 的判断，因为对（汉语的）逗号可给出下

① Suri L Z et al.1999. A methodology for extending focusing frameworks.Computational Linguistics,25(2).

述规则：

如果

逗号前面为 Eg，该语串缺少 JK2 或 JK3，

则

该语串为!32 或!33 格式，缺省的语义块以块扩或原型句蜕的形式在逗号后出现。如果该句类 Eg 为多句类代码而其中之一为先验块扩句类，则选定先验块扩，否则选定原型句蜕。

这条规则乃从基本句类知识演绎而来，请读者协助验证。

本句的第一语串“而且”乃 fFK，属于 K 调度的处理项目，它与前一句群最后一句中（本句的前句）的“不仅仅”遥相呼应，表明本句群的局部主题也属于前句的 JK1。

第七句：!3111T2b3J。它也是由两个语串构成。应用 T2b3 句类的基本句类知识，在 K 调度的配合下，这两个语串构成的 T2b3 语句的句类分析本来是应该轻而易举的，第一语串是由语言逻辑概念“沿着”(l13）引导的、Ωu 内容丰富的 TB3，第二语串是采用 EQ+E 结构并一定带有 Eu 的 T2b3。但由于作者的别出心裁，把一个包装句蜕

\[两岸]{$奇峰$|$连云$}、{绿荫|$映波}$的　热带　景色/

嫁接成“沿着”的两并列内容之一，可能使得 K 调度对第一语串的处理变得十分困难：对“沿着”与“景色”的匹配，以及“激流”与“景色”的对仗性提出质疑（后者由“和”小专家给出）。从语言的科学性来说，把

FKQ=[两岸]{$奇峰$|$连云$}、{绿荫|$映波$}

搬到“沿着”与“澜沧江”之间是比较恰当的；从语言的艺术性来说，把整个包装句蜕放到“激流”之后，加上“观赏那”三字以形成第二语串，是比较恰当的。作者现在的安排似乎在科学性和艺术性两方面都有欠缺，因为上面所说的 FKQ 不能作为 FKH=“热带　景色”的天然品质特征，两者直接以“的”字干巴巴地相连接而不加任何语言修饰，会带给读者错误的世界知识。

上述 FKQ 本身全部由不符合《现汉》收录标准的双字词构成，这是作家们喜爱的文学表现手法，表明汉语单字段的段接处理对文学性文本来说是一个十分突出的问题，说它比所谓的分词“瓶颈”问题重要万倍都不过分。汉字知识库的建设应主要围绕两大目标：一是动词句类代码及其配套@ S 知识的完整表示；二是体词段接知识的完整表示。汉字 HNC 知识库建设者要把这两个要点牢记在心。这里的完整与完备是有重大区别的，完整指知识项的配套，例如，句类代码、格式与相应语义块要素之间的预期知识。而完备是指知识齐全，首先是义项的齐全。我们要提倡完整第一，而适度放弃完备性，因为在没有强大基本语境知识运用能力的保证下，完备性反而是软件的沉重负担，而完整性永远有助于软件的操作。

“两岸”一词纳入应登录双字词处理，这当然是由于“海峡两岸”这一特定概念的出现。在它后面的 4 对相连的双字新词具有很好的对仗性，属于 15-4 号难点，这里就不进一步说明了。

第八句：jDJ。本句出现了与第五句类似的指代问题。第五句的“这”是跨句群指代，

本句的“这”是句群内指代。但所指的内容都是前面语句的局部主题，这里的局部主题是

“航行澜沧江，观赏沿岸景色。”

这个主题就是本句 DB“这”的抽象指代。在本句的 DB 与 jD 之间插入了一个形式上十分简明的参照辅块，但应该指出，此辅块的“人”，实质上是主块 DC 的 DCB。这一类的主辅转换知识如何纳入基本句类知识的表示体系，是 HNC 基本句类知识研究必须大力推进的具体内容之一。

本句从“便是”开始，除“的”字外，都是新词或《现汉》的不收录词，上面的“重要万倍”说是否又一次得到验证？

到此为止，一共分析了 8 个句子，第一句构成第一个句段，后面 7 句构成第二句段。主题是陈述一次旅游前的心理状态，因此，自身转移句和状态句的多次出现是理所当然的，但预期中的反应句却未出现，似乎被相应的判断句代替了。这个提法是否正确，要由未来的句群理论模式来回答，这里只能暂时回避了。

下面对双字新词中的体词进行综合讨论，动词则只给出一个分类表。讨论采取向新词难点（编号 15-n）对号入座的方式，这里的 15-n 就是 1.15 节给出的局部组合清单（表 6-9）。

表 6-9　双字新词组合方式

难点编号	组合方式	例子
15-04	（对偶、对仗性概念）	魅惑　烟波　水光-山色
15-05	（基本概念及其短语）	江面　水面　江上　江心　水底　胸中　一条
15-08	（uu 类概念）	最大
15-09	（u 类概念）	小河　巨龙　缓缓　浓丽
15-09+15-04	（+对仗性）	朽树-断枝
15-09+15-11	（vB 类概念）	奇峰-连云　绿荫-映波
15-11	（vB 类概念）	坐船
15-13+15-04	（Bv、Bu 类概念+对仗性）	峰连-壁立　林碧-峰青

从表 6-9 可以看到，虽然语料中的新词只是汉语应有新词种类的冰山一角，但一个数字是有参考价值的。那就是进入清单的新词占新词总数的 90.0%，未进入清单的新词仅占 10.0%。后者有两小类：

效应并：　花丛　藤蔓

小专家：　之情

这就是说，如果语义块构成处理模块能够对 15 号难点应付裕如，则汉语新词处理就可以基本达到实用的要求。当然，15 号难点的每一项还有子类之分，各子类的处理难度又有所不同，达到应付裕如是一项规模巨大的语言工程，是自然语言理解处理最繁重的环节。分词“瓶颈”说没有抓住这个要害，这就是我在前面详细介绍黄侃论题的缘故了。上面标注的示范性语料希望向读者表明，依托一个以《现汉》为基础但需要有所扩充的词库，不难实现一个与

西语的word相当的汉语文字文本，但这一步只是一个技术性的预处理。真正的理解处理是合不是分，是黄侃先生所说的“积”，特别是对那些单-单相连的单字词的“合”，或单字词的段接处理，这一处理的绝大部分属于句类分析三部曲的第三部。1.15节对段接处理类型的划分，只是对知识运用方式的一种引导，并没有概括段接处理的全部类型。

有效的段接处理当然要建立在充分运用相应汉字HNC映射符号知识的基础上。各种段接处理的知识运用方式都有所不同，万里长征才刚刚起步。但是，进入15-n清单的新词处理都不存在不可逾越的障碍。从上面的例子可以看到，除了15-09+15-11类型的新词之外，其他都应该是HNC的囊中物。而清单外的新词“之情”，是“之”字小专家的囊中物。

最后，给出语料中的动词新词（表6-10）。

表6-10　动词新词组合方式

难点编号	组合方式	例子
01	QE+E	便是
02	E+hv	有过　横过　冲到　涌出　到得　浮在　坐在　载着　沿着
03	Eu+E	远眺　急旋　挚爱
04	EQ+EH	泛发
05	fv82	成趣　所至

其中的前3类，也应该都是HNC的囊中物，04属于争取类，至于05，应该纳入近期的有所不为。

1.19　多字动态词难点（19号难点）

对于多字新词，同双字新词一样，分为清单内和清单外两大类，如表6-11所示。

表6-11　多字新词组合方式

难点编号	组合方式	例子
15-04	（对偶、对仗性概念）	波平浪静
15-05	（基本概念及其短语）	八九十里　许多次　私下里
15-08	（uu类概念）	更快些
15-09	（u类概念）	钢蓝色
15-17	（否定性陈述）	不知名　不可抗拒
15-19	（名词性活跃语素）	独木舟
	专用名	橄榄坝　允景洪
	“而”小专家	顺流而下　溯流而上　逐波而行

这里不给出清单内外的多字新词百分比，因为这没有多大意义，包括前面给出的双字新词百分比，重要的是确定知识运用方式的类型。通过多字新词的示例我们又一次看到，目前对知识运用类型的划分是适当和充分的，对急所、必为与不为的把握是符合汉语实际情况的。

稍微懂得一点西语的读者看了上面的双字新词和多字新词的两张表以后，应该明白一个十分简单的道理或事实：除了专用名之外，西语也需要进行 word 之间的类似组合处理，西文的词间空格丝毫不能减轻预处理之后的语义块构成处理的难度，这个间隔符根本不能形成自然语言理解处理的优势，汉语根本不存在所谓分词“瓶颈”困难的劣势。当然，如果贯彻废除汉字的荒谬主张，彻底实行汉语拼音化，那是应该使用词间间隔符的。

在这里，为了便于读者看懂上面的两份分类表，把本来安排在第四部分的内容提前说明两点：第一，15-09 的“u 类概念”包括 x 类概念，所以多字新词“钢蓝色”属于这一类；第二，15-13 和 15-14 属于传统的主谓组合，其 Bv、Cv 中的 v 实际上包括 u 类概念，在 1.15 节中的示例“山高水长”、“德高望重”已经暗示（注：一段时间里我嗜好这一类的符号暗示或符号省略，贻害巨大，这次校阅时已作了改正）了这一点。

1.20　分词及伪词难点（20 号难点，标记：……）

应该在本节说的话前面已重复了多次，所以这里可以从简。

汉语的分词难点在形式上可以分为三字段和四字段两类，五字以上的语段非常罕见，当然这是就文字文本来说的。对于语音文本，五字以上的音段经常出现，语音文本的理解处理之所以大大难于文字文本，主要是语段长度的这一差异造成的。

四字段（如“南方才子”）一般仅考虑 2-2 选择，不考虑 1-2-1 情况。三字段（如“才能够、美国会”）要考虑 1-2、2-1 的双选模糊。

但是，如果三字段里出现了 QE//hv//qv 类概念，则可优先选择。下面给出一些简单的规则示例：

如果　　前单为 hv，而前面的语段为动词
则　　选择 1-2
如果　　前单为 QE，前双、后双都是动词，后单不是 hv
则　　选择 1-2
如果　　前单为 QE，前双、后双都是动词，后单也是 hv
则　　应作两种句类假设
如果　　前双为动词，前单不是 QE，后单为 hv
则　　选择 2-1
如果　　后单为 QE，后面的语段为动词，且动词无 hv
则　　选择 2-1
如果　　前单为 QE，后双为 u 类概念
则　　优先选择 1-2

分词难点就是三字段段接处理的难点，当然不可能通过几条简单的规则就能得到完善的解决方案。但可以肯定的是，对 1.15 节清单中的局部处理，对有关 QE//hv//qv//h$u//h$uu//h$（g;v）//h$w//h$p//q$p 等类概念的局部处理，在句类知识和基本语境知识的引导下，是可以形成一套有效规则的。这套规则能够解决绝大部分分词难点，条件仅在于语料的积累。

拖延了几个月之久的局部难点说明总算是勉强完稿了，不仅丝毫没有了却一桩心愿的轻松，反而有欠债更多的重负。不论环境如何发展与变化，我是决心在适当的时间到适当的地

方再一次“闭关”了。

至于本文计划中的第四部分“杂记”，在“闭关”前能完成多少，确实心中无底，只能听其自然了。

二、难点处理谋略

本部分讨论的是难点的处理谋略，而不是方案。这是对引言中所述预定安排的修正，这个修正非常重要，否则就是越俎代庖的重大失误。方案只能也必须由文字文本组和语音文本组的技术总体负责人去完成，自然语言理解处理方案必然涉及软件的具体技术细节，而谋略可以不涉及，我只能在谋略方略方面贡献一点力量。当然，不是每一种技术方案都需要谋略策划，但自然语言理解处理方案是绝对需要的。从某种意义上甚至可以说，高水平的谋略策划是理解处理方案成功的基本保证。

自然语言处理特别需要一部关于处理谋略的高水平专著的指导，可惜目前还没有。《理论》的文献索引中之所以引录了毛泽东和孙武的名著，除了他们是形成 HNC 思路的源泉这一因素之外，也是为了引起读者对谋略重要性的认识。

本部分试图对自然语言理解处理的已有谋略进行比较系统的探讨。

首先，我们引录一段毛泽东同志在《中国革命战争的战略问题》一文中的一段重要论述，该文是毛泽东同志为清算“左”倾机会主义在第二次国内革命战争时期犯下的严重军事谋略错误而写的。

> 我们现在是从事战争，我们的战争是革命战争，我们的革命战争是在中国这个半殖民地的半封建的国度里进行的。因此，我们不但要研究一般战争的规律，还要研究特殊的革命战争的规律，还要研究更加特殊的中国革命战争的规律。

仿效引文，可以提出下面的论断：

> 我们现在是从事自然语言处理研究，我们的处理是理解处理，我们的理解处理是汉语理解处理。因此，我们不但要研究一般自然语言处理的规律，还要研究理解处理的特殊规律，还要研究更加特殊的汉语理解处理的规律。

读者或许会认为，这是一个毫无新意的仿效论断，是众所周知的十分浅显的道理。然而有趣的是，专家们往往在自身领域的浅显方面大犯错误，而在深奥方面反而错误较少。所以，不能轻视事情的浅显方面，这里所说的浅显方面实质上就是人类智能活动的谋略方面，包括战略和战术两个侧面。

本部分将讨论下列题目：关于浅显中的深奥；关于自然语言理解处理谋略的方法论；关于自然语言难点的本体论。

2.1　关于浅显中的深奥

人工智能研究在 1956 ~ 1976 年的前 20 年里集中研究 logic language（指人工智能语言）和 procedures（指知识运用的规则），而忽视了作为人工智能基础的知识本身。在开始重视知识以后又经历了大约 10 年时间，即 1986 年 McCarthy 先生才对这一浅显方面的错误作了谋略高度的反思，对知识表示的关键作用进行了全面而深刻的论述。这是多么有趣的现象，人工智能专家们竟然不懂得一般智能、专业智能和特定专业智能的区别特征，就像当年共产国际派来的军事专家不懂得战争、革命战争和中国革命战争的区别特征一样。

在语言学和自然语言处理领域，浅显方面的错误就更多了，更加不幸的是，这两个专业领域还没有一位权威人士像 McCarthy 先生那样，进行过战略高度的反思。当然，国内外都曾有人作过这样的努力，如美国的 Schank 先生和 Lenat 先生，国内的张志公先生和申小龙先生，但 Schank 先生半途而废，Lenat 先生误入歧途，张志公先生壮志未酬（见林杏光："张志公先生 90 年代的汉语语法观"），而申小龙先生则羁绊于中国式的古典思考。

《理论》p100 曾对 Lenat 先生的 CYC 计划表示敬意，同时指出："主建者犯了 70 年代 Schank 先生同样的错误，在沼泽地上建立高楼大厦。"下面全文引录 Lenat 先生在 1990 年的两段关键性论述[①]，以便对他的"沼泽地"和"高楼大厦"作具体说明。两段论述的原标题分别译为"软件脆弱性的根源"和"脆弱性的根治"，为了忠实保留 Lenat 先生论述的原意，仅引录原文而不翻译，但为了读者的便利，对某些英语多义词或罕用词给出了中文译词。

The Source of Software Brittleness

There is indeed a strong local maximum of cost-effectiveness: by investing one or two person-years of effort, one can end up with a powerful expert system. The trouble is that this is just a local maximum. Knowing an infinitesimal fraction as much as the human expert, the program has only the veneer of intelligence. Let us illustrate what this means.

Programs often use names for concepts such as predicates, variables, etc., that are meaningful to humans examining the code; however, only a shadow （少量） of that rich meaning is accessible to the program itself. For example, there might be some rules that conclude assertions of the form

Lays Eggs In Water（x）

and other rules triggered off that predicate, but that only a fragment of what a human can read into "LaysEggsInWater" . Suppose an expert system has the following four rules:

IF frog（x）, THEN amphibian（x）　（两栖动物）

IF amphibian（x） THEN Lays Eggs In Water（x）

IF Lays Eggs In Water（x） THEN Lives Near Lots Of（x,Water）

IF Lives Near Lots Of（x,Water） THEN ¬ Lives In Desert（x）

（符号 ¬ 表示否定）

Given the assertion frog（Freda）, those rules could be used to conclude that various facts are true about Freda: amphibian（Freda）,Lays Eggs In Water（Freda）,¬ Lives In Desert（Freda）, etc. Yet the program would not "know" how to anwer questions like: Does Freda lay eggs? Is Freda sometimes in water?

① Lenat D.B， et al.1990. CYC:Toward programs with common sense. Communication of the ACM，33（8）.

Humans can draw not only those direct conclusions from lays Eggs In Water（Freda）, but can also answer slightly more complex queries which require a modicum （少量） of “outside” knowledge: Does Freda live on the sun? Was Freda born live or from an egg? Is Freda a person? Is Freda larger or smaller than a bacterium? Is Freda larger or smaller than the Pacific Ocean? Or even: How is Freda’s egg-laying like Poe’s story-writing?

Thus much of the “I” in these “AI” programs is in the eye-and “I” -of the beholder.（观看者）. Carefully selecting just the fragments of relevant knowledge leads to adequate but brittle performance: when confronted by some unanticipated situation, the program is likely to reach the wrong conclusion. It is too easy to find examples of such brittle behavior: a skin disease diagnosis system is told about rusty（生锈的）old car, and concludes it has measles（麻疹）; a car loan authorization system approves a loan from someone whose “years at the same job” exceeds the applicant’s age; a dosage（配药）system does not complain when someone accidentally types a patient’s age and weight in reverse order （even though this 49-pound,102-year-old patient was taken to hospital by his mother）; and so on.

This, then, is the bottleneck of which we spoke earlier: brittle response to unexpected situations. It is a characterization of software today: it is the quality that separate it from human cognition. The programs’ limitations are both masked and exacerbated（激化）by the misleading sophistication（精致包装）of their templates for English output, by the blind confidence their users place in them, and by their being labelled with pretentious generalization of their functionality.

这里，Lenat 先生非常生动地揭示了所谓智能专家系统虚有其表的本质：

The program has only the veneer of intelligence
The “I” in these “AI” programs is in the eye of the beholder
Brittle response to unexpected situations

同时，Lenat 先生也对科研工作的市场炒作行为——misleading sophistication 和 pretentious generalization of their functionality 表示谴责，这都是值得赞赏的。但是，从 Lenat 先生就命题 frog（Freda）提出的一系列富有想象力的问题，可以清楚地看到，Lenat 先生采纳了图灵先生的计算机智能标准，而没有深入思考：这个标准是否适用于人工智能研究的谋略？要求计算机智能系统回答那些有趣的问题，是不是当务之急？

在讨论这个根本问题之前，让我们先阅读 Lenat 先生的第二段论述。

Overcoming Brittleness

People are not brittle.Why? Because they have many possible ways to resolve a novel situation when it arises: asking someone for advice（this may include reading some written material）, referring to increasingly general knowledge, comparing to a similar but unrelated situation. But each one of these paths to flexibility is closed to today’s programs: they do not understand natural language very well, they do not have general knowledge from which to draw conclusion, and they do not have far-flung（广泛）knowledge to use for comparisons.

A serious attempt at knowledge would entail building a vast knowledge base, one that is 10^4 to 10^5 larger than today's typical expert system, which would contain general facts and heuristics and contain a wide sample of specific facts and heuristics for analogizing as well. Such a KB would have to span human consensus reality knowledge: the facts and concepts that you and I know and which we each assume the other knows. Moreover, this would include beliefs, knowledge of others'（often grouped by culture, age group, or historical era）limited awareness of what we know, various ways of representing things, knowledge of which approximations are resonable in various contexts, and so on.

这里，Lenat 先生从"People are not brittle. Why?"这个问题入手，寻求根治软件智能脆弱性的方案，他认为人工智能系统之所以脆弱，是因为它们"不能很好理解自然语言、不具备基本常识、不具有广泛的比较知识"。因此加强表达这些知识的知识库建设是根治脆弱性的关键，他以一个专家的专业判断眼光，把该知识库的具体规模设定为典型领域专家系统的1万~10万倍，并要求 Such a KB would have to span human consensus reality knowledge，即你、我、他都知道的事实和概念，而且，该知识库还要包括信念、异国他乡的知识、各种信息交流方式的知识、不同语境中近似表示的合理性知识以及其他。

Lenat 先生作为一位机器学习领域的专家，对自然语言理解提出了如此精到的见解，说明他对语言学是有一定研究的，比那些局限于语法的语言专家更理解语言的真谛。Lenat 先生按照这一思路，历时 10 年建立了一个推理规则多达 160 万条的 CYC 知识库。这个知识库曾被宣称将成为个人计算机的基本配置之一，但是，到 10 年届满时，这个梦想完全落空，CYC 被一些人视为失败的典型。这是一个值得深思的悲剧。

产生这一悲剧的根源是 Lenat 先生对图灵标准深信不疑，缺乏革命阶段论的知性认识，如同前文提到的中国革命过程中的"左"倾机会主义者那样，盲目信奉某些"教条"，犯了盲动的也叫"左"派幼稚病的路线错误。林杏光教授在为《理论》写的"编者的话"和《书评》(《科技导报》2/1999）中尖锐地指出：

> 人工智能界多年来对"自然语言的计算机理解"中的"理解"这一含义贪大求全，妄图一步登天，企求使计算机一下就像人脑一样去理解自然语言。……黄曾阳先生总结了这方面的经验教训，提出"消解模糊"作为"自然语言理解"初级阶段的标准，并认为口语有五重模糊：发音模糊、音词转换模糊、词的多义模糊、语义块构成的分合模糊、指代冗缺模糊，书面语只有后三重模糊。这五重或三重模糊的消解可进一步概括为"多义选一"的能力。"多义选一"是世界计算语言学的一个重大难题，也是人脑和计算机理解自然语言的首要任务。我认为 HNC 理论的这个定位至关重要。

为什么林杏光教授强调"HNC 理论这个定位至关重要"？因为它涉及自然语言理解的战略或路线问题。如果定位于图灵标准，那首先就要面对浩瀚无垠的所谓世界知识，建设一个规模庞大的常识知识库就成了当务之急；如果定位于"多义选一"标准，则直接服务于这一目标的知识库建设才是当务之急，一般性世界知识就变成第二位的知识需要了。

"多义选一"标准的提法，即五重或三重模糊的消解可进一步概括为"多义选一"的能力的提法，是高度概括性的。五重或三重模糊消解的具体内容就是本文所说的 20 项难点处理，包括全局性难点 13 项，局部性难点 7 项，全局性难点中又区分句内全局难点和句间全局难点。

从第一部分对全局性难点的分析中，我们看到，每一项全局性难点的处理，都需要一些关键性知识，拥有并善于运用这些对症下药的知识，相应的难点就有望获得解决。这些知识综合起来有下列 17 项：

（1）基本句类知识；

（2）混合句类的继承和增生知识；

（3）词语的多句类代码知识（1.1）；

（4）特征语义块的构成知识（1.1）；

（5）全局 E（Eg）与局部 E（El）的辨认知识（1.2）；

（6）必然块扩与可能块扩知识（1.10）；

（7）句蜕类型知识（1.9）；

（8）广义对象语义块的构成知识（1.7）；

（9）Ek ~ JKm 或 JKm ~ JKn 的要素之间的概念关联知识；

（10）句类检验的必要性和充分性知识；

（11）基本句类和混合句类的自足性知识；

（12）复句的公用语义块知识；

（13）句类转换知识（1.5）；

（14）主辅语义块变换知识（1.6）；

（15）主语义块分离知识（1.8）；

（16）语义块的默认省略和语句格式的默认违例知识（1.11）；

（17）信息激活点知识（1.2，1.12）。

20 项难点和 17 项知识的提出，代表着对于"自然语言理解"的一种具体的理解处理标准。在自然语言理解处理初期，人工智能专家以为单靠语法知识就能达到计算机的语句理解；这个认识持续了很长一段时间，后来才认识到单靠语法知识是不够的，还要依靠语义知识，这前进了一步，然而仅仅是一小步；再后来，进一步认识到仅仅依靠语言知识仍然是不够的，还要依靠更广阔的世界知识，Lenat 先生的上述论断是这一认识的代表；20 世纪 90 年代以后，机器翻译学界一些头脑比较清醒的学者反思该领域第二次高潮与失望（20 世纪 80 年代）的经验教训，提出了语用知识更为关键的认识，从而大体完成了对理解处理的"知其然"的认识历程。

从谋略的角度来看，所有"知其然"的认识，都只是事物的浅显或表层方面，而事物的深奥或本质方面在于"知其所以然"，因此，人们对这个问题的认识还没有完结，还要继续向着"知其所以然"的方向前进。HNC 是这一探索的勤奋耕耘者之一，并认为在这一探索中准确把握有所必为和有所不为的步骤和分寸是至关紧要的，20 项难点和 17 项知识是这一步骤和分寸的具体体现。

HNC 理论坚定支持这样的观点——自然语言理解和生成的本质在于语言空间和概念空

间的相互映像,“理解的本质是概念联想脉络激活、扩展、浓缩、转换与存储的全过程运作”(Paper31)。20 项难点和 17 项知识是以 57 组基本句类表示式和 3192 组混合句类表示式为基础的,是从这个基础演绎和综合出来的,它架设了语言空间和概念空间相互映像的主要桥梁,句类分析将通过这些知识的运用取得 20 项难点的基本突破,从而达到 HNC 所定义的对语句的初步理解,并且是具有自知之明的理解。像本文 1.4 节所指出的那样,这些知识的主要或精华部分在传统语法理论的视野里是见不到的,在各种句法语义理论的视野里也是见不到的,目前的各种统计算法是不能获得这些关键知识的。但同时也应该指出,HNC 理论虽然揭示了这些知识的存在,但尚未充分证明这些知识对于理解处理的关键性作用。这项证明需要从理论和软件两方面来进行,不能单纯着眼于软件,1999 年 1 月 19 日我对理论组的讲话系统阐述过这一观点。

20 项难点的提法本身就意味着对许多难点暂时有所不为,目前主要是两个方面:一是与基本理解无关或影响较小的常识,Lenat 先生就命题 frog(Freda)所提出的一系列有趣的问题就是这类常识的典型代表;二是对语句基本理解不造成严重影响的语言隐知识,包括 metaphor 和 metonymy,也包括机器翻译学界特别重视的各语种的习惯用语(包括成语、谚语、歇后语)及习惯表达方式,前者如毛泽东同志爱说的成语“和尚打伞,无法无天”,后者如英语词组 go to see。隐喻的显式意义在语言感知过程中是可以置之不理的,这是关键所在。“和尚打伞”是一种语言游戏,当你(计算机)遇到此类难以理解的词组时,要首先懂得把它当作语言游戏来处理,这才是高明的策略思想,反应灵活的口语翻译者实际上就是这么做的。至于 go to see 之类的高层概念词组的难点,实质上就是 1 号难点,只能通过扩展句类检验的方式得到部分解决。

17 项知识只是概念联想脉络知识的一部分,然而是承上启下的关键性部分。概念联想脉络这个提法本身仅有字面意义,重要的是联想脉络的具体符号表示,没有这个具体表示,就等于是一句空话。

HNC 理论把概念联想脉络的具体符号表示先分为“物质基础”和“上层建筑”两个方面。基元、基本和语言逻辑概念的超级语义网络,基本逻辑、综合、语法和基本物概念的语义网络,构成了概念联想脉络的“物质”基础,这个基础是静态的,其基本构成是可以穷尽的;上述语义网络的概念节点之间的各种组合和关联方式(分别见 Paper1 和 Paper6),形成了概念联想脉络的上层建筑,这个建筑是动态的,其基本构成具有不可穷尽和可穷尽的两重性。马克思主义对社会的构成与发展以及各种社会现象的分析,以物质基础和上层建筑的关系为主线,这是一个十分杰出的思想,语言学能否从这里吸取一点思路?我认为,能!如果把自然语言的句子以下的东西看作“物质”基础,把句子以上的东西看作上层建筑,而句子本身是两者的交叉点,将是一个有益的观点,因为它有助于一系列概念基元思想的诞生。上述语义网络的每一个节点都是一个概念基元,抽象语义网络的五元组特性蕴含着语义块构成的概念基元,主体基元网络的概念节点蕴含着基本句类的概念基元,这些概念基元是自然语言的“物质”基础,也是概念联想脉络的“物质”基础,概念联想脉络本身又是这一“物质”基础的上层建筑。

上述论点肯定会引起无休止的争论,因此,过去我一直隐而不谈,但是在我心里,这一观点是坚定的。认知学家会争辩说,概念联想脉络的物质基础是神经网络,有些辩证唯物主义者会指责说，这是连马克思主义基本常识都不懂的妄人或别有用心者的胡说八道，语言学家会讥笑说，这种奇谈怪论我们听得多了。面对着这些可怕的议论，为什么我要在这里把这个观点说出来呢？因为我越来越感到，“物质”基础与上层建筑的关系是一切探索从浅显走向深奥的关键，是一切谋略的基本立足点，学术探索征途中的许多悲剧都与它密切相关。

上面我们介绍了Lenat先生在知识处理对策方面的悲剧，类似的悲剧实在是不胜枚举。汉语语法研究的各种“本位”说的争论（陆俭明，郭锐，1998）；语言研究竟有所谓理性主义和经验主义的划分，实际上也确实存在这样的不同流派；20世纪90年代的机器翻译在对LBMT（linguistics-based MT）深感失望的同时，竟然出现了寄厚望于EBMT（example-based MT）、SBMT（statistics-based MT）和KBMT（knowledge-based MT）的天真①，关于句子分析必须先句法、后语义的教条；关于分词是汉语理解处理瓶颈的神话；“把”字句的论著已不少于500项之多，而依然未得要领的事实，语言学研究中的所有这些奇特现象都具有浓厚的悲剧色彩，若问根源何在？显然，对“物质”基础与上层建筑相互关系的认识模糊不清是重要原因之一。

HNC理论研究计划中的《HNC概念符号体系手册》和《HNC句类知识手册》是概念联想脉络的“物质”基础的两大支柱，是两个有待继续深入开发的巨大知识宝藏，是从浅显走向深奥、从知识的漫谈沼泽走向知识的精练平台的标志，在这个平台上才能建立起自然语言理解的符合百年大计要求的高楼大厦。

探求真理的根本障碍在于,人们往往满足于浅显性和习惯性认识，不要以为专业人员在这方面一定比常人高明。市场时代的舆论炒作，包括科学界内部的炒作，极不利于科学探索精神的弘扬，我们应对此保持警惕，经常检讨自己是否在浅显方面踌躇满志而不知自拔！

2.2　关于自然语言理解处理谋略的方法论

2.2.1　谋略要点之一

问题：自然语言理解需要广泛的知识，但是这一知识的“物质”基础是什么？

（1）是语素、词汇、词组或短语结构？是动名形副介连叹？是主谓宾定状补？

（2）是成分结构与功能结构？是论元、格或配价？是中心语及其次范畴？……

（3）是形形色色的逻辑语法？

（4）是大规模真实语料及其统计结果？

这里列举了4类答案，然而是有疑问的答案，所以都使用了问号。

第一类是传统语法学的答案，第二和第三类是现代语法学的答案，第四类是所谓经验主义者或语料库语言学的答案。值得指出的是，现代语法学和经验主义者虽然引进了语义、逻辑和统计的新血液，但传统语法学的如来佛地位从未动摇过，现代齐天大圣们并未跨出如来佛的手掌心，也就是第一个答案中的三个侧面。

---

① Jun'ichi，Tsujii.1995.Machine translation: productivity and conventionality of language. In Recent Advances in Natural Selected papers from RANLP' language Processing.1995.

如来佛手掌心的提法当然会引起异议，难道说论旨和论旨角色的概念没有突破语法框架而升华到概念空间吗？难道说范畴和内涵逻辑不是深层的语义表述吗？这样的问题可以列出一个很长的清单，不可能在这里一一作答。

问题的要害在于，自然语言理解首先需要构建一个概念联想脉络空间。**应该假定这个概念空间存在若干基本构架，并应该进一步假定，儿童的语言习得过程和与之同步的思维能力的演进过程，就伴随着这些基本构架的形成**。这些基本构架在大脑皮层中的具体物质形式目前所知甚少，但科学探索不能等待，我们可以按照康德先生定义的理性法官（参看《理论》p193 所引用的康德名言）的方式前进，先对概念联想脉络空间的基本构架进行假设。当然，为了适应电脑的物理特征，这个基本构架的表示形式必须是数字式的，而不宜采用任何一种形式的自然语言符号。这就是 HNC 概念基元符号体系和 HNC 句类符号体系的思路，是我在《理论》的 Paper1 和 Paper2 里着重阐述的思路。这两个符号体系就是关于概念联想脉络空间基本构架的假定。传统语法学当然没有这样的思路，在那个时代不存在这种需要，现代语法和语料库语言学面临着这种需要，但始终在传统语言学的狭隘空间里盘旋。诚然，论元、配价、范畴等确实给语言成分增添了语义或逻辑解释，是一个巨大的进步，但这些解释终究只是对传统语言学三层面的重新包装或改头换面，缺乏总体思路，既不能形成概念联想脉络的基本构架，也不能作为这一构架的理论基础。

结论：自然语言理解首先需要构建一个概念联想脉络空间。必须假定：这个概念空间存在若干基本构架，儿童的语言习得过程和与之同步的思维能力的演进过程，就伴随着这些基本构架的形成。在认知科学尚未充分揭示概念联想脉络在大脑皮层（神经网络）中的物质基础或机制这一重大科学奥秘之前，我们只能也必须采取理性法官的方式进行探索，否则，就不可能在模拟大脑语言感知这条唯一正确的探索道路上迈出关键性的第一步，就将陷入“茫茫语海，欲渡无舟”的困境。

HNC 具体假定：概念联想脉络的物质基础，即自然语言理解处理的物质基础是概念基元符号体系和句类知识体系。

因此，HNC 句类分析的三部曲和两支撑软件要大力加强对 HNC 概念基元符号体系的解释能力，而不能停留在语义距离计算的水平上；要大力加强对基本句类知识宏观特性（谋略之二中详述）的把握和运用，不能停留在单个知识项运用的水平上。

由此，全力推进《HNC 概念符号体系手册》和《HNC 句类知识手册》的研究和编写计划是 HNC 理论组的重中之重。

因此，全力推进汉语和英语的 HNC 语词知识库和汉语音节知识库的分期建设，全力推进三种类型的汉英双语 HNC 语料库的分期建设，是 HNC 理论组的急中之急。

2.2.2 谋略要点之二

问题：一个没有任何常识的人是不可能进行语言交流的，常识对于自然语言理解的作用不言而喻，很难设想没有相应规模的常识知识库，计算机能够达到语句的初步理解；也很难设想一个没有常识的概念基元符号体系和句类知识体系能够为理解处理提供足够的知识。

这两个“很难设想”是两个典型的佯谬。《理论》p100 有云：

NLP 的基础是语言知识，在语言知识里既包含与语言形式无关的概念知识，又包含与语言形式有关的纯语言知识。在概念知识里，又有高层共性知识与低层个性知识之分，我们把前者简称为概念知识，把后者简称为常识性知识。

将知识划分为概念知识、（纯）语言知识、常识性知识，并分别建库，这应该是知识库建设的第一条根本原则，CYC 及迄今为止的所有知识库都没有遵循这一原则。

这段论述清楚地表明，HNC 理论并没有以两个“很难设想”为前提，概念基元符号体系和句类知识体系并不是没有常识的知识体系，而是抽取了“常识”的高层共性知识或精华。

当然，两个佯谬的产生，绝不是读者的责任，而是《理论》的误导，也说明了编写两部“手册”的迫切性。过去，我们只强调了概念基元符号体系的同行性和把它用于语义块要素预期表达的有效性，强调了基本句类及其知识的预期性，而没有强调它们同时也是常识精华的特征。我最近写的 Paper31 试图弥补这一疏忽，那里，在说明一般反应句、信息转移句和单向关系扩展句的基本句类知识以后指出：

这些基本句类知识是极为丰富又极为宝贵的，是世界知识的共性表现（当然不能包括全部世界知识）。然而，只有在句类的约束下，才能把它们凸现出来，并给出形式化的表达。

随后，给出了一般反应句基本句类知识的示例，其预期知识中就有典型的常识，如：

```
X2B:p;pe;pj01;jw62.
{X20:v71yym∧(m=1,5)→XBCC:j861}
{X20:v71yym∧(m=2,6)→XBCC:j862}
```

第一项预期知识表示，一般反应句的反应者必须是人、社会或动物。后两项预期知识表示，哪些类型的心理反应必然来于积极或消极的引发因素。

本文 1.4 节阐述的基本语境知识、背景知识和情态（势态）知识实际上就是常识的精华，前两项知识对于自然语言初级理解的效用尤为巨大，这些知识的获得和运用已经提上了日程，它在句类分析的框架里是可以而且不难解决的。

从谋略的角度来看，常识既是自然语言理解的基础之一，又是理解处理研究的陷阱，你（计算机）必须保持有所为和有所不为的清醒头脑，不要像 Lenat 先生那样，一头扎进常识的海洋。要围绕着五重或三重模糊消解（即 20 项难点）这个中心，去发现和抽取常识的精华并加以运用。这些常识的精华不能仅仅依靠一阶谓词逻辑来表示，要融合到基本句类知识中，融合到语词 HNC 知识库的@S 和@K 栏目里，同时还隐含在语词的 HNC 映像符号里。

一些读者仍然会感到疑虑，HNC 采取这样的处理策略就不能回答 Lenat 先生提出的那些有趣的问题了：

Does Freda live on the sun?	Freda 生活在太阳上吗？
Is Freda a person?	Freda 是一个人吗？
Is Freda larger or smaller than a bacterium?	Freda 比细菌大还是小？
Is Freda larger or smaller than the Pacific Ocean?	Freda 比太平洋大还是小？

不能回答这样简单的问题，怎能说达到了对语句的理解呢？

问题在于这类问题不是回答不了，但目前不急于回答。饭要一口一口地吃，有比这些重要得多的一系列问题急待处理，把它们推后一点是明智的。

结论：对常识问题一定要采取有所为和有所不为的谋略，逐步推进。

首先，要集中精力发现和抽取常识的精华，并用 HNC 符号体系把它们显式表达在基本句类知识库中，在语词 HNC 知识库的@S 和@K 栏目中，在基本语境知识、背景知识和情景知识的相应知识库中给出。

其次，根据各项难点处理的需要，在小专家知识库中装建语言专业知识，重点装建高层概念语词和词组的语用知识。

再次，根据不同领域处理的需要，装建各种专业性知识。

最后，考虑一般性常识。它又分三条途径：一是各语义网络的概念基元节点之间各种类型的关联性表示；二是各类各级层次符号的常识内涵表示（大体相当于程序语言的编译）；三是各种具体概念的个性常识。

2.2.3 谋略要点之三

问题：黄先生在 Paper31 中提出自然语言理解处理要具有自知之明的智能，这个问题确实十分重要，但该文并未给出此项智能的明确定义和标准，这是否有点天方夜谭？人都难得有自知之明，何况机器？黄先生历来强调当务之急，提倡有所为和有所不为的谋略，现在就突出自知之明，是否违反了这些原则？

Paper31 受到字数 4000 字的限制，许多问题未能充分展开讨论。但是，自明度的定义是明确给出了的，那就是“无疑点分析结果的正确率”。这个定义是有其独特考虑的：第一，它强调分析过程的质量评估，而不是只看各种模糊或难点的最终消解效果，它是另一智能评估指标——难点消除率绝对必要的补充，两者缺一不可。其作用类似于信号检测系统性能评估的检测概率和虚警概率，难点消除率大体对应于检测概率，无疑点分析结果正确率大体对应于虚警概率。第二，模糊或难点在分析过程中表现为疑点，疑点可以在分析的过渡阶段暂时保留，但分析结果必须是无疑点的，定义强调了这一要求（这个定义在字面上有歧义之嫌，我很担心又发生不拘小节的失误，不知经过上面的解释以后，能得到读者的理解否？）。

为什么要提出自明度的标准？为了突出自然语言理解处理的本质，为了改变理解处理长期热衷于花架子而忽视基本功的不良倾向，为了句类分析走上更健康的成长之路，避免片面追求模糊消解率或难点消除率的失误，最后，也是为了克服理解处理软件“蛮干”的积弊。

传统自然语言理解处理软件“蛮干”的典型表现有：盲目追求简明高效的算法，而不深入考察算法的知性基础；热衷于硬性规则和确定性判断，忽视了软性规则和模糊性判断，因而很少从事这方面的技艺研究；只注意软件设计的一般原则，忽视了理解处理软件必须遵循的特殊原则，特别是见机行事的原则。我希望句类分析软件的设计要吸取这一历史教训，牢记前文引用的毛泽东同志那段名言里的思想光芒，想一想“软件—自然语言理解处理软件—汉语理解处理软件”与“战争—革命战争—中国革命战争”具有何等相似的辩证法。

自明度的具体内容按照句类分析的三部曲、两支撑的总体构架，分为下列 5 个方面：

（1）语义块感知与句类假设自明度。

（2）句类检验自明度。

（3）语义块构成处理自明度。

（4）K调度自明度。

（5）特殊词或特殊词组处理自明度。

前3个方面对于任何语言大同小异，后两个方面对不同语种差异较大。例如，汉语的K调度包括无特征语义块句类的处理，而西语不存在这样的句类，因而K调度里就没有此项内容，但其他各项内容是一样的。第五方面对于汉语主要是单字段或单音段的处理，西语基本不存在这一语言现象，主要是特殊词组的处理。

所谓谋略策划，无非是三件事：第一是确定战略目标；第二是认清实现这一目标的急所（即当务之急，借用“急所”围棋术语更为传神）；第三是精心设计处理急所的步骤和方案（即有所为和有所不为）。急所是动态的，无见机行事之能，不可能处理好急所。但更重要的是，如果没有明确的战略目标，见可为就上，见不可为就退，那就是无策略思想的盲动。传统自然语言理解处理是不是存在这种盲动失误？值得反思，而不要像某些现实权威那样采取讳疾忌医的态度。

就语串处理来说，如果把战略目标定位于理解它的意义，那就叫作不得要领，因为这是自然语言理解处理的总体战略目标，语串处理当然也不例外。但语串处理还应该有它自身的特定战略目标，这个特定目标应该是搞清楚当前的语串是一个完整的句子？是句子主体的一部分？是一个句子的附属部分？然而，这个目标不可能一蹴而就，你得精心设计处理步骤。考虑到句子或句子主体一部分的根本特征是：通常有两个以上的主语义块，而句子的附属部分通常只有一个语义块甚至只是一个短语或词，因此，你应该从语义块个数的判断入手，确定该语串是单个语义块还是有多个语义块，这样语义块感知自然就成了语串处理的急所，这是一个重要的谋略思想。在1.1节中我谈到，特征语义块应采用复合构成表示式的顿悟是一个关键性的顿悟，这里我应该说，这一谋略思想的产生也是HNC理论发展过程中关键性的顿悟之一。

大家知道，句法树分析以S=NP+VP为出发点，这个出发点就潜伏着谋略失误，你怎能预先假定面对的语串一定是句子呢？但这一失误不难在工程上加以弥补。更严重的谋略失误在于以短语为分析单元，为什么？因为一个高明的谋略家必然要问：一个自足的句子应该有多少短语？一棵句法树应该有多少节枝杈就满足自足性要求？自然界的树不具有枝杈的数量特性，自然语言的句法树也不具有短语的数量特性，这是一个无解的问题。那么，以短语为分析单元岂非作茧自缚？格语法、配价语法以及形形色色的逻辑语法曾试图解决这个无解的问题，虽然在短语的语义类型方面取得了不少重要进展，但终究在数量和类型两方面都没有走到尽头，这并不奇怪，因为这条路本来就没有尽头。

然而，以语义块为处理单元就完全是另外一番景象，一个句子具有简明的语义块数量和类型特性，这当然是一项喜人的发现，但这一发现是建立在另一重大发现的基础之上的，那就是基本句类的发现。然而，这些发现都是在上述第一项谋略思想的引导下产生的。

应该指出，语义块感知的顿悟只是确定了急所的方位，但急所的具体处理还大有文章，这与围棋抢占急所时，投子的位置和顺序大有学问是同一道理。急所虽然看准了，但如果处理失当，仍然会遭到失败。语义块感知和与之同步的句类假设，以及紧随其后的句类检验是这一急所处理的两大步骤，大方向虽然明确了，但如果相关知识不够充分或运用不当，仍然存在失败的危险。

怎样消除这一危险？关键是抛弃对确定性判断和硬性规则的迷恋，加强模糊判断和软性规则的技艺水平。这一策略思想的具体落实，就需要对句类和语义块的宏观特性有深刻认识，并善于运用与此有关的知识，这包括下列要点：

（1）句类有基本句类、混合句类的宏观区别，每一种句类具有确定的句类表示式。混合句类继承基本句类的宏观特性。所谓基本句类的宏观特性是指句类表示式的格式特性和语义块构成特性两方面。基本句类是有限的，由此可以推知混合句类和复合句类虽然数量很大，仍然是有限的。HNC 理论已给出了全部基本句类表示式的清单。

（2）语义块有特征语义块、广义对象语义块、辅语义块和两可语义块的宏观区别。对特征语义块，要特殊关注高层动词与低层动词的复合（高低复合），动词与名词的复合（动静复合）；对广义对象语义块，要特殊关注对象与内容的复合；对辅语义块，要特殊关注它的位置特征，而这一特征与具体语种有关；对两可语义块，要特别关注它的语义块标志，以及这一标志的语种个性。最后，要特别注意在语义块构成的理论陈述里不包括核心或要素的属性修饰成分。

（3）基本句类有广义作用句和广义效应句的宏观区别，前者具有格式的丰富变化，而后者具有稳定的格式。这一点，是语句格式知识的精华。汉语具有最丰富的格式变化，但主要采用特征语义块后移的规范格式和!31 形式的省略格式，这是汉语句类格式知识的精华，在运用 lv 准则时一定要充分利用这一知识。

（4）广义对象语义块的复合构成有良性与非良性之分。良性复合构成的各要素之间具有确定的顺序，非良性复合构成的各要素之间不具有确定的顺序。特定句类的特定广义对象语义块具有良性构成，这一点，是广义对象语义块构成知识的精华。

（5）特征语义块的复合构成具有天然的良性特征，高低复合或动静复合的具体知识在语词 HNC 知识库的@K 栏目给出（此知识项与 HNC 符号、句类代码、概念类别是知识库建设的重中之重），这些是特征语义块构成知识的精华。

（6）抓住先验块扩这个基本句类中最耀眼的亮点。

（7）对显含内容的广义对象语义块，以常备不懈的姿态准备进行句蜕处理。

（8）严格遵循句类假设检验的三项基本原则：句类假设严而不漏，检验准备见机行事，检验执行要害分明。

（9）具体执行三项基本原则的依据除了本语串提供的现场信息之外，还有更基本的语境信息，而首要的语境信息是 1.4 节中所说的由语境生成模块提供的基本语境知识。

结论："中间切入，先上后下"的轻灵步调，"语义块感知和句类假设—句类检验—语义块构成分析"的三步曲，"K 调度、特殊词或特殊词组处理"的两支撑，是 HNC 理论提出的自然语言理解处理的总策略，这一策略本身是前述两项基本谋略思想的必然产物。

这一总策略的可行性已经得到晋耀红主持设计的句类分析三步曲软件和张全、杜燕玲主持设计的两支撑软件的证实，当务之急或当务之要是加强该软件的自明度，具体落实措施应包括下列 4 个方面：

（1）把前述 17 项知识和上述 9 点知识运用要点所体现的谋略思想因地制宜地贯彻落实

到理解处理软件的各个环节。

（2）加快基本语境生成模块和短时记忆模块的研究开发进度，并及早集成到理解处理系统中。

（3）推进基本句类知识库和汉英两语种的语词 HNC 知识库的配套建设，加快汉字 HNC 知识库的建设，并在质量保证方面开始有所作为。

（4）推进三种类型的汉英双语 HNC 语料库的建设。

2.2.4　谋略要点之四

问题：上述三项谋略要点对自然语言理解与知识基础的关系，对语言无限性的困扰，确实提出了独到的见解和清晰的应对策略，但是，这些策略还不足以对付语言的不确定性困扰。20 世纪最有才华的哲学家维特根斯坦说过：一个词的内涵就是它的使用。语义研究者类似的名言很多，Lenat 先生也曾写下“A word is a world”的体会和叹息，在机器翻译界，20 世纪 90 年代以来更流传着许多惊人的统计结果，如有人声称，基于英日双语语料的词汇对齐处理结果发现，仅有 24%的对齐与英日权威词典对应（统计者为日本人 Kitamura 和 Matsumoto，但引用者未给出来源）。这类统计的可靠性虽然有待核查，但语言表达方式和语词意义的不断变化是一个不争的事实。理性主义的自然语言理解处理策略很难适应自然语言的这一动态特征，而经验主义的语料库语言学却具备这一适应本能，难道对经验主义的这一明显不过的优势还应该加以怀疑吗？

语言的不确定性会渗透到本文列举的所有难点中，只要出现了这种渗透，相应的难点处理就会宣告失败。在汉语里，动词按照知识库中未登录的概念类别使用，或出现新的句类代码，或体词按动词使用，是司空见惯的现象。当待处理的语句遇到这些情况时，句类分析肯定也无能为力，HNC 对此有何妙策？

对于自然语言的不确定性和动态性要有一个清醒的认识，社会的物质基础和上层建筑在不断发展变化，语言也随之不断发展变化，这是不争的事实。但是，稳定性终究是语言的主导方面，书面语的稳定性更佳，这也是不争的事实。自然语言理解处理和语词知识库的建设要以这两个不争的事实为基础，并以语言的稳定性为基本依托，而不能以语言的非稳定性为基本依托。任何过程都有其平稳和非平稳的两个侧面，对随机过程的信号处理总是力求以平稳或局部平稳为基本依托，只有在万不得已时才在局部平稳的基础上考虑非平稳性的影响。对于过程的线性和非线性两侧面通常也采取类似的对策。我认为，这一谋略思想同样适用于自然语言理解处理。语言的平稳性是其主导方面，如果对此置之不理，而过分夸大它的不稳定侧面，那是哗众取宠的妄诞。当然，如果对语言的不稳定侧面视而不见，那就是农业时代流行的崇拜万古不变的愚昧。

上面谈到的汉语司空见惯现象确实需要认真对待，在这方面当然绝不能掉以轻心。HNC 已采取的对策有以下 7 个方面：

（1）语词知识库概念类别栏目的内容大大超过词性标注的范围，以加强对语词的多语用表现的适应能力。1998 年春末，曾推行过所谓加强两头的举措，两头之一就是加强概念类别栏目的建设。

（2）对于具有多句类代码特性的动词，代码填写时需要通过大规模真实语料库的验证，以保证“句类假设的严而不漏”。实践表明，对于语感水平较高的填写者，验证往往是多余的，是否验证可由填写者自行判断。

当然，目前的实践只是汉语，而且只是书面语，口语的情况要复杂得多。英语（西语类似）书面语构成特征语义块的词组往往并不是形式上的中心动词，如果该词组是一个高层概念，例如，3.1 节提到的“go to see”，虽然可以纳入多句类代码难点来进行理解处理，但实际处理过程往往非常困难，需要下面所说的远程联想的引导。

（3）引进了 E 块激活信息的概念（即上装、上衣和下装、下衣的概念），设计了相应的符号表示，对未登录动词的发现提供了一定的保障。

（4）引进了活跃语素及其前后组合特性的概念，给出了相应的优先组合方式，为新词的辨认提供了一定的保障。

（5）提出了不允许孤魂存在的最高词组构成准则，制订了孤魂处理的初步方案，为语义块内部组合歧义的消除提供了根本保障。

（6）引进了词性变换的概念，设计了相应的符号表示，为动词变体词或体词变动词的辨认提供了一定的保障。

（7）制定了中程联想引导近程联想、远程联想引导中程和近程联想的具体实施策略（关于近程、中程、远程联想的概念，请参看 1.4 节对《理论》p57 的引文），前者已经基本实现，后者正在组织第一阶段的实施方案。语言不确定性困扰的最终解决要依靠远程联想的引导。

结论：稳定性是语言的主导方面，语言的理解处理和语词 HNC 知识库的建设要以语言的稳定性为基本依托。动态性和不确定的干扰是严重的，但已有一系列有效的对策，计划投入的生力军还有孤魂处理和远程联想的引导处理（后者更是亟待投入）。因此，一旦出现不确定性的渗透干扰，相应的难点处理就会宣告失败的说法是错误的。对于语言的不确定性，HNC 理解可以大有作为。当然，要达到常人的水平，则比稳定条件下的模糊消解或难点处理艰难得多了。

小结

以上关于自然语言理解处理方法论的论述，参考了 20 世纪 90 年代国外计算语言学界的主要策略观点，文中指出了这些观点知性水平的不足。这里的分析和结论主要是《理论》有关论述的综合，新意不多。拟定腹稿时，曾打算避免使用 HNC 术语色彩太浓的尖刀式话语，但键写（这是一个采用语言逻辑组合结构的新词，我们应该争取在三年以后，把这一类新词辨认提上工作日程）过程中按捺不住，个别地方违反了初衷。在通俗化方面，自觉略有进步，但更大的长进恐怕是不可能了。我历来厌恶八股式的小结，觉得那是轻视读者的官老爷表现，但本节例外。至于本段开头提到的语料库语言学具备适应语言不确定性优势的论点将在第三部分作为专题来讨论。

八股式的小结如下：

基本问题 1：自然语言理解与知识。

要精心思考什么知识是开启自然语言理解宫殿大门的钥匙。

基本问题 2：自然语言理解与常识。

要精心辨认哪些常识势在必用，而哪些常识可以暂时置之不顾。

基本问题 3：理解处理软件与人工智能的知性水平。

不能仅满足于难点消除的表面效果，还要深入考察难点消除过程的策略、步骤和知识运用的知性水平。

基本问题 4：自然语言不确定性与确定性。

要以自然语言的确定侧面为基本依托，善于抓住不确定性中的确定性侧面，精心寻求机遇与契机，不要只是津津乐道不确定性的奇异个性侧面。

2.3　关于自然语言理解处理谋略的本体论

本文引言中指出：难点处理需要一个综合治理方案，在综合治理方案的统帅下，对 20 项难点分别采取各个击破的处理策略。这 20 项难点的处理是相互依赖和相互制约的，不存在完全独立的 20 项解决方案。但是，各项难点又必须独立拥有适应自身特点的独特处理策略或招数。这两点实际上就是自然语言理解处理谋略本体论的基本内涵。

所以，本节分两子节，第一子节讨论难点处理的综合治理方案，第二子节讨论为适应各项难点自身特点而必须采取的独特处理（对症下药）。

2.3.1　难点处理的综合治理方案

在本部分开头特意说明，本文只讨论谋略而不涉及具体方案，因此，需要把本文引言中所用的“方案”一词改成“谋略”。但这里的“综合治理方案”就不再改动了，因为它主要涉及谋略，甚至可以说就是谋略。

下面先概略地陈述制订综合治理方案的一般过程，然后结合一些示例作具体说明。

2.3.1.1　制订综合治理方案的一般过程

制订综合治理方案过程的第一步是：力求对所探索的对象洞知其所以然，而绝不能满足于粗知其然。关于这一点，毛泽东同志有一句名言：“没有调查研究，就没有发言权。”通过调查粗知其然，进而研究而洞知其所以然。没有这一知性水平的思考，而只是基于一般教条或对教条的一知半解而制订综合治理方案，没有不栽跟斗的。知其所以然才能找到治本之道，才能制定出科学的综合治理措施和步调。仅粗知其然，必将导致盲动或蛮干的失误。

下面将以汉语分词“瓶颈”说为例说明这一原则。

制订综合治理方案的第二步是：确立战略目标，并以此为依据，制订总体方案和实施方案，这是总的指导原则。另外，在实施方案里必须包括适应各种难点特性的处理步骤。没有任何难点具有古典“原子”特征，它总有各个环节和侧面，对不同环节和侧面的处理步调常常是关键性的。同样一个处理措施系列，但不同的步调可能产生成功与失败的相反结果。《三国演义》是一部关于谋略的巨著，里面的众多锦囊妙计，都把应对措施的步调作为妙计的灵魂，那可不是武侠小说的畅想，而是高明谋略思想的体现。

下面将以机器翻译为例说明这一指导原则。

制订综合治理方案的第三步是：对总体方案和实施方案分别进行共性与个性、核心与外围的划分。这一划分似乎是一个简单常识，人人都明白，实际上都在这方面大犯错误。常人如此，专家也不例外。软件设计和知识库建设要特殊关注这一划分，特别是最大共性的抽取和利用。例如，广义作用句具有格式变化而广义效应句不具有格式变化的知识；特征语义块在首意味着!31省略格式广义作用句的知识；特征语义块在尾又没有语义块指示标志l0的情况意味着!22违例格式3主块广义作用句的知识；特征语义块居中又没有语义块指示标志l0的两可疑难（基本格式或违例格式）意味着必有一个广义对象语义块容易辨认的知识等，都需要进一步提炼以形成软性规则，供句类检验使用。这一类共性知识的运用可能对1号难点消解处理或句类检验产生立竿见影的效果。

制订综合治理方案的第四步是：确定每一处理步骤所需要的关键性特定知识。这里还要明确两点：第一，不存在包医百病的灵丹妙药，即使是灵丹妙药，也绝不会是武侠小说里所描写的珍珠般颗粒，而是许多知识项的综合运用；第二，知识的综合运用可能会遇到冲突，因此，要制定冲突处理准则。这就是所谓的见机行事，是理解处理软件设计中需要呕心沥血的灵魂部分。

具体说明在2.3.2子节。

2.3.1.2 综合治理方案的举例说明

关于分词“瓶颈”说如下：

分词“瓶颈”说在中文信息处理学界被认为是理所当然的定论。

晋耀红曾在一篇论文[①]里对此定论进行过中肯的批评，可是一位读过这篇论文的中文信息处理专家依然表示无法理解，对此我深感悲哀而丝毫不以为怪。

为什么？第一，汉字是Chinese character，而不是Chinese word的误识根深蒂固；第二，句子分析必须从句法分析入手的误识根深蒂固。

为什么汉字只是character，而不是word？大体有三条理由：第一，如果汉字是词，那么语素何在？第二，如果汉字是词，那现代汉语大量的双字词算什么？第三，如果汉字是词，那么“琵、琶、囫、囵”等字如何解释？

词与语素有比较严格的区分是西语的特性，汉语不加以严格区分，这是不同语言的不同风格，为什么要强求一致，削足适履？现代汉语的大量双字词可以当作词组来对待，这正是汉语词组的特殊风格。这两点，在“论题21”里（未入《理论》）有详细论述。

从汉字起源来说，字就是词，甲骨文的字都是词，许慎《说文解字》的9000多个字都是词，不要因为少数非土生土长双字词的存在而数典忘祖，模糊了对于“汉字就是词、汉语是单音节语言”这一汉语本质的认识。粒粒橙是饮料，你总不能因为粒粒橙里有非液态的“粒粒”而不把它叫作饮料，另取一个什么“液固混合料”之类的怪名字吧。这似乎是在说笑话，但在我看来，力图在词与汉字之间划上一道明确界线的人们就是在闹这样的笑话，把汉字降格翻译成Chinese character，不仅极不科学，而且有辱民族文化尊严，是废除汉字的荒谬主张流毒尚存的表现。

上述两项误识就是由于对汉语和汉字仅知其然，而不知其所以然造成的。

如果汉字就是词，你还分什么词？还搞什么分词标准？这当然是过于朴素的发问，会引得语言学家特别是新老结构主义者（我国语言学界留过学的前辈大师都是老结构主义学派的

① 晋耀红.1998.HNC的句类分析与传统的句法分析的比较研究.1998中文信息处理国际学术讨论会议论文集，346-354页.

学生）拍案而起。但是且慢！分词既不是你想象得那么简单，更不是你想象得那么意义重大，非先行不可。“留学”是词吧，那么，“留过学”呢？“留过三年学”呢？分词标准在这里有什么意义？西语分好了词，理解处理的优势何在？拿前面两次提到的“go to see”来说，词倒是都分好了，可是，go to see a doctor/ go to see a lawyer/ go to see a film 各句里的“go to see”，其意义是大不相同的，关键和难点在于对“go to see”这一词组的语义处理，更准确地说，是对其概念联想脉络的激活与扩展处理。把 go to see 分别标注成一个词和一个词组，或是整体标注成一个词组，纯粹只有形式上的意义，对最终理解并没有实质性帮助。

下面，让我们对文字文本的预处理过程稍为深入地具体设想一下，就可以看出分词究竟是不是“瓶颈”。

第一步，计算机要划分出每一个基本信息单元，这不仅是文字本身，还有不同文本格式专用的各种特殊符号，各种文字文本都要采取这一共同步骤。汉字和西语的 word 都是语言信息的基本单元，word 之间需要用空白间隔符，因为 word 所占用的内存空间（长度）是不规范的，但字的内存空间是规范的，因此字本身就是基本信息单元的分隔符。这是汉语的优点，而不是缺点。

第二步，把相邻的语言基本信息单元组合起来，形成更大的语言信息单元，这也是各种文字都要采取的共同步骤，没有任何语种可以免除这一步骤，不过汉语稍微特殊一点。这一步需要利用一个特殊工具，叫作词库，它不是词典的简单电子翻版，再权威的词典也不符合词库的要求，因为词典是为人服务，而这里所说的词库是为计算机服务。不同的服务对象需要不同的服务内容。词条收录标准的不同是两者的基本差异之一。

第三步，提取后续处理的急需信息。这一步与后续处理的具体方案密切相关。如果采取句法分析先行的策略，短语分析首当其冲，各语言基本信息单元如何组合自然是急需信息，分词“瓶颈”说勉强说得过去。但是，如果采取句类分析策略，当务之急并不是各语言基本信息单元如何组合，而是语义块感知激活信息的提取，当然它与分词有一定关系，但绝大部分所谓分词问题与此无关，因此，可以暂时置之不理，而推迟到情况更加明朗的句类检验或语义块构成分析阶段来处理，这是处理谋略的重大进步。所以，HNC 认为分词不是“瓶颈”而是“瓶底”，如此一清如水的道理，专家竟然也感到费解，这是对汉语和自然语言理解不知其所以然的典型表现，所以我感到悲哀。句子理解处理过程的本质是概念联想脉络的激活与扩展，激活过程就是句类假设，扩展过程有两种基本形式：一是要素（局部）检验；二是全局检验或各语义块的构成分析。第二种形式就是把语义块内的各个单元按照语义块构成的预期要求组合起来；如果是块扩或句蜕，就在一个局部范围内进行另一轮概念联想脉络的激活和扩展。概念联想脉络扩展过程的主要运作是“合”而不是“分”，这是关键所在，所以我从来不用“分词”这个术语。从心情来说，我觉得，老祖宗给我们留下了这么美妙的汉字，每一个语义单元占用同样大小的内存空间，真是举世无双。把各个语义单元组合起来，才是自然语言理解处理过程共同的本质操作。有人不明此理，置综合治理于不顾，连“其然”都不知，闹出一个分词“瓶颈”说，并大肆炒作，浪费了大量的经费和人力。说到底，这是汉语传统文化没落的缩影。

上面我们说，即使对于句法分析，分词“瓶颈”说也只是勉强说得过去。为什么？因为汉语文字文本的分词歧义现象实际上是比较少见的，只有那些并不在科研第一线工作并亲自分析语料而又喜爱侈谈大规模真实语料如何重要的文献综合者才会把分词想象成“瓶颈”。在自然语言理解处理的众多难点中，分词绝对排不上“瓶颈”的显要地位，退一步说，即使把词都按照分词标准预先人工分好了，面对自然语言理解面临的基本应用问题，你还是照样无所作为嘛！

关于机器翻译的战略目标如下：

时隔 20 年的两次机器翻译高潮与低落都同样经历着满怀期望与深感失望的巨大落差。为什么？根本原因是战略目标与实施方案存在重大的谋略失误。机助翻译思想的提出是对翻译目标的修正，前述 EBMT、SBMT、KBMT 等方案的提出是对翻译谋略的修正。然而，这两种修正依然缺乏正确的战略思想和谋略思想。

孔子曰：“知之为知之，不知为不知，是知也。”机器翻译首先应该遵循这一原则。通俗地说，就是能翻译就翻，不能翻译就不翻，请求专家帮助，并通过专家的译文进行学习，逐步提高自身的翻译水平。这里有两个关键环节：一是翻译系统要具有自知之明；二是翻译系统要具有学习能力。如果机器翻译在这个战略目标的指导下开展研究，就会少走弯路，也不会有病乱投医了。

任何人工智能系统都应该把自知之明的研究放在第一位，自知之明的智能并不难实现，关键是要确立这一战略目标。句法分析、句法语义分析乃至分词“瓶颈”处理，都能做到自知之明。但根据我的孤陋寡闻，大家都不在这方面下工夫，而是相反，说得文雅一点，就是强不知以为知，说得难听一点，就是蛮干。为什么会出现这种现象？大约是西方文化传统中“老子天下第一”的劣根性在作怪吧，以致扼杀了这一简明策略思想的萌生。

以句类分析为基础的机器翻译系统一定要确立这一战略目标，其具体内容已在上一节的谋略之三里谈过了。

在自学习方面，我们还没有形成成熟的思路，这是李耀勇博士后的研究课题。这里仅指出两个要点：第一，学习的重点以本文阐述的 20 项难点处理、17 项知识和 Paper 31 中阐述的两转换、两变换和两调序为中心。围绕这些具体问题以Ⅱ型语料为“课本”进行学习，并设计灵巧的人工辅导界面。要对所谓“大规模真实语料统计”的诱人提法保持清醒的认识，区分依靠与统计两种方式，直接与理解处理有关的知识的获得基本上只能采用依靠方式，而不能采用统计方式。第二，学习到的知识要纳入 HNC 的知识表示体系，并分别进入一般语词的 HNC 知识库和特殊语词的小专家知识库。

机器翻译的另一重大失误是对翻译过程本身缺乏清醒的认识，忽视了翻译过程的简化“分析＋生成”公式中隐含的一项重要过渡，那就是分析的延伸或生成的预备，属于典型的步调失误。近年的翻译系统才开始对此有所认识，但由于传统句法语义分析方式的约束尚未得要领。这个过渡就是 Paper 31 中所概括的两转换、两变换、两调整，这一过渡处理并不只是翻译的需要，而是语言生成的关键步骤。语言声学的语音合成或文语转换研究目前就缺乏这一关键性的谋略认识。近年来流行的所谓韵律研究就存在这一根本缺陷，韵律的音高、音长、音强变化，既与陈述、疑问、祈使、感叹有关，也与两转换、两变换、两调整有关，前者是言语表达的形式需要，后者是言语表达的内涵需要。这两种需要是韵律知识的基本依托。不了解这一要点，仅从语音的表观现象去寻求韵律知识，将如同离开句类表示式去研究句型一样，必将陷入“舍本逐末，不得要领”的困境。

2.3.2 难点处理的对症下药

本节该不该由我来写，以什么方式来写，反复思考，未得要领。要是按照家族浪漫的老习惯，我就丢下不管了。但写本文之初，作过改变老习惯的承诺，只好硬着头皮写一些。

晋耀红是本节的最佳执笔人选，我可以委托他来执笔。但目前导师与学生之间的流行论文合作方式常使我有汗颜之感。所以，决定打消委托之念，先来开一个头。

任何难点处理，都需要对症下药，这是简单常识，也是句类分析3年来实践过程的生动写照。

就自然语言处理来说，“对症下药”4个字里的“症”就是本文所概括的关于理解处理的20项难点，Paper 31所概括的关于生成处理的6项过渡。“药”就是本文2.1节所概括的17项知识。“下”就是本文2.2节谋略要点之三里所概括的知识运用9要点和同节谋略要点之四里所概括的见机行事7要点。

汉语的两个成语“见机行事”和“对症下药”的语用性大不相同，但语义是相近的，本节适合于采用对症下药。

“症”一般是多项难点的综合表现，所以引言中说：20项难点的处理是相互依赖和相互制约的，不存在完全独立的20项解决方案。本节将从句类分析三部曲和两支撑的角度进行“症状”分析，总结已有的“下药”经验，也提出一些新设想。本文对每一处理环节概括出一种症状，并对每种症状取了一个自觉比较贴切的名字，以便于记忆。

下面先列举这5种症状，然后依次进行症状及其治理药方说明。

（1）语义块感知和句类假设的“风声鹤唳”症状；

（2）句类检验过程的“头昏眼花”症状；

（3）语义块构成分析面临的“头重脚轻”症状；

（4）K调度的“先天不足”症状；

（5）小专家处理的“六神无主”症状。

敏感的读者会注意到，在“头重脚轻”症状前面加了修饰语“面临的”，而其他的症状都没有加。这当然是有区别的，未加修饰的症状表示，它既是自然语言固有的症状，也是相应处理软件可能出现的症状。加了修饰的则只是自然语言固有的症状。下面分别加以说明。

2.3.2.1 “风声鹤唳”症状是1号与2号难点的综合征

其具体表现是：

> “动词满天飞”，
>
> “动词语义的不确定性”。

前者关系到特征语义块位置的确认，后者关系到特征语义块类型（句类表示式）的确认。

HNC开出的药方是：

lv准则＋E块复合构成准则＋E排除准则
＋v团块准则＋两v团块归类准则
＋多句类代码假设准则

“风声鹤唳”症状并不是汉语的“地方病”，而是所有语言的“通病”。那么汉语是不是更为严重？我还是那句老话，对句法分析确实如此，但对句类分析则未必。这里不再重复论证这句“老话”，而只指出：关于汉语“风声鹤唳”症状的种种高谈宏论（包括前述“诺贝尔奖”说）乃基于公元前的关于词性与句子成分对应的朴素认识，来自于中心动词的西语语法规范对句子理解的误导，来自于短语结构语法对句子成分认识和句子理解的继续误导。是站在语言理解之外迷茫于语言形式现象的结果，与“不识庐山真面目，只缘身在此山中”有“殊途同归”之趣，与“月是大西圆”（注：这句诗是我对“外国的月亮比中国的圆”的古译，是对杜甫名句“月是故乡明”的仿袭）有“同病相怜”之悲。

当然，不同语种的“风声鹤唳”症状各有特色。“动词满天飞”症状对汉语是一个难点，但并非不治之症，上面药方的临床疗效已经表明了这一点。同时应该指出，“动词语义的不确定性”症状，西语远比汉语严重，HNC现有药方的疗效如何还有待验证。

◇ lv准则＋E块复合构成准则＋E排除准则

这三位一体的准则序列是上列17项知识的1～5项知识的规则化表示，是HNC精心设计的语言逻辑语义网络和基本逻辑语义网络蕴含知识的具体运用。其中的lv准则基于汉语的特点特别考虑了语句规范格式知识的具体运用，具体规则有6条（见“论题1-1”）。有些只适用于汉语，需要考虑西语的情况作相应调整。西语的规范格式十分单一，只有主动和被动之分，主语义块的排序比较简明，但辅语义块的位置则不像现代汉语那样规范。

E块复合构成准则里的上下装概念也适用于西语，不过上下装的具体内容的定义要作适当变动。这里应该强调的是，由上下装概念引申出来的“自激音节”概念是一个极为重要的概念，对汉语文字文本，应转变成自激字的概念，以利于汉语新词的发现。

E排除准则见《理论》的“论题2-1”，该文列举了5条排除规则，其中的第四条后来独立出来，形成v团块准则。该准则仅适用于汉语，百分之百的“土产”，“洋”语完全用不上。

◇ v团块准则＋两v团块归类准则

见《理论》的“论题2-2”。该准则的已有论述因迁就汉语语音文本有所不为的需要作了一些策略性简化。现在，应该根据汉语和西语文字文本的情况作相应改动。动词团块现象是一个饶有趣味的课题，汉英比较研究更具有重大实用价值，HNC对这一现象提供了新的视野，值得写一篇专文。

◇ 多句类代码假设准则

此准则只是一种策略，一方面它是在优先句类假设检验失败以后的第二手准备或应急方案，另一方面它是对“动词语义不确定性”的治本之道。因为只有把动词语义的不确定性转换成句类代码的确定性序列，才能形成知识运用的最佳语境，即形成有效的预期知识，从而具体施行语义模糊的消解。这属于句类分析的基本常识。但是，我们还需要通过各种方式，从不同角度阐释这一关键性认识。例如，上述转换的可实现性就需要进行令人信服的论证。在这一论证中，要充分揭示知识表示在词汇层面和概念层面的本质区别。如何表述“动词语义的不确定性”？假设你已经拥有一个足够规模的语料库，从而能够“穷举”该动词的搭配，并且进一步实现了将词语搭配向语义原语的转换加工，即使如此，你能保证新的语料都能纳入你的“穷举”吗？大概不能吧！

HNC不在词汇语义层面寻求词语搭配的“穷举”，而是在概念层面先寻求句类代码的“穷举”，然后在句类代码的引导或约束下，补充语义块要素之间（包括 Ek ~ JKm 与 JKm ~ JKn）的概念关联性，即词语在概念层面的预期知识。这是两种截然不同的知识获取方式，其本质区别在于是否实现了从语言空间到概念空间的升华。我希望理论组就这个题目专门写一篇或一组论文。论文不但要以汉语为例，更要以英语为例。因为英语的“动词语义不确定性”远甚于汉语，这样论文将更有说服力，会产生更广泛的影响（包括国际影响）。

2.3.2.2　句类检验过程的“头昏眼花”症状是 4 ~12 难点的综合征

句类检验本身的准则十分简明，就是利用基本句类知识和词语 HNC 知识提供的预期信息进行所谓“合则留，不合则去”的预期处理，不存在“头昏眼花”的可能性。问题出在句类检验下列 5 个环节的头尾两难：

句类检验的准备操作（由句类知识和现场信息共同决定）
检验步调的确定（由句类知识给出）
检验类型的确定（由语义块表示式和基本句类知识共同决定）
检验级别的确定（由现场信息决定）
全局性检验的实施步骤（由现场信息决定）

这 5 个环节的头尾两难都可能出现令人“眼花缭乱”的复杂情况，因而引发“头昏眼花”症状。

HNC 针对检验准备操作难开出的药方是（见《理论》“论题 26”）：

假设类型处理＋语句格式处理
　　　　＋句类转换处理＋块扩或句蜕处理＋语义块分离处理
　　　　＋E 块构成的精确定位处理＋辅块精确定位处理

这个药方的治理效果如何？还需要作什么改进？晋耀红比我更心中有数。这里仅提一个建议，作一点说明。

一个建议是：恢复测试小组，负责测试目标、计划与方案的制订，测试语料的研究与精选，测试结果的综合分析，测试报告的编写。测试小组由三个组各推出一名成员联合组成，组长由执行组长兼任。

一点说明是：药方中的两头，即“假设类型处理”和“辅块精确定位处理”对语音文本十分复杂，在所必为和有所不为的界限很不容易划定，实际上也未曾明确划定过。当前的软件的性能离“九五攻关”和“十五重中之重”任务的要求可能还存在较大差距。测试小组的第一项任务就是对这项性能差距进行测试方案的研究，写出研究报告，并通过具体测试写出评估报告，为这两项处理尽快制订明确的目标，从而为软件的改进提供依据。

应该说明，这里的一个建议和一点说明之间存在着紧密的联系，这种联系并不是巧合，而是任何创新研究必须狠抓的一个重要环节。过去我对这一环节抓而不紧，方式上也比较粗暴和原始，今后要逐步纳入正规化的轨道。还应该说明的是，对“头昏眼花”症状我们实际上只找到了部分症状的有效治理药方，还需要继续深入研究，上述建议是推进这项研究的重要一步。

上列药方动用了 17 项知识里的哪些知识？作为思考题留给读者思考。

2.3.2.3 语义块构成分析面临的“头重脚轻”症状是7号与2号难点的综合征

语义块构成分析历来专指广义对象语义块，不包括特征语义块。后者的构成分析属于句类检验准备操作的一部分。

“头重脚轻”症状这一比喻说法里的“头”和“脚”分别指广义对象语义块复合构成里的内容基元C和对象基元B，“头重”就是指内容基元C也需要用动词来表达，具体表现就是复杂的句蜕，就是7-m号难点（m≥4），就是HNCⅢ型语料所规定的第16类句子。1.7节中详细分析过的那段语料的第一个例句就存在典型的“头重脚轻”症状。刚刚写下的这个存在判断句的DB，是一个典型的要素句蜕块，即“1.7节中详细分析过的那段语料的第一个例句”。那么，它算不算“头重脚轻”？不算！因为这个常规句蜕块并不复杂。

一般来说，不显含内容基元C的广义对象语义块或良性构成的语义块，不存在“头重脚轻”症状；而显含内容基元C的广义对象语义块或非良性构成的语义块，很可能存在“头重脚轻”症状。基本句类知识之一就是标明该句类的某JK为非良性构成，从而给出可能出现“头重脚轻”症状的预期信息。

所谓句类检验前的形势判断，就是判断是否出现了“头重脚轻”症状。

应该强调的是，“头重脚轻”症状固然可怕，但“头重脚轻”症状的转移同样可怕，也许更为可怕，这正是古汉语的理解难点之一。

古汉语的语义块构成没有或很少有“头重脚轻”现象，这一现象是现代汉语与西语交融以后所产生的现代病症。因此，这一病症在从西文翻译过来的文字文本中就表现得更为严重。

一个显而易见的问题是，“头重脚轻”现象来自于句蜕，难道古汉语不使用句蜕块吗？这岂非与基本句类知识相矛盾？古汉语如何表达含复杂内容基元C的语义块，即先验句蜕块？

问得好，这是理解古汉语的关键之一。古汉语通常的做法是，把复合构成的句蜕块或其一部分分离出去变成句蜕语串。这样，就把语义块构成分析的困难转嫁给K调度了。这里引一段《史记》中的内容，表明古汉语的这一特色。这段语料非常通俗易懂，然而气势磅礴，雄文风采跃然纸上。背诵这样的古文片段，是一种精神沐浴的艺术享受。

> 夫运筹帷幄之中，决胜千里之外，吾不如子房。镇国家，抚百姓，给馈饷，不绝粮道，吾不如萧何。将百万之军，战必胜，攻必取，吾不如韩信。此三者，皆人杰也，吾能用之，此吾所以取天下也。项羽有一范增而不能用，此其所以为我擒也。
>
> （司马迁：《史记·高祖本纪》）

引文前面的三个“吾不如”，是三个相互比较判断句（编号49），其共同特点是把DBCmCΛm=（1;2）分离出去，变成句蜕语串。后面的两个“此……所以……也”是古汉语常用的因果句形式，“此”代表PBC1，其具体表达也分离出去，变成句蜕语串。非常有趣又非常可怕的是，这些分离出去的句蜕语串还可以再次发生分离，形成第二级句蜕语串，即1.7节所说的句蜕嵌套。例如，第一个“吾不如”前面的两个语串代表原型句蜕（!31D01J），而这个原型句蜕又再次发生分离，其中的局部特征语义块D01“运筹”与Cn“帷幄之中”一起构成语串“运筹帷幄之中”，广义对象语义块DBC“决胜”与Cn“千里之外”一起构成语串“决胜千里之外”。我曾多次在指出现代汉语的辅语义块一定在特征语义块之前（这是lv准则的

6条规则之一）的同时，说过并写过古汉语不遵守这一规则，这里我们两次看到了这样的例句。引文对两个因果句分离出去的句蜕块PBC1采取了同样的处理方式。例如，第一个“此……所以……也”前面的原型句蜕块（R511J）——“吾能用之”，又一次分离出原型句蜕（jD0J）——“此三者，皆人杰也”，它是第一级句蜕中RB2的句蜕。两级分离句蜕分别通过语言逻辑概念lg914005和lhg914004的反映像词“此”与“之”加以标记（认真的读者不能放过对这两个语言逻辑概念的深入理解）。第二个“此……所以……也”前面的“项羽有一范增而不能用”是（R611J+R511J）形式的原型句蜕块，这是一个由两个主从关系句构成的复合句，两者共享RB1和RB2。

从上面的分析过程可以看到，古汉语“头重脚轻”症状的转移虽然是一种语言艺术的享受，然而却是要付出代价的，这就是要加强语串间概念联想脉络的激活处理。那么，这一激活信息从哪里来？从句类表示式和基本句类知识中来。“吾不如△△”中的△△如果只有简单的对象，句子固然简明，但公然省略的隐知识是必须揭示的，因为该句类表示式要求显含的比较内容 DBmCΛm=（1;2）。根据这一基本句类知识，比较内容的省略就是激活因子，因为它必须在书面语的上下文里出现，否则就是作者的疏忽。

下面以上面的语料诠释为依据作两点发挥。

第一，上述诠释是以句类表示式为依托的。没有这一语句联想脉络提供的预期知识，即基本句类知识，语串之间的关系就难以阐明，通俗地说，就是缺了一根“弦”，一根激活联想脉络的“弦”。有了这“弦”，则出现了“柳暗花明又一村”的转折，产生一种如同顺流而下的通畅。这就是所谓句类表示式及其基本句类知识的灵魂及统帅作用。能够把根“弦”变成软件吗？我认为，已经迈出了坚实的第一步，语串内部句蜕现象的成功处理就是证据之一。所以，我把这些证据称作句类分析的第一个里程碑。而下一个里程碑的基本标志，就是把句蜕语串与句子主体连接起来，把语义块省略语串与句群主体连接起来，完成这两项连接是扩展句类分析的急所。为了促进这一进程，这里一反历来的写作风格，写了上面的语料诠释。不过，在我过去标注的语料中，这样的诠释并不少见，可惜未引起联合攻关组内有关成员应有的注意和反应。这里呼吁HNC联合攻关组的所有成员，都应该在标注HNCⅠ型语料的同时，练习写一些这样的诠释。我愿意再次提醒我的战友和学生们，要切实掌握句类和句类表示式的概念，要锤炼从语言空间向概念空间升华的思考习惯和水平，除此之外，别无捷径。请原谅我不客气地说，没有这一锤炼过程，你不可能精通HNC的精髓，你只能是HNC的朋友，而不可能是冲锋陷阵的探索尖兵。

第二，古汉语不仅拥有比现代汉语更丰富的语义块前标记符，还拥有现代汉语已不使用的语义块后标记符，如“之、者、也、兮”等。这些标记符蕴含着古汉语的韵律之美，它们在现代汉语中已经消亡。这一消亡现象就如同欧洲近代音乐大师的艺术化境在现代音乐中走向消亡一样，是大众化过程的自然蜕化现象。让现代和后世的中国人了解中国语言文化曾经拥有过登峰造极的艺术成就是有意义的。对它的消亡听其自然就是了，没有必要通过孔乙己的小说形象，把古典风格打成“臭狗屎”而后快，像“文化大革命”期间的革命小将那样，动不动就要怒视着满眼的阶级敌人，高喊“痛打落水狗”的口号，并付诸“打倒在地，再踏上一只脚”的革命行动。

诠释中，复合句的标记仍然沿用了符号“+”。这个符号可以另行设计，但借用组合结构符号“$”似乎不妥，因为该符号有严格定义，而符号“+”的定义是比较宽松的。

HNC 为现代汉语“头重脚轻”症状开出的药方是：

全局性句类检验＋4 类常规句蜕处理＋变异句蜕处理

对 4 类常规句蜕的全面辨认和处理，对变异句蜕的辨认和处理，也都属于扩展句类分析的范畴。但前者是急所，而后者不是。在语音文本的鏖战时期，句类分析技术曾将一些常规句蜕纳入有所不为的范畴，例如，[Structure1-1]所包含的要素句蜕或包装句蜕。现在针对文字文本应赶紧补上这一环节。1.2 节对[Structure1]的讨论曾留下一个尾巴，这里补上。对[Structure1-1]需要进行后续处理，即检验该结构的 FK2 是否满足 E ~ JK1 的预期。如果满足，就表明它是<!24EJ>要素句蜕，否则就是\{!31EJ}/包装句蜕。

对文字文本，把上面的药方变成软件，是扩展句类分析的重中之重。而要实现这一目标，语串之间的关联性处理是不可或缺的环节，这就与第四症状密切相关了。

2.3.2.4 K 调度的“先天不足”症状

“先天不足”症状的语言学来源是逗号模糊、省略与指代现象，软件表现则是不考虑语串之间的关联性。后者是前几年心理“恶狼”紧逼之下的无可奈何，不属于有所不为的策略安排。

现在摆脱了心理“恶狼”的紧逼，应该重新审时度势了。

K 调度的本质使命是对语言的省略和指代现象进行恢复省略和确定指代的相应处理。这包括特征语义块、广义对象语义块和辅语义块的省略，包括各种类型与级别的“指”与“代”。

什么是“指”与“代”的各种类型与级别？就是 1.6 节中所概括的“主、辅、句、块”。

“指”处理的要点是判定指主还是指辅？指句还是指块或块的一部分？

“代”处理的要点是判定代主还是代辅？代句还是代块或块的一部分？

省略与指代处理的难点都在于，被省、被指或被代之块变成了原型句蜕，或变成了句蜕序列（群）。原型句蜕的出现，与复句相混淆。句蜕系列的出现，实质上涉及复句集成与还原的复杂过程，见 1.7 节的说明。

由此可见，指代与省略处理面临着同样的问题，软件设计应充分利用这一共性，采用共同的基本处理模块。

JK 和 fK 以独立语串的形式出现，实质上都是省略或指代现象的表现。无特征语义块语句的出现是 E 块省略的表现，基本句类中的 4.5 个无 E 块句类是 E 块的省略，已如前述。按照苗传江的建议，这些句类的编号将集中到 53 ~ 57 号，即将现在的 51 号参照比较判断句改成 54 号，原 52 ~ 54 号句类的编号减 1。

“无可奈何”时期的做法是：对分离出来以语串形式出现的广义对象语义块或辅语义块，辨认出来就完事了，不与对应的句子主体挂钩；对语义块省略的句子，辨认出省略类型就完事了，不与句群主体挂钩；不考虑句蜕块或省略语句的序列现象；对省略特征语义块的句类，只考虑 57 号的简明状态句。

扩展句类分析的前期中心任务是:改变“无可奈何”时期关于省略指代处理的原始方式。对一切以语串形式出现的广义对象语义块、两可语义块和辅语义块或其序列，对语义块省略的句子或其序列，都要求找到对应的句子主体或句群主体。按照省略或指代的预期要求，把句子主体与其分离的语串联系起来，形成句类表示式所要求的完整联想脉络；把句群主体与其伴随的序列联系起来，形成背景知识或它所要求的框架要素，并在必要时形成基本语境知识或它所要求的框架要素；对4种常规句蜕块，不仅要确定类型，还要确定句蜕块的句蜕表示式（即句蜕的格式表示）；对不属于有所不为的变异句蜕块，要求进行反转换或反变换处理；对省略特征语义块的句类，要求作出具体类型的判断，而不能统一简化成简明状态句。

上面列举的清单就是扩展句类分析第一阶段的基本内容。这里，三部曲与扩展 K 调度的配合几乎达到了融为一体的境界，因此两位组长也要有融为一体的协同境界。

应该指出，广义对象语义块的省略有真假之分，真省略要依靠远程语境才能予以恢复，属于深层隐知识揭示。假省略则是逗号模糊造成的假象，这又要区分两种情况：一是语句间的语义块继承，它类似于复句的广义对象语义块共享；二是广义对象或其一部分从语句主体分离出去，以独立语串的形式出现。这两种情况有时并不是截然可分的，见1.7节的讨论。假省略仍然是中程语境（即一个句子形成的内部语境）的运用。因此，对假省略的处理实质上不属于扩展句类分析范畴，而是现有句类分析软件的“补课”任务。

扩展K调度（包括“补课”）的激活信息从何而来？从现场情况是否符合句类表示式和基本句类知识的预期，如此而已。就省略处理来说，两相邻语串，一个是广义对象语义块，另一个又缺少了广义对象语义块，发现了这个漏洞，把漏洞堵上就是了。也就是把两者合起来，作出“有省略之形，无省略之实”的判断就是了，似乎可以说“万事俱备，只欠一判！”

事情就这么简单明了吗？当然不是，可能会出现下列复杂情况。为叙述简明，将采用HNC符号表达语义块和有省略的语句。

（1）在JK语串与!3mEJ之间可能插入fK或fFK。

（2）出现两可块或其序列。

（3）出现JK语串序列。

（4）出现原型句蜕与其他类型句蜕构成的混合序列。

（5）出现原型句蜕或其序列。

（6）出现JK构成局部（要素或块素）的分离语串JKp。

显然，原型句蜕和JKp是扩展K调度处理的两项难点，但后者不是急所。在上列6种情况中，请注意（4）、（5）的排序方式，它意味着混合序列比纯原型句蜕序列容易处理，因为混合本身提供了原型句蜕的宝贵激活信息。

急所是上面列举的各项序列处理与第一项的插入处理。

句蜕序列并不难处理，逗号终究还是提供了一定的激活信息。但是，一旦出现纯原型句蜕序列，复杂性就发生了质变。究竟是原型句蜕还是复句的子句？需要验证。而这一验证又往往要求远程语境提供相应的启发知识。

块扩处理也面临着同样的序列问题，因为块扩部分也经常变成序列。

本节的基本目的是说明扩展 K 调度的目标，同时也概括了扩展句类分析的基本内容。实际上也给出了治理“先天不足”症状的药方，不过由于写作功力有限，布局不当，无意中陷入了暗写的泥潭。累了，让我放松一下吧，变暗为明的处理，就留给读者了。

2.3.2.5　小专家处理的“六神无主”症状

“六神无主”症状的语言学根源是词语音义两极相互映像的违例模糊，是自然语言原始性痼疾的后遗症，任何语种都不例外。就语言的这一“健康”标准来说，汉语也许是最健康的语言，这个问题的理论方面已经论述多次了。但多数读者肯定对此说不以为然，所以，这里引一段《理论》的论述。

> 语言义字作为一个整体，都具有音、形、义三极，不过“形”这一极在西语里居于从属地位，所以传统语法理论只提音、义两极。**但汉语是典型的三极语言**。两极意味着对义的表达只有音一种手段，这种语言基本不依赖于文字而独立发展。**三极则意味着对义的表达有音形两种手段，文字与语言同步发展并对后者产生重大影响**。对音的运用属于人类的本能，对形的运用则涉及更高级的智能，因此，汉语对音形两极的运用必然体现更多的智能性，这是它的长处。但同时又限制了它对语音本能的充分运用，这又是它的弱点。汉语的这种双重性在词汇构成方面表现得最为明显。语言的发展从词汇起步，词汇的基本功能是命名，在命名方式上，汉语与西语的巨大差异不仅是饶有趣味且极富启发性。古汉语基本命名以单音节为限，几乎不越雷池一步，显得非常原始和笨拙。西语对一个命名的音节数量则不加限制，显得十分灵活和洒脱。但是，命名的需要随着社会的发展而层出不穷，当新的需要出现时，汉语采取以原有单音节汉字重新组合的方式予以表达，充分显示出其灵活和洒脱。西语则恰恰相反，原有词的音节数量一般已不适于再行组合，不得不采取另造新词的原始方式，从而显示出其灵活中的死板和洒脱中的笨拙。（《理论》p25）

这一段话是对汉语“**字义基元化，词义组合化**”这一论点的诠释，这个论点和引文的论述不仅表述了中西语言的根本差异，同时也说明了所谓语言原始性痼疾及其后遗症的含义。中国的许多语言文字工作和研究，由于对这两个要点理解不够或盲而不见，走了很多弯路。分词规范是最近的例子。

对汉语来说，原始性痼疾后遗症的主要表现是：现代汉语仍然保留了大量的单字（音）词，多数常用单字词（语素）具有非常灵活的组词功能，这使得所谓的分词规范根本不可能实现。

对于西语来说，原始性痼疾后遗症的主要表现是：词或词组的语义在不断扩展过程中形成的违例模糊日益增多，导致某些词或词组的语义不确定性恶性膨胀。

汉语的字义和双字词词义当然也有在不断扩展过程中形成违例模糊的情况，但导致语义不确定性恶性膨胀的情况远比西语少见。

针对这些语言原始性痼疾并发症，HNC提出了小专家处理策略。

如果用军事术语来说，小专家是配合主力部队执行特殊任务的特种部队。小专家的“小”，是精干和机动的意思，是自然语言理解处理见机行事谋略的具体形式之一。

例如，对汉语语音文本，单音词处理是一般性难点。但汉语音节处理小专家并不包揽汉语的全部音节，只负责其中对句类分析三部曲和K调度具有关键性影响且义类较多的部分音节，这是该小专家见机行事的第一项手筋（围棋术语，意思是紧急情况下化险为夷的妙招）。更重要的是第二项手筋，它又有两个要点：一是该小专家并不考察入选音节的全部义类（最多8类），只考察其中上述关键影响的部分义类；二是处理步调与内容及句类分析三部曲密切配合，严格依据处理进程的紧急需要从事有限目标的特定处理，绝不盲动。第三项手筋是严格控制入选音节的搜查范围，这就是所谓的置偶音段于不顾、奇音段只考察奇位置的风险策略。

上述三项手筋只是汉语音节小专家的总体方案（谋略）的要点。具体方案还要区分：为语义块感知提供激活信息的小专家，包括无条件自激音小专家和音节远搭配（搭配一头或两头为单音词的远搭配）小专家；服务于语义块边界认定的段接、层选处理小专家，也称重点音小专家，即服务于句类检验准备操作的小专家；服务于语义块构成分析的段接、层选处理小专家，也称次重点音小专家；服务于K调度预备操作的偶段伪词发现小专家，也称条件自激音小专家。

2.3.2.2说过，句类检验的复杂准备操作是造成句类检验“头昏眼花”症状的两项导因之一。而这一复杂导因中最复杂的因素是“E块构成精确定位处理＋辅块精确定位处理”[见2.3.2.2的药方（2）]，而对这一最复杂因素的处理就需要上列第二类小专家的帮助。

上列自激音、重点音、次重点音的划分是基于句类分析三部曲处理进程的关键需要。显然，音节本身不会那么老实，“自”中有“重”与“次”、“重”中有“自”与“次”、“次”中有“重”与“自”的情况都可能发生。如果这么一全面考虑就陷入束手无策的困境，那你就太“傻”了。抓要害嘛！抓有所为和有所不为嘛！抓局部机动调整嘛！与此同时，切不要从束手待毙的一个极端走向盲动或蛮干的另一极端，千万不能强不知以为知，把“不知”送到交互界面请求帮助嘛！在自知之明方面狠下工夫嘛！

这就是谋略，这就是小专家设计思想的灵魂，也是理解处理软件设计思想的灵魂。当然，这一设计思想的实现需要一定的基础，甚至需要比较坚实的基础。这个基础已经存在，就是HNC理论前两个理论模式的创立，就是句类分析的第一个里程碑的诞生，后者包括软件和知识库。HNC联合攻关组的每一个成员都不应该在这一点上出现妄自菲薄的失误，当然更不应该出现妄自尊大的轻浮。

从某种意义上可以说，化险为夷是小专家的天职，而手筋是小专家的生命。没有险，用不着小专家，没有手筋，就做不到化险为夷。

手筋的要点是“看准要害、抓住契机、有所牺牲（围棋术语叫弃子）”的12字诀。汉语音节小专家处理的第二和第三手筋就充分体现了对这一要点的运用。要害者，句类分析进程中的紧急需求也；契机者，有限明确目标的特定处理也；牺牲（弃子）者，即“有所不为，才能有所为”之哲理也。

上面的论述，都是多次所说和所写的重复。这里老调重弹，是因为小专家处理“六神无主”症状的治理与这些老调有关，换句话说，学习并善于运用手筋，就是治理“六神无主”症状的药方。

三部曲、两支撑的提法是对句类分析谋略思想的概括，这一谋略思想的形成过程也经历过“六神无主”的风雨，曾备尝“看准、抓住、牺牲”之艰辛，而且是“为伊消得人憔悴”的艰辛。我在“难点标注说明”中写道：

> 我常常听到两种呼吁，一是“赶紧定下来”，二是“定下了就不要改”，这是不成熟的表现，创新工作必须适应在变中求不变的“日日新”势态。

这一段话既是上述艰辛的体验，也是对变与不变辩证法的说明。人们太习惯于常规工作流程、特别是常规开发工作里的所谓规章了，对规章的迷信将导致混淆总体与细节、急所与大场（围棋术语，意思是战略要地）、必为与不为、终极目标与当务之急、探索研究与一般研究的严重失误。必须清醒地认识到：艰辛的探索与创新是永远没有现成规章的，否则就不是艰辛的探索与创新。我的信条是：与其在脑子里长期盘算规章而不行动，不如在“行成于思”（唐代大文豪兼思想家韩愈的名言）的实践中促进规章的诞生和完善。

在为国家语委项目确定三部曲、两支撑总体思路（方案的预备形态）的 1996 年春，不存在任何规章，甚至这一总体思路各环节的命名都未必符合语言规范。大醇中之小疵，比比皆是。如果在那个时候，不分轻重缓急，忙于小疵的清理，迷惑于自然语言的“羽毛”在狂风中飞舞的复杂运动，HNC 将走向何方？

见微知著，从特殊洞察一般，并不是高不可攀的思维。关键就在“勤思”二字。韩愈说得好：

> 业精于勤，荒于嬉。
> 行成于思，毁于随。

（附说：这是 4 个省略特征语义块 P22 的果因句，“于”字在句中的作用很特别，其映像符号为 lv02121，其中的 v 不可缺少。古汉语中这一类的果因句很多，其韵律之美达到了上乘境界，读之终生难忘。因果句也多有类似情况，产生寓教育与艺术于一体的无与伦比的独特效果。读者若从韩愈的这 14 字名言，能对此略有感受，则笔者极感欣慰。）

应该强调指出的是，小专家处理已经出现了很有代表性的样板，就是自激音小专家，虽然它还有许多小瑕疵。这个小专家设计中所体现的谋略思想是普遍适用的。它的成功，是一笔宝贵的谋略财富。在本文对 5 项症状思考现有药方的过程中，小专家处理的“六神无主”症状耗费了最长的时间，因为其现有药方的主体是谋略，而不仅是通常意义下的知识。对 2.1 节所概括的 17 项知识，对 2.2 节所概括的知识运用 9 要点和见机行事 7 要点，小专家处理需要更高水平的取舍与综合。因此，它的治理药方很有点与众不同，如下：

> 小专家处理的“六神无主”症状治理药方：
> 依据句类分析三部曲、K 调度的进程确定有限目标的特定处理
> ＋建立开放而又能自给自足的小专家知识库
> ＋建立按进程封闭的推理规则库
> ＋形成并输出不带条件说明的单一推理结果
> ＋形成并输出带条件说明的单一推理结果
> ＋形成并输出不带条件说明的多种推理结果
> ＋形成并输出带条件说明的多种推理结果
> ＋形成并输出混合型推理结果

药方中“开放”的含义是借用基本句类知识库和词语 HNC 知识库里的知识，“自给自足”的含义是根据小专家处理的自身需要补充必要的语用知识。“按进程封闭”的含义是推理规则只考虑进程提供的语境（条件）和要求，不考虑这一范围之外的情况。“条件说明”的含义是标明推理结果不适用的常见（不是全部）例外情况。这里不结合例句加以说明了，留给

部分读者作为习题吧。

小专家处理作为句类分析两支撑之一的思想,是针对汉语语音文本提出来的,但是,这一处理环节对于文字文本也是需要的。因为后者同样存在“语义不确定性的恶性膨胀”。这一支撑的命名多次变动，至今尚未定夺，也许叫作“语义不确定性处理”更确切吧。

本文引言中说：自然语言理解处理“要全力追求统一的处理模式，同时又要采取“分化瓦解区别对待”的灵活策略。本文将力求运用这一谋略思想来剖析 20 项难点并提出解决这些难点的具体方案”。本节采取“症状”与“药方”的阐述方式，比前面的论述方式更多地体现了引言提出的设想。效果如何，听候读者的回音。这些话，是本部分、本节最恰当的结束语。还需要写一段八股式小结吗？多余的感觉此刻极为强烈，免了。

三、HNC 的 CORPUS 观

《理论》p204 曾写道：

> 计算语言学必须把自己的立足点转过来，端正主攻方向。在这一转变中，西方语言学的语法传统是一块绊脚石，而所谓的语料库语言学则是一块误导的路标。对语法和语料库的所能和所不能要有一个清醒的认识。

类似的论述在《理论》里还有多处，这一段采用了我所喜爱但会引起很多读者不快的尖刀式语言。这里特地加以引录，一方面是因为我深为当前的某些语料库研究（如双语对齐的统计研究）感到悲哀，另一方面是由于这段话有完全否定语料库语言学的语病，容易引起误解，下面将有所解释。

CORPUS 本身没有任何神秘,就是语言或语音资料的电子文本。很多学科有理论与实验、理论与工程、理论与应用的划分，从这个意义上说，CORPUS 语言学、SBMT 的提法也都是无可非议的。但是，没有一个学科曾经有人宣称我这个局部就是老大，可悲的是，中文信息处理学界却有人全力宣传 CORPUS 是老大的思想，并力图将中文信息处理研究全面纳入以 CORPUS 为中心的轨道，对偏离这个轨道的研究就斥之为伪科学，并采取“格杀勿论”的专制行动，这实在太过分了。

让我们从实际和理论两方面对 CORPUS 语言学作一点分析。

从实际方面来看，计算机擅长统计，取得与统计有关的语言知识是 CORPUS 的特长。但是，自然语言处理特别是理解处理所需要的知识，有哪些与统计有关？大脑的语言感知过程利用的是语言的哪些统计知识呢？甚至可以探问，它利用统计知识吗？还应该进一步这样提出问题，语言是随机过程吗？如果是，它又是一个什么性质的随机过程呢？

统计有各种各样的方式，如何选定统计方式？如何选定条件概率的条件？如何运用采样原理？如何范定大规模真实语料的“大”？

对于第一类问题，有两个流行的答案：一个是语词的共现概率；另一个是隐马尔科夫过程。对于第二类问题，仅对“大”的规模作过一些探讨。

两个流行答案实际上不是直接针对相应科学问题的研究答案，只是一种现成数学工具的运用。从这个意义上说，CORPUS 语言学还没有取得“学”的资格。

从理论方面来看，CORPUS 的意义不在它本身，而在于如何利用，在于明确：能够从 CORPUS 得到什么知识，不能得到什么知识；能够得到的知识对自然语言理解和生成能起什么作用；什么知识是与 CORPUS 根本无关的，什么知识的获得是可以甚至是必须得到 CORPUS 帮助的。在未明确并基本解决这些理论问题之前，以“摸着石头过河”的方式采取大规模行动，是无理论指导下的典型盲动。而盲动的研究工作，严格说来，是没有资格称为“学”的。因此，在我看来，所谓语料库语言学还处于“十月怀胎”期间，它的“呱呱坠地”还有待催生，HNC 应该与兄弟分支学科为此发挥它应有的作用。

下面列出与上述问题有关的清单，简称 CORPUS 期望知识清单。但先说几句与建立正确的 CORPUS 观有密切关系的常识。

思考有两种基本需要或类型：宏观思考与微观思考；理论思考与工程思考。人文科学专家通常长于宏观思考而不善于微观，自然科学专家通常长于微观思考而不善于宏观。在两类专家中，又有理论思考与工程思考的擅长差异。在满足情商因素的前提下，两类思考兼通者是帅才，偏通者是将才，但仅满足于宏观和理论思考的人一定是空谈家，绝不可重用，这是尽人皆知的常识。但仅仅知道不等于就会运用，在这一常识的运用方面，诸葛亮就不如刘备，并犯过严重错误。当前的语料库语言学基本上是一批第二线科学家鼓吹出来的，而 CORPUS 语言学的创立，需要一批第一线帅才科学家的参与，第二线科学家是没有这个能力的。第二线科学家的通病就是容易滑向仅满足于宏观和理论思考的空谈家。科学界的很多悲剧是已滑为空谈家然而又掌握实权或热衷于发挥影响的权威们造成的。

CORPUS 期望（含无期望情况）知识清单

（1）与 CORPUS 无关的概念层面知识：

语义网络的宏观构架
基本句类表示式和语义块构成表示式
语句格式知识
基本句类知识的主体

（2）与 CORPUS 有关的基础知识：

复句与非复句的比例
这一比例与语种和文体的关系（下同，不列）
基本句类与混合句类的比例
这一比率与语种和文体的关系（下同，不列）
无分析难点语句与有分析难点语句的比例
20 项分析难点的分布
无生成难点语句与有生成难点的比例
6 项生成难点的各自比例

汉语不带上下装的全局特征语义块与带上下装者的比例
英语有名无实的中心动词与形实相符者的比例

（3）与 CORPUS 有关的策略研究知识：

按难点类型划分，当务之急是分析的复杂句蜕难点和生成的语义块构成变换难点

（4）倚仗 CORPUS 的 HNC 知识库栏目：

词语（主要是动词）句类代码
特征语义块构成知识
语义块要素关联性预期知识
体词的语义块构成知识
语言逻辑概念反映像词的语用知识
各类小专家的自给知识库建设
多句类代码动词或词组的语用知识
语义网络概念节点之间的交式及链式关联知识
反映像知识库的建设

（5）CORPUS-based 研究平台：

基本语境知识框架研究
背景知识框架研究
情景与势态知识框架研究
要点主题分析研究
各种自然语言处理方案的潜力研究

结 束 语

关于 CORPUS，过去我们说得很多（实际上是我个人），做得很少。这个不正常的状况正在改变，林杏光教授甚至要亲临第一线工作。当然，不能让林先生把他的宝贵精力放到这个工作量方面。推进 HNC-CORPUS 研究最有效而且势在必行的方式是形成“众志成城”的势态，不仅 HNC 联合攻关组的每一位成员都要投入到 HNC Ⅰ型语料库的建设中（其意义不仅是量的积累，已如前述），而且还应该敞开大门，为愿意参加这一壮丽研究活动的 HNC 朋友们提供必要的条件。

前面提到的那位汉高帝自愧不如的杰出军事家——韩信曾说过“多多益善”。让我借用韩将军的这妙不可言的四字短语，结束第三部分，同时也暂时结束（行程在即，第一部分未写的有关说明只得推之来日）这超过 10 万字的长文吧。

1999 年 9 月 10 日

四、杂记

本部分分两节：第一节是关于语料标注的总体性说明；第二节是对前 3 部分论述里的注解性说明。两节用 4.1 和 4.2 符号加以区别。

4.1.0　关于本文背景及 HNC 语料标注基本观念的说明

本文前三部分写于 1998 年冬至 1999 年秋，是 1998 年上半年所写“52 个论题”(《理论》的第三部分）的继续。论述中心都是围绕着与句类分析三部曲、两支撑相关的课题，包括理论、谋略与知识 3 个方面。“52 个论题”针对语音文本，本文则转向文字文本，语言模糊度从五重减少到三重，面对五重模糊必须回避的某些“有所不为”和某些必须采取的“蛮干”措施可以大大减少。句类分析技术在文字文本的语言环境中，可以向着语句理解处理的目标更快地向前推进。本文就是为推动这一发展而写的。

继续前进的关键一步是对本文所论述的理解处理 20 项难点形成一个综合治理谋略与方案。谋略是方案的理论基础，本文以谋略为主。

谋略的制定又必须以 20 项难点的分布特征和相互制约关系为基础，两者都离不开对真实语料的具体考察。为此，选择了 20 篇文本（语料）进行 HNC 方式的标注，21 篇语料的题目见附件 2。

当时标注的内容分 3 个方面：一是语句的语义块结构标注；二是句类代码，其中 EgJ 的句类代码全部标注，但 ElJ 仅作了部分标注；三是难点类型标注，绝大多数仅标注了一级号码，少数标注了二级号码。3 方面的标注都比较粗糙，当时并没有作好标注符号体系的全面设计，后来作过多次变动，但迄未形成统一的规范。2001 年夏初和 2002 年春末曾两次作了较大改进，但仍未达到全面规范标准。这里对 HNC 语料标注的基本问题作一次全面评述，希望能对最终标注规范的形成有所裨益。

HNC 语料标注分 3 个层次：第一层次是语义块构成标注；第二层次是句类代码及语句格式标注；第三层次是句间关系标注。从标注符号的复杂性来说，第二层次比较简单，另两个层次比较复杂。下面将先说第一层次标注的有关问题，随后说第三层次，最后说第二层次及 HNC 标注语言的有关问题。

上述 3 个层次只涉及语料标注的纵向语言现象，还有横向方面，那就是全局性和局部性语言现象的区分，3 个层次都有这一区分，要不要在符号上加以反映？这个问题似简而实繁。

除上述纵横两方面的语言现象之外，还有第三个方面的语言现象，那就是本文所阐释的难点类型。这些难点贯串于上述纵横两方向的各个环节。因此，语料标注实质上是从上述 3 个特殊视野对语言现象进行的三维空间考察，这是 HNC 语料标注的基本观点。

4.1.1　关于语义块构成标注

语义块是语句理解的单元，是句类的函数。这里顺便说一句闲话，如果当初不采用句类，而采用“句畴”这个术语，也许更好一些。第一避免了与传统语言学句类的混淆，第二直接体现了语句范畴的思想。“句畴”这个术语既符合汉语词义组合化的常规，又突出了“语句类型最高层次抽象”的本质特征。实际上句类的英译就是句畴：sentences category，句类分析的英译就是 SCA（sentences category analysis）。

语义块构成标注所用的标记符号可区分块间标记、块内标记、块类标记3种。

4.1.1.1 关于块间标注

块间标记采用符号‖，它表示语义块的边界。语义块有主辅之分和全局与局部之分。初期的标注语料未对此加以区分，这里给出规范标记符号如下：

全局性主块边界标记	‖
局部性主块边界标记	|
全局性辅块边界标记	‖~
局部性辅块边界标记	|~
块扩小句ErJ边界标记	[# #]

这5个标记符号的定义都符合确定性要求，但仍然需要作4点注释。

第一点，关于语义块EK后边界的约定。这个问题不仅关系到HNC定义的EK构成表示式，也关系到介词的语法功能阐释，因而必然涉及介词短语的传统认识。对汉语语料的标注，不存在EK后边界的两可疑难，但对英语语料，这个问题却比较突出。看下面的例句：

例句1：In his magnificent revolutionary career spanning more than seven decades ‖ ~, he ‖ made indelible contributions ‖ to the victory of China's New Democratic Revolution and the founding of New China.

例句2：<The forces | making for | peace and broad-based international cooperation> ‖ have grown in strength.

例句1的EK后边界放在介词to的前面，例句2的EK后边界放在介词for的后面。按照HNC的EK复合构成表示式的定义，当介词附属于EK时，它充当hv//hE，这里的to充当hv，for充当hE。hv一定在EK后边界的前面，但hE却可以在EK后边界的后面，依据语气停顿习惯而定。这是HNC语料标注的一项约定，详情请参看即将推出的《HNC探索与实践》季刊（网络版）2003年第一期上的论文"关于EK后边界的标注"。该期有HNC语料标注专题，有关标注约定的论述都将在该刊的同一期发表，下文将以"论文：数字编号"的形式表述。

第二点，关于块扩小句ErJ前边界的约定。5种先验块扩句类的ErJ的约定前边界如下：

作用效应句	XYJ=A+XY+[#B+YC#]
信息转移句	T3J=TA+T3+TB+[#T3C#]
扩展替代句	T4aJ=T4B1+T4a+T4B2+[#T4C#]
扩展主从关系句	Rm1n1J=RmB1+Rm1n+RmB2+[#RC#]
块扩判断句	DJ=DA+D+[#DC#]

关于这一约定的论述见"论文：关于块扩小句ErJ前边界的标注约定"。这里仅补充一句话，那就是符号"[#"本身就是语义块的边界表示符号，因此不必在它前面另加符号‖或|。

第三点，关于块扩小句内部语义块边界的标记：EpJ与ErJ处于同一级别，因此两者的语义块边界符号必须保持一致，不能采用ErJ的语义块边界标记比EpJ低一级的方式。

第四点，关于语义块的级别：理论上语义块的级别（对应着小句的级别）可以无限延伸，但实际上二级句蜕已不多见，三级句蜕更属罕见。因此，语义块的级别符号只分全局与局部两级，即符号||与符号|，这不会引起多级句蜕现象的混淆，因为句蜕本身有自己的前后边界符号。

4.1.1.2 关于广义对象语义块 JK 的块内标注

JK 内部结构的标注是语料标注最复杂的课题，这容易理解，因为 JK 内部构成一般写不出相应的符号表示方式，汉语基本作用句的 B=XB+YB+YC 表示式是罕见的例外。与 JK 内部构成形成了鲜明对比，任何语句都可以写出它的句类表示式和格式表示符号，EK 也可以写出构成表示式，因此 JK 内部构成的标注一直是 HNC 语料标注关注的焦点。解决了一些迫切问题，但仍有许多问题有待探索。

从理论方面来说，JK 构成的基本问题是两个方面：一是对象 B 与内容 C 的组合，简称 BC 组合；二是 JK 的要素成分Ω及其修饰成分Ωu 的组合，简称 uΩ组合，前者是 JK 要素Ω之间的串联，后者是要素Ω与其修饰成分Ωu 之间的串联。这里的组合也可叫作分解，就是前述黄侃先生所说的“积”。这两种组合具有本质差异，BC 组合是句类的函数，是该句类全局联想脉络的固有或内在特征，而 uΩ组合是该联想脉络的附属或外在特征。句类表示式和句类知识只描述 BC 组合，不描述 uΩ组合。两种组合在形式上都表现为偏正组合结构，但 JK 构成分析（句类分析三部曲的第三部）必须区分这两种本质不同的偏正组合，才符合 HNC 所定义的理解标准。HNC 曾将这一重大课题列入博士论文计划，可惜未能实现。希望年轻才俊继续努力，写出高水平的论文。

BC 组合可导致原型句蜕，uΩ组合可导致要素句蜕。因此原型句类具有可预期性，而要素句蜕不具有可预期性，包装句蜕介于两者之间。原型句蜕的可预期性是句类知识的一项重要内容。原型句蜕容易与小句混淆，而要素句蜕和包装句蜕不容易与小句混淆，汉语的要素句蜕比英语规范，更容易辨认。这是汉语句类分析的优势之一，一位在读博士已在这一研究中取得了良好成绩。

上述 BC 组合和 uΩ组合的“可导致”意味着可能性，而不是必然性。不导致句蜕的复杂 BC 组合和 uΩ组合就形成多元逻辑组合。多元逻辑组合是 JK 复杂构成分析的硬骨头，一位在读博士生正在对这个问题作系统深入的研究。

HNC 语料标注历来重视句蜕现象，为之设计了比较齐全的标注符号，但对于多元逻辑组合却没有做到这一点，原因是句蜕属于急所问题，而多元逻辑组合不是，但它是机器翻译最终必须面对的硬骨头。

从技术方面来说，JK 构成的基本问题是 3 个方面：一是句蜕；二是多元逻辑组合；三是特殊指代（属于语习类概念 f84，也称重复指代）。

这 3 个方面都需要配置相 应的标注符号。句蜕的标注符号已经比较齐全，多元逻辑组合的标注符号有待探索，特殊指代的标注符号则有待明确。

已经确定的句蜕标注符号有：

原型句蜕标注符号：{}
要素句蜕标注符号：< >
包装句蜕标注符号：\/

这3对句蜕标注符号的实际使用存在很多问题，将在论文“句蜕标注符号的细化表示”里阐释。这里需要指出一点，那就是干干净净是要素句蜕标注符号实质上是要素句蜕的基本类型——JK句蜕或EK句蜕。

多元逻辑组合引入了两种基元组合标注符号：[ ]和Λ，分别表示串联和并联。这两个符号的组合在形式上可以满足多元逻辑组合的任何复杂情况，但是掩盖了不同类型串联(偏正)的实质性内涵。上文说的需要探索，就是指这一方面的加强。用围棋术语来说，这个问题既非急所，也非大场。因此暂时仍可以置之不理。

并联符号“Λ”也用于表示ElJ之间的句间连接，这种混乱状况应该结束了。今后约定：“Λ”仅用于ElJ之间的连接，多元逻辑组合的并联连接改用符号“&”。

特殊指代也引入了两种标注符号：[*]和[*]，前者表示指代的内容在指代词语的前方，后者表示指代的内容在指代词语的后方。汉语多使用[*]，英语多使用[*]，指代词语常用引词it。如例句：

```
[It*] is||imperative||
{to eliminate| discriminatory policies and practices| in
    economic relations}
```

汉语译文是：要排除||经济关系中的歧视性政策和做法。这个语句的汉语句类代码是XY10*21J，但是这个句类代码未能体现“要”字所蕴含的强调性势态特征。这个问题一直萦绕在我的脑际，表明现有的句类代码符号体系仍有不足之处，这里顺便提出来请读者思考。该语句的英语表达采用了（jD,XY10*21）J转换形式，对上述势态特征有所体现。

4.1.2　关于句间标注

句间标注有3个方面的内容：一是复句形式类型的标注；二是句间接应信息的标注；三是句群语境信息的标注。

复句在形式上存在两种基本类型：一是复句的小句存在共用JK的现象；二是复句的小句不共用JK。HNC很重视复句的这一区别，因此过去很长一段时间用“复合句”表示前一种情况的复句，用“复句”表示后一种情况的复句。但“复合句”这个术语非常笨拙，容易造成误解，后来改为“合句”。合句又有各种不同情况，苗传江博士曾设计过一套十分简明的穷尽合句不同类型的表示方案。

合句里有两种特殊类型应予特殊关注：一是共用JK1（主语）的合句，汉语特别常见，这种合句命名为叠句；二是前一语句最后的JK=JKmax（常见情况是JK2）成为后一语句的JK1，这种合句命名为链句。现代汉语的链句表达存在一定的弱点。常常需要重复表述，因为它缺乏关系代词这一简明而高效的表述工具。

复句、合句也存在全局与局部之分。全局性复句的边界约定用符号“++”表示，合句用符号“+”表示，局部性复句的边界用符号“ΛΛ”表示，合句用“Λ”表示。过去没有为叠句和链句设置专用符号，建议今后把符号“+”和“Λ”专用于叠句表示，合句用符号“+*”和“Λ*”表示，链句用符号“+~”和“Λ~”表示。

句间接应信息标注目前十分薄弱，仅使用符号“[ ]”对句间接应词语加以标注，未说明它的意义。接应词语的省略（现代汉语经常如此）一律未加标记。标注符号本身也许并不重要，问题是这一接应信息是句群理解的一个重要方面，把握这一信息对机器翻译和语境生成都十分重要。这里只把问题提出来，引起读者的重视，不作进一步的讨论。

句群语境信息标注的提法也许有耸人听闻之嫌，将在语境研究系列论文中阐释。这里只想指出一点：从语料标注的角度来说，这是一个不可或缺的环节。我在“HNC 的语言学基础”一文中有言：“理解的起点是语句理解，向下是短语和词的理解，向上是段落直至篇章的理解。这个说法表面上似乎顺理成章，几乎无懈可击。而交互理解的症结恰好在这一‘顺理’中的‘无理’上。”文中仅暗示而并未具体指明“无理”性何在。实际上那是对传统语言层次说中两个台阶的反思，一个是“词组-句子”台阶，另一个是“句子-段落”台阶。前一台阶中间必须加上语义块，后一阶梯中间应加上句群。我曾向一位来访者戏言：“现在的这两个台阶太高，姚明都蹬不上去，遑论我们这样的个头了。”

4.1.3 关于句类代码标注及其他

每当我在旅游景点神像座前领受那香烟弥漫的景象时，就联想起词性标注的世界潮流，宝座岿然的神虽然还能吸引一定数量的善男信女，但现代人中的大多数终究已经不烧香了。烧香作为一种文化，不应该被禁止或废除。对古老的学术思路更应如此，并且还应该加上应有的历史性尊重。但是，人们又不能沉浸在古老的思维里而不知革新和前进。语法老叟和逻辑仙翁传到中国来才一个世纪，前者在语言学领域竟然取得了上帝的地位，表面上把中国传统的小学老叟打得落花流水，这一奇迹的出现当然主要是得力于“五四运动”的东风。语法老叟和逻辑仙翁在古老的中国被视为青年才俊，这一历史性误解看来还得持续相当长的一段时期，因为老叟和仙翁在西方相应学术领域的上帝地位依然具有不可动摇的态势。语料库语言学虽然是计算语言学的最大“股东”，但对语言现象的描述仍然完全倚仗老叟与仙翁。对老叟与仙翁的深信不疑对于自然语言理解处理的发展（特别是网络时代急需解决的交互理解）十分不利，这一深信虽然在本质上不同于烧香的迷信，但其误导作用都属于心态热症。HNC 应该为逐步消除这一心态热症做一点贡献，并从语料标注做起，上面所说的语义块构成标注和这里要说的句类代码标注应该说是两剂几乎无副作用的清热良药。

如果选择一批高质量、有代表性的汉英对照语料或单纯的汉语语料，给出语义块构成和句类代码标注，并据此论述句类的有限性、语句格式的可穷尽性、句类知识的世界知识精华性、语言概念空间理性法官的权威性、概念空间规则的无例外性、语法基本概念向概念联想脉络描述转换的必要性。我觉得这一研究项目清单是一条改革与继承相结合的可行途径。

朱德熙先生的《语法答问》在中国语言学界和计算语言学界都有巨大影响。这本小书是朱先生短语本位论的奠基之作，此论的基点就是该书所阐释的汉语区别于印欧语系的两大基本特征：词语语法功能的多样性和汉语句子与短语的同构性。前者正如朱先生所说是显而易见的现象，后者则是先生极感满意的发现。不过，这个发现实质上是建立在 20 世纪 30 年代一项发现的基础上，那项发现就是所谓的主谓谓语句。这确实是一项发现。在语言空间，这一发现也就到此为止，朱先生把这一发现推广到句子与短语同构论具有极大的片面性，是典型的以偏概全的失误，我没有查阅语言学界的文献，但我相信可能有人指出过这一点，因为这太明显了。

从语言概念空间来看，主语和谓语都是句类的语义块，都是句类的函数，既然存在主谓谓语句，就必然存在主谓主语句，也必然存在主谓宾语句。因为所谓的主谓结构就是 HNC 定义的原型句蜕或其一种形式。而原型句蜕是某些句类的先验性要求。不了解 HNC 的读者对上述论断必然觉得莫名其妙，这里容我稍作解释。

语言学举例或研究过的主谓谓语句，你都可以转换成下面的句子：

“主谓成分”+谓语
（谓语=是+短语）

这不就变成了主谓主语句了么！HNC 把这种变换叫（jD,E）J，是 3 种无条件句类变换之一。这一句类转换的正式陈述是：任何句类都可以无条件转换成是否判断句 jDJ=DB+jD+DC，转换目的在于强调陈述对象 DB 具有属性 DC。语言学系统研究过是否判断句，也指出过其强调特征，但没有提升到无条件句类转换的高度去考察这一语言现象，因而也就与主谓主语句和主谓宾语句失之交臂，就如同知道双宾语句，却与双谓语句和双主语句失之交臂一样。

许多读者对不举例句的论述方式十分不习惯，而我又一直坚持“论述举例是不尊重读者”的顽固观念。这里我放弃这一观念，但举例说明是很有技巧的，我是这一方面的绝对外行，不一定能达到预期效果。

“他‖心好”是无争议的主谓谓语句，那“心好‖是‖他的本色”//“{他|心好}‖反而是‖一个致命的弱点”不就是主谓主语句么！“大家‖都说[#他‖心好#]”不就是主谓宾语句么！这 3 个语句属于 HNC 所发现的 57 组基本句类的 3 类，原句属于简明状态句 S04J=SB+SC，第二句属于是否判断句 jDJ=DB+jD+DC，第三句属于信息转移句 T31J=TA+T3+T3C。

简明状态句属于无 EK 的句类之一，其基本句类知识有：状态对象 SB 的描述内容 SBC 既可以放在语义块 SB 构成表示式 SB=SBB+SBC//SBC+SBB 的 SBC 里，这时 SC=SCu；也可以放在语义块 SC 的构成表示式 SC=SCC+SCu 的 SCC=SBC 里，这时 SB=SBB。SCu 是 SBC//SCC 的属性或属性值。例如，“一斤芹菜‖3 块钱”‖“芹菜‖一斤 3 块”里的“3 块钱”//“3 块”就是属性值。而前面例句的“心好”里“好”只是属性。

是否判断句的基本知识除了上述无条件转换特性外，还有语义块 DB//DC 可独自或同时以任意类型句蜕的形式出现。

信息转移句的基本句类知识有：其信息转移内容 T3C 要么是一个语句，要么是一个指代型语义块，而其指代内容必须在上下文中以语句甚至句群的形式进行说明。HNC 把信息转移句的这一根本特性叫作块扩。

上述语言现象在句类空间（语言概念空间的 3 大空间之一，另外两个空间是语言概念基元空间和语境空间）的视野里可谓昭然若揭，而在语言空间里却不免有“只缘身在此山中”的局限性或困惑。

回到朱先生的短语句子同构说，它只适用于语义块存在原型句蜕的情况，对语义块出现包装句蜕、要素句蜕、多元逻辑组合等情况都不适用。与英语相比，汉语的最大特色（差异）在于，要素句蜕和多元逻辑组合的组装方式和包装句蜕的包装方式与英语不同，原型句蜕反而是差异最小的情况，朱先生没有观察到最大差异，拿着一个最小差异做出那么大的文章，我真不知道该如何对此进行评说。只想说一句话，那就是仅在语言空间考察语言现象确实太辛苦了。当然，作为一位狭义语法学派的信奉者，朱先生当之无愧是这一学派在中国的殿后代表之一。

本节最后，应强调指出一点：语言学关于语言短语结构和内涵逻辑学关于句间接应结构的研究成果是一笔宝贵而巨大的财富，如何将它们转换成交互语言处理（它与语言交际有本质区别）的有用财富是一项重大科学课题。为开展这一研究需要做 HNC 与传统语言学的接轨工作。上面给出的清单是这一接轨的必要先行准备，而这项准备是 HNC 责无旁贷的。

4.2　说明

本部分第 2 节是还债之写，共 38 项说明，目录见附件 3。

说明 1：关于动词团块与动词连见

动词连见是一种常见的语言现象，不是汉语的特有现象。例如，英语里常见的 had to work、began to believe、was forced to go、should be pursued、to promote 也可以说是动词连见现象。这里需要说明的是最后两项连见，第三项连见 was forced to go 可以整体属于 Eg 或 El，而第四项连见前面的 should be pursued 一般属于 Eg，后面的 to promote 属于 El。由此可见，在动词之间加介词的语法手段并没有彻底解决 Eg 与 El 的辨认问题。这就是说，英语也依然存在 2 号难点，当然远不像汉语那么严重。例如，下面的例句：

> 联合国维和努力的重点||应放在||{防止|<冲突|的发生和蔓延>}[上||]
> The U.N. peacekeeping efforts||should focus on||
> the prevention of the occurrence and spread of conflicts.

这个例句确实表明：汉语比英语难于作句法分析。这里只介绍动词连见和动词团块这两个术语及其有关问题。两动词相连叫动词连见，3 个或 3 个以上动词相连叫动词团块。这不过是为了陈述的便利而引进的术语。例句中的“放在、防止、冲突”连在一起就构成了动词团块。这里需要说明的是，正文里关于动词团块可以“应用两分准则按上述原则处理”的论断。这个论断不够清晰，没有明确指出动词团块的中间不可能存在 El 的铁定规则（即 El 必须位于团块两端，不可能出现 El 在中间而两端是 Eg 的情况）。该论断的准确说法应改成“将动词团块整体依次一分为二按上述原则处理”。例如，上面的团块，基于“放在”前面的 QE“应”、“冲突”后面的“的”字以及句尾的“上”字信息，不难作出“放在——Eg、防止冲突——El”的第一假设。

说明 2：关于“李大夫//张先生　正在动肝脏手术”的分析

这两个例句是由于分析 EQ+E 和 E+EH 的 Ek 复合构成而引入的，正文里给出了两例句的 HNC 标注。

张先生 || 正在动 [肝脏&] 手术
YBCB　QE Y　YBCC　YH
Y901J (Y01J)
李大夫 || 正在　动　|| 肝脏[手术||]
A　QE X　YB　XH
XY901*22J (XJ)

两例句派生于原句

李大夫‖[|正在]为张先生‖动 [肝脏&]手术
A QE l8 XB X YB XH
!11XY901*22J（!11XJ）

HNC 的标注方式已经对两例句的不同意义给出了明确的句类解释。但这一解释的解释比较复杂，本说明将为此作一大段的铺垫性论述。例句中括号内的句类代码是原来标注的，正式标注是这次加上的。

汉语 Ek=E+EH 结构的 3 块句具有下列基本特征：第一，很少采用基本格式，一般采用!11 或!12 的规范格式；第二，在这一格式下 JK2 的一部分经常插入到 E 与 EH 之间，如果该语句属于 XE*22J 混合句类，则插入部分一定是效应对象 YB、效应内容 YC 或效应对象与内容之和 YB+YC，而不可能是作用对象 XB；第三，如果采用基本格式（罕见），则一定发生 EH 的后分离，如“李大夫‖正在动‖张先生的肝脏[手术|]”。在上面的陈述里用了两次“一定”，一次“不可能”，这意味着这些语言现象（规则）没有例外。而这类“没有例外”的语言现象必须在 Ek=E+EH 和 JK2=XB+YB+YC 复合构成表示式的前提下才能观察到。推而广之，所有的无例外语言现象或规则只有在句类表示式、语句格式表示式和语义块构成表示式的基础上才能观察到。如果仅从短语结构去考察，那就是一幅令人眼花缭乱的景象了。这里的“肝脏手术”就是一个比较不寻常的短语，如果变成“肝脏（部分）切除手术”，那就更不寻常了。这里，我建议在读博士雒自清从这个例句及其各种变化形式出发写一篇文章，进一步阐释你过去研究过的移位现象，着重对 HNC 的语义块描述方式和传统的短语描述方式作一次系统性的比较研究。

HNC 标注方式还蕴含着下列语义信息：基本作用句或其混合句类 XE*22J 的语义块 JK2=B=XB+YB+YC 具有 3 项要素：作用对象 XB、效应对象 YB 和效应内容 YC。这就是说，该组句类的“受事”描述通常需要 3 项要素，而不是一项或两项。3 要素描述意味着这样一幅概念图式（scheme）：这里的“受事”描述不能只是受事的整体 XB，还需要受事的局部 YB。这一点非常重要，因为作用 X 是直接作用在 YB 上的，它通常不可能直接遍及对象的整体。不仅如此，“受事”描述还需要效应内容 YC，即作用产生的直接效应或效果。当然“受事”描述可能只需要两项要素，这时要区分 3 种情况：B=XB+YB//XB+YC//YB+YC；“受事”描述还可能只需要一项要素，这时也要区分 3 种情况：B=XB//YB//YC。这样的“受事”描述似乎非常烦琐，然而比较全面，符合真实世界的实际。句类空间看到的景象就是这个真实世界的景象，你不能回避。把握住这个景象就意味着理解，这是 HNC 对自然语言理解的定义，图灵标准是这一定义的推论，而不能直接作为理解的定义。这一点本说明不作进一步阐释，但顺便说几句题外话，少数数学专业出来的计算语言学工作者对 HNC 理论不屑一顾，说了很多外行话，我建议他们去了解一下法国数学大师彭加勒为什么会与狭义相对论失之交臂，而且与爱因斯坦终生不睦的历史故事。这也许有助于他们对数学的局限性有所领会而能够表现得谦虚一些。

进一步说，对“受事”世界的 3 要素描述仍然是一个简化，因为还没有涉及各要素的修饰成分。第二部分提到，CYC 计划的主持者 Lenat 先生曾经感慨地说：A word is a world。

一个语义块是一个更大的世界，基本作用句 JK2=B 的 3 要素世界属于中等复杂度的语义块世界。而基本作用句及其符合上述约定的混合句类属于中等复杂度的句类世界。HNC 把这些世界（包括词语世界、语义块世界、句类世界、句群世界、段落篇章世界）的基本知识命名为句类知识，前三者叫基础句类知识，后两者叫扩展句类知识。基础句类知识又包括基本句类知识和混合句类知识两大类。HNC 还有一个说法：句类知识就是世界知识的精华，所谓精华就是指要素知识或基元知识，而不考虑捆绑在它们身上的修饰性知识。这里的修饰成分是广义的，不单指语义块各要素的修饰，那是短语层面的修饰，还包括语句层面的修饰，那就是语句辅块及句间接应词语等。上面描述了基本作用句及其相应混合句类之句类知识的一个侧面，然而是最重要、最复杂的侧面。另外两个侧面就是关于 JK1 和 EK 的句类知识，这里就略而不述了。

传统语义学从施事和受事出发发明了一系列的“事”，在菲尔墨格语法理论的推动下作了很多关于主语和宾语分类的深入研究，备尝了在语言空间考察语言现象的艰辛。硕果累累，但终究没有走到尽头，而且这一前景似乎非常渺茫。但是从句类空间看语句，各种“事”的景象一目了然，每一个基本句类和混合句类的每一个语义块就是一项主“事”，每一项辅块就是一项辅“事”。由于句类表示式有限，“事”之非开放性而具有封闭性的尽头景象就是一个简单的演绎结果了。这一点我在“HNC 的语言学基础”中有所阐释。

有限句类的结论和句类知识即世界知识精华的论断，是 HNC 目前取得的基本进展，但要把这两项进展转化成具有实用价值（即用于句类分析技术和产品）的知识库，则是一项空前庞大和艰巨的知识建设工程。如果与曼哈顿工程相比（从实现“语言超人”的设想来说，这一对比并不过分，故请勿见笑），HNC 已具有奥本海默博士那样的年轻才俊，但期待着格罗夫斯式组织人才和罗斯福式决策人物的出现，否则前景并不乐观。因为存在着各式各样具有强大影响力的不同意见。

不同意见之一来自对语料库统计和机器学习的过高期望。统计能获得句类知识吗？机器能学习到句类知识吗？答案并不复杂，道理也非常简单，对自然语言理解处理的有效统计和学习必须采取专家主导而不是算法主导的方略。但现实生活的实际情况往往是：越是简单的道理，越不容易被人们接受，中国的专家评审制度更是一道难以逾越的长城。但 HNC 有幸得到许嘉璐教授的大力支持，因而有可能靠自身积聚的力量越过这一长城。

说明 2 的铺垫就写这些，下面回到例句。

例句都含有领域句类信息，这一信息来自“手术”，是理解的关键。据此可以确定：“手术”的施事必须是外科大夫（例句中的“李大夫”对领域句类信息仅起加强作用），受事必须是需要接受“手术”的患病生命体（患者只是其一），这个生命体充当受事的作用对象 XB，其肌体的某一部位充当效应对象 YB，而具体的“手术”内涵充当效应内容 YC。这些就是前述句类知识提供的知识框架。在这个框架下考察例句就比较简单了。

当然，这里还存在一系列的技术性课题，如 E+EH 复合结构（语言学里叫离合词）的分离现象，与这一分离相伴随的 YB//YC 插入现象，基本作用句及其混合句类向效应句的转换现象等（例句 1 就属于这一转换），但这些课题是不难解决的。重要的是语义块各要素的概念内涵一一到位，这就是句类分析技术里的句类检验过程。通过例句中有关词语的 HNC 映射符号，例句的检验过程十分有趣并发人深省。建议 HNC 的年轻才俊就这组例句写一篇科学小品向读者介绍一下，这里就从略了。

例句的关键信息来自词语“手术”，这个词是动词还是名词并不重要。在 HNC 知识库里，“手术”的概念类别是（g,+v），表示它主要做名词，偶尔做动词，例如，“李大夫今天手术了 3 个病人”里的“手术”就是动词了。语言学里的动词中心论是否应该从这组例句扩展一下视野呢？我们是否应该从无 EK 句类的赫然存在和汉语与英语都常见的 E+EH 结构对此论作一点反思呢？我觉得很有这个必要。

说明 3：关于连见与连用及假连见

这 3 个术语也许多余，在 HNC 队伍内部都没有引起响应就是明证。当年希望用“连见”这个术语表示动词连见的并联结构，而用“连用”表示非并联结构。假连见指分词处理结果的一类假 4 字段，其 1-2 与 3-4 构成两个动词而 2-3 又能构成词语，实际上应取 2-3 构成的词语，两动词连见是假象。这种情况对语音转换出来的文字文本而言并不罕见，但书面语文本极为罕见。

说明 4：关于“实际上就转换成 1 号难点了”

1999 年写第一部分时带着一种愤慨的心情，现在回想起来当然非常惭愧，因为这违背了科学论述的基本精神。这次重读此稿时决定不修改反映这一心情的有关字句，因为这有助于克服人类习惯于忘记、掩盖或辩护错误的不良天性。

解决 1 号和 2 号难点的根本措施都是多句类代码的多重检验，上述论点的转换说就是这个意思。然而一个词语的多句类代码辨认和多个动词的 Eg-El、Ep-Er 和 Em-En 辨认终究不是一个概念，所采用的模糊消解手段也有很大差异。上述论断乃愤慨心情下的偏激之言，这里正式宣布作废。

说明 5：关于标注符号的改动

HNC 语料标注符号经历过 4 个阶段：第一阶段主要是标注语义块构成和句类代码；第二阶段主要是标注难点类型；第三阶段主要是标注句间关系；第四阶段主要是标注汉英语对照语料。每一阶段服务于一项具体目标，标注符号的设计开始都比较粗糙。本文使用的标注语料属于第二阶段的产物，主要目标在于取得 20 项难点的分布特征。当时使用的句蜕标注符号很多已经过时，这次文中引用的例句都按最新约定符号作了改动。

说明 6：一项笔误

这里的“团块”二字为笔误，应为连见。类似的笔误出现多处，都未改动。

说明 7：关于“形势判断”

这里的“形势判断”主要指动词在实际使用时向非动词的形式转换，符号记为“!v”，简称“!v 现象”。词类转换的概念在语言学界有多种提法，争论不小。HNC 对这类争论一般采取回避态度，因为 HNC 认为仅在语言空间特别是仅在传统意义下的语法空间考察词类现象有局限性，尽管语法功能说似乎最后占了上风。陆汝占先生从概念内涵与外延的角度对词类转换现象有很精彩的阐释，HNC 希望从抽象概念的五元组特性、物性概念 x 的两可特性、综合概念 s 与非综合概念的组合特性、高层概念与非高层概念（对应着概念的共性与个性）的组合特性这 4 个角度对词类转换进行阐释，但迄未腾出时间做这件不太急迫的事。因为根据 20 项难点分布的初步统计结果，!v 现象仅占全部 v 表现的 8%。在 HNC 研究的总体安排里就不属于当务之急了。

为什么不直接使用!v 判断而使用“形势判断”这么一个不符合科学论述的词语呢？因为!v 判断不是局部处理可以完成的，需要全局性把握。而我个人不喜欢“上下文”这个现成词语，因为其模糊性过于宽泛，不区分语义块、语句和句群的范围。对于所有不区分这 3 种范围的术语，我都避免使用。于是顺笔一挥，就冒出了“形势判断”，这已成为我的一项恶习，今后当力求改正。

说明 8：关于“[Structure1-1]代表包装句蜕”的论断

这个论断有明显错误，[Structure1-1]可以是包装句蜕或JK1 句蜕。但这一错误是故意卖个破绽，试图考验读者并引起讨论，所以在开始的几节后面都留下了思考题。这反映了我在多次“不愤不启，不悱不发”试验失败以后的一种再试一次的心情，但又一次失败了，后来在 1.9 节的思考题里把这一破绽点明了。

说明 9：关于“[Structure1-2]代表句子或原型句蜕”的论断

这一论断具有与上一论断类似的错误，原因同上，应包括 JK2 句蜕。例如，语句“住满园的 8 号房间，阳光充足，视野绝佳”里的第一语串“住满园的 8 号房间”就是[Structure1-2]的 JK2 句蜕。这个语串里的 FKQ“满园”属于动态词，先不能作为检验的依据。从形式分析，“满园”可能是人名，也可能是地名。从整个语句的语义分析，则只可能是人名。这是两个简明状态句的叠句，第一语串是“满园住 8 号房间”的!21 格式 JK2 句蜕，原句的基本格式是“满园住 8 号房间”。

说明 10：关于“歧义模糊”

歧异和模糊这两个术语，都用于描述语言的不确定现象。语言学常用歧义，HNC 常用模糊。对应的英语的词语都是 ambiguity，语言学界翻译成“歧义”，信号处理学界翻译成“模糊”。模糊应理解为一种分布特征，可以是有限或无限、离散或连续分布，这就是说，模糊具有多种类型或形态。语言学的歧义实际上是指有限而离散的模糊，因此，歧义只是模糊的一种最简单类型。这里的“歧义模糊”就是在这个意义上使用的。实际上任何一个词语或概念都存在模糊，因为其意义都是一个分布。HNC 的数字化概念表述方式就是一种模糊表示方式，因为其延伸结构是开放的。但理解不是在任何情况下都需要延伸到底的，一旦模糊分布的具体表现在一定语境下满足了联想脉络的要求，模糊性就转化为确定性。这是语言理解过程的本质。

好心的朋友曾经建议：语言学界已经习惯了歧义这个术语，觉得模糊别扭，用歧义替代不是很好吗？如果考虑到其他科学领域的习惯，还是保持两个术语比较妥当，而且不宜颠倒。

说明 11：关于“子句”

子句有其特定含义，这里的子句应改为小句，并加引号，因为它最终有可能不是小句而只是一个句蜕，那个“不具有全局特征的 E 块”可能实际上就是一个全局 EK。

说明 12：关于“复合句”

HNC 当年用“复合句”这个术语表达复句的语义块共用现象是一个极大的错误，已如前述。本文前 3 部分里的“复合句”都应改成合句。

说明 13：关于“句类格式”

句类格式这个术语已予废除，应为语句格式或简称格式。诚然，广义作用句和广义效应句确实有格式上的本质差异，汉语的前者存在规范格式，后者不存在，但更容易形成违例格式。这是一项非常有趣的语言现象，是汉语的重大特色之一，是句类空间才能清晰看到的语言现象，是语言概念空间里最有权威性的理性法官之一，是支持汉语意合说的两大理论依据之一。这可以写一篇精彩的论文，建议 HNC 的年轻才俊速办此事，在读博士张克亮应起带头作用。如果写者的英语功底比较好，还可以进一步讨论所谓及物动词和非及物动词概念里蕴含的形式与内涵不协调性（矛盾）。这一讨论不仅具有理论意义，也对机器翻译的格式转化具有重大实际意义。

尽管存在上述背景，“句类格式”仍然是一个容易产生误导的术语，会造成每一句类都会有自身特殊格式的错误印象。因此应予废除。

说明 14：关于“忆思录”

形成 HNC 思路过程的许多重要思考在拙著《理论》一书中并没有反映出来，在 1998 年重病后精力长期不得恢复的一段时间里，曾想过要赶快把那些思考写出来，这就是“忆思录”的起源。1999 年秋末奇迹般恢复以后，我的兴趣当然又回到念念不忘的 HNC 符号体系底层设计。坦白地说，走产品开发的自救之路对我而言总是伴随着无可奈何的痛苦，在 HNC 年轻才俊卓有成效的努力下，我的这一痛苦现在已经基本结束了，这是我个人的最大喜事，也是 HNC 事业的大喜事。现在，底层设计的工程有可能在 2～3 年内完成，为 HNC 三项基础理论建设（三部“手册”）之一的《HNC 概念基元符号体系手册》奠定一个比较坚实的基础。如果上帝优待我，也许还有可能为《语境知识手册》尽到类似的菲薄之力。至于“忆思录”的写作愿望还保存在我的心里，但不是当务之急了。不过这里可以说一个要点，“忆思录”的主要思考是关于语言与思维本体的思考，刺猬式的说法是关于西方的语法上帝和逻辑上帝的思考，狐狸式的说法是关于交际语言学和交互语言学基本差异的思考。这三种说法乃三位一体。我在最近应约而写的“HNC 的语言学基础”一文中对此有所阐释。

说明 15：关于“句蜕块和包装句蜕块”

句蜕或包装句蜕不一定形成语义块，可能只是一个短语，对这两者应予以严格区分，本文前 3 部分在这个表述上有严重错误，未对短语和语义块加以区分，文中的多数句蜕块或包装句蜕块应改成句蜕或包装句蜕。这一失误流毒甚广，仅向 HNC 众多学子表示深深歉意。

说明 16：关于“概括了 2 号难点的全部情况”的说法

这个说法显然具有局限性，因为整个讨论的出发点是两个分离的动词，没有把动词团块情况包括在内。

说明 17：关于“复合句与传统语言学的复句是两个概念”的说法

此说法语病甚大。比较妥当的说法是“复合句是传统语言学的复句的一个特定子类”，至于术语“复合句”本身就有很大的毛病，已如前述，现更名合句。

说明 18：关于“(jD,E) J 转换是汉语特有的转换”的说法

这一说法是完全错误的，任何语言都存在这一转换，不过句法形式有所不同。例如，英语就采用引词 it 位于句首的表述方式。当时信手写出这一错误论断的原因是试图区分两种不同类型的句类转换。一是“轮流坐庄”式转换，如基本作用句与承受句的转换，一般转移句、接收句和传输句之间的转换，符号为 (EtJ,EJ)。二是强调性句类转换，如汉语将强调的内容放到“是”字的后面，符号是 (Et,E) J。由于“轮流坐庄”实质上就是强调的一种方式，因

而后来未予区分，并采用统一的符号（Et,E）J 或（Et,E）。

说明 19：关于“变形句蜕块”

这里的“块”字应删掉，参见说明 15。另外，“变形”的“形”容易令人想到语言学的形态概念，而“变形句蜕”所描述的内容并不属于形态的范畴。因此最后用“变异句蜕”的术语代替。术语的统一十分重要，这个问题应引起 HNC 队伍的足够重视。

说明 20：一段删除

这里删除了一段关于符号约定的叙述。那些约定已经过时，原来的定义我也回忆不起来了。HNC 在符号化过程中曾经付出过的废功是狐狸式研究难以想象的，刺猬式研究很辛苦。在语言处理领域狐狸甚多而刺猬较少与此不无关系。

说明 21：关于 13 号难点

13 号难点的原来定义是难点的综合表现，这一表现可谓千姿百态。但大多数情况属于在某项难点中必然要进行的综合治理，例如 2 号难点处理过程遇到的局部性 1 号难点（多句类代码）。因此，把所有的综合性表现都纳入统计项将导致重复。13 号难点的具体划分十分烦琐且实际意义不大或不迫切。实际汉语语料标注过程感受到最需要关注的是所谓动词的!v 表现，而这一表现与省略密切相关，最后实际标注的 13 项难点只包括这一项内容。

说明 22：关于家族遗传

我在《理论》和本文中都提到过“家族遗传”，这里向读者作一点说明。“家族遗传”的具体所指是“晚年才著述”的信念，理由是：晚年才走向成熟，成熟之作才可以避免误人子弟。我的三代祖辈都严格遵循这一祖训。叔祖父季刚（侃）先生 30 岁前已进入当时学界公认的泰斗行列，然而始终坚持 50 岁后开始著述的信念，不料 49 岁英年早逝，留下“卓然一代大师而未见成书”的浩叹，这一叹息是 20 世纪 60 年代初我在刘禺生先生的一篇纪念季刚先生的文章中看到的。不过，季刚先生留下的手批及遗稿仍有 300 万字之多，已在海内外陆续出版。七叔念宁先生（季刚先生第七子）作为一位很有成就的理论物理学家，在 64 岁以后以全部精力重新整理季刚先生的遗稿，准备出版接近全集规模的“黄侃文集”，历尽艰辛，其探深求隐之功感人至深，卓有成效。这里祝愿七叔健康与成功。我的父亲耀先（焯）先生在前中央大学任助教时即有教授级助教的美誉，时当三十盛年，然而在家族信念的熏陶下，竟然立下 60 岁后才开始著述的自律原则。父亲的幸运是赢得了 22 年的著述时间，并能以常人难以想象的坦然心态承受了“文化大革命”的巨大冲击。我在悼念挽联中曾有“任十年风雨飘摇，珈山屹立，锐意伸张华夏志”的联句，暗含着对祖辈这一信念的无限尊敬之情。我勤于写内部报告，很少公开发表文章，与这一心态密切相关。近年在内部报告中署名“仰山下人”或“仰山老人”也是为了纪念祖辈这一高尚情操。仰山是祖辈一家单住的村名，乃太高祖因山势而建，三面环山，南仰形如笔架的小山，西临清澈如泉的蕲水，距离分别是 50 米和 100 米左右。季刚先生的墓地即在笔架山西坡的南麓。2001 年曾同张全、苗传江、晋耀红三位弟子前往瞻仰，并嘱咐他们在我百年之后，将我的全部骨灰撒在那棵古老的大樟树畔的蕲水里。仰山堂的原有建筑已不复存在，大樟树河堤上数百株百年老龄的高大松树亦毁于 1958 年的“大跃进运动”，这里祝愿那棵见证了至少 500 年历史沧桑的老樟树千寿无疆。

本说明最后，应交代一下刘禺生先生的点滴情况。他是孙中山先生任南京政府临时大总统时的总统府秘书长，青年时留学美国，娶了一位美国夫人。禺生先生满脸大麻子，而竟然赢得这位美国姑娘的芳心，可见必有其特殊魅力。章太炎先生曾戏言“禺生麻于面而不麻于心”，禺生先生应曰：“信然！信然！”这是一段真实对话，不是很传神么！文言文作为一种语言艺术，承载着三千年华夏文化畅通无阻的记录，是全球唯一的语言奇迹。所以，胡适和鲁迅两位先生在为白话文的普及作出巨大贡献的时候，是否有必要提出“灭绝”文言文的主张是值得反思的，尤其是“汉字不灭，中国必亡”的口号。

说明 23：关于薛侃的硕士论文

薛侃是林杏光先生的硕士研究生，其硕士论文“关于句蜕和块扩的研究”初稿写就以后，我曾对该文不区分块扩和原型句蜕的失误提出过修改建议。但薛侃同学未接受这一建议，论文中“未按照黄先生的意见……”的词语就是指这件事。关于块扩和原型句蜕的先验性以及两者的差异确实是一个值得深入探讨的课题，应该争鸣。作为始作俑者，我仍然希望年轻才俊继续从句类空间的视野就这一课题写出更有说服力的雄文。

说明 24：关于 7 组无条件块扩句类

HNC 在确定 57 组基本句类之初，就定义了 7 组先验块扩句类，依次是作用效应句、信息转移句、扩展主从关系句、扩展交换句、扩展替代句、双向扩展关系句和块扩判断句。后来考虑到扩展交换句和双向扩展关系句必然出现 Ep 与 Er 连见现象，而这一现象是作用效应链一轮运作的典型表现，其特性与多重混合句类相当，因此直接按混合句类的简化原则（即将混合句类简化为基本句类）处理更为简明。这样原定的 7 组块扩句类之说现在变成 5 组了。

说明 25：关于“块扩是最耀眼的亮点”

一个语串里如果存在两处分隔的动词，那就需要确定这两处动词属于下列 7 种情况的哪一种。这 7 种情况是：

（1）情况 1：前者为 Ep，后者为 Er；
（2）情况 2：前者为 Eg，后者为 El；
（3）情况 3：前者为 El，后者为 Eg；
（4）情况 4：前者为 E1，后者为 E2；
（5）情况 5：前者为 E，后者为!v；
（6）情况 6：前者为!v，后者为 E；
（7）情况 7：两者都是!v。

句类分析的假设检验过程都是依照这一顺序依次进行的。这一顺序是按照 7 种情况“处理难度大靠后、出现频度高靠前”这两条原则的综合考虑而排列的，原则 1 重于原则 2，隐含着可靠性要求递减的原则，这就是说，情况 1 的判定必须具有最高可靠性，理论上应接近 100%。这才体现了前述“分化瓦解、各个击破”的谋略原则。所谓“块扩是最耀眼的亮点”是指这一情况最容易确定，能够提供接近 100%判断准确率的知识背景。“亮点说”体现一种谋略，对应着桥牌里的紧逼和投入这两项高级做庄打法，“飞”属于不得已而用之。如果把上述 7 选 1 处理仅仅当作一个 7 种路径的计算问题，那就相当于只会一“飞”的低级做庄。

说明 26：关于 13 号难点

13 号难点的原来定义“难点的综合表现”不够明确，因为几乎每一项难点都有一定程度的综合性表现。曾试图确定是否纳入 13 号难点的标准，但实践中感受到这样做既烦琐无比，实用价值又不大。所以，在语料标注后期，13 号难点仅用于!v 现象的标注。

说明 27：关于五元组符号与词类

关于五元组与词类的长文始终未写，将在《HNC 概念符号体系手册》的第十一章作系统说明。

说明 28：关于检验与测试

自然语言处理系统的检验与测试是一项极为复杂与重大的科学课题。HNC 在这方面本来可以形成符合句类分析特色的测试方案。但是，由于各种因素的干扰，迄今也采取了跟随时尚的低效做法。这是 HNC 自身建设中的最大弱点与遗憾。

这里说的检验与测试试图表达两个不同的概念，也许有点用词不当。检验乃针对已知并已能的语言现象，测试是针对未知或未能的语言现象。系统的未能与已能在理论上不应该出现相互转化，而应该只是不断从未能向已能转化。但实际语言系统的成长过程并非如此，这是众所周知的现象。

当前系统测试的时尚是把一个通用的简单公式“已能=1－未能”奉为万能工具，既不充分考察已能的具体类型、谋略与措施，更不考察未能的类型、原因与症结。写作本文的根本意图之一就是希望促成这一落后状态的改变，但未能如愿。

在 1999 年写本文的同时，提出过Ⅰ型、Ⅱ型、Ⅲ型语料的概念。Ⅰ型语料指经过句类和语义块构成标注的语料，Ⅱ型语料指符合上述检验要求的精选语料，Ⅲ型语料指符合上述测试要求的精选语料。这一精选过程应力求体现知其所以然的研究本质。“大规模”是绝对替代不了的。迷信“大规模”就是满足于知其然而拒绝向知其所以然前进的病态。精选在精，而不在多，关键在于追求“一叶知秋”的境界，而不在于真实的规模。没有这一追求，攀越自然语言处理高峰雪线的壮举必将陷于困境。学界的有识之士早已认识到这一点。HNC 的年轻学子应该多向他们请教，而不要盲目追随那些大规模迷信者。

我们现在已拥有不少Ⅰ型语料，但Ⅱ型和Ⅲ型语料的精品几乎没有。现在，是从精品做起，彻底改变这一极不协调状况的时候了。

说明 29：关于国家的符号表示

国家符号早已定义为 pj2,具体国家名称的符号也早已定义为 fpj2*k|的形式。但 k|如何设定曾随着工程任务的需要出现过多种方案。但下述方案比较科学，现介绍如下。

此方案的符号表示为 fpj2*k1k|[英语名]。其中符号 k1 代表该国所在洲的名称，具体约定如下：

k1=1 亚洲
2 欧洲
3 北美洲
4 南美洲
5 非洲
6 大洋洲

符号 k|表示该国所在洲的地理方位，延伸级别不限，每一级别的数字范围是 1～9，分别代表地理方位的西北、北、东北、西、中、东、西南、南和东南。按照这一符号约定，中国的符号是 fj2*16，日本是 fj2*163，美国是 fpj2*35，加拿大是 fpj2*32，墨西哥是 fpj2*37，危地马拉是 fpj2*3813，洪都拉斯是 fpj2*3852，圣萨尔瓦多是 fpj2*3857，尼加拉瓜是 fpj2*3859，哥斯达黎加是 fpj2*3891，巴拿马是 fpj2*3896。

这里建议，省一级专名按类似方式表示，符号是 fpj2-0*k|[英语名]。注意它没有 k1，必要时在后面串联国家符号名。这里 HNC 采用西式专名表示方案。

说明 30：符号*与符号\的区分

符号*表示挂靠结束，随后的数字在功能上用等同于底层延伸结构的\k 表示。前者专用于挂靠具体概念的表达，理论上它可以截断高层符号，而\k 不允许。

说明 31：近义词应包括对比性概念

这里少说了一句话，那就是近义词首先对应对比性概念，然后才是交式关联概念。

说明 32：关于块素符号

块素符号Ω并没有得到响应，我本人后来也不使用。所有曾经引入过的希腊字母符号都落得类似下场，群意不可违。这里正式宣告：HNC 符号系统今后不再引入希腊字母，以前所引入的符号一律作废。块素符号将用 Ke 替代，其修饰符号Ωu 用 Ku 替代。

说明 33：关于八旗子弟评说的删除

这里删除了一段关于“八旗子弟”的评说，因为那是一段很无聊的愤慨言辞。这次重读 1999 年的所写，不满意的地方很多，但一律保持原貌。删除者仅是此处及前述过时的符号约定。

说明 34：萧老师挽联

萧友芙副研究员 1964 年毕业于中国科技大学。1994年因胃癌手术提前退休，后长居美国。1997 年在国内小住，恰逢第一届 HNC 培训班开办，遂成为该班实践“常愤而启，勤悱而发”的典范学员。1999 年年初因车祸不幸逝世，是 HNC 的重大损失。我当时怀着极为悲痛的心情写了一幅挽联，现录如下以表示对萧老师的纪念之情。

忧先天下　乐后天下
友情之真　母爱之深
葆射汉家风采
哭永别遽来
泪尽未能涤巨痛

朝研颠谜　暮究颠谜
专注之沉　精进之神
洞知愤悱奇思
悲壮心未了
梦中犹唤竟全功

注：颠谜指 HNC。最后两句乃对绝望而悲痛的八日期间一次梦境的叙述。

说明 35：关于句蜕命名

各类句蜕的命名一直比较混乱，基本类型命名——原型句蜕、要素句蜕、包装句蜕已被普遍接受，不应改动了。但这里应该指出，要素句蜕这个名称是有缺陷的：第一，它包括以要素修饰 Ku 为描述中心的句蜕；第二，它不区分以语义块整体或局部为描述中心的句蜕。其名不副实显而易见，但如果把这里的“要素”理解为句蜕的描述中心也就说得过去了。当初就是在这个意义上使用这一术语的。这当然是一次“不拘小节”的严重失误，但这一失误已成为语习，名称可以不改，但两项区分不可混淆。

今后，要素句蜕既用于此类句蜕的通称，也用于对以语义块整体为描述中心之句蜕的专称，包括 EK 句蜕和 JK 句蜕，其他情况则统称变异要素句蜕，也可简称变异句蜕。

说明 36：关于无 EK 和省略 EK

本节（指 1.16 节）混淆了无 EK 和省略 EK 的概念。理论上有无 EK 句类，也有可省略 EK 的句类。苗传江的博士论文和即将出版的《HNC 理论导论》对此有清晰说明。

说明 37：关于语料类型的命名

说明 18 中说到的Ⅰ型、Ⅱ型、Ⅲ型语料的术语也未得到响应，也许与这一术语所用符号不当有关。今后将改称一级、二级和三级语料。这组术语能否流行将是一个标志——衡量 HNC 是否摆脱了落后测试状态的标志。这里祝愿它流行起来，这一落后状态是我几年来最大的焦急与不安。

说明 38：关于伪词现象

伪词很可能是汉语特有的语言现象。这类词具有下述特性：可合可分，合用时的语义与分用时的语义完全不同，如“才能”就是一个典型的伪词。服务于交际的词典当然可以不管伪词现象，只需要给出合用时的语义。但服务于交互的词典则不能不管，需要分别给出该“词”的合用与分用语义。这个术语在 HNC 内部已被接受，但在学界流行似有困难。是否叫合分词更容易被接受？不是有离合词的术语么，两者正好可以相互呼应。

附 1　20 项难点名称

1 号难点：全局特征语义块 EgK 的多句类代码难点
2 号难点：Eg 与 El 相互干扰难点
3 号难点：浅层隐知识揭示难点
4 号难点：深层隐知识揭示难点
5 号难点：句类转换难点
6 号难点：主辅变换难点
7 号难点：复杂 JK 构成难点
8 号难点：JK 分离难点
9 号难点：句蜕难点
10 号难点：块扩难点
11 号难点：省略难点
12 号难点：因果句难点

13 号难点：难点的综合表现
14 号难点：体词多义模糊难点
15 号难点：两可双字词或多字词难点
16 号难点：E 块省略句类的辨认难点
17 号难点：Ek 复合构成难点
18 号难点：双字动态词难点
19 号难点：多字动态词难点
20 号难点：分词及伪词难点

附 2　语料题目

语料 1：中英香港政权交接仪式在港隆重举行
语料 2：全国宣传部长会议强调认真学习贯彻江泽民总书记重要指示
语料 3：赫鲁晓夫下台二十周年
语料 4：北大万千校友情牵燕园
语料 5：查尔斯王子希望改革王室
语料 6：电影明星与原子弹
语料 7：萧军在延安二三事
语料 8：首钢要离京？
语料 9：人口大省的计生黑洞
语料 10：特立独行章太炎（摘）
语料 11：并未结束的战争（摘）
语料 12：从数字看俄罗斯
语料 13：新闻标题
语料 14：沿着澜沧江的激流
语料 15：亚洲必须更加注重发展科学技术
语料 16：为信息时代的冲突作好准备
语料 17：亚洲价值观阻碍了经济发展
语料 18：又一个机会
语料 19：《前出师表》（诸葛亮，摘）
语料 20：《滕王阁序》（王勃，摘）
语料 21：唐诗宋词（选）

附 3　说明题目

说明 1：关于动词团块与动词连见
说明 2：关于“李大夫//张先生　正在动肝脏手术”的分析

说明 3：关于连见与连用及假连见

说明 4：关于“实际上就转换成 1 号难点了”

说明 5：关于标注符号的改动

说明 6：一项笔误

说明 7：关于“形势判断”

说明 8：关于“[Structure1-1]代表包装句蜕”的论断

说明 9：关于“[Structure1-2]代表句子或原型句蜕”的论断。

说明 10：关于“歧义模糊”

说明 11：关于“子句”

说明 12：关于“复合句”

说明 13：关于“句类格式”

说明 14：关于“忆思录”

说明 15：关于“句蜕块和包装句蜕块”

说明 16：关于“概括了 2 号难点的全部情况”的说法

说明 17：关于“复合句与传统语言学的复句是两个概念”的说法

说明 18：关于“（jD,E）J 转换是汉语特有的转换”的说法

说明 19：关于“变形句蜕块”

说明 20：一段删除

说明 21：关于 13 号难点

说明 22：关于家族遗传

说明 23：关于薛侃的硕士论文

说明 24：关于 7 个无条件块扩句类

说明 25：关于“块扩是最耀眼的亮点”

说明 26：关于 13 号难点

说明 27：关于五元组符号与词类

说明 28：关于检验与测试

说明 29：关于国家的符号表示

说明 30：符号*与符号\的区分

说明 31：近义词应包括对比性概念

说明 32：关于块素符号

说明 33：关于八旗子弟评说的删除

说明 34：萧老师挽联

说明 35：关于句蜕命名

说明 36：关于无 EK 和省略 EK

说明 37：关于语料类型的命名

说明 38：关于伪词现象

后 记

这篇写于 1999 年的未完成旧稿，我已淡忘了。由于鲁川先生的鼓励，决定补成全稿以飨读者。为了保存原貌，原稿的重大内容缺陷都未改动，有些另加说明附于第四部分，供读者参考。

张克亮、李颖、池毓焕三位在读博士对旧稿进行了非常仔细的阅读，改正了大量失误，谨致谢忱。

仰山老人

2003 年 8 月 8 日

第七编

语超论

编 首 语

本编分两章，章名已由委托人给定，分别是“语超的科技价值”和“语超的文明价值”。本编将完全采取上一编里的对话形式，对话标记符分别是 LBS 和 LBC[*00]。

第一章

语超的科技价值

引 言

我们是科技领域的外行，近来读了一点科普读物，临时抱佛脚而已。这轮对话，我们已推迟多次。但“大限”已到，只好硬着头皮上马。

从历史渊源来说，科学和技术都是自然哲学的产物。因此，现代哲学家应该提出这样的问题：科学和技术是父子关系还是兄弟关系？这个问题的答案，不是“4 棒接力”说所能胜任的。所以，这里要向委托人说一声，你提倡的“给尔自由”，我们将努力遵循。具体表现就是，对话 LBS 仅一场，但仍将标记为 LBS01，以便给后来者预留“自由”的空间。下面我们就直接进场了。

对话 LBS01：语超的科技价值

知秋：学长的引言写得很巧妙，“不是‘4 棒’接力说所能胜任的”和“努力遵循”这两个短语，妙不可言。一下子把我的胆气提上来了。

黄叔不只一次讲过：互联网很可能是技术与工程奇迹的“珠峰”，这个话太冒险了。月球或火星开发、星际航行、核聚变技术的广泛民用、太空太阳能的广泛利用，这些东西，连我们也知道，都可能成为技术与工程的未来奇迹，怎能给互联网戴上珠峰的桂冠呢？

学长：偭者先生的那段话语，是为论述科技迷信这个主题服务的，有冒险性质，但我认为风险不大。那珠峰，是带了引号的，表明它不是特指，而是类指，其直接修饰语——技术与工程奇迹——已经清楚地表明了这一点。它还有一个间接修饰语——很可能是，因此，你列举的未来 4 大奇迹，并没有被排除在该类“珠峰”之外，不是吗？

我倒是宁愿把那段话语看作是一副语言面具，里面隐藏着一份特殊的谦虚，那就是：语超充其量不过是该“珠峰”的一景而已。

知秋：“一景”之说很有趣，但与 HNC 探索的主题——语言脑之谜——有冲突。语超一旦成功，应该属于科技奇迹的“珠峰”，而不是技术与工程奇迹的“珠峰”。

学长：你不能把“语言脑之谜”和“语言理解之谜”混为一谈，HNC 只探索语言理解之谜，并不探索语言脑之谜，这是偭者先生的本意。

语言脑之谜的探索不可能离开神经科学，但语超的探索实际上跟神经科学没有任何直接联系，语超是一个纯物理系统，你怎么能把这一点给忘了呢？

知秋：在学长看来，HNC 关于“脑谜 m 号”的论述毫无意义，是吗？

学长：我们完全在神经科学或脑科学领域之外，对其研究现状只知道一点皮毛。在“MLBS02：微超与大脑之谜”里，你畅谈了一番你的网上见闻，分“大评”和“小评”[*01]两部分，自我感觉极度良好。但我当时就说过，对“小评”实在不敢苟同。

后来，我不是让你传来了一份“网上见闻”清单吗？我自己也查阅了一点资料，试图印证一下你的两“评”。我的结论是：“大评”是大醇而小疵，而“小评”则是大疵而小醇。

“大评”里的大醇是下面的话语：库先生的“逆向”建立在“智力就是计算”这一基本假设之上，而 HNC 的“逆向”则是建立在“智力是内容逻辑的运用”另一基本假设之上。

我后来知道，库先生的“逆向”并不是他个人的独到认识，而是整个人工智能学界的共识。甚至声名赫赫的霍金先生也认同这一共识，他说过下面的话语[*02]：

> 全面人工智能的发展可能会导致人类的终结。……它将会自行发展，以加速度重新设定自我。人类受限于生物演化的缓慢，是无法与其竞争的，最终将会被替代。

特斯拉（TSLA）和 SpaceX 公司的首席执行官马斯克先生也有类似的话语：人工智能是对我们的存在的最大威胁……开发人工智能，我们其实就是在召唤魔鬼。这些话语的基本依据就是你说的基本假设：智力就是计算，生命和大脑的奥秘也在于计算，计算就是上帝。所以，你的大醇，我是很欣赏的。在这个问题上，我同意偭者先生的基本论点：儿童的语言习得过程与计算和统计无关，而是一个内容逻辑或隐记忆的培育和运用过程。

语言脑或大脑的隐记忆生长过程涉及化学和神经科学的微观领域，但HNC假定，隐记忆功能的终极呈现无非是一套符号系统的运转，而任何符号系统都是可以用当下的计算机系统来模拟的。符号系统的运转，归根结底，还是计算。不过，HNC计算的关键不在于计算的速度和方式，而在于计算的智力或意识表现。所以，“智力就是计算”这个表述还是有小疵的，因为它没有区分广义与狭义计算，而这项区分至关重要。你说的计算是指狭义计算，而HNC计算属于广义计算，你没有把这个要点交代清楚。

知秋：学长一下子引进了关于计算的3个术语：广义、狭义和HNC计算，这可是老者的风格！黄叔并不这样。不过，我是赞同这3个术语的。不过，在“奇点”风暴中，也有一些貌似冷静的声音，例如，下面的话语：

> 畅想归畅想，还是要回到现实，人工智能发展稍有不慎，将掉进坑里。……大公司砸重金建研究院做长期研究，容易陷入理想化的境地，也就是打造一个大一统的平台，借此解决行业的所有问题，但现实是一些基础的问题还没得到解决。
>
> 比如计算机诞生已有68年，人工智能程序仍运行在冯·诺依曼模型上，冯·诺依曼模型是程序存储，主要通过二进制形式进行运算，用它来模拟人工智能存在较大瓶颈，模拟不出情感、道德等人类特有特征，最根本的解决办法是基于生物计算机去变革，这是人工智能演化必经的基础性变革。

在我看来，这两个句群是“似是而非+似非而是”的杰作。所以我说它貌似冷静。“一些基础的问题还没得到解决”是完全正确的，但“一些基础的问题”到底是什么？难道主要是“模拟不出情感、道德等人类特有特征”吗？难道解决该基础问题的唯一出路就是“最根本的解决办法是基于生物计算机去变革，这是人工智能演化必经的基础性变革”吗？学长如何看待我的疑问？

学长：你的所谓疑问，实际上根本不存在。你的“似是而非+似非而是”评语，已经给出了明确的回答，何必问我？当然，我也不会误会，你是在为“大醇而小疵”里的“小疵”辩护。不过，“生物计算机”毕竟是一个不容忽视的新生事物，它的另一个更响亮的名称叫智能基因技术，或“基因+纳米”智能综合技术，可简称智能基纳技术[*03]，对该技术发展前景的“摩尔”预测[*04]是《奇点临近》的基本依据。霍金先生和马斯克先生都深受该预测的影响。我倒是有个疑问，如果霍金、马斯克两位先生了解两“超”——微超和语超——的构思，将会作出何种反应？

知秋：若以学长为参照，可以给出积极的回答。但学长毕竟是汉语专家，“逻辑仙翁+语法老叟”的约束力没有那么强大，但这种约束力在霍金、马斯克两位先生身上的影响却难以估计，我倾向于在HNCMT正式诞生之前，他们是不可能真正了解HNC和两“超”构思的。

学长刚才无意之间创建了一个新概念和新术语，那就是智能基纳技术，这个术语体现了汉语的优势，如果让英语译文彻底向汉语看齐，其简写形式就可以取IGNT。IGNT的发展面临着十分复杂的伦理立法问题，但两“超”技术oLB不存在。这是两超oLB特别是语超LB的一项无与伦比的发展优势，可惜黄叔本人都没有看清楚这一点。在这个问题上，学长和我是当之无愧的“先知”，我们要尽到一个“先知”的责任。

学长：胡闹！你怎么动不动就膨胀呢？

知秋：“先知”就是第一人嘛，现代读者能理解的，学长是过分担心了。《查理周刊》事件会造成“查理”综合征吗？不会吧。两“超”oLB不存在伦理立法问题，但在造福于人类方面，可等价于IGNT。这不是小事，在科技领域，它也许就是21世纪的头等大事。时代性大事需要“先知”，世纪性大事也需要，历来如此。

学长：“先知”或第一人，都是你大脑发高烧以后的臆想。

知秋：我本来只想写6个字——不宜妄自菲薄——以作答。但觉得这样做十分失礼，所以还是决定写出下面的话。

黄叔曾对工业时代曙光的起源进行过另辟蹊径的探索，讲了托马斯•阿奎那先生“搬起石头砸了自己脚”的精彩故事[*05]，我接受黄叔对该故事的历史意义诠释，学长你呢？

学长：那个故事，给我留下了比较深刻的印象，但俑者先生的诠释，很难得到专家的认同。你提起这个故事的良苦用心，我完全理解，但我还是建议，别惹是生非，打住为上策。

知秋：好吧。学长对4棒接力提出过一线和二线的概念，这里我要补充两个：前线和超前线。学长是超前线作战的高手，不能老是甘居二线。皇天后土，此心可鉴。

学长：行了。下面，我们转向“小评”——大疵而小醇。

这得从你刚才给出的一个等式说起，那等式是：

```
oLB =: IGNT
```

你的这个等式是完全错误的，应该把“=:”换成“≤”，换成“<”或“<<”更好。

IGNT的宏大应用目标不仅是阿尔茨海默病和帕金森病的治疗，还包括老年健康和先天性生理缺陷等生命学课题，甚至包括返老还童和长生不老。oLB对这些都丝毫无能为力，不是吗？

这就是说，IGNT的内涵不是其4个字母所能完全概括的，“小评”的大疵就是你的等式。但你在两“小评”的追问里确实也存在“小淳”，那“小淳”就是HNC记忆理论的具体运用。对“科学家揭开记忆的奥秘”报道里的记忆，你说那仅属于拷贝记忆；对“科学家首次定位大脑记忆之门”的报道，你说那存在着把“图像记忆、情感记忆、艺术记忆、语言记忆和科技记忆”混为一谈的失误。你的这两说，我并非毫无保留，这就不展开来说了。但下面的话，则不吐不快。

你的黄叔对脑科学研究的现状，有一个比喻说法，叫瞎子摸象。在我这个脑科学的外行看来，这无疑属于极不明智的乱放炮。而我觉得，你对这个比喻，却几乎到了着迷的地步，这是很不应该的。在我看来，在脑科学研究领域，“瞎子摸象”的功力十分重要，许多重大的科学发现，主要是靠着这份摸功摸出来的，而不是单靠一叶知秋的眼力看出来的。

知秋：谢谢学长的提醒，最后我想说两点。

（1）IGNT已经是认知科学探索和智力技术开发的主流，oLB还不过是一种设想，我的等式，当然是典型的痴人说梦。但学长和我，不是言行不一的痴人，而是言行一致的痴人。是力求成为一个眼力与摸功文武双全的人。

（2）理论上，我还是坚持我的等式。在以语言脑为主的范畴内，凡是IGNT能做到的，LM也都能做到。伺候老人、照看儿童、作战士兵、战地记者、特定外科手术、车船与飞行驾驶、大数据分析等，各种各样的智能机器人，哪一样LM会落后于IGNT？即使拿学长刚才提到的返老还童和长生不老来说，LM技术实现的难度显然要远小于IGNT。我这里说的

“显然”，是指智力意义的显然，而不是肉体意义的显然。让罗斯福和丘吉尔获得LM形态的永生是完全可能的，但对于爱因斯坦和贝多芬，LM肯定做不到。因为爱因斯坦和贝多芬分别是科技脑和艺术脑的顶级天才，不属于LM的范畴。那么，IGNT就可以包打天下吗？就能让爱因斯坦和贝多芬获得IGNT形态的永生吗？对此，我们已经比较熟悉的库先生[*06]竟敢给出一个肯定的回答，所以，我才在对话MLBS02里写下了“我是连拭目以待这4个字，都不愿意说的”这么刻薄的话语。

学长：刻薄的话语永远是消极的废品。最后我想说，知秋女士对知秋等式有自己的独特思考，让我们把它叫作知秋表示式吧，连接符可以是“=:”、“≤”或“≥”。这样，可以给读者留下自己的思考空间。

知秋：学长的这个主意高，不过，名字一定得换，叫“LB-IGNT”关系式吧。

学长：好。对话LBC01见。

注释

[*00] 标记LBS和LBC里的“S”和“C”分别取自science和civilization。

[*01] “大评”是指对欧盟和美国的大型大脑研究计划的评论，“小评”是指对欧美脑研究成果之相关报道的评论。在“MLBS02”里，学长先生曾将这里的“大评”和“小评”分别叫作第一组评论和第二组评论。

[*02] 这类的专家话语，下文将不断引用。但皆不注明出处，因为“百度”一下，就可以找到。

[*03] 这个名称是学长先生的首创。

[*04] 这里的“摩尔”指摩尔定律的提出者。

[*05] 该故事的论述见“理想行为73219的世界知识”小节（[123-211]）。

[*06] 库先生指畅销书《奇点临近》的作者库兹韦尔。

第二章
语超的文明价值

引言

本轮对话的难度，我和知秋女士的看法截然相反。我是保守派，知秋女士是激进派。不过，关于本轮对话的场次，我们的看法倒是高度一致，分两场，第一场是“语超与三个历史时代”，第二场是“语超与六个世界”，符号标记分别是LBC01和LBC02。

与以往不同的是，今后的对话将在一个所谓的智力法庭网站上进行。我对该网站一无所知，是我的对话伙伴——知秋女士——联系的。她告诉我，我们的对话仍然保持原来的样式，学长可以无视该网站的存在，于是，我欣然应允。

对话 LBC01：语超与三个历史时代

学长：三个历史时代是俑者先生的说法，具体名称分别是农业时代、工业时代和后工业时代。这个说法，我认为与历史学界沿用的古代、近代和现代之三分，没有本质差异。但知秋女士不这么看，她对三代亚当夏娃[*01]比喻的迷信程度，到了一种超越其黄叔的地步。俑者只给出过第二代亚当夏娃的名字，叫资本和技术，他暗示过，后工业时代需要换上另外两位天使。但这两位新天使的尊姓大名，何时降临人间，都没有明说。最近，在我和知秋女士的私人通信里，她却宣称，黄叔早已给出了明确暗示，第三代亚当夏娃的名字就是仁政和王道。在我看来，该宣称无异于胡言乱语，但我们未能取得共识。现在，让我们先听一听知秋女士的陈述吧。

知秋：学长先生，你怎能一上来就把我送到被告席上？这里不是民事法庭，更不是刑事法庭，而是智力法庭。我先念一段该法庭的公告：本庭没有被告和原告，只有对话或辩论的双方；没有陪审员，但有两位法官：理性法官和理念法官。听众可以要求发言，但需获得至少一位法官的许可。

学长先生刚才的发言，可能误导出一种错觉：把认定混同于认同。这是两个有本质区别的概念，因此，这里我要首先申明，我对俑者先生暗示的认定，并不等于我就认同它，更不等于我完全认同。但是我认定，俑者的暗示是非常明确而没有任何疑义的。

理性法官：考虑到听众的感受，我裁定，俑者、黄叔以及相关词语都不得在本庭使用，一律改用 HNC 或《全书》，这才符合本庭对事不对人的基本原则。

学长：我完全接受贵庭的宗旨和法规，法官先生的裁定我将严格遵守。我和知秋女士之间的分歧集中在两个焦点上，焦点 01：《全书》关于未来文明的论述主要是素材还是定论？我认为主要是素材，而不是定论。焦点 02：仁政和王道的概念可以作为中华文明当下或未来描述的核心词语吗？我是持否定态度的。

知秋：我基本同意学长两焦点的概括。两焦点涉及的内容非常广泛，没有纲领就无从下手，焦点 02 的纲领是明确的，但焦点 01 并不明确。我建议，将“关于未来文明的论述”改成“关于未来文明标杆的论述”。文明的意义太宽泛了，文明标杆才是合适的讨论纲领。如果将焦点 01 的表述作如此修改，学长还坚持原来的观点吗？

学长：“素材为主、定论为辅”的论断丝毫不受这一修改的影响。

知秋：学长可能忽视了《全书》引入“文明标杆”这个词语的时机，那是精心策划的结果。它第一次出现在“期望驱动行为 7301\21*t=b 综述”次节（[123-01211]）里。现将原文拷贝如下：

> 下文即将指出，人类历史上的这位新“统帅”将成为与“金融统帅”并驾齐驱的又一**文明标杆**，是现代中华文明的基本特色，近期也许还拥有相对于**第一文明标杆**的某种优势。

在这段文字前面，《全书》描述了“金融统帅”和新“统帅”的成长历程和基本特征，从而举重若轻地把“文明标杆”这个术语引了进来，而没有即时给出相应的定义。在后文里，《全书》将这里的“金融统帅”简称金帅，将新“统帅”简称官帅。这里，《全书》轻松地将金帅与第一文明标杆联系起来，在后文，又轻松地将官帅与第二文明标杆联系起来。

如此精心策划出来的文字，怎么能仅仅看作是文明标杆的素材，而不是其要点的精当论述呢？

学长：你刚才讲到的时机和精心策划等，我都注意到了。但所谓的时机和策划，乃是《全书》体制造成的“被迫”，要说精心，那是“被迫”的精心，是无奈，而不是主题论述所要求的精心。当然，这样精心的结果也会形成所谓第一和第二文明标杆的要点论述，但该论述本身仍然是素材，是非定论，而不是定论。要明白，HNC 探索目标本身，无论语言理解或语言脑的奥秘，都还没有终极定论，何况是它顺带探索的文明标杆呢？

知秋：学长的这段“要明白”是经验理性的杰作，按照这样的“明白”，学长对 HNC 事业的承诺就是典型的误入歧途。我看学长倒是要好好思考两个问题。问题 01：先验理性法官会支持你的“要明白”吗？问题 02：科技 4 棒接力的第一棒还有独立存在的价值吗？难道置理论第一棒于不顾，就是 21 世纪科技领域的新常态吗？

（这时，有听者举手。）

听者 01：谢谢法官先生。女士刚才的发言里提到了“先验理性法官”，请问，贵法庭设置了这项很奇特的职务吗？

理性法官：有设置，章程规定，该职务由我们两人共同承担。问题 01 的表述方式没有违规。

学长：我刚才提到了两个非定论，一个是关于文明标杆的，另一个关于 HNC 探索目标的。两者将分别简称非定论 01 和非定论 02。问题 01 对两个非定论没有加以区分，这容易导致无谓的口舌之争。至于问题 02，与两非定论没有直接关联，暂时搁置起来为妥。

知秋：同意学长的建议。我刚才的发言很不冷静，没有警觉到学长在非定论 02 的“定论”前面加了“终极”的修饰词语。此“终极”，意味着 HNCMT、微超 MLB 和语超 LB 的诞生。此“终极”，并不否定 HNC 的公理体系，学长对 HNC 事业的承诺乃建立在该公理的基础之上。我的“误入歧途”讥讽，大错而特错，但我知道，学长一定不会见怪。

（这时，又有听者举手。下面将省略这项文字。）

听者 02：我深感不虚此行，见识了智力法庭上两样特有的东西，一样是 3 对以“01 与 02”为标记的议题，另一样是当事人竟然主动承认错误。这在实体法庭上是罕见的，非常有趣。3 对“01 与 02”议题里的焦点 01 和焦点 02 很不寻常；非定论 01 和非定论 02 有智慧；问题 01 和问题 02 有哲学意味。焦点 01 和焦点 02 不是当下媒体的热点，然而应该成为 21 世纪中国乃至全球的重大议题。我盼望媒体和网络世界将出现这种转变，也希望法庭和两位当事人为实现这一转变而努力。

理性法官：谢谢，请坐，大家一起努力。

学长：我和知秋女士之间经常发生误会，但都出现过及时和解的结局。刚才听到对“非定论”的赞誉，深感惭愧。就本场对话的主题来说，在我心里，“非定论”01 实际上已是定论，因为后工业时代必将出现三种基本文明形态，而不是第一世界在全力追逐的唯一文明形态。我建议，将未来的三种基本文明形态以简明的 1 号、2 号和 3 号文明为其正式命名，而抛弃《全书》提出的众多其他命名，并取消文明后面的“标杆”后缀。1 号文明对应于西欧、北美和大洋洲两个主要国家所奉行的文明，2 号文明对应于中华文明，3 号文明对应于伊斯兰文明。在《全书》众多的文明标杆命名中，我尤其反对的，是所谓鹰民主和鸽专制的命名。因此，“非定论”01 的准确描述应该是：实质已定，名称待定。

三种文明形态是后工业时代的必然历史性传承，也是后工业时代的必然历史性呼唤。我们确实是已经生活在后工业时代的曙光里，但人们鲜有这种感受，工业时代曙光最初呈现时，也是这个情况。当时生活在该曙光下西欧蕞尔地区的居民，并没有这种时代感受，现在已经生活在后工业时代曙光里的第一世界居民也是如此，日本居民更是等而下之。但我们中华民族可以做到等而上之，《全书》为此进行了大量的论述。在这一点上，我和知秋女士都支持 HNC 的总体倾向，但在论述的细节方面，我的否定度远大于知秋女士。

知秋：学长刚才的陈述比较到位，我对陈述的形式没有丝毫异议。但是，我们争论的实质不在否定度的差异，不在 HNC 论述的细节方面，而在于否定或肯定了什么内容。例如，刚才，学长以“m 号文明,m=1-3”替代“三种文明标杆”，我就不持否定态度，因为替代并不等同于全盘否定。但对学长“尤其反对的”内容，我则坚定支持。

我认为，鹰性与鸽性不仅是关乎人性的基本描述，也是关乎社会和国家特性的基本描述，它依托于延伸概念“性格作用表现 72219e6m”。《全书》本来应该在“性格作用效应链表现 7221β 综述”里（[123-21]）对这两个极为重要的概念予以充分阐释，但遗憾的是，《全书》恰恰在这里出现了最为严重的缺失。这一缺失本来可以在“意志行为 7302”里（[132-02]节）加以弥补的，但作者又故意把该节的撰写留给后来人。这样，该缺失就成了《全书》最大的败笔。其严重后果之一是，尔后关于鹰民主和鸽专制的大量论述都处于一种缺乏理论根基的狼狈状态；而其严重后果之二就是造成了学长的“尤其反对”。

在我看来，上述缺失或败笔并不难补救，最简易的办法就是，把鹰性和鸽性这两个词语分别捆绑在 72219e62 和 72219e61 的直系栏目里，取其“ru”形态。

听者 03：女士的陈述里多次使用了密码一般的数字，这个做法很不合适，我强烈要求，贵庭或者予以禁止，或者采取相应的补救举措。

听者 02：我不同意禁止。但贵庭应该为部分听者配置一个方便个人询问的接口，我愿意与两位当事人合作，为贵庭无偿提供一套相应的服务平台。

理性法官：先生贵姓？……谢谢李先生。庭后，我们就一起处理落实事宜。

学长：李先生，贵公司此举，功德无量，我们一定全力配合。关于密码般数字的问题，我想讲一下个人的感受历程。我和知秋女士第一次进行专项交流的时候，也发生过数字密码或符号密码的障碍问题，也就是 HNC 代码的辨认问题，但很快就被清除了，第二次交流时已不复存在。窍门是什么？4 个字：区分类组或类组区分，身份证提供的基本信息，你就是这么辨认的。身份证只提供 3 样信息：空间、时间和性别，HNC 代码提供的信息要丰富得多，但类组区分的原则是一致的。刚才让大家感到困惑的 HNC 代码 72219e62 和 72219e61，如果按类组原则，换成下面的样子

（7221,9,e62）；（7221,9,e61）

其意义就非常清楚了。我们看到，代码里“7221”是一个意思，“9”是另一个意思，“e62”或“e61”又是一个意思，这 3 个（类）意思不同于自然语言词语的意思，它们的组合也不

同于汉字的笔画组合，更不同于西语的字母组合。为了突出这一本质差异，我刚才以“类组”替换了“组合”。

HNC代码一律由上述3类“意思”构成，最左边的“意思”叫概念树，随后的“意思”叫延伸项。那么，“类组”与组合的本质区分何在？在于以下两点：①每一个HNC代码必须也只能对应于一株概念树，但随后的延伸项可以单个或多个；②概念树总量为456，但延伸项却只有区区两类，每一类又分3个子类。讲到这里，大家多半已经感到厌烦了，但我还不能打住，因为还有更重要的话没有讲出来。

要理解HNC代码，难在哪里？从数量上来说，似乎应该难在概念树，因为其总量高达456。但实际情况恰恰相反，难不在概念树的“意思”，而在于延伸项的“意思”，虽然后者的总量不过是区区的6（2×3）。所以，HNC把延伸项的“意思”叫作语言理解基因的氨基酸，“9”代表“区区两类”之一，统称HNC氨基酸的本体论描述；“e62”和“e61”代表“区区两类”之二，统称HNC氨基酸的认识论描述。

上面，知秋女士给HNC代码72219e62和72219e61加了一顶帽子代码“ru”，这顶帽子大家可能没有什么感觉，可对我来说，则如同醍醐灌顶，鹰性与鸽性的概念在我的脑子里就变得非常鲜活了。我由此联想到，原来HNC的意图是：ru72219e62和ru72219e61既可用于描述人的性格，也可以用于描述社会和国家的性格。前一描述的对应汉语词语是刚强与柔韧，后一描述的对应汉语词语就是鹰性与鸽性。这里就顺便交代一声，帽子代码“ru”在HNC语言里，叫作语言理解基因的染色体，“ru”是HNC染色体之一。

但是，上述鲜活的概念仍然只是概念，概念不一定存在于现实，那就是乌托邦类型的概念，或简称乌托概念，鹰民主和鸽专制正是这样的概念。

知秋：学长刚才的发言很精彩，连我这个自以为对HNC有充分理解的人，都觉得新鲜活泼。关于焦点01的讨论，我觉得已经达成了基本共识，那就是：未来文明的基本形态不是“1”，而是明确的“3”。这与多元论者所主张的“多”或“非一”是不同的，这个“3”，是“三足鼎立，和谐共处”的3，没有老大、老二和老三之分。但这个前景，还非常遥远，当下的现实世界是“多”而不是“3”。在这个“多”里，有一位老大，他在力争保住自己的老大地位；这“多”里的绝大多数成员都处于“人在江湖，身不由己”的被动状态，不得不为自身的生存而全力博弈。从现实的“多”到理想的“3”，还有十分漫长的荆棘之路要走，我们今天就来讨论它有什么意义呢？在HNC看来，只有那理想的“3”，才是拯救人类家园的救星或希望。人类已经在博弈的泥坑里滚爬了几千年之久，该泥坑的终极目标就是一统天下。100年前，世界似乎走到了博弈泥坑的尽头，一统天下的宏伟目标似乎即将实现，举起该旗帜的强者前仆后继。但结果如何？完全出乎那些强者的意料，100年前的世界博弈格局彻底瓦解了，世界竟然又退回到200年前的格局。这是一个空前绝后的世界势态，当下的顶级智者或智库是否对这一势态不够敏感呢？在HNC看来，在这一空前绝后的世界势态面前，人类应该有所醒悟，不要再迷恋那博弈泥坑了。应该想一想，理想之“3”的本质就是和谐之“1”，是人类早已梦想过的大同世界，是对“三生万物”这一名言[*02]的伟大呼应。博弈之“多”向理想之“3”的转换，实质上，就是三争之“多”向和谐之“1”的转换。而当下最重要的现实是，理想之“3”的地缘基础已经赫然存在。

欧盟不是已经初步实现了向和谐之“1”的转换吗？这就表明，理想之“3”并不是一个乌托邦幻想，已具有现实意义。当然，自然语言词语如何对理想之“3”进行描述，应该采取开放的态度，仁者见仁，智者见智。从这个意义上说，HNC的论述里，确有独断之失。

最后，我想强调一声，关于未来文明基本形态的“3”，HNC给出过多侧面的描述，其中之一是关于3类选票的描述。下面将拷贝一张关于3类选票的表（表7-1）和随后的一段说明文字，供大家参考。

表7-1　文明标杆与政治制度及其朋友

文明标杆编号	主要依托的政治制度	主要朋友
第一	鸽民主	自主型选票（第一类选票）
第二	鸽专制	协商型选票（第二类选票）
第三	鹰民主	认同型选票（第三类选票）

本小节[*03]共给出了5张表[*04]，这些表是形而上思维或先验理性很容易观察到的存在或现实，它们所展现的世界知识是非常清晰的。但是，如果你只熟悉形而下思维，只习惯经验理性，只追求实用理性或其极品——功利理性，只偶尔欣赏一下浪漫理性，那么，这5张表所展现的世界知识确实是比较难以理解的。

形而上思维或先验理性没有什么神秘，它不过就是一种精神境界，就是王国维先生所传神描述的——“独上高楼”、“消得人憔悴”和“灯火阑珊处”——三层级境界。中华文明的先秦经典，希腊文明的柏拉图-亚里士多德经典，近代文明的笛卡儿-康德经典，就是培育这片精神境界的园地。如果你对三大经典只读过现代人的介绍，或只知其一，而对另外两者所知甚少，那你的精神境界就不能说是比较完整的。你就很难理解“理念高于理性、理性高于观念”和“理念高于信念”的公理，因此，你可能知道要追求全面的理性思考，但你肯定不知道还要追求理性之上的理念思考；你可能知道要摆脱金帅或官帅的控制或豢养，但你肯定不知道更要摆脱工业时代柏拉图洞穴的约束；你可能追求完美的法治或法制，但你会忽视“没有强大的德治后盾，法治实际上是一个无底洞”的法学公理；你可能对金钱至上、物欲横流等等感到厌恶和愤慨，甚至斥之为现代魔鬼，但你也许不知道你亲自参与的“亿万观众”、“千万点击”、“百万字符的论文或著作”以及某些“论坛”、“大赛”……之类的文化活动正是那现代魔鬼之母。

3类选票与3类文明基本形态是直接对应的，我没有学长那样的口才，只能用这么一句干瘪瘪的话，来替代我希望进行的介绍。现在，我想问一声，学长先生，通过今天的讨论，你认为在三个历史时代的世界知识传播方面，语超工程是否已具备启动的条件？

学长：你刚才的长篇大论在理想与现实之间轻松穿梭，给了我深刻印象，多数听众或许也有同感，因为我们已经太习惯于仅在现实里穿梭了。富豪们宁可冒险于地面与太空之间的旅游，也不愿意哪怕走一趟理想与现实之间的旅游。这样的旅游目前仅限于少数志愿者，而且往往遭到禁闭、绑架甚至斩首的命运。但我决心向这些无畏的志愿者学习，并以这样的心情来回答你刚才的提问。

语超工程的启动与本场庭议无关，因为它仅关乎语超的语言理解能力，与语超的语言表达技巧无关。后者是语超工程第二步的重头戏，重头戏里的重要内容之一就是传播三个历史时代的世界知识，这当然与今天的庭议密切相关。这里我想强调的是，三个历史时代之世界知识的传播确实关乎人类家园拯救的伟大事业，其中最重要、最艰难的传播，是后工业时代的世界知识。虽然《全书》作者一再大声疾呼，后工业时代的曙光已经赫然来临，但他似乎并不明白，区别曙光与夕阳并非易事，何况是在这文明雾霾极为严重的历史时期。但雾霾毕竟不能掩盖曙光与夕阳的本质，来日方长，我们先做好我们预定的一线和二线工作吧，那不仅意味着微超工程的启动，也意味着语超工程的启动。启动典礼之类的东西，我们就不要去指望了，这是志愿者应有的胸怀和态度。

知秋：学长好样的！向学长致敬。

理性法官：刚才，我建议我的同事来主持结束仪式，但他认为，今天的庭议主要还是理性范畴的问题。因此，这例行公事就由我来承担了。这场关于未来文明形态的庭议，立足点主要放在未来，而不是当下，因此，交锋并不激烈。这虽然在一定程度上体现了本庭的基本宗旨，但在适度性的把握方面略有偏差，过度憧憬于美好的未来，而忽视了严峻的当下，请当事人今后注意改正。

本场庭议仅围绕焦点 01，焦点 02 将安排在随后的日程里。现在，我宣布，本场庭议到此结束，谢谢各位参与者。

注释

[*01] “三代亚当夏娃”这个短语是知秋女士在我们的私人通信里提出来的，按照这个说法，《圣经》里记载的亚当夏娃属于第一代，对应于农业时代。第二代亚当夏娃叫资本和技术，是上帝在工业时代派遣到人间来的。俑者先生曾暗示，在 21 世纪下半叶，上帝还会向人间派遣第三代亚当夏娃。但这两位新天使的尊姓大名，他本人并不知道。据说，那属于上帝的秘密。

[*02] 这是《老子》里的名言，原文是：“道生一，一生二，二生三，三生万物。”但 HNC 对后两句提出过另一种表述方式：二生三四，遂成万物。

[*03] 指“个人理性行为 7332\2 的世界知识”小节（[123-322]）。

[*04] 上面被拷贝的表是 5 张表的最后一张。

对话 LBC02-0：语超与六个世界

知秋：首先向法庭和李先生表示敬意。由于法庭服务平台的及时投入使用，现在大家可以看到下面的 3 幅地图：第四世界全图（图 7-1）、北片第三世界交织图（图 7-2）、第四世界与第五世界的交织图（图 7-3）。本来我还想分别提供两张特殊的地图，分别表示第一世界和第二世界“飞地”，考虑到它们容易惹是生非，就放弃了。

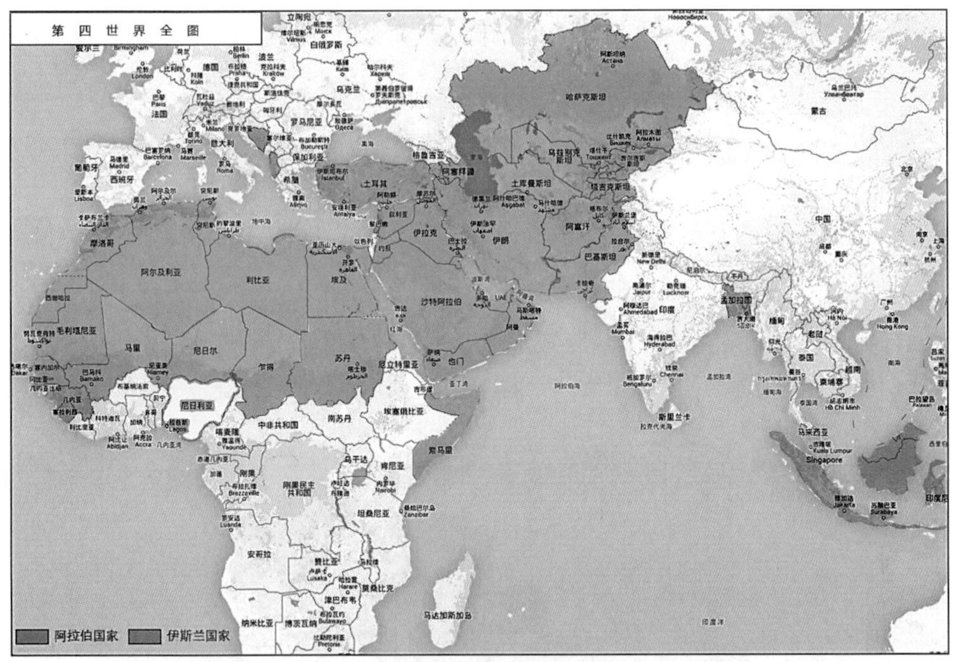

图 7-1　第四世界全图

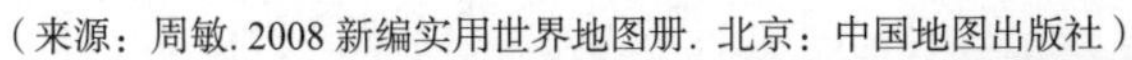
（来源：周敏. 2008 新编实用世界地图册. 北京：中国地图出版社）

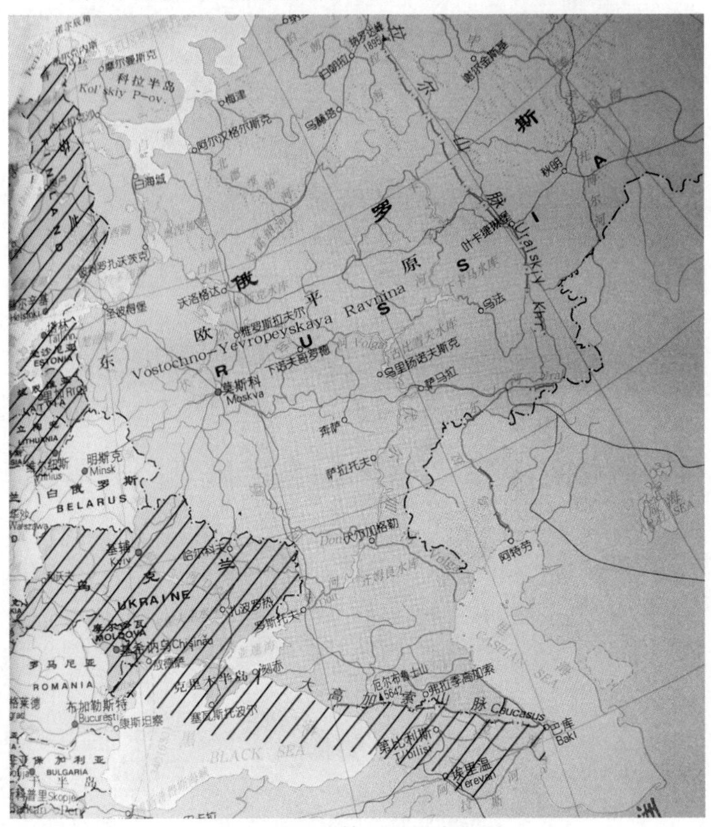

图 7-2　北片第三世界交织图

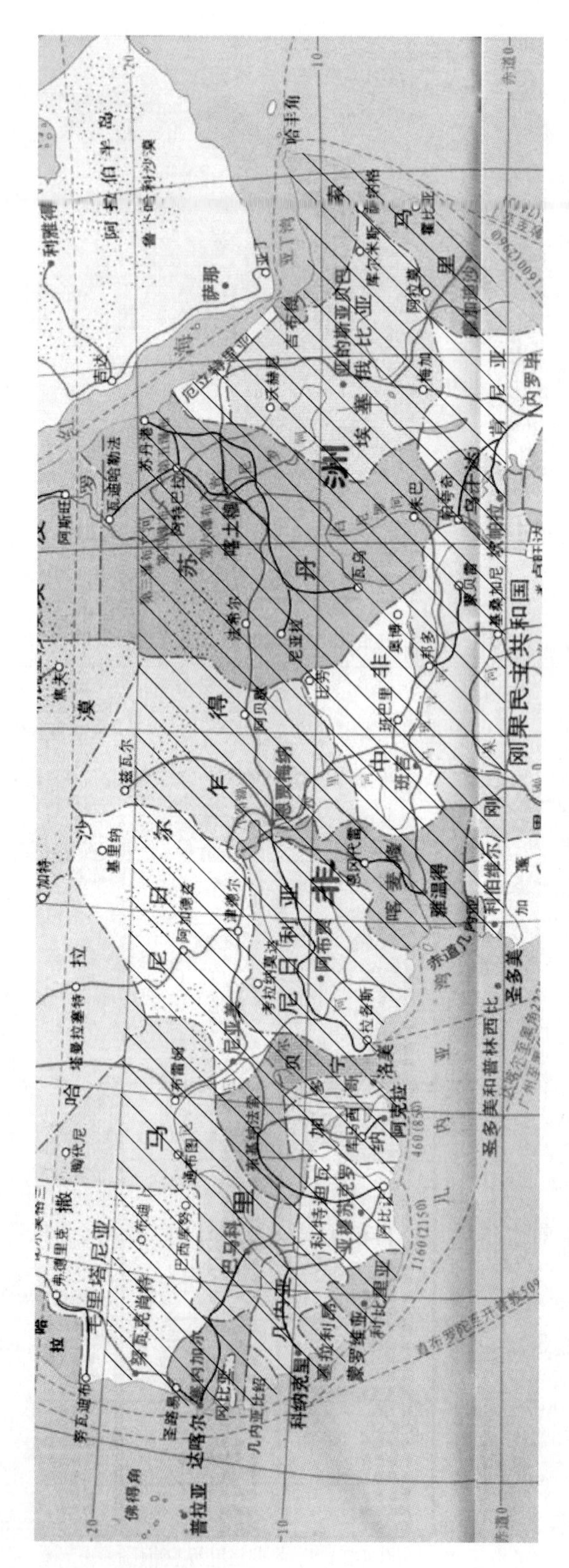

图 7-3　第四世界与第五世界的交织图

这 3 幅地图是《全书》早就应该提供的，当前的阙如是该书的重大瑕疵之一，这里算是一次补救吧。图 7-1 与普通地图无异，但它试图展示的世界知识是普通地图所不具备的，主要课题有下列 3 点，将标记为（WKW01-m,m=1-3）。

WKW01-1：在 100 年前，图 7-1 里的所有国家都沦为殖民地或半殖民地，但在后工业时代曙光的照耀下，都已转变成独立国家。最年轻的一批仅 20 多岁，最年长的也还不到 100 岁。应该指出的是，图 7-1 所展示的广阔区域分为主体西区和延伸东区，两者都是从“无立锥之地”的零状态扩展出来的，主体西区的历史已达千年以上，而延伸东区也接近一千年。与第一和第二世界相比，这个“千年不变性”非常独特。对这一独特性的形而上探索似乎还是一项空白，急需补课，因为它强交式关联于对未来文明基本形态的探索。以上就是关于课题 WKW01-1 的陈述，学长以为然否？

学长：课题的陈述方式非常散乱，焦点模糊。前半段，瑕疵多多，每一个大句都有瑕疵。后半段，“埋伏”多多，每一个大句都有“埋伏”。让我们来各举一个例子吧，第一大句里的那个“所有国家”不是一般瑕疵，而是重大瑕疵，因为它至少冒犯了两个著名的独特国家：土耳其和阿富汗。后半段里的那个“千年不变性”，是地域不变性的简称吧，这样的“埋伏”是否相当于相声里最烂的包袱呢？

知秋：学长的散乱、模糊和瑕疵之评，我都心悦诚服。但在“埋伏”之评里，学长自己似乎也有“埋伏”。难道学长真以为，“千年不变性”仅指地域吗？其核心内容，难道不包括穆斯林的只进不出特征和其神职人员的独特权威吗？

学长：要包括进来，就明说嘛，你干吗要打“埋伏”呢？

知秋：如果不打“埋伏”，接下来的“形而上探索”不就悬空了吗？

学长：这完全是多余的杂技动作。你以为摆出“形而上”这只母鸡，后面的“空白”、“补课”和“强交式关联”等，都是它下的蛋，就可受到市场的欢迎，是吗？然而，那可是一只感染了禽流感的母鸡啊！你怎能把它下的蛋投放市场呢？

知秋：“形而上”母鸡并没有感染禽流感，那是流言，学长怎么也惑于这一流言？

学长：你只知其一，不知其二。“形而上”母鸡有真假之分，真“形而上”母鸡当然不会感染禽流感，但假“形而上”母鸡可就完全是另外一回事了。现在，假货无所不在，“形而上”更是臭名昭著，人们早已不知道真“形而上”为何物了。在这个时候，只有傻瓜才会使用这样的傻招。

知秋：“这个时候”是什么时候呢？是一个历史时代的曙光和另一个历史时代的夕阳交相辉映的时候，500 年前也出现过这样的时候。那时出现过一批傻瓜，一批感受到工业时代曙光的傻瓜，难道现在就不需要这样的傻瓜吗？

学长：上次庭议最后，法官先生发出过“过度憧憬”和“忽视当下”的警告，我建议你再回味一下那项警告。我觉得这个警告对于课题 WKW01-1 尤为适用，这项课题根本用不上你的母鸡、鸡蛋和傻瓜，我们往下走吧。

（这时，法官询问知秋女士的意见，女士点头。下面是课题 WKW01-2 的庭议记录）

WKW01-2：我国先秦时期有一个著名的远交近攻谋略，很高明，可有效服务于一统天下的宏伟目标。请问学长，这一谋略适用于第一世界与第四世界之间吗？

学长：你先说一下你的思考吧，好让我边听边想。

知秋：第四世界主要与第三世界接壤，接壤的还有第二和第五世界，这另说。关键在于，第四世界与第一世界之间并没有接壤的陆地，除了一小块飞地。这一地缘形态决定了第四世界与第一世界之间具备“远交”的前提条件，但是，那块飞地却把这个前提条件给彻底摧毁了，从而影响到第一与第四这两大世界的战略思考。这也许是有史以来最为不可思议的地缘政治奇观，一小块区区飞地竟然造成了这两大世界之间的核心纠结。这纠结，也成了我思考中的纠结所在，为什么那小块飞地就那么重要呢？

学长：请问法官，本法庭有“庭言无忌”的法规吗？

理性法官：本庭也要高度注意信息安全问题，信息安全包括语言合适的问题。任何发言都不能滥用“童言无忌”的自由，大家要自我约束并相互提醒。另外，知秋女士提出的问题是否在这里正式庭议？它涉及太多的专家知识，不是吗？我只是提示一下，大家接着发言。

学长：谢谢法官先生的提示。知秋女士刚才提出了两个非同寻常的问题，其不寻常性在于该问题所关联的语境条件。第一个问题的语境条件与一统天下的宏伟目标相对应，这样的目标情结是否已成为第一和第四世界文明基因的核心要素？第二个问题的语境条件涉及以色列，这个奇特的国家与第一世界和第四世界的核心利益真的休戚相关吗？我觉得，这两个问题都比较鲜嫩，先说一点粗浅的看法。

从第一世界和第四世界的祖辈来说，他们都曾为各自的宏伟目标争斗过千年之久。在工业时代，这场千年争斗出现过一方完胜与另一方完败的结局。但随着后工业时代的来临，该结局竟然不过是一场过眼烟云，一切又回归原位。这就是说，第一世界和第四世界又回到了千年争夺后期的各自地域格局，第一世界在整个欧亚大陆的收获仅仅是几片飞地。在人类史上，这也许是最重大、最不可思议的历史事件，是历史之镜里最值得深思的一幕。然而，这一幕景象并未进入历史学的正式描述，我说知秋女士提出的问题比较鲜嫩，首先就是指这一点。

那么，面对上述历史之镜，我们应该深思或反思什么？我觉得，可归结为所谓的一枚铜币及其两面。该铜币的名称是如下的命题：“一切回归原位”意味着完胜与完败的逆转，该铜币的两面是，双方在逆转过程中及逆转之后必然出现种种不甘心的表现。以色列与巴勒斯坦问题、基地与IS问题、乌克兰与黑海问题是这种“不甘心表现”的3起大案。当然，第三起大案不是第一世界与第四世界之间的问题，仅涉及第一世界与北片第三世界，放在后面来说明，我的发言就先到这里。

知秋：我也要谢谢法官先生的提示，“一小块区区飞地”的用词确实很不合适。学长刚才的陈述气势恢弘，不偏不倚。但我觉得，他的“不甘心表现”说并没有抓住问题的要害。这个说法，纯属学长个人的别出心裁，与HNC理论无关。它也许大体上适用于第二起大案，但完全不适用于另外两起。下面，我先说一下对第一起大案的粗浅看法。

20世纪50~60年代，英国对埃及，法国对阿尔及利亚，确实曾发生过强烈的“不甘心”表现。肇始于联合国一项决议的第一起大案，对第四世界来说诚然存在“不甘心”因素，但这个因素跟第一世界完全扯不上关系，它当时操控着联合国，对该决议甘之如饴，何来不甘？

那么，此大案的症结何在？在于联合国决议本身的不公正？在于以色列的倚强欺弱和美国的一味袒护？自从该决议通过以来，第一世界之外的思考，大体上都局限在这两“在于”的范围之内。那么，我们能否跳出这个范围，另寻出路？我认为，这另外的路是存在的，它就在《孟子》开宗明义的第一段对话里。《全书》曾引用过该对话的第一句群[*01]，该句群里的核心概念就是**仁义**或**王道**。下面，我把该对话的随后句群也拷贝下来，并加上我的一个模仿句群，供大家思考。

王曰何以利吾国？大夫曰何以利吾家？士庶人曰何以利吾身？上下交征利，而国危矣。

政治家曰何以利吾国？企业家曰何以利吾公司？各路精英曰何以利吾身？政治、经济、文化交征利，则世界危矣。

第一大案在利的泥潭里已经折腾了半个世纪以上，第一世界和第四世界自身是跳不出这个泥潭的。要想跳出来，需要观念的创新。那么，仁义和王道的概念，能否为这项观念创新提供一点素材呢？请大家思考。

听者01：在这个法庭上，我们可以充分体验到许多耳目一新的感受，我对贵庭和两位当事人充满敬意。但这里我要对知秋女士说，你不必顾虑太多。仁义和王道曾经是两个与封建糟粕捆绑在一起的术语，坚持这个看法的虽然还大有人在，但情况毕竟已经有了一些变化，您可以放心使用。我觉得，仁和王道的概念是华夏文明的特殊产物，仁政是仁在国家内政方面的体现，王道是仁在国家外交方面的体现。王道的核心理念其实很简明，拿现代语言来说，就是抢占别国的领土是大不义，灭人家的国家是最大的不义。所以，古汉语里出现过“兴灭国、继绝世、举逸民”的政治主张。在任何文明里，包括希腊文明，都不可能看到如此“先知”水平的主张。非常有趣的是，在20世纪的后半叶，“兴、继、举”的事例都出现了，这是人类文明进入后工业时代的生动见证。科威特复国事件属于“兴”，斯洛伐克独立事件属于“继”，“举”则不胜枚举，已经在美洲和大洋洲遍地开花了，当然还做得很不够。我认为，王道的本质，是一种更高层级的理念原则，而不是通常的理性原则。国家利益之争，单靠理性原则是处理不好的，还必须依靠理念原则。文明冲突的概念已经流行了20多年，这个概念里只有霸道的视野，没有王道的视野，这两种视野代表两种文明基因。在西方传统文明的基因里，是否缺乏王道基因？这是一个值得深入探讨的重大课题。最后我要说，王道或王道原则不仅适用于国家之间，也适用于当前的不同文明或不同世界之间。

理念法官：论点不一定正确，但态度一定要明朗，这是本法庭秉持的原则之一。刚才这位发言者的态度很明朗，应予鼓励。请问贵姓？……，啊，王女士，请登记你的邮件地址，谢谢。今后，本庭可能邀请你临时替代我的位置。

（王女士：莫大荣幸，谢谢。）

前面的庭议都提出了明确的问题，却不一定给出明确的结论。这里就便向大家作下述说明：不判决，不做结论，更不搞形式总结，重在探索。这是本庭刻意追求的特殊庭议方式。下面，开始WKW01-3庭议，请知秋女士继续陈述。

WKW01-3：图7-1的非洲部分有一条贯穿东西的模糊地带，该模糊地带的南北两侧分别是第五世界和第四世界，将在图7-3里予以放大。模糊地带就是指不同世界之间的交织地区，是人类家园在六个世界出现以后展现出来的新景象。这一新景象里暗藏着地缘政治学在21世纪的新课题，将在WKW02里进行详细讨论。

理性法官：已经快到本次庭议结束的时间了。“语超与六个世界”的庭议不是一次可以完成的，WKW01-3 的相关问题，延后讨论。本轮庭议还有两场，议题将提前发放。现在休庭。

对话 LBC02-1：语超与北片第三世界

知秋：应法官先生的预约，先对第三世界作一个简明介绍。“第三世界”这个词语是 20 世纪冷战时期的产物，当时的冷战双方或两大敌对阵营[*02]构成两大世界，它们之外的国家自然就赢得了第三世界的名称或排序，这些国家也纷纷打出了不结盟的旗号。随着苏联的解体和冷战的结束，这个以不结盟为旗号的第三世界已失去其存在的意义，这个词语已不宜在原来的意义上使用了。于是，HNC 从六个世界的视野重新定义了第三世界。六个世界主要是以文明传承为基点进行定义的，第一世界对应于西罗马帝国遗留下来的基督文明，第二世界对应于中华文明，第四世界对应于伊斯兰文明，第五世界对应于南非洲的外化文明，第六世界对应于拉丁美洲的混合文明。从文明传承来说，上列 5 个世界都比较单一，此外的世界如果给一个编号，则其文明传承就非常不单一了。HNC 就对这个“此外世界”采取了赋予一个编号的做法，名之第三世界。所以，本庭议所说的第三世界是 21 世纪的第三世界，是 HNC 定义的第三世界，下面简称第三世界，它不是 20 世纪的那个第三世界。

第三世界的文明传承包括东罗马帝国遗留下来的东正教文明、印度文明、佛教文明、日本文明等。HNC 以地域为参照，把第三世界划分为北片、东片和南片，这 3 片第三世界恰好构成了对第二世界的三面外围圈。

这 3 片第三世界的经济、军事和综合实力差异很大，文明传承的差异更大。北片以俄罗斯为主体，其军事实力曾与美国争雄，其文明传承兼具欧亚特色，但其文明旗帜处在一个弃旧图新的艰难过渡时期。东片的主体国家是日本，经济发展水平已进入后工业时代，它具有独特的文明传承，但没有文明旗帜。南片的主体国家是印度，经济发展已进入工业时代增长期，它不仅有独特的文明传承，还有可能形成一面文明旗帜。依据法官先生的部署，本场庭议以语超与北片第三世界为议题，我的介绍就到这里。

学长：应法官先生的预约，我将先充当本场议题的解说员。从字面说，“语超与北片第三世界”这个短语，同前面的“语超与六个世界”一样，都令人费解。语超是一个信息技术产品的名称，“六个世界”和“北片第三世界”是两个政治术语，产品名称与政治术语怎么能“与”得起来呢？但是，我马上铲除了这个刹那间的疑问，因为我必须信任法官先生的智慧。我首先体会到，这个“与”乃是智力法庭对 HNC 探索的肯定，既是对语言脑奥秘探索的肯定，也是对世界知识命题的肯定。其次，这个“与”乃是智力法庭对一项认定的宣告：语超不单是一个传统意义下的尖端科技产品，还是一位文明基因三学协同发展的开路先锋，因而，它同时也是一种社会责任的担当者。对话 LBC02-0m 标题展示了对“与”字的妙用，同时也体现了汉字本身的神奇。介绍结束，谢谢法官先生的信任和重托。

理性法官：两位当事人的发言应该赢得热烈掌声，可惜本法庭听不到，希望李先生继续支援，改变这一情况。……好，谢谢李先生。下面请知秋女士继续发言。

知秋：北片第三世界包括下列 3 种类型的国家：一是从苏联独立出来的国家；二是原来隶属于华沙条约的巴尔干半岛国家；三是华沙条约之外的巴尔干半岛国家。在历史上，这些巴尔干半岛国家和环黑海地域属于东罗马帝国，是东正教的发源地，可简称东正教世界。这块地域曾经是东正教世界与伊斯兰世界殊死争夺过近乎千年的战场。东正教世界由于在战场上的不断失利，其核心地区逐渐北移，伴随着俄罗斯的崛起，最终形成了图 7-2 所示的北片第三世界。如图所示，该世界的环黑海地域以交织区表示，其中的重度交织区有两个，一是外高加索，二是乌克兰。

交织区的概念是 HNC 提出来的，但从未给出过明确的定义，这里试图予以弥补。HNC 原来意义的交织是文明、宗教和民族意义下的交织，对政治因素重视不够。就环黑海地域来说，需要加大政治因素的权重。这项思考不仅是为了方便“图-0m”的绘制，更是为了交织性纷争的化解提供一些启发性素材。

先说乌克兰。乌克兰民族信奉基督教，而不是东正教，乌克兰人占该国人口的 80%左右。因此，按照 HNC 六个世界的定义，乌克兰应划入第一世界。但图 7-2 把它划入了北片第三世界的交织区，这主要是基于政治因素的考虑。在苏联的加盟国中，俄罗斯、乌克兰两国之间的经济依存性和历史旧账，都处于最高级别，这一重要因素不能不纳入乌克兰之世界归宿[*03]的思考之中。纳入就意味着形而卡[*04]，也就是王道；不纳入就意味着纯粹的形而下，也就是霸道。当下的乌克兰危机引发了整个第一世界的焦虑，也引发了北片第三世界的焦虑。那么，在这场危机中，出现过形而卡思考或王道的迹象吗？应该说，不是完全没有，至少在一位政治家身上若隐若现，但可惜只有一位，这位政治家就是德国的默克尔总理。

再说外高加索。那里有 3 个国家，居民分别信奉伊斯兰教、东正教和基督教。考虑到这 3 个国家都曾是苏联的加盟国，图 7-2 把它们都划入北片第三世界的交织区。依据形而卡思考，这个交织区有条件成为 3 大宗教和谐共处的样板，成为俄罗斯与其前邻国和睦相处的样板。但遗憾的是，这个样板不仅连一丝迹象都没有，甚至还发生过“本是同根生，相煎何太急”的悲剧[*05]。在这个地带，连默克尔的影子都没有。

我的引玉之砖就这些了，请指正。

学长：知秋女士刚才的发言，让我浮想联翩，有 3 点颇有启发性，向大家介绍一下。

第一点，关于形而卡与王道。知秋女士把两者联系起来乃至等同起来，这是一项创举，是对 HNC 理论描述方式的一项贡献。“卡”字用在“形而卡”这个词语里是形义结合的典范，生动传神；但王道这个词语古僻而且名声不好。通过这么一联系与等同，应该有利于王道语境意义的改善。

第二点，关于默克尔迹象。默克尔女士似乎有一定的太极智慧[*06]，第二次世界大战期间的美国总统罗斯福先生是这种智慧的杰出榜样。可惜，在后来的西方政治家中，再也见不到罗斯福的影子了。现在，默克尔女士的表现有那么一点迹象，但仅仅是迹象而已。如果是罗斯福先生来主持欧盟的政治策划，他不仅会拒绝把乌克兰拉进来，也会拒绝把希腊、罗马尼亚和保加利亚拉进来。他会清醒地认识到，北片第三世界毕竟存在着一个全球领土最大、横跨欧亚大陆、曾及时赶上工业时代列车的强大国家——俄罗斯，这个庞然大物一定会屹立不倒。因此，把北片第三世界交织区的所有国家当作第一世界与俄罗斯之间的缓冲地带来处理，才是第一世界的最佳谋略。我这样说是有历史依据的，那就是第二次世界大战期间，罗斯福和丘吉尔两位先生曾就第二战场主体位置的选择问题，发生激烈大争论。那场争论的实质就关系到上述最佳谋略，这就不作进一步阐释了。

第三点，关于“3 大宗教和谐共处的样板”。这个提法里的“3 大”很有创意，是“三生万物”这一著名论断的影子表述。传统中华文明的儒释道，南片第三世界的“印度教、伊斯兰教、佛教”，第四世界里的“逊尼、什叶、其他”，第五世界的“基督新教、天主教、原始宗教”，第六世界和第一世界的“基督新教、天主教、其他”，不是都可以纳入这里的“3 大”吗？后工业时代的曙光在呼唤什吗？不就是在呼唤各路“3 大”的和谐共处吗？

理性法官：大家反映，今天的庭议散发着沁颖的智慧，很受启发。下次庭议将邀请学长先生第一个作主题发言。现在休庭。

注释

[*01] 该句群的原文是：“孟子见梁惠王。王曰：叟！不远千里而来，亦将有以利吾国乎？孟子对曰：王何必曰利，亦有仁义而已矣。”

[*02] 两大敌对阵营的名称是以苏联为首的社会主义阵营和以美国为首的帝国主义阵营。但社会主义阵营早在 20 世纪 60 年代初期，就已经分解为两大阵营，这一重大变动的真正推动者及其影响，有关学界尚未进行深入系统的探讨。

[*03] 世界归宿这个短语是这里是第一次使用，下文将继续沿用，其意义不言自明。

[*04] “形而卡”这个术语，是陆汝占教授对 HNC 思考方式的戏言，但 HNC 欣然接受。意思是形而上与形而下两种思考方式相互结合，《全书》曾多次使用过这一术语。

[*05] 这是指俄罗斯与格鲁吉亚于 2011 年发生的战争，而两国都是东正教信奉者。

[*06] “太极智慧”这个短语也许是第一次使用，它与前面曾经讨论过的鹰性与鸽性概念密切关联，其 HNC 符号是：s10\1+72219e60。

对话 LBC02-2：语超与南片第三世界

学长：这些天，一直在受宠若惊的惊诧下度过。预定的发言，始终没有理出一个头绪。但重在探索的宗旨鼓励了我，下面就汇报一下我的思考过程与结果。

老者前辈曾经提出过两环、两跨[*01]的世界描述模式，并据以给出过齐飞与一色[*02]的世界大同梦想。这一描述方式，与 HNC 的六个世界描述模式是相互呼应的。人类家园在 21 世纪的发展势态，可以从这两种描述模式里吸取思考与展望的新鲜营养。

南片第三世界是印环里最重要的实体，因为其人口数量[*03]占印环人口总量的一半以上，占世界总人口的 1/5 强。其中，印度一个国家的人口就多于印环里第四世界和北片第三世界交织区的人口总和。这两点可以说是南片第三世界的基本世情，但这项世情曾长期遭到忽视，最近才略有改观。为什么？这就不能不从南片第三世界的特殊文明态势说起，其特殊性可以归纳成以下 4 点：

态势 01：与资本技术高度发达地带的远离；

态势 02：民族与宗教的多元纠结；

态势 03：古老文明习俗的沉重拖累；

态势 04：来自相邻世界的文明压力[*04]。

上列 4 项态势是南片第三世界的固有弱势，其排序与所述因素的效应力度相对应。头尾两项属于外因，中间两项属于内因。后工业时代的曙光必将逐步缓解这 4 项弱势，但它们不会自动退出历史舞台，也必将顽强存在着。不过，其中的态势 01 将在 21 世纪迅速趋于消失，该态势的消失之日，就是南片第三世界崛起之时。这将是又一个历史性时刻，人类家园将第二次出现一个宏大的资本技术新边疆[*05]，第一次就是第二世界主体——中国——的崛起。基于上述南片第三世界的基本世情，这块新边疆的市场潜在价值或将远大于第五与第六世界之和。《全书》曾辛辣讽刺过“金砖国家”乃是一个“金玉其外，败絮其中”的概念，何所据？该概念的提出者竟然对人类家园的两大“新边疆”视而不见，所谓“只见树木，不见森林”，“金砖”发明者，乃其现代代表人物也。

知秋：学长刚才的陈述方式采用了 HNC 惯用的世界知识描述模式，对南片第三世界的文明态势给出了一个符合透齐性标准的诠释。虽然态势 02 和态势 03 也是第四和第五世界的弱势，但南片第三世界却具有其独特的温和性和可塑性。不过，作为该描述结论的“新边疆”提法，却隐藏着一个巨大的内伤，那就是该“边疆”在地理和经济的意义上不可能独立存在，因为它与好几个伊斯兰国家交织在一起。这就是说，“新边疆”的提法对于第二和第五世界比较适用；对于第六世界和北片第三世界大体适用；但对于南片第三世界则不适用，更不适用于第四世界。“新边疆”的提法还是应该以地区为参照，合适的提法应该是：南亚和东南亚将构成“21 世纪最宏大的资本技术新边疆”。

王女士：两位当事人的陈词都比较精彩，知秋女士对“新边疆”概念提出的修正建议，我完全赞同。但是，两位的陈词还不能看成是双剑合璧的典范之作，并且还似乎也隐藏着一种内伤，甚至也是巨大的。这个内伤就是与现实脱节，与不同世界之间的巨大利益纷争脱节。

学长先生用“纠结”、“拖累”与“压力”这 3 个词语来描述相应的 3 项文明态势，先生期待它们能起到文明滑润剂的作用。但这项期待无异于乌托邦设想，以“文明压力”这个概念来说，它能够描述领土争端的严酷现实吗？我深表怀疑。

听者 03（2）：我完全同意王女士的发言，她提到的内伤应该引起两位当事人的高度警惕。在我看来，那内伤将是语超工程里最艰难的环节，其第一道难关就是“态势 0m,m=1-4”之 HNC 符号与现实词语之间的接轨。

（这时，法官对发言人进行了询问，随后说，谢谢张先生，请继续。）

两位当事人可能认为，这接轨问题，无非是一组概念关联式，但是，概念关联式本身就是滑润药吗？概念关联式的编写可以闭门造车吗？

我刚才想了一下，与“纠结”、“拖累”、“压力”对应的类指词语可以列出一个长长的清单，更不用说相应的特指词语了。这些类指和特指词语都可以与“态势 0m”HNC 符号直接挂接吗？克什米尔、藏南与南海的尖锐争端可以用“文明压力”来描述吗？

理性法官：本庭最初只有两位当事人，现在，李先生、王女士和张先生都先后加入了当事人的行列。希望这支队伍不断壮大，这是本庭的意愿，也是语超的希望所在。

学长：谢谢法官先生、王女士和张先生，你们的发言，既是启发，更是鼓励。现在，我想说这么一句话，在当今人类家园里，本法庭是唯一的一片天地，它位于工业时代的柏拉图洞穴之外。

王女士、张女士两位当事人所担心的事，实质上是那个柏拉图洞穴在加速膨胀的现实。但任何膨胀都是有限度的，超出了那个限度，就会出现泡沫现象。洞穴泡沫破灭之日，就是洞穴消失之时。“资本+技术”的黄金时代已经走到了“夕阳无限好”的历史末期，西欧和日本的所谓“失去的20年”就是一个有力的证据，美国的尚未“失去”，也是另一个有力的证据。因为让美国喜滋滋的那点GDP增长率主要是来于其精英人口的不断增长，而不是全靠那神奇的创新。创新活力诚然一直是工业时代列车的引擎，美式引擎尤为出色。但这台引擎的威力被金帅过度夸大了，误以为它可以让时代列车的豪华度突破经济公理的制约。实际上，整个第一世界和日本已经进入了人均GDP增速的高端，它展现了经济公理对时代列车豪华度的制约。这项制约就如同光速对运动速度的制约一样简明，但洞里人是看不见也不愿意承认这片历史景象的。他们会继续折腾，但绝对改变不了经济公理的制约。这是所有严酷现实里最具有历史意义的现实，因为它标志着从工业时代跨入后工业时代的拐点。我们洞外人的视野要聚焦在这个历史时代的拐点上，因为第一世界之外的五个世界将来都会遇到这个拐点，只是拐点出现的时间有所不同，拐点所对应的时代列车豪华度也会有所不同而已。

在这个历史时代拐点的视野里，各种严酷现实引发的各种尖锐争端，完全是另外一番景象，可以归纳为下列6类：第一类是已经到达拐点者与奔向拐点领跑者之间的争端；第二类是奔向拐点的领跑者之间的争端；第三类是领跑者与随跑者之间的争端；第四类是到达拐点者与其迟到邻居之间的争端；第五类是历史遗留下来的领土争端；第六类是拒绝跑步者发起的禁跑运动。这6类争端将分别简称为“争端0n,n=1-6”，或合称21世纪争端。

中美和美俄之间的争端属于争端01；中印和印巴之间的争端属于争端02+05；俄罗斯与白俄罗斯之间的争端属于争端03，但俄罗斯与乌克兰之间的争端则属于争端03+05；争端04在名称上显得新鲜，实质上非常古老，这包括美国与第六世界之间、以色列与其邻国之间的当下争端，也包括最近发生的希腊与其欧盟战友之间的争端；争端05在名称和实质上都非常古老，虽然形式上包含着诸多新鲜内容；争端06在名称和实质上似乎都非常新鲜，让全球谈虎色变，第一世界尤为忧心忡忡，但实际是一种古老文明游戏的现代演出。21世纪争端带有后工业时代的浓重色彩，其中的争端01和02影响最为重大而深远，将成为21世纪争端的主导因素。而争端06的演出则不可能持久，一定会如同20世纪著名的西线冷战一样，将不过是历史长河的一片过眼烟云而已。

知秋：我们从“态势0m”谈到“争端0n”，无论是4项态势还是6项争端，其洞内视野与洞外视野的景象差异太大。在洞内视野里，态势也好，争端也好，都是社会丛林法则造就的精神癌症，具有不可征服性。但洞外视野不这么看，农业时代的鼠疫、霍乱和结核，不是在工业时代被征服了吗？在后工业时代，癌症必将被征服，为什么精神癌症就必然不能被征服呢？难道社会丛林法则是永恒的吗？第二到第五个世界在欧亚大陆的重现，不正是该法则失灵的第一声丧钟，也是后工业时代的第一声晨钟吗？为什么我们会听不到呢？那是由于“争端0n”的噪声太大了，并不是该钟声不存在或尚未发出。

“争端0n”拥有太多的现代权威短语，核心利益、文明冲突、自由旗帜、民主潮流、竞争万能、领土神圣、内政不容干涉、对亵渎神明者杀无赦……不胜枚举。这些权威短语已演变成下列4组现代命题：国家利益没有不核心的，文明之间没有不冲突的；自由是人类心灵的最高价值观，民主是现代社会不可阻挡的历史潮流，竞争是社会生命力的基本源泉；领土主权不容谈判PK国际法协调，人权高于主权PK人权申述不能干涉国家内政与民族尊严；

恐怖活动是最卑劣的懦夫行径，PK 斩首行动是现代圣战的威慑标志。

第一组命题似乎是六个世界的共识；第二组命题为第一世界所钟爱，第四组命题的前者也是；第三组命题的两对立表述构成了第一世界与其他世界的基本争端；未进入后工业时代的国家对第四组命题基本保持缄默。21 世纪以来，这是全球媒体的基本景象。这个景象是洞内视野的必然产物，学长试图改变该景象的描述方式，于是提出了以“态势 0m”替换“争端 0n”的稀释谋略。对这个谋略，我是支持的。关于“态势 0m,m=2-4”的描述方式和词语，我尤其欣赏，在今后的文明探索中一定努力仿效。稀释谋略里的“纠结”、“拖累”和“压力”这 3 个词语深合中庸之道，但它们在我心中的反响，就如同历史的呻吟。呻吟依然是人类家园的病态，在这一病态面前，上列 4 组现代命题能提供救治的方略吗？这是本场庭议应该回答的问题。我的答案是，不能，但我们不能绝望。那么，希望在哪里？在《圣经》和佛经里吗？在柏拉图的《理想国》和康德哲学里吗？在独立宣言和马克思的宣告里吗？那里，诚然存在救治人类家园的神学和哲学答案，但不可能存在一个融合神学、哲学与科学智慧的综合答案。为了缓解 21 世纪争端（“争端 0n”），首先需要一个简明的判决准则。这个准则其实早就出现了，那就是仁政与王道。每一个国家，无论大小强弱，无论已发达还是发展中，无论属于六个世界里的哪一个，对内都要实行仁政，对外都要实行王道。

但 21 世纪争端的严酷现实是：已进入后工业时代的发达国家和正在工业时代快速列车上的发展中国家都不知王道为何物，对仁政也不过只知其一，不知其二。所以，他们都在 21 世纪争端面前，一方面如临深渊，如履薄冰；另一方面，又异想天开，以为只要抢占了科技发展的先机，通过展现综合实力的手段。例如，第一世界最喜好的领导力宣扬、经济制裁和军事演习，就可以解决人类家园在 21 世纪面临的困境。

李先生：前面各位的发言都非常精彩，我想补充一点浅见。第一世界的所有国家虽然不知道“王道”这个术语，但他们在第一世界内部的国家之间已经实行了近乎完美的王道。我多次去过第一世界，对此有深切感受。因此，我对知秋女士的“不知王道为何物”之说，并不全然赞同。但对女士关于“对仁政也不过只知其一，不知其二”的说法则颇有同感。当然，第一世界各国内部的仁政水准或仁政度差异还比较大，但总的说来，其仁政水准都存在“只知其一，不知其二”的不足。这项不足已经在 21 世纪争端里显露端倪，但争论双方所使用的语言全然是洞内语言，使用这种语言是争论不出任何结果来的，将永远陷于“公说公有理，婆说婆有理”的话语泥潭。近年，“双赢”这个词语颇为流行，我原以为它可以纳入洞外语言，通过这几场庭议，我不再这么看了。我强烈地意识到，洞外语言是一个巨大的空白，亟待填补。HNC 的三个历史时代和六个世界只不过是洞外语言的两个基本词汇，当然，《全书》里提供了不少洞外词语，但大多具有不顾读者感受的明显弱点。我觉得，学长先生是深刻认识到要填补洞外语言空白的第一人，知秋女士将紧随其后的承诺就如同后工业时代的杜鹃之声。但是，应该清醒地看到，洞外语言是一种后工业时代的自然语言，不是 HNC 语言，其形成与其语用力量的展现，将是一项空前绝后的艰巨历史任务，绝不是一两位先驱可以胜任的，它需要千军万马。有了这支千军万马，语超就会水到渠成，没有，语超就是一句空话。组建千军万马，需要动员，本庭应该承担起动员的责任。在技术平台方面，我将全力配合。

王女士：洞内语言和洞外语言，这两个短语似乎是本场庭议的发明。但是，这两个短语的使用场合，必须内外有别。21 世纪需要自己的世纪语言，就如同工业时代到来以后的各个世纪（17～20 世纪）各有自己的世纪语言一样。不同世纪的语言，各有自己的特殊词语。例如，联合国、冷战、世界大战、法西斯、北约、华约、导弹防御体系、苏维埃、十月革命、霍梅尼革命、跨国公司、摩天大楼、美元与欧元、国际货币基金组织与世界银行、华尔街、奥运会、好莱坞、迪斯尼等，是 20 世纪的标志性词语；日不落帝国、帝国主义、军国主义、门罗主义、马克思主义、无产阶级、公社、公司、托拉斯、自由主义、实用主义、浪漫主义等是 19 世纪的标志性词语。这些标志性词语，可依据文明之主体内容区分为政治、经济和文化 3 类。我们可以清楚地看到，凡在 20 世纪继续迷信 19 世纪标志性政治词语的国家没有一个不失败的。这是一个无比珍贵的历史教训，但似乎没有受到有关学界的足够重视。对这一历史教训的总结与阐释，寻求避免重蹈覆辙的谋略，也许是 21 世纪最为大急的政治学课题，也是智力法庭和语超最能发挥影响力的战略高地，因为洞内视野在这里造成的危害确实令人骇异。让我举几个最明显的例子吧，整个第一世界对那个已经过时的北约还是那么恋恋不舍；第一世界的老大对那个从来都是有名无实的所谓全球领导力，还是那么无比眷恋；第二世界对那个已经不存在民众土壤的军国主义，还是那么津津乐道；俄罗斯对那个名为导弹防御体系的军事钓饵，还是表现出那么一种“愿者上钩”的奇特态度。应该说，这些表现都属于洞内视野造成的模糊性思考，而不属于洞外视野的清晰性思考。

那么，上列政治表现的清晰性思考应如何表述？我以为，学长先生的“文明压力”就是一个范例。以“多元纠结”替换“文明冲突”之类，以“习俗拖累”替换“封建余孽”之类，也是范例。这些范例都具有推陈出新的魅力，不同于《全书》作者的生造。本轮庭议，在 21 世纪词语方面，可谓丰收。

相对于政治领域的词语来说，两世纪来经济与文化领域的巨大演变，倒是受到了相关领域专家的高度重视，其 21 世纪词语的“推陈出新”潜力，远大于政治领域。智力法庭可以在这方面大有作为。当然，我们关注的重点应该放在政治领域。总之，我对李总的千军万马设想持乐观态度，语超必将在中华大地应运而生。

理性法官：感谢诸位当事人在马年除夕之际参加本场庭议，并奉献了各自的独到见解。也谢谢广大的热心听者。最后，我要提请诸位当事人注意，你们在本场庭议中的许多用语都需要斟酌，不可滥用。关于语超的本轮庭议，到此胜利谢幕。祝羊年吉祥。

注释

[*01] 两环的全称分别是环太平洋地区和环印度洋地区，前者简称“太环”，后者简称“印环”；两跨的全称分别是跨北大西洋地区和跨南大西洋地区，前者简称“北跨”，后者简称“南跨”。但 HNC 对大西洋的南北之分，乃以地中海的东西延长线为参照，与地理课本的记述略有不同。

[*02] 齐飞与一色的原文是，印环与太环齐飞，南跨共北跨一色。是老者前辈在 2010 年提出的愿景，当年看起来完全是天方夜谭，现在似乎有点变化了，特别是齐飞的愿景。

[*03] 图 7-3 里的南片第三世界包括菲律宾，与《全书》的原始表述有所不同。这里的人口计算是把菲

律宾包含在内的。

[*04]“文明压力”这个词语是第一次使用，试图用以替代文明冲突。文明冲突是人类以往全部历史的常态，但21世纪毕竟出现了和平共处的主流态势，激化的另一面虽然来势汹汹，但不可能持久。为了促进和平共处的态势，上述替代似乎是一个明智的选择。文明压力有狭义与广义之分，国家之间的边界纠纷可纳入广义文明压力的范畴。

[*05] 资本技术新边疆这个术语来于HNC理论，其意义等同于发达国家之外的所有地区。

第八编

展望未来

编首语

本编同第七编一样，章名已由委托人给定，分别是“科技展望”和“文明展望”。这样的标题，我本来望而生畏，但知秋女士已向智力法庭提交了申请，并获批准。论述全以庭议方式进行，我不过是一个庭外情况的记录员而已。

上一轮庭议中，多次出现了对備者先生的微词。我和知秋女士当场商定，不作任何辩解。这个态度得到了两位法官的赞许，特此说明。

第一章
科技展望

引 言

经知秋女士与法庭商定，科技展望和文明展望的庭议各安排两场。本轮两场庭议的标题分别是“科技迷信与经济公理”和“探索无限而科技有限？”，编号将采取《全书》的章节形态。

第 1 节
科技迷信与经济公理

理念法官：本轮庭议的内容放在 21 世纪中期比较合适，那个时候，微超和语超的技术与产品或许有一些眉目。但知秋老师坚持，探索应不问社会条件，只问语境条件，而后者已经具备。另外，她为两项展望列出的议题，都符合本庭的宗旨。因此，我们决定在羊年春节期间继续开庭。现在，请知秋老师作“科技迷信与经济公理”的开题报告。

知秋：春节好。对探索者来说，节日期间是最美好的探索时光，办公室是最有灵气的探索胜地。开题报告本来不是法庭用语，法官女士如此厚待，当知无不言以报。

上次庭议最后，法官先生提出了一项语重心长的警告。这里，我先对此作出回应。HNC 关于“工业时代柏拉图洞穴”的提法曾深深吸引过我，于是，洞内视野和洞外视野、洞内语言与洞外语言之类的短语，对我来说，都倍感亲切。但听了法官先生的警告以后，对自己的“被吸引”和“倍感亲切”，对自己的探索者情结，都有所反思。这不是牛顿和康德的时代，也不是马克思和爱因斯坦的时代，那种“登高一呼，万众景仰”的时代已经一去不复返了。那么，这是一个什么时代呢？也许可以说，这是一个以大数据为标志的时代，是一个任何事业都需要千军万马的时代，这样的时代容不得任何孤芳自赏。基于上述反思，下面，将不再使用上列“被吸引”和“倍感”的诸多词语。

科技迷信和经济公理都是 HNC 提出的专用术语，在《全书》里，对这两个术语给出了相当详尽的文字诠释。但奇怪的是，《全书》只写出了科技迷信的 HNC 符号，而缺省了经济公理。这项缺省是《全书》的典型“愤悱”式埋伏[*01]。这里，打算先要把该埋伏清除掉，以便展开下面的正式论述。原来，经济公理的 HNC 符号不过是 gw7301\02*a，而科技迷信的符号是 7102ad01。这两个符号之间的特殊关系是通过下面的概念关联式[**02]

```
7301\02*a ≡ (7301,7102a)
```

密切联系起来的。由此可见，HNC 的经济公理不过是对一种特定人类行为的宏观描述，HNC 把该特定行为叫“科技反应行为 7301\02*a”，用自然语言来说，就是科技活动。在 HNC 关于概念基元的总体设计里，科技活动占据着“专业活动（第二类劳动）a”的一整片“概念林 a6”，那么，为什么 HNC 对科技活动又给出另外一种定义方式？我觉得，本开题报告需要首先回答这个问题。而这个回答，又需要从 HNC 把人类行为与人类活动区别开来说起。

HNC 的概念基元符号体系区分语境基元和非语境基元两大类，语境基元里又区分人类活动和人类行为两大类。单从字面来说，有什么必要把行为与活动区别开来？两者又怎么能够区别开来呢？在我看来，这是 HNC 探索历程中最重要、最关键、最独特的一项追问，如果没有这项追问及其答案，就没有 HNC 四大公理的后面两项。从另一个角度来说，正是由于该追问获得了圆满答案，语境无限而语境单元有限、记忆无限而隐记忆有限这两项 HNC 公理就破土而出了。

上面，我特意使用了圆满答案这个词语，但是，凭什么说它圆满呢？

其实，那不过是集合逻辑的最简单应用而已。HNC 先定义人类活动，名之劳动，总称两类劳动，分别名之第一类劳动和第二类劳动。此外都纳入人类行为，名之精神生活，总称三类精神生活，分别名之第一类精神生活、第二类精神生活和第三类精神生活。全部语境单元都纳入人类活动与人类行为，这就是圆满答案的奥秘所在。

在人类活动里，第二类劳动居于主导地位；在人类行为里，第一类精神生活具有主导性。所以，《全书》的撰写，把第一类精神生活（另称心理行为）和第二类劳动（另称专业活动）放在最优先的位置。两者的内容最先定稿，构成《全书》6 册的第一册和第二册。第二类劳动和第二类精神生活、第三类精神生活虽然属于《全书》的第三册，但将最后撰写。第四册属于非语境基元，第五册属于 HNC 总论，皆已定稿。第六册属于理论与技术的第一趟接力，我们的庭议将放在该册里。上述情况比较有趣，所以这里就便通告一下。

第一类精神生活实质上是人类行为的基础性描述，在 HNC 符号体系里，基础性描述都动用所谓的共相概念林或概念树，尤其是基础性描述的核心部分。于是，HNC 就把人类行为之基础性描述赋予（73y, y=0-3），将其中的核心部分赋予（730y, y=1-3）。不仅如此，HNC 还接着赋予 730y 一项独一无二的挂靠“特权”。这 3 级赋予，包含下述两项构思：一是通过 730 把行为与广义心理之 3 要素（“心理”71、意志 72、心态 73）联系起来；二是通过 73~0 把行为与思维及综合逻辑联系起来。应该说，这两项构思非常独特，关键更在于那个挂靠“特权”，它是理解人类行为的一把金钥匙。要抓住这把金钥匙，就要理解挂靠“特权”的 HNC 符号表示。而这一要点并不复杂，不过是下面的一组概念关联式而已。

```
(7301\ky := 71(~4)y,  k := (~4))——(7301-01-0)
(7302\ky := 72y1y,  k := y1)——(7302-01-0)
(7303\k := 714y,  k := y)——(7303-01-0)
```

《全书》对 71（~4）y、72y1y 和 7301\ky 给出了详尽阐释，但对 714y 仅给出了一个纲领式说明，其他则一概阙如。因此可以说，《全书》的金钥匙还处于“犹抱琵琶半遮面”的状态。我这样说并非哗众取宠，只是为了告诉大家，《全书》之所以未写出上列概念关联式，就是把它当作一块遮面布来使用，以掩饰其后的“空空如也”。

不过，我们还是应该把 7301\ky 看作是一只弥足珍贵的琵琶，因为它所描述的人类行为足以涵盖人类行为的半壁江山。这个半壁江山与 71（~4）y 的总共 14 株概念树（可简称基本心理概念群）直接挂靠，是一个“超级概念大家族”。要理解这个“超级概念大家族”，就必须熟悉该家族的每一位重要成员，“科技反应行为 7301\02*a”只是其重要成员之一，符号“7301\02*a”是该成员的铭牌。

铭牌是每一个 HNC 概念的特征，铭牌效应为每一个 HNC 概念所共有。但上述“超级概念大家族”的铭牌具有一种“特异”功能，该功能来自这个“超级概念大家族”与基本心理概念群之间存在一个特殊的挂靠联系，即概念关联式（7301-01-0）所表示的联系。通过这一联系，“超级概念大家族”的众多成员就不再令人眼花缭乱，而是一支阵容清晰的队伍。任何成员的亲属都站在一起，父子与兄弟关系都一清二楚。

以“科技反应行为 7301\02*a”为例，其重要亲属可列表如下（表 8-1）。

表 8-1　科技反应行为 7301\02*a 之重要亲属

亲属名	HNC 符号	汉语命名
亲兄长	7301\02*9	文化反应行为
影像	gw7301\02*a	经济公理
父亲	7301\02	效应心理行为
长子	7301\02*ad01	科技迷信行为
家族代表	7301\02（t）i	生活方式
三胞胎孙	7301\02*ad01t=b	“三迷信”行为
双胞胎孙	7301\02*ad01\k=2	“两无视”行为
伯父	7301\01	作用心理行为
堂兄	7301\01*9	政治反应行为
堂侄	7301\01*9t=a	政治与法律霸道行为
堂弟	7301\01*a	经济反应行为
堂侄	7301\01*at=a	环境与利益霸道行为

这里，我引入了一个新术语——影像，将专用于挂靠物 gw 的描述，HNC 定义的 gw 对应于事物的科学描述或形式描述，实质上就是该事物的影像描述。经济公理其实没有什么神秘，不过是人类科技活动的一张影像（照片）而已，但该影像反映了经济活动的基本法则。影像属于图像概念空间，HNC 符号体系自身对 gw 类概念的形式化描述可能会遇到束手无策的困境，经济公理（gw7301\02*a）正好属于这个情况。所以，《全书》采取了一种回避策略，用两个数学术语——高斯分布（曲线）和检测概率曲线——对经济公理进行描述。两曲线以历史时代为自变量，高斯分布用于人均 GDP 增速之描述，检测概率曲线用于人均 GDP 自身之描述。由于高斯分布和检测概念曲线都拥有 HNC 所追求的有限性特征，这两个数学术语曾备受 HNC 的青睐。在 HNC 探索后期，《全书》主撰者似乎倾向于以辛克函数（sin*x*/*x*）替换高斯分布。这可能是由于，过冲（overshoot）这个概念[*03]对主撰者产生过比较大的影响。但这一变化毕竟属于经济公理的细节，而其作为经济法则之一的本质，并不受这一细节的影响。在一位一贯主张“要抓住事物本质”的探索者身上，发生这样的变化似乎很不协调。但也不必感到奇怪，因为“过冲”这个概念在性质上与“奇点”[*04]截然相反，它不但不与经济公理唱反调，而且是遥相呼应。因此，该概念的提出者，也就是《增长的极限》的作者们，在 HNC 理论创立者心中就是十分难得的知音，甚至是唯一的知音，从而引发了对辛克函数的偏爱。

在前面的庭议中，我们说过，日本和整个第一世界已经出现过“失去的 20 年”（关于 GDP 的增速与总量），今后还会重复出现，美国 GDP 总量的例外，主要是由于其精英人口还在继续增加的缘故。这一经济现象，实质上就是经济公理的赫然呈现之一，但并未引起世人的足够注意。这里再补充一个经济现象，那就是所谓的中等收入陷阱，该陷阱的本质就是人均 GDP 增速跨过了高斯函数的峰值或辛克函数的主峰，名之陷阱，实际上很不科学，因为那不过是一条曲线在主峰之后的下行趋向而已。我国最近发明了一个术语，叫“经济新常态”，这比较科学。顺便说一下印度，其经济发展还远没有达到那个峰值或主峰，因此，如果在未来的一段时间里，印度的 GDP 增速超过中国，那是自然不过的事情，完全不必大惊小怪。

关于经济公理，就说到这里，下面来说科技迷信。

在表 8-1 里，我对《全书》的表述添加了两个字：行为，以便把科技迷信与科技迷信行为区别开来。HNC 符号与相应汉语表述如下：

```
科技迷信          7102ad01
科技迷信行为      7301\02*ad01
```

科技迷信也属于一种信念，其存在无可非议。但科技迷信行为不同，它会对人类家园带来灾难性影响。这种灾难其实曾经在历史上出现过，那就是希特勒的闪电战和东条英机的奇袭珍珠港。在希特勒的内心，潜藏着对空中优势与装甲兵团的科技迷信，在东条英机的内心，潜藏着对航母战斗群的科技迷信。

当然，科技迷信行为的形态也具有层级之分，上述潜藏的科技迷信仅属于科技迷信行为的初级形态。在冷战时期，出现过对“核冬天理论”嗤之以鼻的大无畏理论，那属于科技迷信行为的高级形态。而前次庭议提到的“奇点临近”理论，则属于科技迷信行为的终极形态。

上面，我已分别对本场庭议主题的两项要素——经济公理和科技迷信——进行了说明，这两项要素才是本场庭议的两位真正“当事人”。下面，我来说明主题里的那个“与”，也就是两要素或两位当事人之间的关系。

为此，请看刚才给出的那张表和概念关联式（7301-01-0），它们充分展示了 HNC 理论的独具匠心。对此，我将以汉语说一些体会。

两位“当事人”的汉语命名风马牛不相及，但 HNC 符号则完全不同，不是风马牛不相及，而是事物之本体与其影像之间的关系。经济公理只是科技反应行为的影像，所以，我在表里干脆以影像名之。科技反应的最大呈现叫科技迷信，所以，我把科技迷信行为命名为科技反应行为的长子。古汉语有“长子为父”和“长姊为母”的说法，这不仅是一种语言描述，也是农业时代的一种社会现实或一种存在。而这里讨论的这位长子，实质上就是工业时代的皇太子，近代和现代的主流经济学，不客气地说，不过就是围绕着这位皇太子打转。当然，长子不能代表一个家族的一切，皇太子也不代表一个皇族的一切，我们还得另行推举一位代表，那就是 HNC 命名的生活方式，我干脆名之家族代表。现在，我把我的命名、HNC 命名及其符号表示截取下来，请大家看一眼吧。

```
长子        科技迷信行为      7301\02*ad01
家族代表    生活方式          7301\02(t)i
```

在这里，我还要说一句不客气的话，现代经济学对长子及其子女具有一种过度溺爱的倾向，同时对家族代表及其子女采取“表面上高度关怀，实质上不闻不问”的所谓务实态度。在这方面，我觉得 HNC 的表现应该引起我们的关注和反思。HNC 一方面对长子之三胞胎和双胞胎子女严词警告，另一方面对家族代表之子女善言规劝。我认为，本场庭议应该支持 HNC 提出的警告和规劝。

这个开场白太长了，谢谢法官和各位当事人的耐心。

（这时，法官与听者之间有多次互动）

理念法官：知秋女士的发言引起了强烈反响，本庭当事人的队伍又扩大了 5 位，即刘女士和四位年轻的博士：陈、吴、周、杨。现在，请刘女士发言。

刘女士：我是“闻所闻而来”，但将“见所见而留”[*05]。我在第一世界的不同国家闯荡过将近 20 年，不久前归来。期间去过墨西哥、巴西、俄罗斯、印度和日本等 20 多个国家。中华文明的博大精深，早有耳闻，但在贵庭之上，才真正获得了亲身感受。我由于见到了关于王道的独到诠释而来，今天又见到了关于霸道的独到诠释。

原来，科技迷信行为竟然有 4 位霸道兄弟，这使我大开眼界。在国外，听惯了“一流企业搞标准，二流企业搞品牌，三流企业搞产品”之类的高论，听惯了世界领导、经济引擎之类的描述，听惯了各种权威机构关于世界经济发展态势的预测，听惯了关于各种地缘政治冲突的评论。对这些高论、描述、预测和评论，总觉得缺乏一种“一以贯之”的东西，但我想不清楚那个东西究竟是什么。现在我明白了，那个东西就是霸道与王道。霸道是几千年来特别是工业时代以来积淀下来的沉重历史包袱，而王道则是 21 世纪亟待建立的国际法则。王道立足于人类家园存在六个世界，第一世界已经进入后工业时代，其他五个世界还处于工业时代（第三世界的日本除外）这一基本现实来思考未来的国际法则，而霸道则置这一基本现实于不顾。显而易见，高论里暗藏着法律与环境霸道，描述里的世界领导明显包含着政治霸道，而经济引擎则不过是利益霸道的包装品而已。至于各种预测和评论，都是霸道思维培育出来的田园。在那片田园里，可以说连王道思维的影子都见不着，无论是积极或消极的预测，也无论是“左、中、右”的评论。

王道是古汉语流传下来的一个词语，是汉语特有的一个术语，我们应该推陈出新，赋予它以 21 世纪的崭新意义。话语权在很大程度上就是术语权，在科技术语方面，我们难以有所作为，但在政治术语方面，我们却可以大有作为。《全书》里力推“仁”与“君子”这两个古汉语术语，我赞成，但我觉得，王道这个术语更宝贵。贵庭已经在这方面做了杰出的工作，谨致祝贺。

理性法官（满面笑容）：女士也是本庭成员啊，祝贺这个词不合适吧。请问，王道这个词，用英语该怎么说?

刘女士：我认为，绝不能按字面翻译，建议采用 international fair。《全书》建议“仁”和“君子”的英语形态采取音译：Ren 和 Junzi，我持坚决持否定态度，替代方案如下：

```
仁          Interpersonal fair
君子        Interpersonal fairer
```

学长：我支持刘女士的替代方案。Interpersonal 和 fairer 虽然都是英语的新词，但即使是以英语为母语的人也不会拒斥，它们与 HNC 符号一捆绑，其意义清晰无比。fairer 消解了“君子”里原有的男性专利特征，Interpersonal 与 International 相呼应。这消解与呼应，不禁使我又一次想起了老者前辈关于“一色”与“齐飞”的祝愿。它在本场庭议的一项术语探索里实现了，前辈一定会欣然笑纳。

理性法官：下面将优先本庭的博士新成员。

陈博士：知秋老师的报告，刘老师的点评，教授先生的拍板，把我带进了一个充满中华智慧的新奇世界。我曾梦想过这个世界的存在，今天是亲自遇见了。

我还不太熟悉 HNC 语言概念空间，但这个空间的奇妙构思把我吸引住了。HNC 对其四大公理的独特论证方式，HNC 关于大脑之谜的独特见解，使我产生了一种菩提树下的感受。这种感受继而转换成一种预期，HNC 理论体系或许将引发一场语言信息处理技术的革命浪潮。刚才听了知秋老师的报告，我才醒悟到，原来 HNC 的探索目标比我原来想象的还要宽阔得多。《全书》的奇特撰写方式曾在我心中引起种种疑团，现在已经涣然冰释了。HNCMT、MLB 和 LB 的技术与产品之梦似乎遥遥无期，曾使我不胜唏嘘，现在我不再唏嘘了。因为仅凭上面 3 位老师的联合发力，就足以开拓出一片史无前例的 HNC 江山，这片江山在 20 世纪不可能存在，但 21 世纪却具有其存在的土壤。

当下，六个世界都在寻求自己的出路，心里都在打鼓，已经跨入后工业时代的各国，更是如此。第三、第四和第六世界里的许多大国都在彷徨。这打鼓与彷徨，就是我说的土壤，就是 HNC 江山可以大显身手的机遇，因为彷徨者需要高人的指点。

我的基本设想是，谁能清晰地看到并抓住这个机遇，谁就有资格充当 21 世纪的文明先知。网络世界的迅猛发展，为 21 世纪先知们的事业打开了一扇历史之门。但这扇门继往开来的意义不仅在于技术，更在于文明的创新。它既不同于其 8 位前辈——蒸汽机、内燃机、电机、机械、喷气机、电子管、计算机和集成电路，也不同于其同辈系列——“空天海地[*06]+遥测+遥控”，更不同于其两位后辈系列——“细胞+基因+系统”和“纳米+量子+智能”。这 3 个系列可分别名之宏观同辈、中观后辈和微观后辈，对两位后辈将分别名之“系统”后辈和“智能”后辈，因为“系统”与“智能”分别是两者的关键或核心要素。

宏观同辈已经创立了无比辉煌的业绩，虽然还有一系列待开垦的处女地，但对未来人类家园的作用难以与往昔的辉煌比肩。两位后辈尚在幼年期，前景并不十分明朗。两晚辈里的核心要素，在理论建设方面还比较薄弱。在“智能”的脑模拟方面，特别是在脑智力的理论探索方面，HNC 所强调的第一趟接力还基本处于空白状态。所以，上述设想只是一个极其初步的认识，我说不透，还有不少困惑，请当作是一块引玉之砖吧。

吴博士：在本法庭正式开庭之前，一个偶然的机会，我“窃听”到了教授先生和知秋老师的对话。我的基本感受，刚才陈博士已经代说了，不再重复。我完全支持本场庭议主题所蕴含的论断，但下面的话语，可能会偏离本场庭议的主题，如果那样，请庭长及时制止。

陈博士最后说到他“还有不少困惑”，我怀疑这“困惑”里隐藏着一个陷阱。

陈博士显然是一位杰出的两栖人才，否则，说不出“这扇门继往开来的意义不仅在于技术，更在于文明的创新”这样不寻常的话语，也说不出关于前辈、同辈和后辈的画龙点睛式精彩话语。对于“精彩话语”，我完全是外行，下面仅就“不寻常话语”说一点看法。本法庭容许猜测，我的看法实质上是一项猜测，一项针对隐藏陷阱的猜测。这当然也是一块砖，而且是砖的次品。

“21 世纪文明先知”是陈博士宏论的主题，与“HNC 江山”的说法相互呼应。其立论基础是：当下世界的主要国家都陷入了打鼓或彷徨的困境，不能不期待高人的指点。这困境与期待，就是开拓“HNC 江山”的土壤，而网络世界已经为这项开拓提供了一个“星火燎原”势态的文明气候。但是，这土壤和气候，真的已经是一个可靠的存在了吗？我猜测，博士本人心中，也存在这个问号或问题。因此，对其“21 世纪文明先知”和“HNC 江山”的提法难免心存疑虑，是一种时机未到的疑虑。

我这个外行也知道，网络世界的那位殿后前辈——集成电路——还处在摩尔定律适用期，那位同辈和两位后辈更是显得前途无量。关键在于，那同辈和两位后辈，还有那位殿后前辈，都似乎都特别钟情于美国，这使得美国的主流精英深信，只要这 4 位天使继续站在美国一边，它的世界领导地位就不可动摇。即使美国失去了 GDP 第一的桂冠，也不会影响其领导世界的特殊地位。第一世界特别是美国的主流精英都自以为是高人，目前，他们怎么可能出现期待高人指点的念头？2014 年的 IS 嚣张和乌克兰危机也许让奥巴马先生有点头疼，但“21 世纪文明先知”能提供医治奥氏头疼病的特效药方吗？

理性法官：博士，请尽快进入你的主题——陷阱。

吴博士：谢谢庭长的提醒。我认为，“21 世纪文明先知”降临的时机尚未到来，“HNC 天地”绝不可以开辟第二战场。

陈博士以为，科技迷信与经济公理是开启后工业时代大门的金钥匙，在理论上，我并不反对陈博士的判断。但我要提请博士注意两点：第一，工业时代的大门并不是依靠理论金钥匙打开的；第二，假使出土了一把先秦年代的金钥匙，上面刻着“科技迷信经济公理”的字样，在两位后辈的前景还不明朗的今天，人们也不过把它看作是一件珍贵文物，而不会去领会那八个字的启示意义。我认为，开辟“HNC 天地”第二战场的时机远未到来，科技迷信还要盛行相当一段时间，经济公理的真容还会隐藏更长的时间，即使是佛陀或耶稣再世，也改变不了这个态势。

在第一战场还处在准备阶段的当下，贸然去开辟 HNC 第二战场，只会落得个“无疾而终，贻笑大方”的结局。这样的结局，不就是一个陷阱吗？

当然，陈博士的设想来自一种悲天悯人的情怀，我们应该尊重这种情怀，但不能被它牵着鼻子走。我完全支持学长教授和知秋老师原定的行动计划，它可以借助本法庭的东风，加快进度，我也愿意略尽菲薄之力。

理性法官：还有多位要求发言，但今天毕竟是羊年的春节期间，本场庭议就到此结束，祝大家春节愉快。

注释

[*01]“愤悱”是“不愤不启，不悱不发”的简化，HNC 理论创立者曾长期沉溺于“愤悱”之道，晚年有所悔悟。这一沉溺，对《全书》的撰写风格产生过显著不利影响。

[**02] 此概念关联式是共相概念林“730 行为基本内涵”所属各株概念树的定义式，这一独特的定义方式，在 HNC 全部 456 株概念树的设计中，“仅此一家，别无分店”。

[*03] 过冲（overshoot）是《增长的极限》里的重要术语，表示人类的生态足迹超越了地球的承载能

力。

[*04] 这里的“奇点”就是《奇点临近》里的奇点（singularity）。

[*05] 这是套用《世说新语》里的一个著名对话，原文的问话是：何所闻而来，何所见而去？回答是：闻所闻而来，见所见而去。问者是竹林七贤之首的嵇康，答者是后来征服蜀汉的两位大将军之一的钟会。

[*06] “空天海地”是“航空、航天、海洋和地壳”的简称。

第2节 探索无限而科技有限？

理性法官：本轮庭议的主题，难免引发“志大才疏”的讥讽。可是，上一场庭议，似乎展现了一幅“才不疏”的景象，我们深感庆幸。预定的两场庭议具有内在连贯性，现在，把本场庭议的发言权优先于尚未出场亮相的两位博士，请。

周博士：如果说上一场庭议主题的两个关键词都具有 HNC 专利的特征，那本场庭议主题的 HNC 专利性，似乎连 1/4 都不到。这激发了我一股抢先发言的勇气，因为我既非“两栖”，也没有“1 栖”的充分资格，充其量“1/4 栖”而已。

吴博士基于陈博士的发言，提出了两个 HNC 战场的明确论点，并作出两个断言：第一战场尚处于准备阶段；第二战场不宜同时开辟。

对于这两个论断，我都不敢苟同，但下面只针对第二断言谈一点浅见。

我的浅见将从《全书》里的 3 段特殊叙述谈起，现将原文拷贝如下：

——段 01[*a]

这里必须写下一段往事，借以表达笔者对林杏光先生的无限怀念之情。

林先生在 1997 年告诉笔者：在研究语义角色（格）时遇到了不可穷尽的困扰，从施事、受事、当事……开始，我们曾搞到 60 多个“事”或“格”，但还是有新的“格”不断冒出来，最后我不得不采取强行“叫停”的措施，以顺应研究项目的进度要求。我当时告诉林先生，这个困扰已不复存在，因为必选“格”是句类的函数，随着作用效应链的发现，句类已可穷尽，必选“格”也就随之而穷尽了。至于可选“格”，不过寥寥 10 大类而已。完全出乎笔者意料的是：林先生对 HNC 的基本论断竟然似有神悟，并据此而华丽转身，全身心投入 HNC 事业，并作出了卓越贡献。

——段 02[*b]

语言知识处理面临的各类劲敌和流寇（汉语的分词困扰只是 15 支流寇里的一小股）都与语言理解密切关联，传统语言学理论甚至连“敌军”的部队番号连没有搞清楚，那如何能够克敌制胜？由于对复杂的语言现象束手无策，最近才想起来要向语义学讨救兵，未来可能还会想起来向语用学讨救兵，然而，这些都是典型的急病乱投医。关于这个重大问题，许嘉璐先生是中国的第一批先觉之一，林杏光先生也是。许先生曾在2000年召集过一次关于语言知识处理的高级学术沙龙，林先生在沙龙上作了一个石破天惊式的发言。近年，许先生多次提到林先生的那个发言，深表嘉许。什么样的石破天惊？许先生又如何嘉许？这里不拟明言。但要说一声，这是一个极度不寻常的插曲，完全有可能成为未来语言知识处理领域的一个标志性事件，后来者不可不知。考虑到语言知识处理产业终将摆脱语言数据处理的低级形态或阶段，在未来世界的文明舞台上扮演重要角色，特将该事件隐记于此以备忘。

——段 03[*c]

第二个故事发生在珞珈山，在中国1949年后的众多政治运动中，有两位我熟悉的伯伯（那时对父辈的同辈朋友都叫伯伯）背上了贪污的罪名。当时，我这个少年的直觉就非常坚定地认为这是绝对不可能的事，多年以后，两位伯伯的绝对清白得到了证实。那么，我之幼年直觉的依据是什么呢？高尚的人格。我亲身感受过这两位伯伯的高尚人格，而贪污是对高尚人格的极大侮辱，他们怎么可能让这样的侮辱落到自己身上呢？

我想用这3段文字表明我的下述论点：《全书》的特殊撰写风格，就是在两条战线——科技战线与文明战线——同时作战。段01纯粹服务于科技战线，段03纯粹服务于文明战线，这显而易见。那么段02呢？答案是，它同时服务于两条战线，所以使用了那么多比较隐晦的词语，留给后来者去“训诂”。

科技战线与文明战线本来就是不可分割的，但HNC采取了一种特殊的表述方式以体现这一不可分割性。一方面，强调世界知识的描述必须与专业知识实行分离，强调语言脑奥秘的探索必须与其他功能脑实行分离，同时又高度重视分离两侧面的交织性。另一方面，在强调文明3基因必须协同发展、反对科学独尊的同时，又强调科学第一棒的特殊重要性；在强调丛林法则已成为人类家园当下巨大危机之总根源的同时，又强调“三争”之不可摈弃性。显然，这里的两面，不是通常意义下的一枚铜币之简单两面，而是一个非常复杂的多重性两面。因此，我们怎能对《全书》之所论轻易作出“谁主谁次”的划分呢？难道我们可以把段03和段02纳入《全书》的赘瘤吗？

面对这个“非常复杂的多重性两面”，我不能说“《全书》的特殊撰写风格”是一个成功的范例，我更不能说它是一个失败的典型。但我可以说，《全书》的特殊表述方式正好是“探索无限而科技有限”命题的示范，标题的那个问号是可以去掉的。世界知识、专业知识、人脑奥秘的探索固然都是无限的，但两类知识的范畴是有限的，语言脑奥秘的范畴也是有限的。难道《全书》对这一有限性的论证与诠释还不够清晰吗？

当我向自己提出这个问题时，觉得这个一鼓作气的发言可以结束了。因为我突然想起了知秋老师对经济公理的HNC符号妙写，也想起了刘老师对仁和君子的英语妙译。这引发了一种惭愧感，从而联想到，很有可能我还没有吃透吴博士的妙思呢！

杨博士：周博士先拷贝《全书》的举措启发了我，我将先代念一大段发言稿，这要感谢李先生为本法庭作出的最新技术奉献。下面我以缓慢的语速进行朗读。

如果使用一下经济宇航这个术语，那么就可以说，“信息&金融”产业的大发展是经济宇航的最后一级助推火箭，**没有也不需要**新的助推火箭了。

上面的黑体“**没有和不需要**”，对领域专家都是不可思议的，在世界知识的视野里，也不像数学的“1+1=2”那样简明。这需要未来的笛卡儿和康德来加以论证，笔者力所能及的只是指出，20世纪的五大历史事件不可能在21世纪重演，这五大历史事件的清单如下：

（1）爆发了“爱因斯坦-普朗克-图灵”式的科学革命，并迅即引发了让历史叹为观止的一系列技术与工程奇迹；

（2）爆发了两次世界大战，这大战却成功导演了第一部历史童话——战争的梦魇终于在第一世界内部永远消失；

（3）爆发了两场“十月”革命，造就了让历史震惊的经典社会主义世界，但又梦幻般消失，然而这梦幻却具有内在必然性和不可逆转性，虽然其演变趋向还具有许多不确定因素；

（4）赫然出现了实体经济的地域性饱和现象，虚拟经济的全球性饱和现象也已初见端倪；

（5）猛然出现了第三、第四和第五世界的恢复与觉醒。

这五大历史事件还意味着下列五大历史效应：

（1）“爱因斯坦-普朗克-图灵”式的科学辉煌不太可能再次出现，让历史叹为观止的技术奇迹还会继续，但对人类社会的影响力会逐步减弱，互联网很可能是技术与工程奇迹的“珠峰”；

（2）战争消失的历史童话会向各文明世界逐步推进；

（3）六种文明世界都会逐步找到自己的特定历史发展范式，最不稳定的第二世界也不会例外；

（4）实体经济和虚拟经济都有自己的终极边疆，终极边疆效应的直接表现就是经济饱和现象；

（5）第一世界在全部（8项）专业活动领域的领先地位还将持续几个世纪，但它与另外五个世界的经济差距会迅速缩小。

上述五大历史效应是21世纪最为重要的世界知识，它们是21世纪世界棋局的大场，但不是21世纪世界棋局的急所。急所在于如何处理第一世界与另外五个世界的经济差距，在浪漫理性的思维范式里，让这一差距逐步趋向于零是天经地义的事，功利理性既可以完全赞同这天经地义，也可以走向它的反面。但两验理性会这样提出问题：为什么不考虑这种差距的适度存在也是一种选项呢？而且很可能是唯一的最佳选项？对这一选项的思考关系到“幸福追求无止境危机”的治本之策。如此重大的选项问题，为什么迄今没有人提出来加以研讨呢？对此笔者心中难免有点纳罕，有识见的头面人物可能是不愿意“冒天下之大不韪”的风险吧？专家们可能是由于“只缘身在此山中”的局限吧？

我念完了，谢谢大家的耐心。这个发言稿大约写于7年前，但对我们今天的庭议仍然具有重要的参考价值，因为它直指本轮庭议——展望未来——的核心课题。

写稿人[*d]回顾了20世纪的5大历史事件，描述了对未来的5项展望。5项展望与20世纪的5大历史事件一一对应。此项“回顾”与“展望”的“是非成败”如何，先撇开不论，仅就其“一一对应”的论述方式而言，就值得我们这一代人细心体味，因为我们习惯的视野或思维方式与之相比，确有天壤之别。

前面3位博士同人的发言都涉及两条战线——科技战线与文明战线——的话题，涉及HNC是否应该同时开辟两个战场的话题，都发表了自己的独特见解，对我都很有启发。但我对其中的一个提法特别有兴趣，那就是关于“网络世界两位后辈”的提法。这个提法是否向上述第一项展望直接提出了挑战？下面，我想就这个问题谈一下自己的粗浅思考。

第一点回顾里把图灵与爱因斯坦和普朗克并列为20世纪的3位科学巨人，这是《全书》别树一帜的做法，不是科学界的共识。我觉得这个做法里隐藏着《全书》作者的诸多隐秘思考。这里有一句冒犯性的话语，不吐不快，那就是：作者的隐秘思考实际具有非清晰性的一面，甚至具有一定程度的“狐假虎威”特征。具体来说就是，HNC之所以把图灵检验的科学地位大幅度提升，把图灵变成揭示大脑之谜的圣灵，绝不是直接来自图灵先生的科技贡献和论文，而是来自HNC对其探索成果的包装需求。HNC认为，大脑的关键奥秘不在语言脑诞生之前的生理脑、图像脑、情感脑和艺术脑，甚至也不在其后出现的科技脑，而就在语言脑本身，这才是图灵检验的原始深刻思考或本质。该检验直接指向语言的理解，而不是语言的生成，这是一项破天荒的伟大思考，因为语言理解才是意识或心灵的源泉。而HNC自以为已经洞悉了语言理解的奥秘，从而拿到了实现“语超梦”的金钥匙。但“语超梦”不仅是科技战线的空前，也是文明战线的空前。这一双“空前”的创举，当然需要一位圣灵来鸣锣开道，于是，图灵先生就被抬上了圣灵的崇高地位。

语超将是技术与工程奇迹的“珠峰”，这是HNC关于科技展望的基本结论。但它不能把这个话说死，于是就出现了“互联网很可能是技术与工程奇迹的‘珠峰’”的话语。该话语里总算留下了那么一点余地——“很可能是”，那余地是为谁而留？应该就是陈博士所说的“网络世界的两位后辈”。时间又过去了7年，两位后辈的表现如何？虽然“智能”后辈闹出了一个“奇点故事”[*01]，“系统”后辈也闹出了一个“秦始皇笑话”[*02]，但我们不能因此而遽下结论，给出“探索无限而科技有限”的命题，本场庭议的标题使用了一个问号，是非常明智的举措。周博士“去掉问号”的主张，我完全不能同意，尽管我刚才代念的那个发言稿，暗含着支持周博士的倾向。

我的这个态度关系到“经济宇航”的新型“助推火箭”问题，被第一世界寄予厚望的两位后辈一定不能承担起这一历史重任吗？我认为，这个话题放到下一轮庭议比较合适。

知秋：在我最初的提案里，是没有问号的，问号是法官建议加上的，我欣然接受。

周博士：我也欣然。刚才杨博士的评述，言简意赅，无不“耳顺”之感。但有一个词语例外，那就是“狐假虎威”，当然，这只是一个细节。我关注的核心问题是两条战线或两个战场，知秋老师如何看待刚才的主次或先后之争？

知秋：这个问题，还是先听取教授先生的意见吧！

学长：我只有16个字：既往不咎，来日方长；曙光满庭，期待四方。

知秋：我也续上16个字：庭内盎然，庭外苍凉；探索之路，蓦然篇章。

刘女士：我不太懂这些古汉语风格的话语，但我喜欢，因为它能引发一种我所期待的遐想。庭内的博士们都属于“70后”，我本来很想拉几位“80后”的新人前来旁听，全失败了。这就是“庭外苍凉”吧，但我不气馁。庭内与庭外，不会永远是两个世界，对此我坚信不疑。

理性法官：本场庭议的两位主要发言人都引述了大段的《全书》，这体现了本庭的特色。但我要说一声，此风不可长。我们要参照HNC，但决不能立足于HNC，而要立足于现实。

下一轮庭议，希望情况有所改变。本轮庭议，似乎争论很大，除了“欣然”之外，似乎没有取得任何共识。其实，共识已寓于争论之中，刘女士，这就是“曙光满庭”的意思。谢谢你充满激情的发言，我因此而可以宣告：本轮庭议胜利闭幕。

注释

[*a] 原文见“语段标记 11”章（[240-1]）引言。

[*b] 原文见“广义作用效应链之判断侧面在记忆中的角色（D 句类和 jD 句类在记忆转换处理中的特殊角色）”节（[340-23]）。

[*c] 原文见“事业态度基本形态 7111e7m 的世界知识”小节（[121-111]）。

[*d] 写稿人不言自明，原文见“三迷信行为 7301\02*ad01t=b 的世界知识”次节（[12301021-2]）。

[*01]“奇点故事”是对《奇点临近》的讽刺表述。类似的故事不少，《奇点临近》只是其中之一。

[*02] “秦始皇笑话”是对“寻求永生”的讽刺表述。生命科学在干细胞和细胞衰老的探索方面已出现一些重大进展，但这不等于“寻求永生”。不过，金帅们却有点显得急不可耐，最典型的事例如下：谷歌创始人之一谢尔盖•布林希望有朝一日能治愈死亡，并已为此组建了一个阵容强大的研究团队；俄罗斯互联网“教父”德米特里•伊茨科夫说，他的目标是活到 1 万岁；甲骨文公司创始人之一拉里•埃利森认为，接受终有一死的想法“难以理解”。

第二章
文明展望

引 言

本轮两场庭议的标题分别是：六个世界与三类国家、王道能替代社会丛林法则吗？一个命题和一个问题，形式上与上一轮庭议完全一样。知秋的原提案，都是命题，是法庭要求改动的，特此说明。

第 1 节
六个世界与三类国家

理性法官：本轮庭议同上一轮一样，也是两场。本场由我主持，下一场由我的同事来主持。前几场庭议的经验表明，每场庭议安排一个中心发言的做法，效果比较好。很高兴，刘女士接受了我们的委托，请。

刘女士：如果某一天，本场庭议的第一个关键词——六个世界——出现在某个媒体上，或出现在某部畅销书中，请一定要在第一时间通知我，我会把这件事当作一个具有历史意义的事件记在我的日记里。这里，我先展示一下知秋老师前次给出的 3 幅地图，并请注视一下其中的图 7-2 和图 7-3。最近这段时间，我曾多次向这两幅地图行注目礼，以对它所蕴含的中华智慧表示敬意。

我所注意的地方就是这两张地图里的交织区：图 7-2 里的北片第三世界交织区和图 7-3 里的第五世界交织区。前者与第一和第四世界接壤，后者仅与第四世界接壤。为了表述的便利，我将把这两个交织区分别叫作 3-1 交织区和 5-4 交织区。

乌克兰事件或危机是当前全球新闻的热点，可是我们忽视了这个热点的世界知识特征，它只是 3-1 交织区的当下热点，或者说只是“3-1 热点”的当下形态。在历史上，“3-1 热点”已经持续了 7 个世纪之久。20 世纪以来，它曾大热 4 次，3 明[*01]1 暗[*02]，小热[*03]不胜枚举，这项分析是由教授先生和知秋老师共同完成的。两位不仅提出了交织区这一重要概念，还提出了 3-1 交织区里各国之世界归宿的明智建议，这些都充分展示了中华智慧的形而卡特征。所使用的语言表述方式也是如此，其灵巧性非流行的外交语言可比。因此，我认为，这是两位献给本法庭的一项重要研究成果，应予表彰。

如果说人们对乌克兰事件的认识多少有那么一点“交织区”概念的影子，对“博科圣地”的认识，则可以说连点影子都没有。在六个世界的视野里，5-4 交织区必将成为 21 世纪的大麻烦地带。知秋老师之所以给出图 7-3，其意图就在于此。这里，我特意使用了“必将”二字，不知知秋老师以为然否？

用 HNC 术语来说，交织纠纷强交式关联于疆域纠纷，但这是两个具有本质区别的概念。前者以文明总体特征为参照，而后者仅以文明主体 3 要素的政治与经济为参照。疆域纠纷看得见，摸得着，人们比较熟悉。交织纠纷却不是这样，它“惟恍惟惚”，人们还很不熟悉。但“惚兮恍兮，其中有象；恍兮惚兮，其中有物。窈兮冥兮，其中有情。其情甚真，其中有信”[*04]。在我看来，如果没有六个世界的概念，也就没有交织纠纷的概念，六个世界之间的交织纠纷，已经是一个赫然存在，图 7-2 只是其中最突出的个例。但交织纠纷不仅存在于不同世界之间，也存在于每一世界的内部，包括国家之间和国家内部，但这个情况似乎有一个例外，那就是第一世界。总之，我的看法是，交织纠纷将成为21世纪包括国际纠纷在内的一切纠纷的主流。处理交织纠纷需要新的视野，古老的中华智慧可以为此作出独特的贡献，教授先生和知秋老师已经先行了一大步，我深受启发和鼓舞。

知秋老师给出的图7-2和图7-3，只是不同世界之间交织纠纷最突出的两个示例。就第六世界来说，其地理环境比较单纯，似乎只存在一项与第一世界的疆域纠纷[*05]。但实际情况远非如此，这两个世界之间存在着复杂而深刻的交织纠纷，不过在形态上仅表现为一些外交纠纷而已。在我看来，如果美国的《外交季刊》不聘请我们的教授先生和知秋老师去点拨一下，它是永远也搞不明白西半球势态的，更不用说全球势态了。

我刚才引用了一大段《老子》语录，这里我告诉大家，这段话是蕲乡老者指点的。上次庭议之后，我赶去见了老者前辈一面，没有想到的是，我还协助处理了前辈的后事。尊重前辈的遗愿，没有留下任何标记，骨灰全撒入了蕲水。前辈一生没有住过医院，就在自己的陋室里含笑而逝，其过程如同一位得道的高僧。前辈禁止我拍照、记录和录音，所以下面我只能凭记忆来转述这位米寿高人的最后话语。

> 传统中华文明是儒释道三家，不是三教。要把释家与佛教区别开来，把道家与道教区别开来。这个世界上，真正懂得三家的人只有一个半，一个是马一浮先生，半个是熊十力先生。马先生是贯通中外古今的唯一奇才。这个要点，我那位世侄并不明白，请转告。

我问过王道、仁和君子的庭议英译，赢得了前辈长时间的凝笑。

三类国家近来的流行说法是发达国家、新兴国家和转型期国家，如果把后两者合并，那就是两类：发达国家和发展中国家。第二类国家也叫新兴经济体，实质上是对所谓“金砖国家”的另一种描述模式。这个3分法，在经济学、政治学和社会学的视野里，各有不同的侧重面。在本庭的视野里，它缺乏关于文明主体特征的综合思考，如果拿数学来比喻的话，那可以这么说，三类国家或两类国家属于初等数学，而六个世界则属于高等数学。

我这个开场白，肯定是本法庭开庭以来最差的。大家没有打断我，已经感激不尽了。

法官：不能说是最好的，但可以说是最有特色的。

知秋：刘女士真是神通广大，为何不邀我一起去呢？太遗憾了。至于“必将”，还是让它隐存在吧，这是《全书》的技巧之一，不妨学一学嘛！

学长：刚才刘女士说，我和知秋老师先行了一大步，实在愧不敢当，因为真实情况是，我们还只是刚刚学会走路而已。

在刘女士刚才的发言里，有一句非常重要的话：“交织纠纷将成为21世纪包括国际纠纷在内的一切纠纷的主流”，我很欣赏，因为它把我们的模糊性思考清晰化了。在我们提出交织纠纷这个概念或术语的时候，仅考虑了不同世界之间的交织，并没有考虑到国家之间和国家内部，这一步发展很重要，是刘女士您的贡献。您把交织纠纷提高到理念、理性与观念的综合高度了，三者属于HNC概念基元符号体系的深层第三类精神生活。我们只从《全书》的总目录里见到了三者的章名，还没有见到HNC在这方面的系统论述。因此，我认为，本场庭议的语境条件还不太成熟。International fair（王道）和Interpersonal fair（仁）当然是一个不错的起点，但毕竟只是一个起点而已。

王女士：我对刘女士的寻访老者之行表示敬意，谢谢你带回的“最后话语”，我也有知秋老师的遗憾。

刘女士：我知道您也是教授，岂敢惊动。啊！我犯规了，对不起。

王女士：法庭上不要使用客套话。法律面前，人人平等；老者面前，都是学生。

刚才学长说到“一个不错的起点”，大家可别误会，以为那仅仅是指本法庭刚命名的那两个英语词语。学长讲的起点，是指本法庭一直在探求的“21 世纪词语”问题。

学长：完全同意。

王女士：本庭开幕以来，引入了大量 21 世纪词语。最早出现的三个词语是：金帅、官帅和教帅，这直接来自《全书》。但本庭有自己的奉献，最早出现的是“文明雾霾”，这并不稀奇，谈不上什么创造。但随后出现的“多元纠结”、“习俗拖累”和“文明压力”等，就不能这么说了，它们是当之无愧的 21 世纪词语。基于这些词语，我们对 21 世纪争端的讨论，展现出一种 21 世纪的时代精神与特色，这是本庭的奉献。其中的诸多前瞻性论点在权威国际刊物上是看不到的，在权威国际论坛上是听不到的。在这些奉献中，给我印象最深的是那个“智能基纳技术 IGNT”，这并不是由于 IGNT 本身的内容，而是由于其提出者的身份，一位语言学教授！后来，陈博士对 IGNT 进行了深入的专业剖析，以两位前途无量的后辈——“系统”后辈和“智能”后辈——予以替换，这非常好，使我这个“一栖”人，也获得了一种非常愉悦的“双栖”感受。总之，我们确实在为 21 世纪词语的萌生作出了一定奉献。

但正如学长所说，“我们还只是刚刚学会走路而已”。探索者固然需要睿智和闯劲儿，也需要谦虚，我们一定不能随意使用忘乎所以的话语，如“庭外苍凉”，“洞外语言是一个巨大的空白”等。这样的话语，即使真是这个情况，也不宜明说，何况不是！例如，“新型大国关系”，不就是一个典型的 21 世纪词语么！

张先生：我也是“一栖”人，也感受了到本法庭提供的“双栖”愉悦。但我的感受和愉悦不同于王女士，因为在我的愉悦里，不仅有新奇感，还有惭愧感。在我的第一次发言里，发出了一连串的追问，气壮如牛。现在我才感受到，那“牛气”是多么可笑，“万能滑润剂”一定不存在吗？“闭门造车”一定是错误的吗？我现在的想法已经与追问当时不可同日而语了。我从“一栖”走向“双栖”的方向与王女士恰好相反，她是从人文走向科技，而我是从科技走向人文，这两种走向的“山外山、天外天”[*06]感受，或简称“山天”感受，会存在巨大差异。下面，我用 3 个实例，来描述一下这个差异。

——实例 01

“资本+技术”的黄金时代已经走到了“夕阳无限好”的历史末期，……创新活力诚然一直是工业时代列车的引擎，美式引擎尤为出色。但这台引擎的威力被金帅过度夸大了，误以为它可以让时代列车的豪华度突破经济公理的制约。

——实例 02

我们可以清楚地看到，凡在 20 世纪继续迷信 19 世纪标志性政治词语的国家没有一个不失败的。这是一个无比珍贵的历史教训，但似乎没有受到有关学界的足够重视。

（19 世纪标志性政治词语有：日不落帝国、帝国主义、军国主义、门罗主义、马克思主义、无产阶级、公社）

——实例 03

第一和第四世界又回到了千年争夺后期的各自地域格局，第一世界在整个欧亚非大陆的收获仅仅是几片飞地。

我对实例 01 的第一反应是“？”，但对实例 02 和 03 的第一反应则是“！”。我猜测，刘教授的情况可能与我恰恰相反。因为，我的“？”集中于科技领域，而“！”则集中于人文社会学领域。

开始的时候，我的“？”数量远多于“！”，一度出现过逆转，最终两者都发生了转化，那转化后的符号是“OK”。

我对实例 03 的终极转化比较简单，那就是我查阅了一下世界地图，知道所谓的“几块飞地”实际上是 3 块：以色列、西撒哈拉和直布罗陀海峡摩洛哥一侧的一小块西班牙属地。“欧亚非大陆”当然不包括印度洋和太平洋上的岛屿，这样，我对实例 03 表述的感受，就从“！”转化成“OK”了。

实例 01 的终极转化也不复杂。我一直在现代朝阳产业的前线尽力，其前景的灿烂毋庸置疑。可在本法庭，竟然出现了“夕阳无限好”的奇特描述，“？”油然而生。但我很快知道，这个描述是建立在所谓经济公理的基础之上的。由于我对检测概率曲线、高斯函数或辛克函数比较熟悉，因此，我对经济公理的接受过程还比较顺利。尽管我心里盘算过一项修正[*07]，但那属于细节问题。于是，就发生了从“？”到“OK”的转化。

实例 02 的转化过程比较复杂。我同多位中学和大学的好友讨论过，现在，他们在自己的工作领域都很有建树。对我之终极转换，他们的看法可是大相径庭，但有一点是一致的。那就是：实例 02 的提法里隐含着深刻的思考，但这里不仅是智力问题，不宜在智力法庭上展开来讨论，深入讨论的时机还远未到来。

关于“六个世界与三类国家”的主题，前面各位的发言都非常精彩，使我又一次充分体验了“山天”感受的乐趣。最后，请允许我说一句粗话，见好就收吧。

理性法官：这不是粗话。本场庭议到此结束。

注释

[*01] 3 明指引爆第一次世界大战的萨拉热窝事件（1914）、南斯拉夫退出苏联集团（1947）、南斯拉夫解体（20 世纪 90 年代）。

[*02] 1 暗指第二次世界大战期间罗斯福与丘吉尔关于“第二战场主体位置如何选择”的争论，见“语超与北片第三世界”庭议（对话 LBC02-1）的记录。

[*03] 在冷战期间，阿尔巴尼亚的独特表现是著名的“小热”。

[*04] 引号中的文字见《老子》第二十一章，取自冯达甫撰《老子译注》。

[*05] 指英国与阿根廷之间的马尔维纳斯群岛领土之争。

[*06] 这是“山外有山，天外有天”的简化表述。

[*07] 这项修正是，人均 GDP 增速曲线应在最大峰值左右两侧分别使用高斯函数和辛克函数。

第 2 节
王道能替代社会丛林法则吗?

理念法官：本场庭议的中心发言人不是本庭预约的，而是一位自荐的毛遂。请!

张先生：谢谢庭长。一股“班门弄斧”的冲动，促使我提出申请，不意竟蒙应允。

本场庭议的问题，答案其实非常简明，是如下的 3 句话：

——语句 01：在农业和工业时代，王道不能替代社会丛林法则。

——语句 02：在后工业时代的初级阶段，王道不能完全替代社会丛林法则。

——语句 03：在后工业时代的中级阶段，王道能替代社会丛林法则。

对这 3 个语句，我先说几句“班门弄斧”的话。

每一语句时间条件辅块里的关键词,《全书》都给出了相应的 HNC 符号，但每一语句主块里的两个关键词——王道和社会丛林法则——却处在阙如状态。本庭奉献了关于仁、王道和君子的英语对应词语，很漂亮。丛林法则是《进化论》的伟大发明，汉语的正式译文是“优胜劣汰”或“物竞天择”，其实，用汉语原有的“弱肉强食”来翻译也是可以的，丛林法则即弱肉强食法则，在国家之间的呈现形态就是霸道。下面,“班门弄斧”要正式登场了。

```
d10d01          道          (Idea)
  d10d01e21      仁          (Interpersonal fair)
  d10d01e22      王道        (International fair),rule by virtue;
d10c01          法
rd10c01         丛林法则    survival of the fittest;
  d10c01e21        法治      rule of law,government by law;
  d10c01e22        霸道      (International unfair);rule by force;
```

现在，我请求暂停，因为我渴望着本庭两位“元老”的发话。

知秋：学长和我的一致意见是,《全书》作者看到这个结果，一定会喜出望外。

张先生：谢谢。这就是说，我的思考路线没有错，本场庭议主题的两个关键词，应该与深层第三类精神生活联系起来，两者都属于理念 d1，而且是其共相概念树 d10 的延伸概念。这样，我就接着把社会丛林法则的 HNC 符号写在下面了。

```
gwd10c01e22            社会丛林法则
```

得到这些结果，很是费了一番周折。当最后结果里的“gw”出现的时候，我突然想起了“大树底下好乘凉”这句谚语。本法庭不仅是一株大树，还是一片菩提树田园。我回味了一番关于两条战线或两个战场的争论，关于《全书》撰写方式的议论，有一种“蓦然”感受。在我第一次发言进行追问的时候，自以为那是一把锋利的尖刀，现在想起来，那不过是一把小孩玩具的塑料刀而已。

把 d10d01 与“道”联系起来，把 d10c01 与“法”联系起来，接着用“e2m”写下他们的一系列子女概念，比较顺当。我当时的那种心情，除了“蓦然”这两个字，我实在找不到别的合适词语了，小孩玩具的顿悟，就是那个时候产生的。但对那“蓦然”，毕竟没有把握。现在，有了两位“元老”的肯定，我就可以放心讲下面的话语了。实质上，它们不过是对“语句 0m,m=1=3”的诠释。

“道”与“法”，也就是“d10d01”和“d10c01”，都是人类对社会形态进行深层次探索的产物。HNC 把两者都纳入一个概念子范畴里，把这个概念子范畴叫作“深层第三类精神生活”，并赋予符号“d”，它是 HNC 数字符号体系首位数字的“最大”，在这个“最大”与“次大”之间，还安置了一个空位[*01]，因此“次大”的数字符号不是“c”，不是“b”。这是 HNC 一系列深谋远虑的举措之一，是 HNC 对二进制数字系统的一个新玩法，两位“元老”对这个新玩法里的几个重要环节有过精彩的讲解。如果第一趟接力的接棒者对这些举措或新玩法都置若罔闻，根本不去理会其中的 HNC 意义，那我要说句不客气的话，HNC 技术与产品[*02]的开发，是一点指望都没有的。

我虽然没有像刘女士那样，去过那么多地方，但也算得上是一个接触过多种文明的人。因此，我对“人类精神生活 3 层级划分”的表述方式比较赞赏，对第二和第三层级的表层与深层划分方式尤为赞赏。虽然现在我们还没有看到《全书》在这方面的正式定稿文字，但我觉得，这个特定的“一生二，二生三”描述就是一个可以寄予厚望的可靠保障。这里顺便说两点：①“3 类”远不如“3 层级”；②“一生二，二生三四”的建议纯属惹是生非的多此一举。《全书》作者多次宣扬的自己的不拘小节，事实确实如此，《全书》里反复出现过“该拘者不拘，不该拘者却拘之”的严重失误。上面的两点就是佐证。我不明白的是，为什么作者本人却对此毫无察觉？

就第三层级精神生活来说，“d10d01 道”和“d10c01 法”是一个什么样的概念对？不是有人把最近被证实的最后一号玻色子[*a]叫上帝粒子么！仿照这个比喻，我们就可以把这个概念对叫作上帝概念，并可以分别名之“天”概念和“地”概念。符号“d10d01”和“d10c01”所传递的世界知识，正是这个意思，前者代表最高远的东西，那就是“天”或“乾”；后者代表最实际的东西，那就是“地”或“坤”。

西方文明比较重视“地”概念，而传统中华文明却比较重视“天”概念，这是事实。但我们绝不能说，西方文明只知“地”而不知“天”，人家对上帝无比尊重嘛。我们也不能说，传统中华文明只知“天”而不知“地”，五经里的《礼记》，“仁义礼智信”里的“礼”，不就是“地”么！“地”就是“d10c01 法”嘛！

工业时代来临以后，西方文明对其自身的文明体系进行了改天换地的改革。在本庭的首场庭议里，我听到了三代亚当夏娃的说法，感到非常新鲜。以至于觉得，第二代亚当夏娃的比喻，也许是有史以来最伟大的比喻。不过在第三亚当夏娃的问题上，当时我是倾向于学长教授一边的，但现在我转变了，“语句 0m,m=1-3”就是这一转变的体现。

这三个语句是三个命题，这组命题涉及两个关键词：王道和社会丛林法则。这两个关键词，如果没有对应 HNC 符号的依托，那所构成的这组命题就是一笔糊涂账。现在有了这个依托，这笔账就比较清晰了，剩下的问题仅涉及条件辅块里的关键词。命题里的替代不是以“道”替代“法”，更不是以“德”替代“法”，两者之不可以相互替代，是公理，是关于理念的基本公理，HNC 符号明确无误地表明了这一点。至于“语句 0m,m=1-3”，可名之关于理念的三替换公理，不过是理念公理的演绎结果之一。

在自然科学界，从来没有出现过相对论和量子力学可以替代分析力学的想法或说法。因此，从专业习惯思维来说，我对上述三替换公理是心存疑虑的。另外，我本来还有一份困惑，这涉及一位批孔“专业”户[*03]的执著，这个“专业”应该退出历史舞台了，而这位“专业”户的批孔“雄文”竟然还能在网络世界获得多数人的支持。应该说，我是带着这份困惑来到智力法庭的，结果又招来一份疑虑。所以，我就毛遂自荐了，结果当然是喜出望外。那么此刻，我的疑虑与困惑是否已经消除了呢？可以说前者“已”而后者“尚未”。因为那位专业户的那种“非此即彼”型执著，并不是人文社会学界的个别现象，而是一种普遍现象，并不是第二世界的殊相，而是六个世界的共相。当然，那位专业户的独特表现属于典型的中国“专利”，又当别论。

最后，我想说一下三替换公理里的辅块关键词：后工业时代的初级和中级阶段，两者的 HNC 符号是 pj1*bd33 和 pj1*bd32。HNC 符号的意义十分简明，但关键在于如何联系当下，这是本庭庭长所一再强调的。

后工业时代的中级阶段，我认为，21 世纪还不会到来。所以，下面我只谈后工业时代的初级阶段。

后工业时代从何时开始？我只谈这一点。

对于这个问题，《全书》并没有给出明确说法，这比较明智，留下了“仁者见仁，智者见智”的广阔交织空间。我个人的看法，在政治军事视野里，应以导弹核武器的出现为标记，那就是 20 世纪 70 年代；在经济视野里，应以低端制造业从发达国家大规模向外部转移为标记，那就是 19 世纪 80 年代；在科技视野里，应以大规模集成电路产业的出现为标记，那就是 20 世纪 90 年代；在 HNC 视野里，应以人均 GDP 增速跨过主峰后的第一个旁瓣[*04]为标记。

接触到后工业时代这个概念之后，我本来是倾向于科技视野的，因为它恰好与苏联的崩溃或冷战的结束相对应，但现在我更倾向于 HNC 视野，因为它不仅适用于全球态势的时代性描述，也适用于每一个世界和每个国家态势的时代性描述。不过我认为，最重要的后工业时代视野是文明整体的，而不是 HNC 的，这是《全书》的重大缺陷之一。文明学视野里的后工业时代特征，已经出现了一些有益的探索，但《全书》似乎对此采取了鸵鸟态度。

HNC 创立者提出过数不清的骇人听闻论点，我对其中的两个印象最深：一个是托马斯·阿奎那神甫是造就工业时代曙光的“无心”[*05]先驱；另一个是俄罗斯的彼得大帝是“蕞尔西欧”之外察觉到工业时代曙光的唯一“先知”。仿效这两个说法，我认为，毛泽东同志是造就后工业时代的“无心”先驱，而欧盟则是当下察觉到后工业时代曙光的唯一“先知”。对于联系当下的要求，我只能做到这些了。

再次谢谢庭长。请批评指正。

法官：刚才我们听到了热烈的掌声，这是本庭的第一朵庭絮，还有第二朵，那就是本庭的所有听者当事人都递交了发言申请。由于时间限制，我得动用我的法官权力了。王女士请。

王女士：谢谢。

士别三日，精进如斯，无愧于本庭两朵耀眼“庭絮”的编织者。因此，我建议本法庭应颁发第一张奖状，授予张先生“一级双栖学者”的光荣称号。

但是，对张先生的许多论点，我都不敢苟同。这里我只说其中的一点，那就是他的两点“顺便说”，其实不是顺便，而是郑重的。

两点之一不属于《全书》作者的“该拘者不拘”，乃作者有意为之。两点之二更不属于“不该拘者拘之”，因为“二生三四”乃是HNC认识论的精髓。

其实，“3类”与“3层级”在《全书》里都使用过。前者多用于撰写的前期，那是出于对现实的迁就；后者多用于撰写的后期，那是出于对未来的憧憬。

法官：刘女士请。

刘女士：刚才，我给出了生平最热烈的掌声。现在，我要发出一个生平最大的问号，它来自张先生的鸵鸟比喻。

这使我想起“浪子回头金不换”的成语，我觉得，在当下，在语言理解处理技术这个特殊领域，这个成语似乎不适用了，也许换成“浪子回头也枉然”更为合适一些。因为如果回头的浪子已过中年，他已经很难用现在的计算机语言体系写出HNC语言知识处理所要求的程序了。可是，任何时代的年轻人，不到中年是不会回头的，何况当下？我正是带着这个疑问，急忙赶去见老者前辈的，可惜依然带着疑问回来。张先生刚才气势如虹的发言，曾一度给我带来“金不换”的憧憬，但那只“鸵鸟”却把这个憧憬给叼走了。

张先生提出了文明整体视野这个概念，这很好，因为后工业时代需要这样的视野。但是，可以把文明整体视野与HNC视野割裂开来吗？HNC理论体系创立者曾一再申述，大脑奥秘的探索要从语言理解的奥秘入手，要以语言脑为突破口，不可能毕其功于一役。《全书》独特的撰写方式是对这一申述的回应。这个回应里存在不应有的失误是完全可能的，例如，语言生成在微超和语超里的巨大作用，显然被严重忽视了，但这样的失误和忽视不等于鸵鸟态度。

而且我认为，在大脑奥秘的探索中，在后工业时代文明格局的探索中，也许我们当下需要的正是HNC这样的鸵鸟，而不是快马。当然，如果张先生能把鸵鸟换成骆驼，那是再美妙不过了。但我的问题是：那骆驼存在吗？

法官：刚才两女士的发言，都超出了本次庭议的主题。因此，我决定停止对有关问题的讨论，也就是停止其他当事人的发言。下面，我进行3项测试，试题的内容非常简明，如下：你是否基本认同张、王、刘3位当事人的发言？可以反对或弃权。现在，请依次投票。

（投票过程约5分钟）

现在，宣布投票结果（表8-2）：

表8-2　智力法庭投票结果

当事人	基本认同	反对	弃权
张先生	7	0	3
王女士	6	0	4
刘女士	6	0	4

本法庭将休庭一段时间，何时继续，我们将同李先生商量。祝各位当事人永葆探索活力，后会有期。

注释

[*a] 最后一号玻色子的正式名称是希格斯玻色子，它关系到粒子物理学标准模型的终极描述，给出该描述的两位理论物理学家恩格勒和希格斯荣获了2013年诺贝尔物理学奖。

[*01] 这样的空位，HNC安置了3个，分别是“6”、“9”和“c”。

[*02] 指前文讨论过的HNCMT、MLB和LB。

[*03] 这位专业户大约是指《全书》里提到的哲学乌鸦先生。

[*04] 这里，张先生重申了他关于人均GDP增速曲线的修正主张，见[280-21]的注释[*07]。

[*05] 这里“无心”在《全书》里的说法是：“搬起石头砸自己的脚”与“无心插柳柳成荫”。

附　录

附录 1

《HNC（概念层次网络）理论》弁言

HNC 是 Hierarchical Network of Concepts（概念层次网络）的简称，是关于自然语言理解处理的一个理论体系。这个理论体系的基本思路与传统计算语言学理论有本质的不同，如下所示。

比较内容	传统方式	HNC
句子构成单元	短语	语义块
句子表述模式	句法树	句类物理表示式
每一模式的构成单元数量	不定	确定
模式总数量	不可穷尽	已穷尽
句子分析方式	句法分析	句类分析
分析所依附的基本知识	词性和句法成分	概念联想脉络
理解处理所运用的知识	句法知识为纲	句类知识为纲
知识表示方式	英语词语为主	HNC 符号，全数字化
词义表示	语义原语	HNC 符号
词义表示通用性	无，与语种有关	通用，与语种无关
知识库结构	单一	多层面
	复杂特征集	以概念层面知识为纲，以语言知识为目
语境	尚无对策	可自动生成
解模糊能力及语句合理性判断能力	弱	强，可接近常人水平
方法论	以综合与统计为主	以演绎和验证为主

从上面的对比可以看出，HNC 试图对立足于西方语法学理论体系的自然语言理解处理方案进行全面的改革，建立一种模拟大脑语言感知过程的自然语言表述模式和计算机理解处理模式。这当然是一项艰难的探索，甚至不是一代人的努力可以完成的。我从汉语以“字义基元化，词义组合化”方式构建新词（所以两千年来汉字只减不增）的独特语言现象受到启发，以充分基元化的约 1200 个汉字及其组合词语为素材，以建立概念联想脉络为目标，从自然语言概念体系表述模式的理论设计着手，开始这一漫长的探索。在第一步探索过程中，有幸发现了自然语言无限的语句可以用有限的句类物理表示式来表达。这是自然语言概念体系总体特征必然导致的结论。这个结论与传统认识大相径庭，因而也曾使我本人深感震惊，花费了三年的时间从各个侧面对此进行了验证。

句类物理表示式（简称句类）是对语句全局联想脉络的一种表达模式，分为基本句类、混合句类和复合句类三种类型。基本句类有 57 种一级子类，混合和复合句类各有 3192 种，汉语常用的混合和复合句类大约是 300 多种。这一组完备表示式的确定，是 HNC 联合攻关组（由中国科学院声学所、中国人民大学对外语言文化学院、北京语言文化大学语言信息处理研究所和中国科学院软件工程中心四个单位的有关专业人员组成）一年来取得的重大成果之一。

以上述语句物理表示式为基础的语句分析方式命名为句类分析。其基本过程是：第一步，进行语义块感知和句类假设；第二步，进行句类假设的合格性检验及合理性分析；第三步，对合格合理的句类进行语义块构成分析。

句类分析方式对汉语尤为适用，因为汉语拥有比较明确的语义块区分标志；汉语语义块的封闭性优于西语，像众所周知的“I saw a girl with a telescope near the bank”之类典型和普遍的语义块构成模糊，汉语是不存在的。传统汉语句法分析所遇到的基本困难，如述语动词的辨识，分词“瓶颈”，词性兼类现象的困扰等，句类分析都已形成行之有效的解决方案。句类分析软件的实现是 HNC 联合攻关组一年来取得的重大成果之二。

以上述语句完备物理表示式为基础的 HNC 知识库建设已从多年来的小作坊局面转变成符合现代高技术发展要求的规章齐备、分工精细、科学组装、质检完备的新阶段。这是 HNC 联合攻关组一年来取得的重大成果之三。

上列研究成果表明，HNC 理论预定的自然语言五项理论模式的探索，即

（1）自然语言概念体系的理论模式

（2）自然语言语义块和语句的理论模式

（3）句群和篇章要点的表述模式

（4）短期记忆和长期记忆的形成及其相互转换模式

（5）基于文字文本的计算机自学习模式

已完成了第一期目标：建立了前两项理论模式，实现了句类分析这一自然语言理解处理的全新方案。

这一阶段性成果应清华大学出版社之约，汇编成这部 70 万字专著：《HNC（概念层次网络）理论》。在这个基础上，HNC 联合攻关组拟定了一个远景发展目标和近期工作纲要。

远景发展目标是：让计算机能够像常人那样读懂自然语言的文字文本和听懂语音文本。这对于信息时代从当前的以数据处理为主的低级阶段向未来的以知识处理为主的高级阶段的转变和发展，显然具有决定性的意义。这一远景目标，过去一直处于“茫茫语海无舟渡”的困境，而现在可以说，出现了“蓦然回首可为期”的契机。为了实现这一远景目标，首先需要正式启动 HNC 预定的后三项理论模式的探索。这三项模式的共同问题同前两个模式一样仍然是概念联想脉络的激活、扩展、浓缩、转换与存储。这些联想脉络当然比语句层面的复杂得多，不可能用一组物理表示式来表达，但是，语句层面联想脉络表示式可构成事件联想脉络的基础。因为 57 组基本句类表示式并不是零散的各自独立的局域网络，而具有集群特征，在集群内部和集群之间都呈现出特定的交式和链式关联性。对这些关联性的揭示和表达是下一步理论探索的中心任务。

近期工作纲要主要是两个方面：一是检验句类分析能否在双向机器翻译方面产生理论上

预期的突破性进展。这一进展的标志是“先懂后译”，从而根本改变译准率徘徊于 70%左右的困境。二是检验句类分析在语音模糊消解及纠错方面的潜力。连续语音识别很难也没有必要做到 90%以上的首选正确音节识别率，听觉实验表明，人类听觉预处理也只能听清楚连续语音流中 70%的音节。计算机听懂语音文本的关键，当前已取决于后续理解处理系统的解模糊及纠错能力。

在机器翻译方面，首先要开展不同语种之间的句类偏好，从而导致句类转换的研究，其次要开展不同语种之间语义块构成方式习惯差异的研究，第三是建立相应语种的 HNC 语言知识库和语法知识库。句类分析可保证“看懂”前提的实现，因此，在上列两项研究和知识库建设取得一定成果的基础上，机器翻译可能会取得人们盼望已久的突破性进展。

在语音识别的理解处理方面，解模糊处理属于句类分析的常规项目，难点在于纠错。纠错的基础首先是语境的建立，语境提供句群或篇章的要点信息。在这一要点信息和句类表示式的引导下，运用它们所提供的预期信息，就有可能发现语音识别的个别音节错误，并确定隐含在错误音节后面的正确概念类别，这是对大脑语言感知过程可实现的适当模拟。这里，句段信息要点的预期和认定是理解处理的中心内容，它只涉及概念层面的操作，这个处理步调是关键性的。至于从概念层面到具体词语的转换，只是一个不难解决的具体技术问题了。

语境的自动生成在根本上依赖于上述三项待探索的理论模式的建立。不过，在获得并运用完善的理论模式之前，也可以依据语音流中一些关键词语的 HNC 映射符号，通过特定的统计方式得到一些简明语境类型，并将它应用于纠错处理。HNC 联合攻关组将从理论探索和统计方式两方面同时开展纠错处理的研究。

HNC 已取得的进展不过是万里征途的第一步。虽然航向已经确定，但探索的艰辛依然。我们热切期盼得到有关部门领导的支持和指导，得到有关领域专家的匡正与合作。

黄曾阳

1998 年 10 月

附录 2
《HNC（概念层次网络）理论》编者的话

无限和不确定的表现与有限和确定的本质

黄曾阳先生的专著《HNC（概念层次网络）理论》出版了。作为“HNC 联合攻关组”的一个成员和《HNC（概念层次网络）理论》一书的编者，我非常高兴，有许多话要说。

计算机要智能化，语言研究要现代化，语言学和计算机科学的结合是历史发展的必然趋势。为了顺应这一历史发展潮流，我作为一个积极和计算机科学相结合的语言研究工作者，经中国工程院资深院士陈力为教授和全国计算语言学专委会首届专委会主任鲁川教授的引荐，在中文信息界的许多朋友支持下，于 1986 年开始先后担任全国计算语言学专委会的专委和中国中文信息学会理事，相继参加了国内外有关信息处理的重大科研课题的研究，成为跨接语言学和计算机科学的语言研究工作者。近 10 多年来，我一直处在向中文信息界学习的过程中。通过学习，我认识到用流行在我国语言学界的“语素—词—词组—句子成分—单句—复句”这一套汉语语法学去解决汉语的理解问题是走不通的。为什么？几千年来，汉语语言学的传统研究主要集中在“字”的形、音、义上，相应建立了文字学、音韵学、训诂学。从 1898 年马建忠的《马氏文通》出版开始，汉语语法学中出现以西方语言学理论研究汉语的状况，并成为汉语语法研究的主流派。应该说，100 年来的汉语语法研究是有成绩的。但随着汉语语法研究的不断深入，愈来愈多的学者认识到，西方语言学理论总的来说是在形态语言的基础上建立起来的，汉语是非形态语言，用形态语言的理论去描写非形态的汉语，显然是不对路的。这种不对路的汉语语法研究成果当然就解决不了汉语信息处理的句法分析问题。要分词嘛，没有一个科学的词的定义，词的下面跟语素划不清界线，词的上面跟词组划不清界线。要标词性嘛，名、动、形的界限划不清楚，兼类问题解决不了，而且词类跟句子成分没有一一的对应关系，词性标注跟句法分析脱节。黄曾阳先生指出，信息处理用的词汇知识，必须下连网络、上挂句类，否则对计算机毫无用处。要分析句子成分嘛，主、谓、宾、定、状、补划不清楚。要分析句型嘛，首先就划不清楚单句和复句的界限。这不是我国语言学家和语言信息处理专家无能的表现，而是汉语语法研究的路子不对造成的。我国著名的老一辈语言学家张志公先生在 20 世纪 90 年代初提出，应该有勇气打破强加在汉语头上的印欧语的语法框架，创立一套适合汉语特点的语法体系。为此，志公先生提出了初步的设想。我曾试图努力落实志公先生的设想，但感到力不胜任。我于是考虑：适合汉语特点的语法体系创立出来之前能否抛开现有的语法学另辟汉语理解的蹊径呢？正在这个时候我有机缘接触到 HNC 理论。HNC 理论引起我的注意，首先是因为它完全摆脱了我国现有的这套语法学的束缚，而从语言的深层入手，以语义表达为基础，为汉语理解开辟了一条新路。经过一番学习，我进一步认识到 HNC 理论提出了可供工程实现的完整的自然语言理解的理论框架，它是一个面向整个自然语言理解的强大而完备的语义描述体系，包括语句处理、句群处理、篇章处理、短时记忆向长时记忆扩展处理、文本自动学习处理。目前，已赢得了语句理解的突破，并正在产品化。

自然语言理解的发展主要围绕三个方面：①自然语言的表述和处理模式；②自然语言知识的表示、获取和学习；③研制开发自然语言的应用系统。其中，自然语言的表述和处理模式是根本，它决定着整个自然语言理解的方向和进程。黄曾阳先生经过八年的艰苦探索，在决定自然语言理解方向和进程的这一根本问题上提出了三大理论要点：①要把自然语言所表述的知识划分为概念、语言和常识三个独立的层面，对不同层面采取不同的知识表示策略和学习方式，形成各自的知识库系统。知识库建设的首要目标应定位于自然语言模糊消解，这是 HNC 理论对迄今为止的知识库建设进行总结后得出的论断。②建立网络式概念基元符号体系，即概念表述的数学表示式。这个符号体系或表示式应具有语义完备性，能够与自然语言的词语建立起语义映射关系，同时，它必须是高度数字化的，每一个符号基元（每个字母或数字）都具有确定的意义，可充当概念联想的激活因子。这个符号体系就是 HNC 理论设计的三大语义网络及五元组和概念组合结构等，它是计算机把握并理解语言概念的基本前提，称为局部联想脉络，是 HNC 理论的基本内容之一。③建立语句的语义表述模式，即语句表述的数学表示式。这一模式的完备性应表现为可表述自然语言任何语句的语义结构。为表述自然语言语句的语义结构，HNC 理论提出了语义块和句类的概念，在此基础上形成的句类格式就是语言的深层结构，它是语句分析的基点，称为全局联想脉络，是 HNC 理论的另一基本内容。以上三大理论要点，正是 HNC 理论在自然语言表述和处理模式上赢得突破性进展的表现。下面试进一步具体论述：HNC 是如何在上述三大理论要点的基础上赢得语句理解的突破的。

首先，解决了一个正确的定位问题。什么叫“理解”？不同的学科有自己特殊的认识。人工智能界多年来对“自然语言理解”的“理解”贪大求全，妄图一步登天，企求使计算机一下就能像人脑一样去理解语言。人脑异常精密复杂，其皱褶的全部表面约有一张报纸大，却拥有大脑（含 90%脑组织）、小脑（与肌肉协调有关）、脑干（长约 75 毫米却含有控制“自律”功能的神经中枢）。人脑由 150 亿至 180 亿个脑细胞组成，恰似人体司令部。在现阶段就要求计算机像人脑一样去理解语言当然就不可能实现。黄曾阳先生总结了这方面的经验教训，提出“消解模糊”作为“自然语言理解”初级阶段的标准，并认为口语有五重模糊：发音模糊、音词转换模糊、词的多义模糊、语义块构成的分合模糊、指代冗缺模糊，书面语只有后三重模糊。这五重或三重模糊的消解可进一步概括为“多义选一”的能力。“多义选一”是世界计算语言学的一个重大难题，也是人脑和计算机理解自然语言的首要任务。我认为 HNC 理论的这个定位至关重要。全世界研究自然语言理解近半个世纪，直到最近的八年才由黄曾阳先生找到正确的定位，那就是在自然语言理解的万里征途中以“消解模糊”作为坚实的第一步。

其次，创立了“消解模糊”的理论。创立一种理论首先要确定基本思路。什么是 HNC 理论的基本思路呢？HNC 理论的目标是建立一个模拟人类语言感知过程的理论模式。人对语言的理解本质上是一种认知行为，如果能描述大脑认知结构的具体模式，计算机就可以运用该模式对自然语言进行理解处理。HNC 理论把人脑认知结构分为局部和全局两类联想脉络，认为对联想脉络的表述是语言深层（即语言的语义层面）的根本问题。局部联想是指词汇层面的联想，全局联想是指语句层面的联想。HNC 理论的出发点就是运用两类联想脉络来“帮助”计算机理解自然语言。所以，用一句通俗的话来说，HNC 理论就是“帮助”计算机懂得人类语言的一种理论。这就是 HNC 理论的基本思路。从这一基本思路出发，能否设计好两类联想脉络就成为 HNC 理论成败的关键。

HNC 理论是怎样设计局部联想脉络的呢？自然语言的词汇是用来表达概念的，因此，HNC 建立的词汇层面这一局部联想脉络体现为一个概念表述体系。该表述体系是：概念分为抽象概念与具体概念，侧重于抽象概念的表达，对具体概念采取挂靠近似表达方法。外部特征和内涵是概念的两个基本特征，没有这两个基本特征便不成其为概念。HNC 理论对抽象概念的外部特征采用五元组来表达，对抽象概念的内涵采用网络层次符号来表达。其网络层次符号包含三大语义网络：基元概念语义网络、基本概念语义网络和逻辑概念语义网络。HNC 的五元组符号和三大语义网络的层次符号以及概念组合结构符号组合起来就可完成对抽象概念的完整表达，从而为计算机理解自然语言的词义提供了有力的手段。

HNC 理论又是怎样设计语句这一全局联想脉络的呢？语句联想的主要内容是语义块和句类两根支柱。语义块是句子的语义构成单位。主语义块 4 种，辅语义块 7 种。句类是句子的语义类别。有 7 个基本句类，它可构成 36 个混合句类。语义块和句类理论的基本论点是：语义块为句类的函数。语义块和句类的这种函数关系具体体现为句类格式。句类格式是指一个句子的主语义块的排列顺序。以句类格式为基点的语句分析叫做句类分析。基于 HNC 理论的句类分析，既不是基于规则的推理，也不是基于语料库的统计，而是用语句的物理表示式激活语句的全局联想脉络，黄曾阳先生认为这正是人脑感知语言过程的模式。

以上情况表明，HNC 理论科学地、成功地完成了两类联想脉络的设计。局部联想脉络和全局联想脉络不是彼此孤立的、割裂的，而是紧密相连的。连贯两类联想脉络的链条是作用效应链，这是 HNC 理论的理论基础和最伟大的创造。什么是作用效应链？作用，是指对事物产生影响；效应，是指作用产生的效果。概念层次网络理论认为，作用存在于一切事物内部和相互作用之中。作用必然产生某种效应。作用是源头，效应是结果。作用是事物发展变化的起因，效应是作用导致的结果。在达到最终的效应之前，必然伴随某种过程和转移；在达到最终的效应之后，必然出现新的关系和状态。过程和转移、关系和状态也是效应的一种表现形式。一个作用效应流程完成以后，新的效应又会引发新的作用，新的作用又会产生新的效应。如此循环往复，乃至无穷，这就是宇宙间一切事物存在、发展和消亡的基本法则，也是语言表达和概念推理的基本法则。句子的语义由“v”概念即语句核心的概念来表示，这与美国计算语言学家山克（Schank）的概念从属理论（conceptual dependency theory）是一致的。可惜山克只主要考虑了“转移”类概念，他没有找到描述自然语言中“v”概念的完备集合，而 HNC 的作用效应链形成了这样的完备集合，完整地提出了“作用-效应-过程-转移-关系-状态”等6个环节，而且这6个环节形成一条链，这就叫作用效应链。它反映了一切事物的最大共性。自然语言的主要内容就是对作用效应链的6个环节进行局部和总体的具体表述，作用效应链揭示了语言表达的深层要素，形成了对自然语言进行总体表述的完整体系。它可以对任何语言的任何语句进行语义分类，并加以描述。

为使消解语句模糊的HNC理论得以工程的实现，黄曾阳先生设计了句类分析系统，开创了一条全新的语句理解的技术路线，那就是：从语义块感知和句类辨识入手，靠句类分析“消解模糊”。什么是语义块感知、句类辨识和句类分析呢？拿到一个语句，首先寻找表示“v”概念的词，并把它假定为特征语义块即语句的核心，据此判定整个语句的类别，这就是语义块感知和句类辨识。然后在句类知识的指导下进行语句合理性检验，这就是句类分析。如若检验成功，则句子理解正确，语句模糊即可消解；如若检验失败，则再做另外的假定和检验。在句类分析过程中，句类知识起着控制全局的指导作用，是“消解模糊”的最有力的武器。

总而言之，HNC 理论之所以能赢得语句理解的突破，是因为它冲破了语句理解道路上的重重障碍。计算机理解语句，首先要抓到语句的核心。汉语的语句核心没有形态标志，拿到一个汉语的句子，计算机如何能抓到句子的核心呢？计算机如何处理带有两个以上语句核心（连动式、兼语式）的语句呢？这是汉语信息处理的一个老大难问题，这里的后一个问题也是菲尔墨的格语法无法解决的问题，HNC 理论终于突破了这道难关。抓到了语句核心之后，又面临着一个对语句核心用什么标准来分类的难题，HNC 理论用黄曾阳先生独创的作用效应链来给语句核心分类，因而也终于把语句核心分类这一难题解决了。对语句核心进行分类以后，又面临一个如何使语句核心和整个语句串通起来的难题，HNC 理论用语句核心的性质来给语句定类，什么样的语句核心就决定有什么样的句类，于是又把语句核心和整个语句的串通问题解决了。句子的语句核心和整个语句串通起来以后，HNC 便采取智能调度的举措，在句类的控制下进行语义块构成的分析。不同的句类有不同数量的语义块（语句的数学表示式）和不同性质的语义块（语句的物理表示式），由于句类又是有限的和确定的并具有覆盖自然语言语句全貌的功能，这样就解决了菲尔墨的格语法不知道有多少个格和不知道有多少类格框架等一系列的难题。在分析语义块的过程中，HNC 理论又把分词问题解决了。按传统的句法分析，分词是“瓶颈”；按HNC的句类分析，分词变成了句类分析获得成功时的水到渠成的“瓶底”。HNC的句类分析之所以能冲破上述这些语句理解道路上的重重障碍，是因为HNC理论创立了局部联想脉络和全局联想脉络。这两个联想脉络透过自然语言无限和不确定的表观现象，抓到了沉淀在语句深层的有限和确定的本质，这就是HNC在词汇和语句层面的两个“完备”，即概念描述体系的“完备”和句类体系的“完备”。由于有了这两个“完备”，就赢得了语句理解的第一步。

自然语言理解，这是几十年来未能攻克的世界性重大科学难题。迄今为止，许多语言信息处理系统和产品多是基于统计的，例如，输入计算机时反复出现“完成”与“任务”相连，计算机便能反应出“完成任务”为正确搭配。然而，这并非建立在对语言理解的基础上。15年前，日本花费巨资搞了一个第五代计算机（又称智能计算机）计划，其中一个重要目标就是使计算机能理解人类语言，结果未获成功。美国微软公司1998年计划投入26亿美元，用于开发三项软件技术（自然语言理解、图像识别、三维图形设计），自然语言理解是所要开发的首要技术。由此可见，HNC 理论在语句理解上赢得的突破，对我国在高新技术领域的国际竞争具有重大的意义。

HNC 理论具有巨大的应用潜力和广阔的应用前景。多年来，在人工智能的许多应用领域没有重大的进展，其中一个主要原因就是自然语言理解未能获得根本性的突破。HNC 理论在语句理解上赢得的突破，将使机器翻译、电话翻译、人机对话、智能检索、自动文摘等语言处理的各个领域获得实质性的重大进展，并为我国创新语言信息产业带来曙光。令人可喜的是，为了 HNC 理论的产品化，在中国中文信息学会理事长、中国工程院资深院士陈力为教授和全国人大常委会副委员长、著名语言学家许嘉璐教授的积极推动下，近一年来组成了“HNC 联合攻关组”。这一“联合攻关组”包括中国科学院声学研究所、中国人民大学对外语言文化学院、北京语言文化大学信息处理研究所、中国科学院软件工程中心等单位。他们正在为 HNC 理论的产品化而紧张地工作。“联合攻关组”一年多来的研究实践充分证明，HNC 理论的发展和应用存在着巨大的潜力和广阔的前景。HNC 理论建立的语言表述和处理模型应该成为中华民族的财富，应该以它为基础开创我国的信息产业。

黄曾阳先生 50 年代毕业于北京大学物理系理论物理专业之后，在中国科学院声学研究所从事水声学和信号处理研究，搞智能探测；后转向研究语言声学。在多年的声学研究实践中，他体会到对语声只进行声学分析是远远不够的，还必须加上理解处理。要理解就涉及到语义问题，势必要进行信息处理用的语义研究，这就使他走上了研究自然语言理解的道路。黄曾阳先生在创立 HNC 理论的过程中，在外国的语言学理论和计算语言学理论中得到了有益的启示，诸如乔姆斯基的语言深层结构理论、奎廉的语义网络理论、山克的概念从属理论、菲尔墨的格语法。由于他是我国著名音韵训诂学家黄侃的侄孙，是我国著名音韵训诂学家黄焯的公子，他又从家学的传统语言文字研究成果中吸取了丰富的营养，如汉语的“字义基元化，词义组合化”便给了他很大的启示。全国人大常委会副委员长、著名语言学家许嘉璐教授对黄曾阳先生这一中外合璧，特别是弘扬祖国语言文字研究优良传统的研究路子极为赞赏，几年来多次和黄曾阳先生及 HNC 课题组成员进行学术研讨，最近一年许先生则更热情地大力支持 HNC 理论产品化的研究。

“联合攻关组”计划在研制产品的同时，出版一部 HNC 理论的专著。由于黄曾阳先生忙于指挥语句理解产品化的工程和其他处理层面的设计研究，短期无暇顾及专著的撰写，我便提出将现有的论文汇编成书的建议。我的这一建议得到黄曾阳先生的赞同，同时得到中文信息学会理事长、中国工程院资深院士陈力为先生和中文信息学会秘书长曹右琦女士的热情鼓励，特别得到清华大学出版社的大力支持。我将全书分为正文和附录两部分。黄曾阳先生写的论著为正文，附录是黄曾阳先生的两封学术函件和他的同事或学生（硕士、博士）研究和评介 HNC 理论的论文。正文和附录互为补充，相辅相成，相得益彰，以构成一个整体。

《HNC（概念层次网络）理论》的读者对象主要是人工智能、语言信息处理、语言研究等领域的专家学者、研究生、本科生以及其他高新技术的研究者和工作者。谨希望本书的出版对整个自然语言理解和中文信息处理的研究能起到促进作用。

从黄曾阳先生为本书写的“后记”中可以看到，书中的论文是 HNC 理论创立过程中的不同阶段撰写的。为了保存历史的原貌，在这次结集时，有些论文不作过多的修改。由于本书各个部分是分头独立撰写的，因此，为了确保每篇论文的完整性，有些内容可能同时出现在不同的文章里。除此之外，还可能存在著者和编者未能发现的各种不足之处，热诚希望专家学者和广大读者多多包涵和不吝雅正。

林杏光
1998年8月
于中国人民大学

附录 3
《HNC（概念层次网络）理论》后记

在创立 HNC 理论的过程中，曾五次进行过阶段性总结。

第一次是 1992 年下半年，围绕着基元概念的 13 个一级节点、基本概念和语言逻辑，共写了 15 篇专文，另外有一些关于知识库的短文和传统语言学的短评。这批稿子都是手写的。当时很穷，个人计算机很少，虽然我们拥有自己发明的使用极为方便的汉字输入方法——硕士卡，可是我个人还不具备享受这一成果的条件。这批手稿都已荡然无存，打印稿也残缺不全。这是 HNC 理论青年期的文字，锐气有余，深度不够，无存损失不大。

第二次是 1993 年冬到 1994 年夏，是预定“闭关”十年的暂休时间，写了《HNC 理解处理问答》，试图系统阐述 HNC 对自然语言理解处理的总体思路和方案。大部分仍然是手稿，小部分是我自己直接在计算机上写的。共有几问几答，已没有确切的数字了。这是 HNC 理论进入成熟期的文字，有点保存价值。感谢张全博士，他保存了比较完整的打印稿。这次把这批稿子以原貌整理成文并编入本书，其中必然有应该淘汰甚至错误的东西，但一定要保存这些反面的印迹，因为它们对于 HNC 未来探索的参考价值，或许超过正面印迹。

第三次是 1994 年冬到 1995 年春末，写了《语义学日记》，试图通过对具体概念节点及其反映射汉字的阐述，剖析各局部联想脉络的内部结构和外部连接，并希望通过这一写作方式再次进入“闭关”状态。原文都是在荧屏前写的，没有手稿，也没有全部打印。当机内原始文件毁于一次机器事故时，因当时心情很坏，也没有及时采取补救措施，例如搜集和保存组内的拷贝文件及已打印稿件。这一损失是不堪回首和难以弥补的。这次仅找到残存的一小部分内容以“语义学日记选录”为题编入本书。

以上三次都只是为内部需要而写，为了让我当时的研究生和助手了解 HNC 的来龙去脉，为他们牵线搭桥，期望他们按照 HNC 的思路去勇敢地探索自然语言理解处理的新路。

第四次是 1995 年秋，由于马雄鸣先生的鼓励，开始产生走向社会的意识。拟定了一个《HNC 论文选集》的写作计划，预定 21 篇，其中部分论文此前已有初稿或写就，目录如下：

*1　　自然语言语义网络的基本构成及其特性
*2　　自然语言的深层结构及句类分析
*3　　HNC 自然语言处理系统的基本框架
{4}　　解模糊及纠错处理

5	关于汉语词库结构及汉语文本表示的建议
*6	概念知识和语言知识
*7	关于汉语 HNC 知识库的建设
{8}	汉语音节感知库及字义库
9	汉语的层选处理
[10]	汉语的新词辨识
*11	语义块的切分组合处理
[12]	理解处理的环境仿真
[13]	双向及多语种互译问题初探
*14	作用、效应句的句类知识
*15	作用反应句及作用承受句的句类知识
16	过程句的句类知识
*17	转移句的句类知识
18	关系句的句类知识
19	状态句和基本判断句的句类知识
{20}	一般判断句的句类知识
*21	混合句的句类知识

但这个计划没有全部完成。其中，带[]号的 3 篇仅有提纲，带{}号的 3 篇仅有初稿，实际完成的只有 15 篇。这批论文当时都以 Paper 命名，以区别于过去的《HNC 理解处理问答》及其他。对这批稿件，刘志文先生承担了文稿的校订、编辑和打印，最后形成《HNC 理解处理论文选录》的繁重工作，杜燕玲女士主持了 Paper5 的写作，并参加了 Paper19 和 Paper21 两文的起草工作。本书选用了带“*”的 10 篇。Paper5 放在附录中。

随着鼠年“九五”的来临，HNC 开始时来运转。先是国家语委主任许嘉璐教授对汉字拼音智能输入项目的安排，并表示对 HNC 理论寄以厚望，这不仅使当时面临解体之灾的 HNC 小组得以生存下去，而且给这项研究送来了极大的精神鼓励。接着是中科院高技术局主持了对 HNC 理论（以《HNC 理解处理论文选录》为依据）的专家评估会议，并继而把 HNC 列入国家计委“九五”攻关项目的申请专题，使 HNC 在中文信息处理领域开始有了一席之地。HNC 的漫漫长夜终于出现了希望之光。

《HNC 理解处理的 52 个论题》(简称《论题》系列)，是 HNC 的第五次阶段总结，预定三个月写完。中心目标是阐述 HNC 技术实现的策略，兼及 HNC 思路的形成过程。《论题》序列分为 8 组，第一组从论题 1~5，讨论 E 语义块感知；第二组从论题 6~12，讨论广义对象语义块、辅块和短语的感知；第三组从论题 13 到 17，试图从知性的高度阐述语句表示式的来龙去脉，以期有助于提高 HNC 攻关组，主要是句类分析设计者的理论水平；第四组从 18~20，讨论句类转换；第五组从 21~24，讨论汉语特有的音节感知处理；第六组从 25~34，是整个《论题》的核心，讨论句类假设检验及语义块构成处理的基本策略，包括知识运用的基本策略；第七组从 35~39，讨论语义距离计算的有关问题；第八组从 40~51，试图用小散文的形式，而不是论文的形式阐述 HNC 的一些重要概念，以期有助于提高 HNC 联合攻关组，主要是知识库建设者的理论水平。

《论题》写作之初定下了两条原则，一是急用先写，二是抛砖引玉。这两点的直接对象都是 HNC 联合攻关组，而不是一般读者。“急用”之作主要是服务于句类分析技术的提高和完善。“引玉”之作的本意则是出题目，活跃联合攻关组成员的思路，激励他们的写作热情。

由于身体状况欠佳，《HNC 理解处理的 52 个论题》的写作计划骤然终止，目前仍力不从心。略感宽慰的是，“急用”部分所缺甚少，未写或仅有提纲的论题只能有待于他日。然而，更期望由战友们来完成，题目仅仅是题目而已，不是专利，我的这一期望绝对是真诚的。

HNC 联合攻关组是 1997 年 3 月 3 日成立的。这是一个值得纪念的日子，它标志着 HNC 从小作坊时期进入了符合现代要求的发展时期。陈力为院士、许嘉璐教授、林杏光教授、张普教授和中科院桂文庄局长为促成这一转变起了决定性作用。特别是林杏光教授以其全部学术精力投入了 HNC 联合攻关组的工作。他作为一个跨接语言学和计算机科学的语言学家，以其广阔的视野和敏锐的目光，从 21 世纪语言信息科学和语言信息产业发展大势的高度出发，为联合攻关组规划了远景发展目标，制定了近期工作纲要，采取了一系列重大举措，本书的出版就是其中之一。

本书反映了 HNC 预定建立的自然语言五层面理论模式（见弁言）中前两个模式的研究成果。这一成果为后续三个理论模式的探索奠定了基础。这两个理论模式的基本结论可概括成一句话：自然语言无限的语句可以用有限的语句物理表示式来表达。

这个结论是 HNC 第一理论模式的推论，是在 1992~1993 年之交确定的。对这一推论，一方面我深信康德的“自然的最高立法……在我们的知性之中”的名言，另一方面，又深知不能违背“实践是检验真理的唯一标准”的科学论断，自然语言更应如此。然而，大规模进行这一实践检验所需要的技术条件，在当时看来是极为渺茫的，只能采取人工方式。于是，决定从“闭关”状态中休整一下，进行这一验证工作。这项工作断断续续持续了三年之久。这里应该特别提到杜燕玲女士，她不辞繁琐，为此付出了艰辛的努力。但我们从她收集的语句中未曾发现一个不能用句类物理表示式进行分析的句子，这使我们感到欣慰。

一个普通而天然的疑问必然在人们的心中徘徊：自然语言无限的语句能用有限的物理表示式加以表述么？对有限语句未发现“例外”，就能肯定上述推论么？这违反逻辑论证的基本原则。

当然，在严格的意义上，对上面的推论，应该像对许多著名的数学猜想那样作严格的证明，这确实是必要的。但这不是自然语言理解处理当前的急需。重要的是，HNC 开拓了一条模拟大脑语言感知过程的新路。这条新路的路基就是**有限的基本句类和混合句类的物理表示式**。同时也应该清醒地看到，目前终究还仅仅是一个路基，在这个基础之上的上层建筑是一个浩大的系统工程。《HNC 概念符号体系手册》和《HNC 句类知识手册》的编定，HNC 句类分析技术的完善，HNC 六类知识库对汉语和其他大语种的全方位建设，都还需要付出极大的努力。至于 HNC 预定的关于句群与篇章、记忆与学习理论模式的探索和建立，HNC 九大处理模块尚未着手部分的设计和实现，仍然需要知性的弘扬和创造的艰辛。

前几天，张全博士请我为HNC产品的窗口画面写一首七言律诗，我很支持这个想法，于是欣然命笔，现转录如下，作为本书后记的结束语：

科技朝霞起人西，东方长协失先机。
汉语神奇寓真谛，当仁不让领红旗。

黄曾阳
1998年8月30日

附录 4

《语言概念空间的基本定理和数学物理表示式》序言

2003 年 9 月中科院声学所和北京大正语言知识处理研究院联合举办了第二届 HNC 与语言学研讨会，我在会上作了“在反思中前进，在碰撞中成长”的发言，会后将发言稿整理成 48 000 字符的同名长文。在会议论文集行将出版的时候，论文集主编之一杜燕玲副研究员建议我将该文和我近年应邀所写的另外 4 篇论文合成一本小册子一同出版。我非常感谢并欣然接受杜主编的这一建议，并将这本小册子定名为“语言概念空间的基本定理和数学物理表示式”。

在接受建议并给小册子定名的同时，我心里也十分忐忑不安。因为这一次在一定程度上似乎又在重蹈《HNC 理论》出版过程的覆辙。但《HNC 理论》有《HNC 理论导论》的弥补，相信这本小册子将来也会有相应的弥补。因此，我就决心再次献丑了。

所有的自然语言空间（据说，当今世界上还存在 6000 种之多）对应着同一语言概念空间，这是 HNC 理论的第一基本假设。语言空间各有自己的个性，语言研究固然需要面向这些个性，但更需要面向语言空间的共性。更具体地说，对那些寓于个性之中的共性的研究才是语言本体的研究。一个常见的认识误区是：以为语言本体的研究就是思维的研究，这两者是不能画上等号的，语言本体只是思维的一部分，语言是“思维的外壳”这一著名论断实际上应加上“之一”二字，因为无比丰富的数学符号、图形符号、艺术符号都是思维的外壳。因此，必须承认，语言概念空间只是概念空间的子空间之一，此外，至少还有形象、情感、艺术、科学等概念空间。建立所有概念空间的统一理论是哲学的任务，这一任务的艰巨性甚至大于物理学的统一场论。认知科学的探索者已经体会到这一探索的艰辛，于是主要采取狐狸式探索，因为他们认为，刺猬式探索在此必然是徒劳无功。但是，如果把研究目标局限于语言概念空间，是否会出现峰回路转的新局面？

这本小册子希望对这个基本问题给出 HNC 的初步答案。

这个初步答案集中体现在“反思与碰撞”一文所阐释的“概念无限而概念基元有限、语句无限而语句概念类型（句类）有限、语境无限而语境单元有限”这一基本论点里，或简称“3 限说”。整个 HNC 理论体系的构架是以“3 限说”为基础而展开的。概念基元的有限性可称为 HNC 第一定理，句类的有限性可称为 HNC 第二定理，语境单元的有限性可称为 HNC 第三定理。该文并未使用定理一词，而是把它们作为 3 项需要进行求证的假设来对待。

按成文的时间顺序来说，最早的“语句理解”一文是对第二定理的论述，同时提出了翻译引擎基本原理的研究方向；第二篇“发展与展望”是对第一和第二定理的系统论述；第三篇“语义概念体系”侧重于第一定理的论述；第四篇“语言学基础”触及3个定理的全部核心科学问题；最后一篇“反思与碰撞”则侧重第一和第三定理的论述，并对HNC理论体系最近6年的发展做了一个全面的概括。因此，编者将此文列为这本小册子的首篇是合理的。

“反思与碰撞”一文给出了语言概念空间的4组表示式——（HNC1）、（HNC2）、（HNC3）和（HNC4），其中的（HNC1）是概念基元空间之根概念的数学表示式，（HNC2）是句类空间的数学表示式，（HNC3）是语境单元空间的数学表示式，（HNC4）是语境空间的数学表示式。但应该说明：后两个表示式实际上也是相应语言概念空间的物理表示式。至于句类空间的全部物理表示式请参看苗传江博士所著的《HNC理论导论》。这些物理表示式还需要扩展它的符号功能，这项工作的进展将在《HNC探索与实践》网络季刊里即时报道。

以上列4组表示式为依托，“反思与碰撞”一文提出了交互引擎的概念，描述了实现交互引擎的3项理论工程、4项技术工程和1项基础工程。交互引擎研究与开发在后工业时代占有特殊地位，它的实现已经不再是一个不切实际的梦想了。这是一个重要信息，也是这本小册子希望向读者传达的基本信息。

最后，作者要向海洋出版社表示最深切的谢意和最钦佩的敬意。谢意而最是因为主事者对我这个已脱离海洋科学战线15年的老朋友依然给予特殊关照与支持，敬意而最是因为主事者同意这本小册子采用作者建议的逗号改革方案。现代汉语逗号的语言功能太多，但众多功能中的小句标记与非小句标记之区分对语句理解处理至为关键，如果逗号仅用于小句标记，而把其他标记功能一律以空格替换，则对于汉语理解处理将产生功德无量的效果。空格是汉字的潜在财富，汉字改革的一些先行者曾经意识到这一点，并建议用于分词标记。这一建议也许由于汉语分词本身就存在众多难题与争议而未获实行，但空格用于逗号改革则简单易行，作者已实际使用了多年，并在HNC内部读物中流行。这一次，海洋出版社接受作者的请求，打破常规，开历史之先河，在正式出版物中第一个试用这一方案，这一举措使作者感受到主事者的战略眼光，无限钦佩之情在多年备受冷落之后不禁油然而生。

黄曾阳

2004年3月1日

附录 5

《语言概念空间的基本定理和数学物理表示式》编者的话

本书是《HNC（概念层次网络）理论——计算机理解自然语言研究的新思路》（清华大学出版社，1998 年出版。以下简称《HNC 理论》）的续篇。

HNC 理论是关于自然语言理解的一个理论框架，由中国科学院声学研究所黄曾阳研究员创立于 1993 年。该理论的创立者突破西方语法学和我国传统语法学的束缚，独辟蹊径，坚持通过语言概念空间研究语言现象，揭示了语言概念空间的四层级结构，给出了语言概念空间四层级符号体系的数学物理表示式，并以此为基础形成自然语言理解处理的交互引擎技术。

已故中国工程院院士陈力为先生在《HNC 理论》的题词中写道：HNC 所走的以语义表达为基础的新路子，对突破汉语理解问题尤其有实际意义。林杏光先生在“编者的话”中这样评价这条新路：“它完全摆脱了我国现有的这套语法学的束缚，而从语言的深层入手，以语义表达为基础，为汉语理解开辟了一条新路。”HNC 理论已成为中文信息处理的三大流派之一，这是著名语言学家许嘉璐副委员长在《现状和设想——试论中文信息处理与现代汉语研究》一文中对 HNC 理论的评价。著名哲学家中国人民大学黄顺基教授在《HNC 理论和科学哲学的关系》一文中评价 HNC 理论“在科学上为认知科学、语言学与人工智能的研究提供了一个全新的理论框架”。中国计算语言学专业委员会第一届主任鲁川先生，在《有关“科学”和“语言”的畅想——浅谈 HNC 的学科定位》一文中写到，HNC 是自然科学跟人文科学交叉的新兴“智慧科学”的一个典型代表。

HNC 理论的总体架构也可以划分为语句理论和篇章理论两部分，每一部分又包含两个理论模式。《HNC 理论》仅涉及语句理论部分，本书则主要涉及篇章理论部分。如果说 1998 年出版的《HNC 理论》是这条新路第一阶段理论探索历程的总结，那么，本书则是 HNC 第二阶段理论探索基本完成的标志。

篇章理论两模式的建立历经了整整 10 年时间。最初，黄先生认为段落和篇章的联想脉络远比语句层面复杂，“不可能用一组数学物理表示式来表达”，同时还要建立一种计算机记忆和自学习模式。直到 2001 年，萌发了“领域句类”的概念，多年的茫然才出现了转机，语境无限而语境单元有限的概念豁然来临，语境单元和语境框架的数学物理表示式水到渠成，记忆与学习机制自然而然地融进语境单元和语境框架这两个模式的相互转换之中。

这里应该向读者说明的是，《HNC 理论》中阐述的前两个理论模式现正式命名为概念基元模式和句类模式。概念基元模式的符号体系由高层概念网络和概念延伸结构构成。《HNC 理论》主要给出了高层概念的描述，而本书引进了概念范畴、概念林、概念树、根概念这四个新术语，从而更清楚、更准确地描述了高层概念的有限性和层次性。延伸结构由中层概念基元和底层概念基元灵活地组成，从根概念开始的延伸结构主要描述概念的网络特性。

黄曾阳先生在本书中大胆地提出，概念延伸结构采用的“符号再抽象原则”也许就是大脑理解自然语言的核心机制或奥秘，人脑对词语、语句、句群和篇章理解的运作原理（即交际引擎运作原理）就是基于本书给出的四组数学物理表示式。如果计算机配置四层级符号体系，并形成基于四组表示式的三级提升技术，那么，它就可以实现对交际引擎的模拟，具备理解自然语言的功能。

著名的英国物理学家和生物化学家弗朗西斯•克里克教授，曾勇敢地选择了视觉处理作为研究大脑奥秘的突破口，并在 1994 年发表了著名的《惊人的假说》，他认为这一困难的且具有极大魅力的研究课题任重而道远。黄曾阳先生选择语言理解作为研究人脑理解机制的突破口，并创立了 HNC 理论，这一选择是网络时代的呼唤更有力的响应。基于该理论的交互引擎有可能诞生于在中华大地，这将是一项对网络时代产生深远影响的重大技术发展。

在 HNC 理论框架完成以后，黄先生应该撰写一部专著，以便系统地、全面地阐述 HNC 理论，但黄先生正在把主要精力转向三部手册这项巨大的理论工程。于是，我建议出版一本介绍 HNC 篇章理论的小册子，并得到了黄先生的同意和支持。在 HNC 理论探索的过程中，黄先生一直笔耕不辍，共写下了约 120 万字的九个专题序列，1998 年出版的《HNC 理论》只是其中四个专题的一部分。1999 年以后撰写的论文序列有《自然语言理解处理的 20 项难点及其对策》、语境研究和语料标注序列、HNC 机器翻译序列、《概念基元符号体系手册》的论述序列和 HNC 理论序列。本书选取了 HNC 理论序列的五篇论文，它们集中反映了近五年来 HNC 理论研究的最新成果。

由于上述文章的写作时间不同，对同一个概念会出现不同的描述术语，虽然保存了探索过程的原貌，却会给一些读者带来不便。另外，由于编者本人的水平有限，时间比较仓促，还可能出现这样或那样的不当之处，敬请专家和学者多多谅解并不吝指正。

杜燕玲

2004 年 6 月 26 日

附录 6

《HNC（概念层次网络）理论导论》序言

阅苗传江的《HNC（概念层次网络）理论导论》待出版稿。序如下。

HNC 的第一本专著 1998 年出版以后不久，陈力为先生和林杏光先生都清晰而强烈地意识到必须再出版一本 HNC 的教程性著作。两位先生还不约而同地认为苗传江博士（当时还是在读博士，下文将简称苗博士或作者）是承担这一工作的最佳人选，于是多次鼓励苗博士勇挑这一重任并面授机宜。苗博士没有辜负两位先生的厚望，经过 4 年的努力，这本书终于问世了。两位先生的在天之灵一定深感欣慰。

《HNC（概念层次网络）理论导论》全面、系统地阐释了 HNC 理论、技术和知识库建设三方面的要点与特色，完全符合 HNC 教程的要求。达到这一要求是有很大难度的，因为这一教程性的“导论”不是一般性的文献综述，需要创造性的再思考与实践。该书既是理论再思考的结晶，又是工程实践理论提升的样板。该书的上篇带有理论再思考的鲜明印记，读者可以从中清晰地看到 HNC 的全貌。其中关于特征语义块核心 Ek 复合构成的论述（pp56-57）和广义对象语义块构成必须引入内容基元 C 的论述（pp40-42）尤为突出。该书的下篇是 HNC 工程实践理论提升的生动体现，它是作者博士论文的扩展，读者从中可以感受到 HNC 知识观的魅力。

今年是 HNC 理论体系基本构架形成后的第一个十年，也是 HNC 第一本专著出版后的第一个五年。HNC 希望在随后的三个五年里依次再出版下列三部理论专著：《HNC 概念基元符号体系手册》、《句类知识手册》和《语境知识手册》。本书是第二部“手册”的先导，作者及 HNC 的其他年轻才俊都应该为这三部“手册”的撰写作出自己的应有贡献。至于这三部“手册”对于自然语言理解获得最终突破的意义，若读者细心玩索此书，必能心领神会。

15 年太长了吗？否！理论探索固然需要跟随市场的需求，但同样需要保持独立发展的品格，否则就会断送重大探索的生命。探索通常是不能设定时限的，但上述三部“手册”的探索由于已具备比较深厚的基础，可以设定上述时限。

HNC 是一个开放的、发展中的、通过不断自我反思以求得不断创新的理论和技术体系，如果说本书有什么弱点的话，那就是对 HNC 的这三项基本特征的描述着墨太少。这当然属于苛求，但是，像自然语言理解处理这样重大的理论探索是必须苛求的，否则就可能陷于满足现状而不知自拔的可悲状态。愿该书作者和读者牢记斯言。

黄曾阳

2003 年 8 月

附录 7
《HNC（概念层次网络）语言理解技术及其应用》序二

在苗传江博士的《HNC（概念层次网络）理论导论》出版的前夕，晋耀红博士完成了《HNC（概念层次网络）语言理解技术及其应用》的撰写，翻阅着这近 400 页的长篇专著，我不禁想起“双剑合璧，所向无敌”的武林佳话。

HNC 理论与技术的双剑合璧之战已经走过了 8 年的艰苦历程，苗著（以下简称《理论》）和晋著（以下简称《技术》）分别是这 8 年探索历程的理论和技术总结，但是，它的意义又远远超出了通常意义下的总结，因为，它是 HNC 探索进入了催生交互引擎这一新阶段的标志。

双剑合璧的武林佳话不过是神话，HNC 的双剑合璧之战（即交互引擎的研究与开发）曾被人们视为神话，我也同样深感疑虑。因为交互引擎的实现虽然在理论上不过是三组 HNC 方程式的求解，但这是知识方程的求解，而不是微分方程或代数方程的求解。因此，它将面临一系列前所未有的巨大挑战，HNC 能够应对这些挑战么？《理论》和《技术》是对这一重大科学问题的第一份答卷。

把交互引擎的研究与开发变成一个知识方程的求解问题是先验理性思维的一项新尝试，康德先生曾应用这一思维方式开创了形而上学的新局面。HNC 追随康德先生的思路，试图在大脑思维奥秘的局部领域，即自然语言理解领域（这一领域大约只占大脑思维全部奥秘的 1/10），打开一个新局面。开启这一新局面的钥匙只能是康德先生所定义的验前知识的获取与应用，而绝不可能存在什么别的捷径。诚然，计算机强大的计算能力可能形成自己的经验理性，这种经验有可能在抽取自然语言文本蕴含的某些知识方面获得应用，但绝对无益于计算机自然语言理解能力的提高，如果对此存在幻想，那无异于指望把全世界的盲人动员起来，就可以追捕到容貌已知的逃犯。

HNC 认为，自然语言理解的全部验前知识构成语言概念空间，这一空间的数学结构可以用四组知识方程式来描述。这四组方程规定了交互引擎必须具备的三级理解提升过程。第一级提升是语句的理解，HNC 的专业术语叫句类分析，第二级提升是句群的理解，HNC 的专业术语叫语境单元萃取，第三级提升是篇章的理解，HNC 的专业术语叫语境生成。这三级提升对应着自然语言的三级理解过程，HNC 把第一级理解过程归结为对一组方程式的求解：语句理解对应着句类表示式（HNC2）的求解，句群理解对应着语境单元表示式（HNC3）

的求解，篇章理解对应着语境框架表示式（HNC4）的求解。

显然，句类表示式（HNC2）的求解是自然语言理解的第一道难关，《理论》全面阐释了突破这一难关的验前知识准备（HNC 术语叫句类知识），而《技术》的第一部分则全面阐释了突破这一难关的验前知识运用。这里需要强调指出两点：第一，实际语言的语句理解仅依靠验前知识是不够的，还需要运用大量的验后知识；第二，语句的理解经常不可能在语句的范围内孤立完成，还必须借助于句群甚至篇章的语境知识。《技术》的第二部分对此作了比较系统的分析。

至于语境单元表示式（HNC3）和语境框架表示式（HNC4）的求解，《技术》从应用的角度给出了一个素描，它构成《技术》的第三部分。

如果说《技术》第一部分的阐释遵循了验前知识第一的思路，那么，第二和第三部分的阐释则没有继续遵循这一思路了，这不是作者的过失或疏忽，而是由于句群和篇章理解所依托的验前知识（HNC 术语叫领域句类知识）还处在设计阶段，相应知识库的建设还需要一段时间。

但是，在同一本专著中采取不同思路的写作方式毕竟值得商议，这里引用唐宋八大家之一的曾子固（巩）先生在《赠黎安二生序》里的一段话来表达我的感想，曾先生的原文如下：

> 夫世之迂阔，孰有甚于予乎？知信乎古，而不知合乎世；知志乎道，而不知同乎俗，此予所以困于今而不自知也。……然则若予之于生将何言哉。谓予之迂为善，则其患若此。谓为不善，则有以合乎世，必违乎古；有以同乎俗，必离乎道矣。生其无急于解里人之惑，则于是焉必能择而取之。

就交互引擎的探索来说，我深信，只要坚持验前知识第一的思路，它就一定能够达到胜利的彼岸，我希望 10 年之后，《技术》将以全新的面目再次出版，那个时候，也许我们能够正式宣告，将给网络世界带来理性光辉的交互引擎终于在中华大地诞生了。

但是坚持验前知识第一的思路需要智慧和坚韧，下面引用康德先生的两段论述与作者共勉，也作为本序言的结束语。

> 如果经过细致准备之后，经常又重新起头，而接近目标时，又须立即停止下来；如果常常迫不得已要走回头路而走向另一条新的前进路线；如果各个参加工作的人不能一致采取前进的共同计划，那么我们就可深信，工作是远远没有踏进科学的稳妥途径，而不过是一种在暗中胡乱摸索而已。在这种情况下，如果我们能够找到理性所能安稳进行的途径，我们对于理性就是作出一种贡献，即令这样做时，其结果是会把原来没有经过反思而在我们的初始计划中所采取的许多东西作为无效果而予以放弃。
>
> 理性有不可否认的自身矛盾，而这种矛盾在理性的独断过程中也是不可避免的。此种矛盾早已败坏了形而上学体系的权威。我们要通过一种完全与前此所用的绝不相同的方法来最后使人类理性不可或缺的一门科学繁荣兴盛起来——这门科学的枝叶是可以砍掉的，但它的根干是不能毁灭的——如果在这种努力中，我们想不为内部的困难和外部的反对所阻止，我们就得更加坚定。

黄曾阳

2005 年 7 月

附录 8

《面向机器翻译的汉英句类及句式转换》序言

——谋事在人，成事在天

克亮告诉我，他的博士论文已纳入他们学校的一项出版计划，要我写一篇序言。此前，苗传江博士和晋耀红博士已经分别把他们的博士论文扩展成为 HNC 探索的两部专著，并正式出版了。这是我第三次接受到这样的要求，在非常高兴之余，立即联想到“谋事在人，成事在天”的古语，因此就把它作为这篇序言的副标题了。与克亮博士论文的原稿相比，出版稿做了系统的扩充，已构成一部专著的规模，按照前两篇序言的惯例，下文将以专著称之。

专著首先概述了机器翻译的三次热潮，接着在“机器翻译热的冷思考”中提出了理论误区、技术崇拜和市场化迷失三大论题，这里，既体现了克亮的学术勇气，又展现了他的学术冷静。字面上，专著没有对三大论题的未来之路给出直接的回应，但实际上已经蕴含在专著的正文里了，专著的这种春秋笔法也许是最值得读者去体会的。

机器翻译能够超越专著所指出的雪线现象吗？对这个关键问题作者也同样采取了春秋笔法。但细心的读者不难觉察到，答案就在以扩展句类分析为核心的语言理解处理里，在以句类转换和句式转换为核心的 6 项过渡处理里，在以有指导机器学习为核心的语言生成处理里。这三项处理构成一项巨大的科学工程。不同于通常意义下的软硬件工程，决定科学工程成败的主要是它的理论和知识侧面，而不是技术侧面，机器翻译科学工程尤其如此。专著清晰地论述了这一重要的科学工程观，并在结束语中对这项科学工程的艰巨性给出了十分清醒的描述。

专著所探讨的句类转换和句式转换问题，请允许我借用围棋的术语，乃是汉英机器翻译这一科学工程的大场和急所。作者是探索这一重大科学问题的第一人吗？作者取得了堪称突破性的进展吗？如果读者对此能作出自己的正确判断，那就没有虚读此书了。

作者与我共事期间，我正在集中精力从事扩展句类分析的理论探索，失去了与作者深入研究机器翻译的难逢机遇，几年来常感愧悔。下面的话也许不该写在序言里，请把它当作一份补偿之情吧。

机器翻译不可能脱离源语言的理解处理，但机器翻译的研究则可以而且必须脱离源语言的理解处理而独立进行。其研究资源不能是那泛指的平衡语料，也不能只是那经过机器分析处理以后的语料，而必须主要是那经过适度人工标注的语料。就专著所确定的研究思路来说，就必须是适度标注的 HNC 句群语料。机器翻译的理解（分析）、转换、生成三环节必须走“先分后合”之路，说白了就是必须走“转换先行、生成公关、理解逆推”之路。这确实是一条“曲线救国”之路，然而是唯一可行之路。按照这一思路，那专著所展现的万里征途就可以起步于一个精干的研究小团队了。

简单地说，“语义块”这个术语或概念是“短语”的扩充，但这一扩充对于雪线攀登和汉英质异的研究不是可有可无，而是绝对必要。英语拥有构造从句和非限定形态动词短语的完备语法手段，而汉语完全不具备这些手段。那么，汉语采用什么语法手段以达到同样的语言表达功能呢？我们是否需要引入一种超越于不同自然语言个性之上的术语或概念以统摄语言分析或语言表达的描述方式呢？本书提供了答案，那就是本书名称的关键词——“语义块构成变换”。

HNC 标注语料的适度性首先是指语境信息的适度性，其次是指标注自身的适度不确定性（这需要精心设计）。在 HNC 的专业术语里，语境信息叫作领域句类的先验知识，其适度性集中体现在领域句类框架知识的完备性里，后者是自然语言理解处理的关键性知识。HNC 的训诂学渊源就在于它以语境统摄了语法、语义和语用的三维度说，并据此构成了数学物理表示式，如此而已。

谋事在人，成事在天。莫疑无路，总有明村。

谨以此与克亮共勉。

黄曾阳
2006 年 8 月

附录 9

《面向汉英机器翻译的语义块构成变换》序言

这篇序言，我想说的就是这样一句话：祝福你，又一雪线雄鹰。

这句话里的“祝福”、“又一”、“雪线”和“雄鹰”都有其特定的义境，这需要有所解释。然而，义境这东西的个性色彩一般大于共性，也许读者阅读此书的不同领会都是最好的解释，我何必多此一举呢？但是，所谓序言本来就是做多此一举的事，我也只好随众了。

请允许我从“雪线”说起，这里的雪线是指当前机器翻译准确率的上限，这个上限大约是 70%。机器翻译学界完全有理由为这个雪线感到自豪，攀登到这个雪线是自然语言处理的一项奇迹，用行话来说，那既是 RBMT（基于规则的机器翻译）的奇迹，也是 SBMT（基于统计的机器翻译）的奇迹。但是，广大机器翻译的用户并不买这个奇迹的账，他们要求机器翻译继续向雪线之上攀登，直到那高山之巅。这是全球化时代对信息产业的一项呼唤，然而目前只是一项隐性的微弱呼唤。信息产业在全球化时代扮演着举足轻重的角色，它面对着日新月异的巨大技术挑战已经忙得不可开交，以致相关的许多重大科学挑战难免遭受到不同程度的冷遇，这一点西方与东方并没有差别，那个自以为百事领军的美国不仅在机器翻译领域没有显示出任何高明，实际上处于十分落后的状态。上述呼唤表面上是技术需求的呼唤，实质上是一项伟大科学探索的呼唤，它直接关系到自然语言理解之谜和机器翻译之谜的探索。而这两项科学之谜的答案又直接关系到机器翻译的雪线之上的攀登，虽然这段攀登不过是全程的 30%，但是登山者都知道这 30%意味着什么！

下面该说“雄鹰”了，但实际上只说一个“雄”字，前面提到 RBMT 和 SBMT 都是鹰，但它们不够“雄”，在雪线之上遇到了难以逾越的困难。这一遭遇的必然性大家都心知肚明，因为他们既回避了自然语言理解之谜，也回避了机器翻译之谜。该书之“雄”表现在两个方面：一是它对上述两大科学之谜给出了一个系统而简明的论述；二是它对汉英机器翻译之谜的急所给出了一个击中要害的全面解决方案，后者是第一作者博士论文的基本成果。

上面使用了一个围棋术语——急所，我实在找不到更好的术语来描述该书的学术价值与贡献了。这价值与贡献不仅关系到机器翻译雪线之上的攀登（可简称雪线攀登），也关系到汉语和英语这两种自然语言之间本质差异的比较研究（可简称汉英质异）。从这个意义上来说，该书的书名——《面向汉英机器翻译的语义块构成变换》——有点过于学究气，但它是严谨而谦虚的，值得称赞。

为什么“语义块构成变换”就是汉英机器翻译的急所呢？要回答这个问题，很不容易。

首先是语言术语的障碍，“语义块”、“语义块构成”、“语义块构成变换”是三个具有特定意义的术语，这三个术语你在中外语言学著作里是看不到的，可是，这三个术语正是本书的立足点，也是其创新立说的出发点。

简单地说，“语义块”这个术语或概念是“短语”的扩充，但这一扩充对于雪线攀登和汉英质异的研究不是可有可无，而是绝对必要。英语拥有构造从句和非限定形态动词短语的完备语法手段，而汉语完全不具备这些手段。那么，汉语采用什么语法手段以达到同样的语言表达功能呢？我们是否需要引入一种超越于不同自然语言个性之上的术语或概念以统摄语言分析或语言表达的描述方式呢？该书提供了答案，那就是该书名称的关键词——“语义块构成变换”。

对“语义块构成变换”的进一步描述需要引入“句蜕”与“逻辑组合”这样两个统摄性的术语，与“句蜕”对应的是全局谓语和局部谓语的概念，与“逻辑组合”对应的是并列、偏正、定中、主谓、动宾、动补、介词短语、动词名词化等诸多传统语法概念。语义块构成变换的核心科学问题就是对句蜕和逻辑组合的区分、判定及其交织性的处理，并在这一基础上制定相应的变换原则。那么，本书对这一核心科学问题作出了什么样的贡献和取得了什么程度的成果呢？我愿意把这个事关重大的答案留给读者去思考。

最后，该说到“又一”和“祝福”了。“又一”是因为在本书之前，张克亮教授的《面向机器翻译的汉英句类与句式转换》已经出版，这转换，是汉英机器翻译之谜的大场。大场也是一个围棋术语，同样，我也找不到更好的术语来描述《转换》的学术价值与贡献了。

要赢得围棋的胜利，光有大场与急所的一流功力是不够的，聂卫平先生是围棋大场与急所方面独步天下的顶级高手，然而近年由于收官功力随着年龄的衰退而已陷入屡战屡败的窘境。机器翻译的收官之战是一项巨大的语言工程，如果把机器翻译的雪线攀登比作一场400米接力赛，那么，可以明确地说：《转换》与《变换》这两部专著都只是第一棒的主体内容。不过，这第一棒的意义不同于400米接力赛，它不仅具有奠基意义，而且具有对后续三棒的指导意义。至于这一指导作用能否实现，已不是一个纯粹的科学技术问题，更是一个科技指导方针和科技团队组织的问题了。因此，“祝福”就是这篇短序的最佳告别语了。

黄曾阳

2008年6月17日

附录 10
《汉语理解处理中的动态词研究》序言

我是书文的热心翻阅者或浏览者，逐步形成了一种积习。即使是需要我写序的新书，也是如此对待。但这一次，这个积习终于被打破了。那是由于翻阅到唐兴全博士新著《汉语理解处理中的动态词研究》中的一段话，拷贝如下。

动态词的辨识是汉语理解处理中的必需模块。动态词在汉语中占有很高的比例，一个信息处理用的词表，不管规模多大，都不可能穷尽所有的词，因此，动态词是语句分析的重大障碍。动态词研究将帮助提高句类分析系统的效率和准确性，对于句处理阶段的中文信息处理有重要意义。动态词的组合识别服务于语义块感知和句类假设、语义块构成分析等句类分析的主要环节，对最终解决汉语的计算机理解问题具有主要意义。动态词组合模式具有较强的能产性和规则性，动态词的识别与语义认定应该建立在对动态词组合模式详尽描写的基础上。如果我们搞清楚了能产的组合模式，就可以根据这些模式来处理在言语中随时可能出现的由这些模式所造成的动态词的语义。因此，应根据动态词组合模式的不同特点，制定不同的识别策略（见该书第三章 p45）。

这段话很有一点康德先生所提倡的理性法官气势，它推动着我往下查看其落实情况。于是，我细读了该书的第四章。结论是：作者对汉语动态词组合模式的 3 大类划分（“以概念类别为纲”、“以概念组合结构为纲” 和 “特殊组合模式”）是高瞻远瞩的，第一大类的 4 小类划分是明智的；第二大类的 8 小类划分是精巧的；第三大类的 3 小类划分是周到的。大部分论述符合康德先生要求于理性法官的透彻性和齐备性标准。这使我非常惊异，如同在茫茫大漠里遇到了一片绿洲。

于是，我接着细读了该书的第五章，一路惊喜。因为这 10 多年来出现了关于语言本体的熙攘浪潮，但是，那语言本体之“本”究竟何在？那熙攘浪潮对这个根本问题实质上是采取回避态度的。现在，一本敢于正视这一根本问题的著作终于出现了，这是语言信息处理领域的一件大事！所以，我原本打算向作者写点热烈祝贺的话。

但是，最后我还是决定引而不发。为什么？因为仅仅立足于语义思考，毕竟还不能达到一流语言理性法官的高度。动态词识别的终极解决方案必须立足于语境分析，即语言理解基因与动态记忆的激活。词语的语义分析是语言理解处理的核心环节么？人类语言脑的语言理解处理过程存在独立的词语处理和句处理阶段么？作者是完全有潜力完成这一重大思考的，从而在第五章与第三章之间建立起更好的呼应。

然而，即使是当前的版本，它已经是同类著作中最优秀的了，对此，我没有任何疑义。

黄曾阳

2011年6月9日

术 语 索 引

H

J

K

L

P

Q

R

S

T

W

X

Y

Z

人名索引

① 括号中的人名表示其在正文叙述中并未出现，而只出现了有关观点或作品。
② 有些作品和人名之间并非作者-著者关系，特此说明。

H

J

K

L

M

N

P

Q

S

T

W

X

Y

Z

《HNC理论全书》总目

第一卷 基元概念

第二卷　基本概念和逻辑概念

第三卷 语言概念空间总论